国防科工委"十五"规划教材·材料科学与工程

材料加工工艺过程的检测与控制

主　编　杨思乾　李付国　张建国
主　审　张彦华　方洪渊

U0262200

西北工业大学出版社

北京航空航天大学出版社　北京理工大学出版社
哈尔滨工业大学出版社　哈尔滨工程大学出版社

内容简介

本书系统地介绍了材料加工工艺过程检测与控制的原理及方法。全书共 13 章。第 1～6 章介绍温度、力与应变、真空度、位移及转速、磁场等的测量；第 7～11 章介绍材料加工过程的单片机控制、可编程控制器控制、CAD/CAM 技术及相关的执行机构等；第 12 章介绍机器人工作原理及其在材料加工中的应用；第 13 章介绍检测与控制系统的电磁骚扰与兼容。

本书可作为高等院校材料成形及控制专业的本科生教材及参考书，也可作为从事铸、锻、焊、热处理生产与科研工作的工程技术人员的参考书。

图书在版编目(CIP)数据

材料加工工艺过程的检测与控制/杨思乾，李付国，张建国主编.—西安:西北工业大学出版社，2006.2(2018.1 重印)

国防科工委"十五"规划教材. 材料科学与工程

ISBN 978-7-5612-2003-0

Ⅰ.材… Ⅱ.①杨…②李…③张… Ⅲ.①工程材料—加工—检测—高等学校—教材 ②工程材料—加工—过程控制—高等学校—教材 Ⅳ.TB303

中国版本图书馆 CIP 数据核字(2005)第 108666 号

材料加工工艺过程的检测与控制

杨思乾　李付国　张建国　主编
责任编辑　翟恒曜
责任校对　季苏平
西北工业大学出版社出版发行
西安市友谊西路 127 号(710072)
市场部电话:(029)88493844　88491757
http://www.nwpup.com
陕西向阳印务有限公司印制　各地书店经销
开本:787 mm×960 mm　1/16
印张:28.5　字数:600 千字
2006 年 2 月第 1 版　2018 年 1 月第 4 次印刷
ISBN 978-7-5612-2003-0　定价:65.00 元

国防科工委"十五"规划教材编委会

（按姓氏笔画排序）

总　　序

　　国防科技工业是国家战略性产业,是国防现代化的重要工业和技术基础,也是国民经济发展和科学技术现代化的重要推动力量。半个多世纪以来,在党中央、国务院的正确领导和亲切关怀下,国防科技工业广大干部职工在知识的传承、科技的攀登与时代的洗礼中,取得了举世瞩目的辉煌成就。研制、生产了大量武器装备,满足了我军由单一陆军,发展成为包括空军、海军、第二炮兵和其他技术兵种在内的合成军队的需要,特别是在尖端技术方面,成功地掌握了原子弹、氢弹、洲际导弹、人造卫星和核潜艇技术,使我军拥有了一批克敌制胜的高技术武器装备,使我国成为世界上少数几个独立掌握核技术和外层空间技术的国家之一。国防科技工业沿着独立自主、自力更生的发展道路,建立了专业门类基本齐全,科研、试验、生产手段基本配套的国防科技工业体系,奠定了进行国防现代化建设最重要的物质基础;掌握了大量新技术、新工艺,研制了许多新设备、新材料,以"两弹一星"、"神舟"号载人航天为代表的国防尖端技术,大大提高了国家的科技水平和竞争力,使中国在世界高科技领域占有了一席之地。党的十一届三中全会以来,伴随着改革开放的伟大实践,国防科技工业适时地实行战略转移,大量军工技术转向民用,为发展国民经济做出了重要贡献。

　　国防科技工业是知识密集型产业,国防科技工业发展中的一切问题归根到底都是人才问题。50多年来,国防科技工业培养和造就了一支以"两弹一星"元勋为代表的优秀的科技人才队伍,他们具有强烈的爱国主义思想和艰苦奋斗、无私奉献的精神,勇挑重担,敢于攻关,为攀登国防科技高峰进行了创造性劳动,成为推动我国科技进步的重要力量。面向新世纪的机遇与挑战,高等院校在培养国防科技人才,生产和传播国防科技新知识、新思想,攻克国防基础科研和高技术研究难题当中,具有不可替代的作用。国防科工委高度重视,积极探索,锐意改革,大力推进国防科技教育特别是高等教育事业的发展。

高等院校国防特色专业教材及专著是国防科技人才培养当中重要的知识载体和教学工具,但受种种客观因素的影响,现有的教材与专著整体上已落后于当今国防科技的发展水平,不适应国防现代化的形势要求,对国防科技高层次人才的培养造成了相当不利的影响。为尽快改变这种状况,建立起质量上乘、品种齐全、特点突出、适应当代国防科技发展的国防特色专业教材体系,国防科工委全额资助编写、出版 200 种国防特色专业重点教材和专著。为保证教材及专著的质量,在广泛动员全国相关专业领域的专家学者竞投编著工作的基础上,以陈懋章、王泽山、陈一坚院士为代表的 100 多位专家、学者,对经各单位精选的近 550 种教材和专著进行了严格的评审,评选出近 200 种教材和学术专著,覆盖航空宇航科学与技术、控制科学与工程、仪器科学与工程、信息与通信技术、电子科学与技术、力学、材料科学与工程、机械工程、电气工程、兵器科学与技术、船舶与海洋工程、动力机械及工程热物理、光学工程、化学工程与技术、核科学与技术等学科领域。一批长期从事国防特色学科教学和科研工作的两院院士、资深专家和一线教师成为编著者,他们分别来自清华大学、北京航空航天大学、北京理工大学、华北工学院、沈阳航空工业学院、哈尔滨工业大学、哈尔滨工程大学、上海交通大学、南京航空航天大学、南京理工大学、苏州大学、华东船舶工业学院、东华理工学院、电子科技大学、西南交通大学、西北工业大学、西安交通大学等,具有较为广泛的代表性。在全面振兴国防科技工业的伟大事业中,国防特色专业重点教材和专著的出版,将为国防科技创新人才的培养起到积极的促进作用。

党的十六大提出,进入 21 世纪,我国进入了全面建设小康社会、加快推进社会主义现代化的新的发展阶段。全面建设小康社会的宏伟目标,对国防科技工业发展提出了新的更高的要求。推动经济与社会发展,提升国防实力，需要造就宏大的人才队伍，而教育是奠基的柱石。全面振兴国防科技工业必须始终把发展作为第一要务，落实科教兴国和人才强国战略，推动国防科技工业走新型工业化道路，加快国防科技工业科技创新步伐。国防科技工业为有志青年展示才华，实现志向，提供了缤纷的舞台，希望广大青年学子刻苦学习科学文化知识，树立正确的世界观、人生观、价值观，努力担当起振兴国防科技工业、振兴中华的历史重任，创造出无愧于祖国和人民的业绩。祖国的未来无限美好，国防科技工业的明天将再创辉煌。

国防科工委『十五』规划教材

前　言

本书为国防科工委"十五"规划教材,可作为材料科学与工程学科方向的本科生教材及参考书,建议学时范围为40～50学时。

材料加工工艺过程的检测与控制是涉及内容较为广泛的一门课程。根据我国高等学校专业学科归并的现实情况,以及国防系统材料加工过程的基本特点与发展需求,本书在编写过程中坚持以强化应用基础为主要目的的指导思想,将检测与控制两方面的内容尽量纳入具体控制过程进行论述,以适应学生的认知规律。

本书共13章,其中前六章主要介绍材料加工过程的检测,后七章主要介绍材料加工过程的控制。

本书的实验教材及电子出版物将另行出版。

本书绪论及第4章由杨思乾编写;第1,8章由张建国编写;第2,5,9,11章由李付国编写;第3章由杨思乾、达道安、李得天编写;第6,10章由马铁军、杨金孝编写;第7章由杨思乾、达道安、谈治信编写;第12章由张勇编写;第13章由杨思乾、白同云编写。

本书由西北工业大学杨思乾、李付国、张建国任主编,北京航空航天大学张彦华、哈尔滨工业大学方洪渊任主审。此外,西北工业大学嵇菊生、南昌航空工业学院方平、西安交通大学王雅生及华中科技大学许福玲等对本书主要章节进行了仔细审阅。

在本书的编写过程中,我们得到了许多高等院校有关教研室的热情支持。刘建民、王兰代绘制了全书的大部分图表,在此一并表示感谢。

最后,特别感谢本书援引的参考文献的作者。

由于编者水平有限，书中一定会有错误和不足之处，敬请专家和读者批评指正。

编　者

2005 年 6 月

目　　录

绪　　论

一、材料加工工艺过程检测与控制的作用

金属及非金属材料的加工过程是一个复杂的物理、化学过程。在这个过程中,尤其是在热加工过程中,常常伴随着温度、压力、转速、位移、真空度、磁场、电流、电压等多种物理参数的变化。在加工过程中,准确地检测和控制这些物理参数的变化,以保证产品质量的稳定,是材料加工过程的主要目的之一。

下面以航空压力容器的加工过程为例,进一步说明检测与控制在材料加工过程中的作用。

航空压力容器(或称冷气瓶)是飞机冷气系统的一个重要组成部分。为了确保飞行安全,冷气操作系统有主操作系统和应急操作系统。因此,冷气瓶也随之分为主冷气瓶和应急冷气瓶。主冷气瓶用于启动发动机,收放襟翼、起落架和主轮刹车等;应急冷气瓶在主冷气系统发生故障或损坏时替代主冷气系统承担上述操作功能。因此冷气瓶是飞机飞行过程中保证安全的关键部件。

图 0-1 为典型的圆柱形冷气瓶,其材料为 30CrMnSiA 钢。冷气瓶的制造过程大致如下:先按图纸要求从板材下料,再通过卷制、液压成形和机械加工的方法,制成冷气瓶的筒体及端盖毛坯。然后把部件组装起来,用全自动钨极氩弧焊或全自动 CO_2 气保护焊焊接纵缝、两条环缝及两个管接头,最后再对构件进行焊后热处理,以改善焊接接头的机械性能。

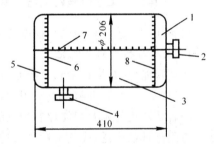

图 0-1　圆柱形冷气瓶

1,5—端盖;2,4—管接头;
3—筒体;6,7,8—焊缝

在上述工艺过程中,要分别检测压力、变形量、焊接速度、焊接电流和加热温度等一系列参数,以保证对冲压、焊接及热处理过程进行可靠的自动控制。只有这样,才能获得质量合乎要求的产品。

因此,检测与控制在材料加工工艺过程中起着十分重要的作用。可以说,没有先进的检测与控制技术,就不可能有先进的材料加工方法及制造工艺。

二、材料加工工艺过程检测与控制的特点

1. 检测参数的多样性及复杂性

随着材料种类的大量增加以及对零件加工精度要求的日益提高,材料加工工艺过程的检

测参数越来越多,检测过程越来越复杂,对检测精度的要求也越来越高。

在材料加工过程中,常常会遇到温度、压力、位移、转速、应力应变、真空度及磁场强度等多个参数的实时检测,这就大大增加了检测过程的复杂性和技术难度。

2. 被检参数变化范围大

零件的复杂性及多样性,导致了材料加工工艺过程检测数据通常在大范围内变化。例如,温度可从室温变化到数千度,压力从几牛变化到几百千牛,真空度从几帕变化到 10^{-8} Pa 等。这样,在不少情况下,单一仪表是很难满足检测要求的,必须使用两种以上不同量程的仪表,并在检测过程中能够实现自动转换。

3. 检测与控制过程的干扰严重

材料加工过程的周围环境常存在很强的电磁干扰。这种干扰不仅强度大,而且干扰信号的频率分布范围较宽(从几赫至几百千赫),从而严重地影响检测和控制过程的正常进行,因此,必须采取多种抗干扰措施。

4. 控制过程及被检参数存在明显的非线性、时变性、不确定性及不完全性

材料的加工工艺过程受多种因素的影响,这些影响存在着明显的非线性、时变性、不确定性及不完全性。例如,点焊过程中的电极表面粘污,焊接温度场变化的不均匀性,冲压模具的磨损等,这些因素明显增加了控制过程的技术难度。

三、材料加工工艺过程检测与控制的发展趋势

材料加工工艺过程检测与控制的发展趋势主要体现在以下四个方面。

1. 检测与控制的智能化

所谓智能化,是指在检测及控制过程中,利用计算机及其系统来模拟和执行人类的某些智力功能。例如,判断、理解、推理、识别、规划、学习和问题求解等。

随着计算机技术及智能控制理论的发展和完善,智能仪表及智能控制系统在材料加工领域的应用已日益广泛,代表了检测与控制系统的主要发展方向。

与传统的检测仪表及控制系统相比,智能仪表及智能控制系统具有明显的优势。智能化检测仪表能在被测参数发生变化时,自动选择测量方案,进行自动校正、自补偿、自检测、自诊断,并可进行远程设定、状态组合、信息存储以及网络接入等。

智能控制的基本特点是不依赖或不完全依赖被控对象的数学模型,主要是利用人的操作经验、知识和推理技术以及控制系统的某些信息和性能得出相应的控制动作。这种控制方式非常适合材料加工工艺过程的控制。

智能控制主要包括专家系统、模糊控制及人工神经网络控制。

智能控制的发展,为材料加工过程的建模和控制提供了全新的途径。由于材料加工过程是一个多参数相互耦合的时变非线性系统,影响材料加工质量的因素较多,并带有明显的随机性,因此,专家系统、模糊控制、神经网络控制及其互相结合的控制方式在材料加工过程中展示

了广阔的应用前景。

2. 检测与控制系统的综合化

为了提高对材料加工过程参数的全面监视、检测、控制，以及检测与控制过程的高灵敏度、高精度、高分辨率和高稳定性，则必须提高控制与检测系统的综合能力，充分利用系统的内在规律，使系统向功能更强和层次更高的方向发展。

检测与控制系统综合化及一体化的结果，不仅大大提高了检测与控制系统的合理性，而且加快了系统的标准化，使得由多种计算机组成的控制系统连接组合更为方便。

3. 单片机、可编程控制器、机器人和 CAD/CAM 将成为材料加工过程检测与控制的主要支柱

单片机、可编程控制器是 20 世纪 70 年代末开始在我国应用的。目前，大部分材料加工过程及其相关装置已用单片机及可编程控制器进行控制，并显示出以下明显的技术特点。

(1)具有高的可靠性及控制精度；

(2)良好的控制实时性；

(3)完善的输入/输出通道及通信功能；

(4)灵活方便的软件编程；

(5)很强的环境适应性及抗干扰能力；

(6)良好的可维修性。

可以预见，在今后较长的一段时间内，单片机及可编程控制器仍将占据检测与控制领域的主要位置。

自从 1962 年美国推出第一台工业机器人以来，到 2000 年全世界的工业机器人总数已达近百万台，其中大多数被用在焊接等材料加工领域。

机器人的应用是材料加工领域革命性的进步，它突破了材料加工检测与控制的传统模式，开拓了一种柔性自动化的生产方式。在产品的更新换代越来越快的今天，柔性制造技术显然具有非常重要的意义。

计算机辅助设计及计算机辅助制造(CAD/CAM)是指以计算机作为主要技术手段，来生成和运用各种数字信息和图表信息，以进行产品设计和制造。CAD/CAM 技术在飞机、汽车及船舶工业中已得到广泛的成功应用。这是工业革命以来工程技术领域中发生的最重大的变化之一。

CAD/CAM 技术在材料加工领域的推广应用，改变了工程技术人员的工作方式，缩短了产品的研制周期，显著提高了产品质量以及新产品开发的成功率。

CAD/CAM 技术所具有的实体造型功能、三维运动机构的分析和仿真功能、有限元法网络自动生成功能、优化设计功能以及信息处理的管理功能已经显示出了强大的技术优势及非常广阔的应用前景。

毫无疑问，单片机、可编程控制器、机器人和 CAD/CAM 必将在材料加工工艺过程检测与

控制领域得到更加日益广泛的应用。

四、课程的目的及要求

本课程是材料成形与控制及材料加工工程专业的主要课程之一,其任务是使学生掌握材料加工工艺过程检测与控制的基础理论、基本知识、基本方法及相关的实验技能,使其能够根据材料加工工艺过程的要求,正确检测温度、力、真空度、位移、转速以及磁场等相关的物理量,并对工艺过程进行自动控制。

本课程的主要内容如下:

(1)温度、力与应变、真空度、位移、转速及磁场的检测方法及原理;

(2)检测与控制的执行机构及工作原理;

(3)单片机及可编程控制器控制原理及方法;

(4)智能控制原理及方法;

(5)过程仿真与 CAD/CAM 技术;

(6)机器人及其工作原理;

(7)检测与控制系统的干扰与抗干扰。

本课程是以物理学、电工学、电子学、微机原理及应用和材料成形工艺等课程为基础的专业课。学习本课程前,学生应对微型计算机、可编程控制器以及主要的材料加工工艺方法有一定的感性认识。在教学过程中,应密切注意与实践性教学环节的结合。

习　　题

1. 举例说明检测与控制在材料加工过程中的作用。
2. 材料加工工艺过程检测与控制的主要特点是什么?
3. 材料加工工艺过程检测与控制的发展趋势是什么?

第1章 温度的检测

温度是反映物体冷热程度的一个状态参数，它反映了物体内部微粒（分子或原子、离子、电子）无规则运动的平均动能。物体愈热，温度愈高，这些微粒运动的平均动能也就愈大。物体微粒的动能、势能等能量的总和构成了它的内能，因此，温度又是体现物体内能的一个重要的参数。

在热加工过程中，温度的检测和调节是极为重要的。只有在精确的温度检测和调节下，才能保证零件热加工的质量。温度检测和调节是两种不同的概念，温度检测是反映被测对象的温度及其变化；而温度调节是控制被测对象的温度变化规律。

物体的温度之所以能够进行检测，一是基于物体的某些物理量与温度有单值关系；二是诸物体之间达到热平衡时具有相同的温度。温度的检测广泛采用感温元件，常用的有热电偶、热电阻温度计和辐射高温计等。热电偶依据的是热电偶的热电势与温度的关系，而热电阻是利用温度变化引起物体的电阻变化的性质。物体的这种热电效应是温度检测的理论基础。

1.1 热电偶测温技术

温度检测中使用最广泛的感温元件是热电偶，它们是根据材料的电性能和热电效应制成的。

一、热电元件的物理基础

1. 塞贝克效应

1821年德国物理学家塞贝克在考察铋-铜和铋-锑回路的热电效应时发现：当A，B两种不同金属组成闭合回路，且两接触点具有不同温度时，回路中产生电动势和电流（见图1-1）。这种热能转变成电能的现象，称为塞贝克效应。

塞贝克电动势的大小和方向决定于回路中两接触点的温度差和导体材料。在两接触点的温度差不大时，电动势 E_{AB} 与温差 ΔT 成正比，即

$$E_{AB} = S_{AB}\Delta T \tag{1-1}$$

式中，S_{AB} 称为相对热电势率，也叫做塞贝克系数。它表示两接点的温差为1℃时回路中相应的热电势。相对热电势率 S_{AB} 不是单一材料的特性参数，而是两种材料组合的特性。由于电动势有方向性，S_{AB} 也有方向性。

2. 珀耳帖效应

1834 年珀耳帖发现,当电流流过两种金属时,接触点将吸热或放热。在两种金属组成的闭合回路中,如果电流的方向与塞贝克效应的电流方向一致,热接触点(温度高的一端)将吸热,冷接触点(温度低的一端)将放热。电流方向相反,则吸热、放热接触点改变。单位时间内接触点吸收的热量与电流成正比,即

$$q_{AB} = \Pi_{AB} I \qquad (1-2)$$

式中,q_{AB} 为接触点处吸收珀耳帖热的速率;I 为通过的电流;Π_{AB} 称为珀耳帖系数,它表示通过电流为一个单位时间内接触点吸收的热量,与 A,B 两种材料的性质有关。

3. 汤姆逊效应

1851 年汤姆逊根据热力学理论,证明珀尔帖效应是塞贝克效应的逆过程,当电流通过一个具有温度梯度的导体时,整个导体上有吸、放热现象。如果电流方向与温度梯度方向(温度升高方向)一致,就吸热;反之,则放热。单位时间内,单位长度导体所吸收的热量与电流密度及温度梯度成正比,即

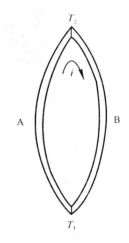

图 1-1 塞贝克效应示意图

$$\dot{Q} = \sigma J \frac{\mathrm{d}T}{\mathrm{d}x} \qquad (1-3)$$

式中,J 为电流密度;$\mathrm{d}T/\mathrm{d}x$ 为导体温度梯度;σ 称为汤姆逊系数,它表示当导体具有单位温度梯度和单位电流时,单位时间内单位长度导体所吸收的热量。汤姆逊系数为单一材料的热电特性参数。

二、热电偶的工作原理与常用热电偶

1. 热电偶的工作原理

大家知道,金属都具有自由电子,不同的金属自由电子的密度不同。根据电子理论的观点,当两种不同金属 A 和 B 连接在一起时,在接触面处将发生电子的扩散。电子扩散的速率与自由电子密度和金属所处的温度成正比。设金属 A 和 B 的自由电子密度分别为 n_A 和 n_B,当 $n_A > n_B$ 时,在接触面处由 A 扩散到 B 的电子要比由 B 扩散到 A 的多(见图 1-2)。这时,金属 A 因失去电子带正电,而金属 B 因得到电子带负电,在接触面处将产生电场。电场的产生将阻碍电子扩散的进行。当电子由扩散作用所产生的电子转移速率与电场所产生的反向电子转移速率相等时,电子的转移达到了动平衡。此时,在接触面处形成了一定的电位差,即电动势。由此所引起的接触电位差 U'_{AB} 可按下式确定:

$$U'_{AB} = \frac{kT}{e} \ln \frac{n_A}{n_B} \qquad (1-4)$$

式中,k 为玻耳兹曼常数;T 为接触点处的绝对温度;e 为电子电荷量。

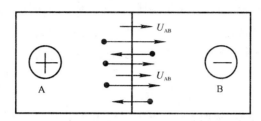

图 1-2 两金属接触面两侧电子数目不同形成的电位差

从能量角度讲,当两种金属相接触时,由于两种金属的逸出功不同,它们之间交换电子的数目不同。假定金属 A 的逸出功为 W_A,金属 B 的逸出功为 W_B,$W_A < W_B$,电子从 A 中逸出比 B 中容易,于是界面的金属 B 就会逐渐积累起较多的电子,形成负电位,而金属 A 因失去电子形成正电位。A,B 之间形成的电位差将使电子进一步向金属 B 移动。当电位差的作用与逸出功的作用相互抵消时,电子运动达到动平衡,形成稳定的电位差。若 A,B 两金属的电位分别为 U_A 和 U_B,则两者之间的电位差为

$$U''_{AB} = U_B - U_A \qquad (1-5)$$

综合以上两种情况,总的接触电位差应为式(1-4)与式(1-5)之和,即

$$U_{AB} = U_B - U_A + \frac{kT}{e}\ln\frac{n_A}{n_B} \qquad (1-6)$$

若金属 A 和 B 的另一端也相互连接在一起,形成闭合回路(见图 1-3),且两接触面的温度分别为 T 和 T_0(绝对温度),所形成的闭合回路内总的电势 E_T 为

$$E_T = U_{AB}(T) - U_{AB}(T_0) =$$

$$U_B - U_A + \frac{kT}{e}\ln\frac{n_A}{n_B} - (U_B - U_A + \frac{kT_0}{e}\ln\frac{n_A}{n_B}) =$$

$$\frac{kT_0}{e}\ln\frac{n_A}{n_B} - \frac{kT_0}{e}\ln\frac{n_A}{n_B} = f(T) - f(T_0) \qquad (1-7)$$

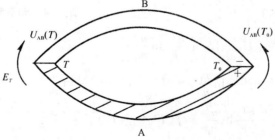

图 1-3 两种金属的闭合回路形成温差电势

式(1-7)表明,只要两种导体自身均匀,热电势只取决于接触点的温度,中间温度对回路的热电势没有影响。当 $T \neq T_0$ 时,E_T 才不为零。总的电势就是发生在两种金属接触面间的温差电势。温差电势 E_T 与两接触面的温度差($T - T_0$)和两种金属的密度之比有关,而与接触面的大小和体积无关(为了简单起见,这里未考虑汤姆逊效应的影响)。

由于绝对温度 T 和摄氏温度 t 之间只差一个常数 273.15,故式(1-7)也可改写为

$$E_t = f(t) - f(t_0) \tag{1-8}$$

若恒定某一端的温度不变(例如 $t_0 = 0℃$),其热电势仅是另一端温度 t 的函数,即

$$E_t = f(t) + C \tag{1-9}$$

式中,C 为常数。

根据式(1-9),通过测量热电势就可确定热端的温度。当然,冷端的温度不同,热电势与热端温度的对应关系也不同。国内外颁布的各种热电偶分度表,均是将冷端温度恒定为 0℃ 时,测定热电势与热端温度的对应关系并制成表格或曲线。

2. 热电偶回路

使用热电偶时,为了测得热电偶的热电势,总是在热电偶的回路中加入测量仪表,也有为了测量方便接入第三种导线的,如图 1-4 所示。

这两种接入仪表的方式产生的热电势是否有差别呢?是否与图 1-3 产生的热电势不同呢?可以证明,只要接入的第三种导体使热电偶冷端两个接触点的温度不变,则导线与仪表的接入不会影响热电偶产生的热电势。图 1-4(b) 中,A,B 是热电偶的两个热电极,C 是连接热电偶与仪表的导线。在此闭合回路中,总的热电势应为

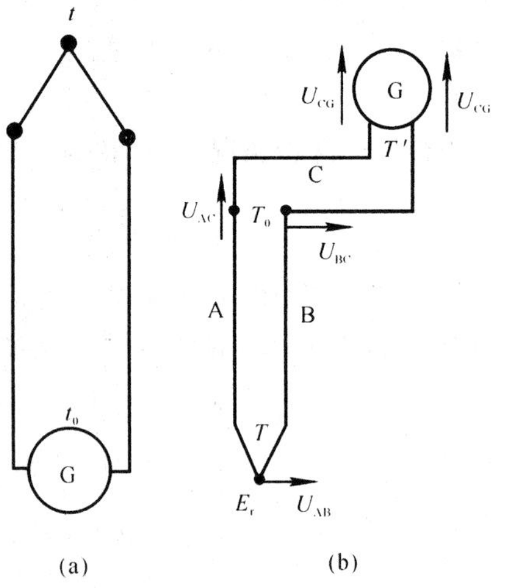

$$
\begin{aligned}
E_T =\ & U_{AB}(T) + U_{BC}(T_0) + \\
& U_{CG}(T') - U_{CG}(T') - U_{AC}(T_0) = \\
& U_B - U_A + \frac{kT}{e}\ln\frac{n_A}{n_B} + U_C - U_B + \\
& \frac{kT_0}{e}\ln\frac{n_B}{n_C} + U_G - U_C + \frac{kT'}{e}\ln\frac{n_C}{n_G} - \\
& \left(U_G - U_C + \frac{kT'}{e}\ln\frac{n_C}{n_G}\right) - \left(U_C - U_A + \frac{kT_0}{e}\ln\frac{n_A}{n_C}\right) = \\
& \frac{kT}{e}\ln\frac{n_A}{n_B} - \frac{kT_0}{e}\ln\frac{n_A}{n_B} = f(T) - f(T_0) \tag{1-10}
\end{aligned}
$$

图 1-4　带有测温仪表的热电偶回路

式(1-10)与式(1-7)结果相同。这就说明,如果在回路中接入第三种导体,只要该导体的两接触点温度相同,则不会改变回路原电动势的大小。

热电偶的上述特性表明,热端或冷端无论采用什么方法连接,无论接触点大小如何,当接入其他导体时,不会对回路的热电势产生影响。

3. 热电偶的类型及特性

对热电偶有如下要求:

(1)热电特性稳定,即在长期使用过程中热电势变化较小。

(2)热电势要大,且与温度最好呈线性关系。热电偶的热电势大,则对显示仪表的灵敏度要求低,相应地提高了测温精度。热电偶与温度呈线性关系,则所配用的显示仪表就有可能做均匀刻度。

(3)耐热性、抗氧化性、抗还原性和抗腐蚀性好,这样才能在高温下可靠地工作。

(4)复制性好,即不同熔炼炉号的热电偶丝,热电势与温度的关系,要保持不变或在较小范围内变化。

(5)工艺性能和焊接性能好。

实际上很难找到一种能完全满足上述要求的热电偶材料,通常工业和实验室常用的热电偶种类是有限的。

工业上常用的热电偶的技术数据见表1-1。

表 1-1 常用热电偶的基本特性

热电偶名称	分度号	热电极材料			温度测量范围/℃		允许误差/℃			
		极性	识别	化学成分	长期使用温度	短期使用温度	温度	误差	温度	误差
铂铑-铂	LB-3	+	较硬	铂90%铑10%	0～1 300	0～1 600	≤600	±2.4%	>600	±0.4%
		−	柔软	铂100%						
铂铑-铂铑	LL-2	+	较硬	铂70%铑30%	0～1 600	0～1 800	≤600	±3.0%	>600	±0.5%
		−	柔软	铂94%铑6%						
镍铬-镍硅（镍铬-镍铝）	EU-2	+	不亲磁	铬10%镍90%	0～900	0～1 100	≤400	±4.0%	>400	±0.75%
		−	稍亲磁	硅3%镍97%						
镍铬-考铜	EA-2	+	色较暗	镍90%铬10%	0～600	0～800	≤400	±4.0%	>400	±1.0%
		−	银白色	镍44%铜56%						
铁-康铜	TA-2	+	较硬	铁100%	0～600	0～800	≤400	±4.0%	>400	±0.75%
		−	银白色	镍40%铜60%						

(1) 铂铑-铂热电偶。它是一种贵金属热电偶,其热电性稳定,抗氧化性能好,宜在氧化性、中性气氛及真空中使用,常用来测量 1 000℃ 以上的温度。这种热电偶价格较贵,热电势小,需配灵敏度较高的显示仪表。它不宜在还原性气氛中使用,易受碳微粒,CO,H_2,S,Si 等气氛和蒸汽的污染而变质(质变脆易折断,热电特性改变)。

(2) 铂铑-铂铑热电偶。它比铂铑-铂热电偶的热电特性更稳定,测量温度更高,长期使用的温度最高可达 1 600℃。它的热电势较小,$E(1\,600,0) = 11.268$ mV。这种热电偶在室温下的热电势很小(25℃ 时为 $-2\ \mu V$,50℃ 时为 $3\ \mu V$),故在使用时一般不需要对冷端温度进行补偿。

(3) 镍铬-镍硅热电偶。它在 500℃ 以下可以在还原性、中性和氧化性气氛中使用,在 500℃ 以上,只能在氧化性和中性气氛中使用。镍铬-镍硅热电偶的热电势比铂铑-铂热电偶的热电势高 4 ～ 5 倍,而且,温度和热电势的关系近似为线性。这种热电偶在热处理车间的中温炉中(600 ～ 1 000℃)得到广泛应用。

(4) 镍铬-考铜热电偶。这种热电偶的热电势相当大,约为 60 ～ 70 $\mu V/℃$。与镍铬-镍硅热电偶相比,这种热电偶含镍较少,价格低廉,由于负极考铜在高温下易氧化变质,其长期使用温度仅为 600℃,短期使用温度为 800℃,这种热电偶在热处理车间低温炉中(600℃ 以下)得到广泛使用。

(5) 铁-康铜热电偶。这种热电偶热电势大,宜在还原性气氛中使用,价格便宜,但易氧化。

除了上述已标准化的热电偶外,还有一些非标准化热电偶。例如:钨铼系热电偶,这种热电偶可以在真空、氢气和惰性气氛中使用,可用来测高达 2 800℃ 的高温。铱铑系热电偶,它可以在真空、氢气和氧化气氛中使用,可以测高达 2 000℃ 的温度,它在火箭技术等高温试验场合有重要应用。

4. 热电偶的结构

热电偶主要分普通型热电偶及铠装热电偶两种结构形式。

(1) 普通型热电偶。普通型热电偶基本上由热电极、绝缘管、保护管及接线盒四部分组成。主要用于测量炉膛温度,较大空间内的气体、蒸汽和液体介质的温度。普通热电偶的基本结构如图 1-5 所示。

1) 热电极。贵金属热电偶的热电极直径一般为 0.35 ～ 0.65 mm,普通金属热电偶的热电极直径一般为 0.5 ～ 3.2 mm。热电极的长度由安装条件(插入温度场的深度和炉外预留长度)而定,一般为 250 ～ 3 000 mm 之间。

2) 绝缘管(或称绝缘子)。热电偶的绝缘管主要用于热电极之间绝缘,以防止热电势因短路而损失。当热电偶的保护管为金属材料时,可使热电极与金属管之间绝缘。绝缘管多数是用高温陶瓷和氧化铝质耐火材料制成,截面形状有圆形、椭圆形、单孔和双孔之分,长度可以是整根和多节的。

贵金属热电偶多采用氧化铝绝缘管。它的热电极软而细,容易受到曲折而损伤,因此所用绝缘管为单节单孔或单节多孔。非贵金属热电偶,由于热电极的强度高,直径大,一般采用多节单孔或多节双孔的绝缘管。

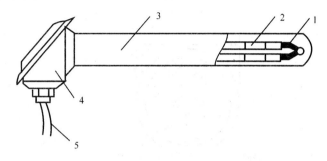

图 1-5　热电偶结构

1— 热电极；2— 绝缘管；3— 保护管；4— 接线盒；5— 补偿导线

3) 保护管。为了避免热电极与被测空间的介质起物理和化学作用,以及机械损伤,热电极通常都是装在不透气的保护管内,同时也可防止热电极腐蚀,避免火焰及气流的直接冲击,并提高热电偶的强度。保护管的材料及其使用温度见表 1-2。

表 1-2　常用热电偶保护管的材料、性能及用途

材料名称	长期使用温度 /℃	短期使用温度 /℃	性能及用途
铜及铜合金	400		为防止氧化,使用时在表面镀一层铬
无缝钢管	600		导热性好,用来保护镍铬-考铜热电偶,防热电偶渗铝、渗铬。镀镍后可在 900～1 000℃ 下使用
不锈钢管	900～1 000	1 250	常用来做镍铬-镍硅、镍铬-考铜热电偶保护管
石英管	1 300	1 600	耐温度急剧性变化,能在氧化气氛中使用,高温下在还原气氛中易渗透,怕碱、怕腐蚀,常用于铂铑-铂的保护管
陶瓷管	1 400	1 600	对温度急剧性变化的适应性差,导热系数小,在氧化气氛中工作好,在还原气氛中易渗透,怕盐、碱腐蚀,常用做铂铑-铂、镍铬-镍硅热电偶保护管

4) 接线盒。它是供热电偶和补偿导线连接用的。出线孔和盖子都用垫片和垫圈加以密封,防止污物落入而影响接线的可靠性。热电偶与补偿导线连接均有正负极性标志,以便于检查和接线。

（2）铠装热电偶。铠装热电偶是将热电极、绝缘材料和金属保护管三者组合加工成一整体。其断面结构如图1-6所示。铠装热电偶具有动态响应快、测量端热容量小、绕性好及耐高温等特点，可安装在结构复杂的装置上进行测温，在热容比较小的物体上也能测得较准确的温度。

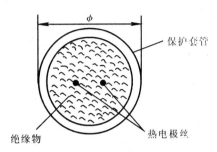

保护套管

绝缘物　热电极丝

图1-6　铠装热电偶横断面示意图

三、热电偶冷端温度及补偿导线

1. 热电偶冷端温度变化对热电势的影响

假定热电偶热端温度为 t，冷端温度为 t_0（$t_0 = 0℃$），根据式（1-8），热电偶产生的热电势为

$$E_t(t,t_0) = f(t) - f(t_0) = f(t) + C$$

若冷端温度为 t_0'（$t_0' \neq 0℃$），这时热电偶的热电势为

$$E_t(t,t_0') = f(t) - f(t_0')$$

两式相减，得

$$E_t(t,t_0) - E_t(t,t_0') = f(t_0') + C = E_t(t_0',t_0) \qquad (1-11)$$

式（1-11）说明，当热电偶的冷端由 $0℃$ 变为 t_0' 时，其热电势产生一个差值 $E_t = E_t(t_0',t_0)$，相当于冷端温度为 t_0' 相对于 $0℃$ 时产生的热电势。因此，热电偶冷端温度的变化，将引起测量误差。

将式（1-11）进行移项，当 $t_0 = 0℃$ 时，有

$$E_t(t,0) = E_t(t,t_0') + E_t(t_0',0) \qquad (1-12)$$

式（1-12）是一个较为常用的公式。单独使用热电偶，通过测量热电势来测定温度时，需用水银温度计（紧靠热电偶的冷端）测得热电偶冷端温度 t_0'，从分度表中查得 $E_t(t_0',0)$ 之值，然后与仪表（直流电位差计）测得的电势 $E_t(t,t_0')$ 相加，得到补正的热电势，最后根据补正的热电势从分度表中查得热电偶热端的相应温度值。

例如：用一只热电偶（铂铑-铂）测量炉温，工作时的冷端温度为 $t_0' = 25℃$，用直流电位差计测得热电偶产生的热电势为 10.280 mV，求热电偶热端的温度 t。

已知
$$E_t(t,t_0') = 10.280 \text{ mV}$$

冷端温度相对于 0℃ 时的热电势为

$$E_t(t_0', 0) = E_t(25, 0) = 0.143 \text{ mV}$$

$$E_t(t, 0) = E_t(t, t_0') + E_t(t_0', 0) = 10.280 + 0.143 = 10.423 \text{ mV}$$

对于铂铑-铂热电偶,热电势 10.423 mV 相当于热端温度为 $t = 1\,074.5℃$。

2. 补偿导线

根据热电偶的测温原理,当冷端温度保持恒定时,热电势才是被测温度的单值函数。热电偶分度又是冷端温度控制在 0℃ 时进行的。为了使热电偶的冷端温度保持恒定,可以把热电偶做得很长,使冷端远离工作端,并连同测温仪表一起放置在恒温或温度波动较小的地方,使冷端免受工作端和周围环境温度波动的影响,但这种方法要耗费许多贵重的金属,在实际应用中不宜采用。因此,一般使用一种导体(称补偿导线)将热电偶的冷端延伸出来,这种导线要求在一定温度范围(0 ～ 100℃)内具有和所连接热电偶相同的热电性能,且其材料又是价廉的金属。

必须指出,只有当新冷端温度为恒定,或配用仪表本身具有冷端温度自动补偿装置时,应用补偿导线才有意义。因此,热电偶补偿导线的新冷端必须妥善安置,使其温度基本保持恒定。

常用热电偶的补偿导线列于表 1－3。

表 1－3　常用热电偶的补偿导线

热电偶名称	补偿导线				热端为 100℃,冷端为 0℃ 时的标准热电势 /mV
	正极		负极		
	材料	绝缘颜色	材料	绝缘颜色	
铂铑-铂	铜	红	镍铜	绿	0.64±0.03
镍铬-镍硅	铜	红	康铜	棕	4.10±0.15
镍铬-考铜	镍铬合金	褐绿	考铜	黄	6.95±0.30
铁-康铜	铁	白	康铜	棕	5.02±0.05
铜-康铜	铜	红	康铜	棕	4.10±0.15

3. 温度修正方法

由于热电偶的温度-热电势的关系曲线是在冷端温度恒定在 0℃ 的情况下得到的,与它配用的测量仪表也是根据这一关系进行刻度的,因此,如果冷端温度不等于 0℃,就必须对仪表指示值进行修正。

(1)冰浴法。为了避免经常校正的麻烦,可采用冰浴法使冷端温度恒定保持在 0℃。特别在实验室条件下,采用这一方法容易实现,也比较方便。其方法是把冷端置于盛有绝缘油的试管中,然后将试管放入装满冰水混合物的容器中(见图1-7),从而保证了冷端温度恒定在0℃。

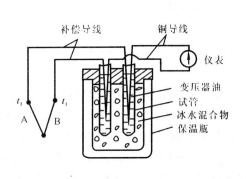

图1-7　热电偶冷端温度恒温器

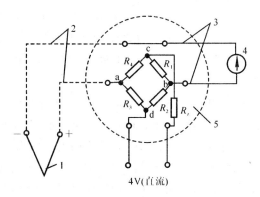

图1-8　电桥补偿法

1—热电偶；2—补偿导线；

3—铜导线；4—仪表；5—补偿电桥

(2) 电桥补偿法。电桥补偿法是利用不平衡电桥,来补偿热电偶因冷端温度变化而引起的热电势的变化。其原理如图1-8所示。

不平衡电桥由电阻R_1,R_2,R_3和R_4组成,电阻R_1,R_2,R_3的电阻温度系数很小,而R_t的电阻温度系数较大。将不平衡电桥串联在热电偶回路中,使热电偶的冷端与R_t电阻处于同一环境温度。当热电偶冷端(电桥温度)处于仪表起始温度(0℃)时,电桥处于平衡状态,a,b之间电位差为零。此时电桥对仪表的读数无影响。当热电偶的冷端温度升高时,导致热电偶的输出电势$E_t(t, t_0)$降低,电阻R_t的电阻因温度的升高而增大,导致电桥平衡破坏,使a点的电位高于b点的电位,产生一个电势差$\Delta E (\Delta E > 0)$。由于电桥参数设计成一定温度变化范围内,ΔE与热电偶冷端温度变化所应补偿的电势$E_t(t'_0, t_0)$方向、大小相等,因此正好补偿冷端温度变化而引起热电势的变化。这样,显示仪表就可正确地指示出被测的温度。

四、热电偶的使用

热电偶的安装和使用不当,不但会增加测量误差,而且会降低热电偶的使用寿命。因此,使用热电偶时,应注意以下事项。

(1) 热电偶应选择合适的安装点,由于热电偶所测的温度只是热电偶热端周围小范围的温度,因此,应将热电偶安装在温度较均匀且代表工件温度的地方。

(2) 热电偶的安装应尽可能避开磁场和电场,如在盐浴炉中热电偶不应靠近电极,以免产生干扰。

(3) 热电偶的接线盒不应靠近炉壁,以免冷端温度过高。一般使接线盒距炉壁约200 mm。

(4) 热电偶插入炉壁深度一般不小于热电偶保护管外径的8～10倍,热电偶的热端尽可能靠近被加热工件,但须保证装卸工件时不损坏热电偶。

(5)热电偶应尽可能保持垂直使用,以避免保护管在高温下变形。若需水平使用时,插入深度不应大于 500 mm。露出部分应采用架子托牢,使用一段时间后,将其旋转 180°。

(6)热电偶在使用中,必须定期到计量部门进行校验,以保证测温的准确性。

(7)在低温测量中,为减少热电偶的热惯性,保护管端头可不封闭或不用保护管。

(8)用热电偶测量反射炉、煤气炉和油炉温度时,应避开火焰的直接喷射,因为火焰的温度比炉内高而且不稳定。

1.2 热 电 阻

热电阻是根据导体或半导体的电阻值随物体温度变化而变化的性质,来测量物体温度的。

根据电阻值随温度变化情况的不同,测温元件可分为热电阻和热敏电阻两类。前者材料为导体(即金属导体),它的电阻值随温度的升高而增大;后者材料为半导体,它的电阻值随温度升高而减小。常用的热电阻有铂电阻和铜电阻。

一、热电阻的工作原理及常用热电阻

热电阻阻值与温度之间的关系一般用下式表示。

$$R_t = R_0(1 + At + Bt^2 + Ct^3) \tag{1-13}$$

式中,R_0 为 0℃ 时的热电阻的电阻值(Ω);R_t 为被测介质温度为 t 时的热电阻的电阻值(Ω);A,B,C 为不同热电阻的分度常数。

不同的热电阻,在不同的温度范围内,对式(1-13)的简化形式不同。

1. 铂电阻

在 $0 \sim 630.74℃$ 的范围内,其电阻值与温度之间的关系可简化为

$$R_t = R_0(1 + At + Bt^2) \tag{1-14}$$

在 $0 \sim -190℃$ 的范围内,其电阻-温度关系可简化为

$$R_t = R_0[1 + At + Bt^2 + C(t-100)t^3] \tag{1-15}$$

式(1-14)和式(1-15)中,R_t,R_0 分别为 t 和 0℃ 时铂的电阻值(Ω);A,B,C 为常数,其值为

$$A = 3.968\ 47 \times 10^{-3}/℃$$
$$B = -5.847 \times 10^{-7}/℃^2$$
$$C = -4.22 \times 10^{-12}/℃^4$$

由于铂电阻在氧化介质中,甚至在高温条件下,化学、物理性能都非常稳定,因此,铂电阻具有准确度高、稳定性好和性能可靠等优点。所以,在 $-259.34 \sim +630.74℃$ 的温度范围内被规定为基准温度计。

我国工业用铂电阻是按标准化生产的。铂的纯度以电阻比 R_{100}/R_0 来表示,R_{100} 代表铂在

标准大气压下在 100℃ 时的电阻值，R_0 代表铂在 0℃ 时的电阻值。常用的铂热电阻的电阻比有 1.389 和 1.391 两种，各种铂电阻的分度号及其技术性能见表 1-4。

表 1-4　铂电阻温度计技术特性

分度号	R_0/Ω	R_{100}/R_0	标准度等级	R_0 允许误差	最大允许误差 /℃
B_1	46.00	1.389 ± 0.001	Ⅱ	$\pm 0.1\%$	对于 Ⅰ 级标准度 $-200 \sim 0℃$ $\pm(0.15+4.5\times10^{-3}t)$ 0～500℃ $\pm(0.15+3\times10^{-3}t)$ 对于 Ⅱ 级标准度 $-200\sim0℃$ $\pm(0.3+6\times10^{-3}t)$ 0～500℃ $\pm(0.3+4.5\times10^{-3}t)$
B_2	100.00	1.389 ± 0.001	Ⅱ	$\pm 0.1\%$	
B_{A1} (Pt$_{50}$)	46.00	1.391 ± 0.0007	Ⅰ	$\pm 0.05\%$	
	50.00	1.391 ± 0.001	Ⅱ	$\pm 0.1\%$	
B_{A2} (Pt$_{100}$)	100.00	1.391 ± 0.0007	Ⅰ	$\pm 0.05\%$	
		1.391 ± 0.001	Ⅱ	$\pm 0.1\%$	
B_{A3} (Pt$_{300}$)	300.00	1.391 ± 0.001	Ⅱ	$\pm 0.1\%$	

2. 铜电阻

工业上除了铂电阻被广泛应用外，铜电阻的使用也比较普遍。铜电阻的电阻温度系数比较大并且价格便宜，在一些测量精度要求不很高的场合常被采用。

目前，有些国家把铜电阻的电阻与温度的关系视为线性来处理，即

$$R_t = R_0(1 + \alpha t) \qquad (1-16)$$

式中，R_t 为温度为 t（℃）时热电阻的电阻值（Ω）；R_0 为温度为 0℃ 时热电阻的电阻值（Ω）；α 为铜的电阻温度系数，$\alpha = 4.25 \times 10^{-3}/℃$。

实践证明，在 $-50 \sim +150℃$ 温度范围内，铜电阻的电阻值与温度的关系并非线性，只是在 $0 \sim 100℃$ 范围内较好地符合线性，而在 $-50 \sim 0℃$ 和 $100 \sim 150℃$ 范围内则偏离线性，故不能用式（1-16）表示。大量的实验和计算表明，铜电阻 Cu$_{50}$ 和 Cu$_{100}$ 在 $-50 \sim 150℃$ 温度范围内，电阻与温度关系特性可表示为

$$R_t = R_0(1 + At + Bt^2 + Ct^3) \qquad (1-17)$$

式中，$A = 4.289 \times 10^{-3}/℃$；$B = -2.133 \times 10^{-7}/℃^2$；$C = 1.233 \times 10^{-9}/℃^3$。

与铂电阻相比，铜电阻的电阻率小（$\rho_{铜} = 0.017\ \Omega \cdot mm^2/m$，$\rho_{铂} = 0.0981\ \Omega \cdot mm^2/m$），故铜电阻电阻丝要做得细而长，从而降低了电阻丝的强度，增加了体积。在高于 100℃ 的气氛中，铜电阻比较容易氧化，只能在低温和无侵蚀介质中使用。铜电阻的分度号和技术特性见表 1-5。

表 1-5　铜电阻温度计技术特性

分度号	R_0/Ω	标准度等级	R_{100}/R_0	R_0 允许误差	最大允许误差 /℃
Cu_{50}	50	Ⅱ Ⅲ	Ⅱ级:1.425 ± 0.001	$\pm0.1\%$	Ⅱ级:$\pm(0.3+3.5\times10^{-3}t)$
Cu_{100}	100	Ⅱ Ⅲ	Ⅲ级:1.425 ± 0.002	$\pm0.1\%$	Ⅲ级:$\pm(0.3+6.0\times10^{-3}t)$

3. 热敏电阻

热敏电阻和金属导体的热电阻不同,它属于半导体。半导体热敏电阻的材料通常是铁、铜、镍、锰、镁、钴、钛等的氧化物,也可以根据技术要求,选其中的几种,按一定的比例混合后进行研磨,掺入一定的黏合剂成形,经高温烧结成元件。半导体材料电阻率远比金属材料大得多,故热敏电阻具有很大电阻值,其 R_0 通常为 $10^2\sim10^3\ \Omega$ 范围,可做成体积小、电阻值大的电阻元件。这种电阻元件的热惯性小,可用作点温度、表面温度以及快速变化温度的测量。

热敏电阻的缺点是温度测量范围较窄,特别是在制造时对电阻与温度关系特性的一致性很难控制,使得元件的互换性差,所以每一支半导体温度计需单独分度。分度方法是在两个温度分别为 T 和 T_0 的恒温源中测得电阻 R_T 和 R_0,再根据下式计算:

$$B = \frac{\ln R_T - \ln R_0}{1/T - 1/T_0} \tag{1-18}$$

通常 B 在 $1\,500\sim5\,000\ k\Omega$ 范围内。

4. 热电阻感温元件的结构

铂热电阻感温元件是将很细的铂丝绕在耐热绝缘材料制作的骨架上而制成的。常用的骨架材料有云母、玻璃、石英和陶瓷。在理想条件下,绕制在骨架上的铂丝内不允许有残余应力存在,而且要求在温度变化时,铂丝也不应产生任何应力,因为应力会改变铂丝的电阻值。对于工业铂热电阻,也应设法将应力降低到最小。

常用的铂电阻温度计,采用在边缘上有锯齿形缺口的云母或陶瓷"十"字骨架(见图 1-9(a)),铂丝双股并绕在骨架上。外层用金属套管保护,引出线为 $\phi=0.1\ mm$ 的银丝。这种形式的感温元件多用于 $500℃$ 以下的工业测温。

标准铂热电阻,多用螺旋形石英骨架(见图(1-9(b))。铂丝先绕成外径 ϕ 为 $0.5\sim1.5\ mm$ 的螺旋线,然后将铂丝不加任何应力,轻附在骨架上。外套以石英管保护。引线是直径 ϕ 为 $0.2\ mm$ 过渡到 $0.3\ mm$ 的铂丝。标准铂热电阻主要用做温标传递计量仪器或作精密温度测量之用。

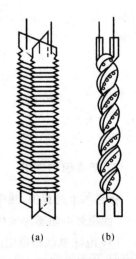

(a)　　　　(b)

图 1-9　铂电阻感温元件
(a)"十"字形;(b)螺旋形

铜热电阻感温元件是一个铜丝绕组,如图1-10所示。图中热电阻丝是直径 ϕ 为0.13 mm的漆包铜丝,它以双绕法绕在塑料骨架上,引线可连接补偿导线组或直接引出。为了防止铜丝松散,提高导热性和稳固性,整个元件需经酚醛树脂浸渍处理。

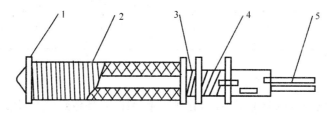

图1-10　铜电阻感温元件

1— 骨架；2— 漆包铜丝；3— 扎线；4— 补偿绕组；5— 引出线

　　半导体热敏电阻温度计的结构形式很多,其主要由热敏电阻、引出线和保护管组成。热敏电阻可做成球形、圆片形或圆柱形。通常球形热敏电阻做测温元件,圆片形和圆柱形大多用作温度补偿。图1-11给出了两种结构的半导体热敏电阻温度计,电阻体直径 ϕ 为 $0.2 \sim 0.5$ mm的珠状小球,铂丝引线直径 ϕ 为0.1 mm。

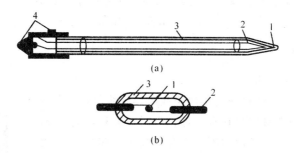

图1-11　热敏电阻感温元件结构图

(a)结构图；(b)剖面图

1— 电阻体；2— 引出线；3— 玻璃保护管；4— 引出线

二、热电阻的使用

　　在热加工过程中,热电阻主要用于 $-190 \sim 200℃$ 之间温度检测,例如冷处理过程的温度测量。使用热电阻感温元件测温时,应注意以下几点:

　　(1)应注意线路电阻的影响,因为线路电阻的任何变化都会影响温度测量精度。在使用热电阻时,应量准导线电阻,再调准绕制线路电阻,使得导线电阻加调整电阻的总和应等于仪表所要求的外接总电阻值(5 Ω 或 15 Ω)。

　　(2)根据测温范围、被测温度场的环境以及经济效果合理选用热电阻的规格型号。测量变化的温度场时,要选用热惯性小的热电阻。对于铂电阻感温元件,应避免在还原性气氛中使用。

(3)热电阻的电流所产生的自热效应,也会引起温度测量的附加误差。它与电流大小和传热介质有关。我国工业上使用的热电阻,其电流一般不超过 6 mA。

(4)热电阻在使用过程中,应避免被测温度场以外的辐射源的热辐射影响,且应经常注意热电阻感温元件与保护管之间的绝缘。绝缘不好不仅会带来测温上的误差,甚至会使仪表无法工作。

(5)电阻的安装地点应避开炉门或环境温度较高的地方。接线盒处的环境温度不宜超过100℃,并要求环境温度保持稳定。热电阻插入深度可按实际需要决定,但至少应不小于热电阻保护管外径的 8～10 倍。高温测量时尽可能垂直安装,以避免高温下弯曲变形。

1.3　辐射测温

辐射测温是一种非接触式测温,在测温过程中测温探头不必与被测对象发生热接触,也不必与被测对象达到热平衡。例如,热处理高温盐浴炉和 1 600℃ 以上的超高温加热炉的炉温检测均采用辐射测温。

一、辐射测温物理基础

单位表面积物体在单位时间内所发射的能量称为辐射能力或辐射强度。绝对黑体的辐射能力与其温度有关,且随热辐射线的波长而变化。不同温度下,绝对黑体辐射能量按波长分布的规律由普朗克公式确定,即

$$M(\lambda, T) = \frac{C_1}{\lambda^5}\left[e^{\frac{C_2}{\lambda T}} - 1\right]^{-1} \tag{1-19}$$

式中,$M(\lambda, T)$ 为黑体辐射强度(W/m^3);λ 为波长(m);C_1 为第一辐射常数,$C_1 = 3.741\ 8 \times 10^{16}(W \cdot m^2)$;$C_2$ 为第二辐射常数,$C_2 = 1.438\ 8 \times 10^{-2}(m \cdot K)$;$T$ 为黑体的绝对温度(K)。

当 $\dfrac{C_2}{\lambda T} \gg 1$ 时,普朗克公式可以用简单的维恩公式代替,即

$$M(\lambda, T) = C_1 \lambda^{-5} e^{-\frac{C_2}{\lambda T}} \tag{1-20}$$

式中,$M(\lambda, T)$ 的含义及常数 C_1,C_2 与式(1-19)相同。

普朗克公式所确定的黑体温度、波长和单色辐射强度的关系,如图1-12所示。从图中可以看出:

(1)若波长 λ 为常数 λ_0,则

$$M(\lambda_0, T) = \frac{C_1}{\lambda_0^5}\left[e^{\frac{C_2}{\lambda_0 T}} - 1\right]^{-1} = g(T) \tag{1-21}$$

也就是说,黑体在特定的波长上的辐射强度是温度的函数。

（2）当温度一定时，单色辐射强度随波长的变化而变化，存在一个单色辐射强度的最大值。维恩移动定律指出，峰值 $M(\lambda,T)$ 对应的波长 λ_m 与温度 T 的乘积是一个常数，即

$$\lambda_m T = 2.898 \times 10^{-3}(\text{m} \cdot \text{K}) \quad (1-22)$$

当温度升高时，$M(\lambda,T)$ 向波长减小的方向移动，如果测出绝对黑体单色辐射强度的最大值及所对应的波长，就可算出绝对黑体的温度 T。

（3）绝对黑体的总辐射强度与表面温度之间的关系，满足斯忒藩-玻耳兹曼定律。对普朗克公式在整个波长范围内积分，即

$$\int_0^\infty M(\lambda,T)\mathrm{d}\lambda = \sigma T^4 = F(T) \quad (1-23)$$

式中，σ 为斯忒藩-玻耳兹曼常数，$\sigma = 5.670\ 32 \times 10^8$ W/($\text{m}^2 \cdot \text{K}^4$)。

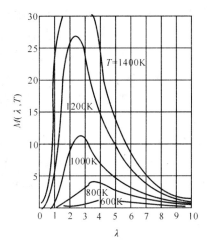

图 1-12　黑体辐射强度与波长、温度之间的关系

式（1-23）表明，黑体在整个波长范围内的辐射强度与温度的四次方成正比，是温度的单一函数。

（4）当波长等于常数时，$M(\lambda,T)$ 仅是温度的函数。温度越高，$M(\lambda,T)$ 的变化速率越快，不同的波长下，$M(\lambda,T)$ 随温度的变化速率不同。波长越短，$M(\lambda,T)$ 随温度的变化速率越大。取两个不同波长 λ_1 和 λ_2，则

$$\frac{M(\lambda_1,T)}{M(\lambda_2,T)} = \frac{C_1\lambda_1^{-5}\mathrm{e}^{\frac{C_2}{\lambda_1 T}}}{C_1\lambda_2^{-5}\mathrm{e}^{\frac{C_2}{\lambda_2 T}}} = \left(\frac{\lambda_1}{\lambda_2}\right)^{-5}\mathrm{e}^{\frac{C_2}{T}\left(\frac{1}{\lambda_2}-\frac{1}{\lambda_1}\right)} = f(T) \quad (1-24)$$

由此可见，两个特定波长的辐射强度之比仍为温度的单值函数。

实践中人们总是设法获得 $g(T)$，$F(T)$ 或 $f(T)$ 的值，以求得对应的温度。显然，普朗克公式和维恩公式是辐射测温法的基本依据。

普朗克公式和维恩公式是对绝对黑体而言的。实际上，绝对黑体是不存在的，客观存在的物体都是所谓的"灰体"。实际物体的辐射能力都低于绝对黑体，常用黑度（或称发射率）来表示物体辐射能力接近绝对黑体的程度。

对于实际物体，可以对普朗克公式和维恩公式进行修正，即

$$M(\lambda,T) = \varepsilon(\lambda,T)\frac{C_1}{\lambda^5}\left[\mathrm{e}^{\frac{C_2}{\lambda T}} - 1\right]^{-1} \quad (1-25)$$

$$M(\lambda,T) = \varepsilon(\lambda,T)C_1\lambda^{-5}\mathrm{e}^{\frac{C_2}{\lambda T}} \quad (1-26)$$

对于物体的单色辐射，$\varepsilon(\lambda,T)$ 称为物体的单色辐射黑度（或称光谱发射率），其定义为物体在温度 T 时的单色辐射强度与同温度、同波长的绝对黑体的单色辐射强度之比。

对于全辐射,用 $\varepsilon(T)$ 表示物体的(全)辐射黑度(或称全发射率),其定义为物体在温度 T 时的辐射强度与同温度下的绝对黑体的辐射强度之比。

物体的黑度由物体表面材料的性质、表面状态及温度表示。绝对黑体的 $\varepsilon(\lambda, T) = \varepsilon(T) = 1$,灰体 $\varepsilon(\lambda, T)$ 和 $\varepsilon(T)$ 都小于1。

二、辐射测温仪表

按照辐射测温仪表的工作原理,对其可按表 1-6 进行分类。

表 1-6 辐射测温仪的类型

辐射温度计类型	测温原理		敏感元件	工作波长 /μm	响应时间 /s	测量范围 /℃	准确度
	定律	实现方法					
光学高温计			人眼	0.6 ~ 0.7	取决于操作者	800 ~ 3 200	±(0.5 ~ 1.5)%
光电高温计	普朗克定律	测量单色辐射亮度	光电倍增管 硅光电池 硫化铅光敏电阻	0.3 ~ 1.2 0.4 ~ 1.1 0.6 ~ 3.6	< 3 (< 1)	400 ~ 2 000	±(0.5 ~ 1.5)%
比色高温计		测量两个单色辐射亮度比值	硅光电池	0.4 ~ 1.1	< 3	400 ~ 2 000	±(1 ~ 1.5)%
全辐射高温计	斯式藩-玻耳兹曼定律	测量全辐射或部分辐射的能量	热电堆	0 ~ ∞ (0.4 ~ 14)	0.5 ~ 4	600 ~ 2 500	±(1.5 ~ 2)%
部分辐射高温计			硅光电池 热敏电阻 热释电元件 硫化铅光敏电阻	0.4 ~ 1.1 0.2 ~ 40 4 ~ 200 0.6 ~ 3.0	< 1	− 50 ~ 3 000	±1%

以普朗克定律为基础的测温仪表,常称为单色辐射高温计,目前常用的有两种类型:一类是测量被测对象发射的某个波长的单色亮度,从而求得对象温度。它通称为亮度温度计,可分为光学高温计和光电高温计;另一类是测量被测对象在两个(或三个)波长下的单色辐射亮度(或强度),求出它们的比值,从而得到被测对象的温度,称其为比色高温计。下面简单介绍几种辐射测温计。

1. 光学高温计

光学高温计就是将特制光度灯的灯丝亮度与被测对象进行比较,在确定了光度灯丝亮度与温度之间对应关系后,即可求出被测对象在相同亮度下的温度值。图 1-13 为隐丝式光学高温计的示意图。当合上开关 K 时,光度灯 4 被点亮。灯丝的亮度取决于流过电流的大小,调节滑线电阻 R 可改变流过灯丝的电流,也就调节了灯丝的亮度。毫伏计 V 用来测量灯丝两端电压,该电压随流过灯丝电流的变化而变化,间接地反映出灯丝亮度的变化。当准确地确定特定波长下的灯丝亮度和温度之间的关系后,毫伏计的读数即可显示温度的高低。

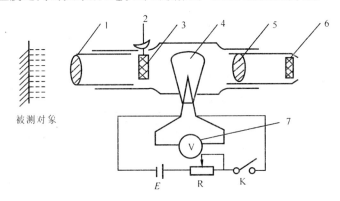

被测对象

图 1 - 13　光学高温计示意图

1— 物镜；2— 旋钮；3— 吸收玻璃；4— 光度灯；5— 目镜；6— 红色滤光片；7— 毫伏计

由物镜 1 和目镜 5 组成的光学部分相当于一架望远镜,移动目镜 5 可以清晰地看到光度灯灯丝的影像。移动物镜 1,可以看到被测对象的影像,它和灯丝的影像处于同一平面上。这样,就可以将灯丝的亮度和被测对象的亮度进行比较。当被测对象比灯丝亮时,灯丝成为一条暗线；当被测对象比灯丝暗时,灯丝成为一条亮线。调节滑线电阻 R,使灯丝亮度和被测对象亮度相同时,灯丝影像就消失在被测对象的影像中,这时毫伏计指示的温度即相当于被测对象的温度(见图 1 - 14)。再经单色辐射黑度的修正,就可得到实际温度。

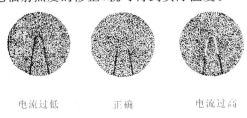

电流过低　　　　　正确　　　　　电流过高

图 1 - 14　光学高温计瞄准状态

红色滤光片 6 的作用是为了获得被测对象与标准灯的单色光,并在特定的波段上进行亮度比较。实践证明,只有与单色光进行比较时,测量结果才比较准确。

以普朗克公式为基础的单色辐射高温计,在理论上比较严密,且其结构相当完善,灵敏度和准确度都是辐射式温度计中较高的。但是,它是用人的眼睛来检测两亮度偏差的,因而仪器的灵敏度和准确度受到限制,只能利用可见光进行测量,且不能测量较低温度(低于 800℃)及实现自动测量。

2. 全辐射高温计

全辐射高温计是利用被测对象的辐射热效应原理测量温度的,图 1-15 是全辐射高温计的结构示意图。

被测对象放射的热能,由物镜 1 聚集在辐射感温器热电偶 2 的工作面上,并转换成热电势。当被测对象温度变化时,其辐射热能的能力随之变化,热电偶的热电势也相应变化,即热电势的大小对应于被测对象温度的高低。如用测温仪表测量出热电势,就可以根据一定的对应关系换算出被测温度值。上述用全辐射高温计测量出的温度值仅为物体的辐射温度,故还须根据物质的全辐射吸收系数加以修正,才能求得被测对象的真实温度。

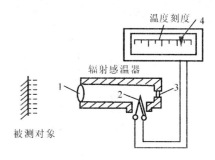

图 1-15 全辐射高温计示意图
1— 物镜;2— 热电偶;3— 目镜;4— 测温仪表

实际上,辐射高温计的热敏感元件不是一只热电偶,而是一组(8 对或 16 对)直径为 0.05 ~ 0.07 mm 的镍铬-考铜热电偶串联组成的热电堆,热电偶的热端焊在涂有铂黑的瓣形镍箔上(图 1-16 中的 8 片对称排列的黑色扇形片,又称为靶心)。热电偶的冷端由考铜箔串连起来。为了自动补偿环境温度变化带来的误差,采用了双金属片补偿光栅(图 1-16 中右下方遮住瓣形镍箔的黑影即光栅),其位置可根据输出值的高低进行调整。

正确   影像太小   影像歪斜

补偿光栅

图 1-16 瞄准时的图像

3. 光电高温计

将光学高温计的标准灯或全辐射高温计的热电堆换成合适的光敏元件,再配以适当的放大电路,可以构成自动测量及适合于远距离探测的各种光电高温计。如光电亮度高温计、红外温度计、比色光电温度计和光纤光电温度计等。

(1)亮度光学高温计。用光电元件取代光学高温计中的标准灯泡就可自动测量被测对象的亮度温度。这种高温计可以选择可见光,也可以选择红外线,或者兼用可见光与近红外光。

光电高温计包含两大部分:一是光学系统,它包括瞄准光路、测量光路、光调制器和单色器;二是测量放大显示装置。由于测量方式不同,它有多种构成形式。

单光路光电高温计的构成原理如图 1-17 所示。辐射光 1 经过透镜 2、滤光片 3 后直接投射到光电元件 4 上,所产生的光电流信号由放大器 5 输出至显示仪表 6 显示。由于光电元件产生的光电流信号是直流信号,如果采用同步电机 8 将辐射光进行调制,使它变成交变光信号,则光电元件产生的光电流将是交变的。这样就可以利用交流放大器 5 进行放大，以提高仪器的稳定性和测量精度。

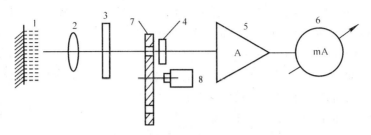

图 1-17　单光路光电高温计原理

1—被测物体；2—透镜；3—滤光片；4—光电元件；5—放大器；6—显示仪表；7—调制盘；8—电机

为了进一步提高光电高温计的稳定性和测量精度，可采用双光路，构成双光路光电高温计（见图 1-18）。由于增加一个参比光路，使被测辐射光 1 与参比光 9 均投射到光电元件 4 上。如图 1-18(a) 所示，当调制盘 7 旋转时，交替使被测辐射光反射到光电元件上，参比光透射到光电元件上。两者在相位上相差180°。当两路光线强度不等时，放大电路输出不平衡信号，调整参比灯的亮度，使参比灯辐射光通量始终准确跟踪被测物体的辐射光通量，保持平衡状态。双光路光电高温计也有使用恒定参比亮度的方法，如图 1-18(b) 所示。振动式调制器 7 使两路光线交替投射到光敏元件上，输出信号也是被测光与参比光亮度比值。因为参比光没有跟踪被测光的变化，仪器的动态特性较好，但放大器稳定性不及前者。

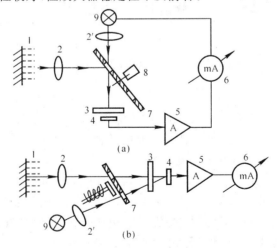

(a)

(b)

图 1-18　双光路光电高温计原理

(a)非恒定参比亮度的双光路光电高温计；(b)恒定参比亮度的双光路光电高温计

1—被测物体；2—透镜；3—滤光片；4—光电元件；5—放大器；6—显示仪表；7—调制盘；8—电机；9—参比光

（2）光纤辐射高温计。光纤辐射高温计除探头外,其他部分与辐射和光电高温计无原则上的不同。光纤探头形式有多种多样,如光导棒式、透射式等。光导棒式探头是用石英光纤预制成光导棒,一般直径为 3 mm,长为 100 mm,表面覆一层折射率较低的玻璃,其结构如图 1-19 所示。当探头靠近被测物体时,被测物体的辐射光通过光导棒 1 将辐射光导入光纤 3,再经光导纤维传递给光纤高温计中的光敏元件,由光敏元件将光信号转换为电信号,再经放大电路输入到显示仪表中显示。探头上冷风的引入可保护光导棒的清洁,当光导棒靠近被测物体时,吹风停止,以免影响被测物体的温度。

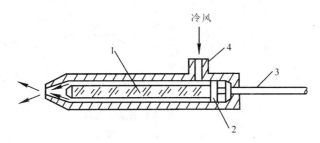

图 1-19 光导棒探头

1—光导棒；2—光导棒与光纤接头；3—光纤；4—吹气引入口

图 1-20 为光纤比色高温计原理框图。探头可用光导棒或透射镜构成。光纤所传递的辐射光没有选择性,在通过调制盘 2 时,由于调制盘上两半圆上的红外滤波片不同,在一个半周内通过的波长为 λ_1,在另一个半周内通过的波长为 λ_2。两束波交替投射到光敏元件上,产生不同的光电流 I_1 和 I_2,交替送入比值放大器,在同步信号的控制下,分别进行放大后,进行比值计算。运算后的比值信号经线性化处理及 A/D 转换后,送入数字显示仪显示。

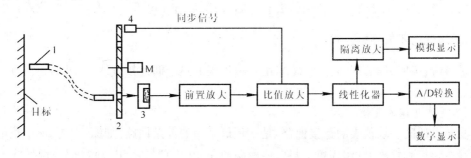

图 1-20 光纤比色高温计原理框图

1—光纤头；2—调制盘；3—红外滤波片；4—光敏元件；M—电机

4. 红外测温计

凡是利用物体辐射的红外光谱进行测温的技术都称为红外测温。红外测温计的结构与光电高温计基本相同,若将光学系统改为透射红外的材料,热敏元件改用相应的红外探测器,这样就构成了红外辐射温度计,如图1-21所示。被测物体的红外光由窗口2射入光学系统,经分光片3、聚光镜4和调制盘5转换成脉冲光波投射到黑体腔6中的红外探测器上,红外探测器的输出信号经运放 A_1 和 A_2 整形和放大后,送入相敏功率放大器,经解调和整流后输出到显示器,显示出相对应的温度。

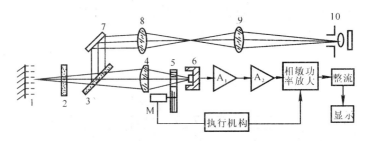

图1-21 红外辐射测温计原理

1— 被测物体;2— 窗口;3— 分光片;4— 聚光镜;5— 调制盘;

6— 黑体腔及红外探测器;7— 反光片;8,9,10— 透镜

为对准被测目标所要测定的部位,由分光片3,反光片7以及透镜8,9,10组成的目镜系统,可以观察被测目标,并进行对准操作。

1.4 温度检测电路及测温仪表

热电偶(或热电阻)与测温仪表连接就可构成温度检测回路,不同的温度检测仪表的温度检测电路是不同的。常见的温度检测仪表有动圈式仪表、直流电位差计和电子电位差计等。

一、热电偶的不同连接方式

为了解决各种各样的测温任务,需采用各种不同的热电偶连接方式。常见的连接方式有以下几种:

1. 单支热电偶的连接

一支热电偶配一块仪表的连接回路,是一种最常用的典型回路。如图1-4(b)中热电偶通过补偿导线连接到仪表上,构成单支热电偶测温回路。在生产实际中,通常把补偿导线一直延伸到配用显示仪表的接线端,这时热电偶的冷端温度及仪表接线端子环境温度相同。若显示仪表本身没有冷端温度补偿装置,需要进行热电偶冷端的温度补偿。

2. 热电偶的并联

热电偶的并联方式主要用于两种情况:一是检测被测对象的某一点是否发生过热;二是求得各点温度的算术平均值。图1-22为三支热电偶并联测量线路,输入到仪表中的热电势为三

支热电偶输出热电势的平均值,即

$$E = \frac{1}{3}(E_1 + E_2 + E_3) \qquad (1-27)$$

热电偶并联连接方式只适用于具有相同热电特性的同一类的热电偶。当在所有热电偶测量端温度相等的情况下,温度检测电路输出所有热电偶热电势的平均值。若其中某一支热电偶的热电势增加一个数值 ΔE,由于其余热电偶的分路作用,回路输出电势值增加 $\Delta E/n$(n 为并联热电偶数)。利用并联测量线路的好处是仪表的分度仍和单独配置一支热电偶相同,但是,当其中某一支热电偶断开时不易被发现。这种连接方式只限于多点温度比较接近时才有意义,不能正确检测某一点单独的温度,所以在工业生产中一般采用较少。

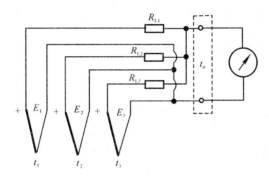

图 1-22 热电偶的并联

3. 热电偶的串联

由多支相同热电势特性的热电偶串联所组成的测量线路称为热电堆,如图 1-23 所示。它通常用于测量较低温度和产生热电势比较小的地方。线路输出总的热电势等于各支热电偶的热电势总和。一般认为,采用由几支热电偶组成的热电堆,测温精度和灵敏度会提高几倍。但是,热电极的不均匀性将造成热电势特性的不同和温度场的不均匀,每个接点和物体之间的热阻和热交换条件不可避免地要产生误差。由于很难保证测量端和冷端的温度分开时彼此相等,故会因为热电堆的分度困难而降低测量精度。

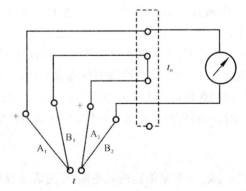

图 1-23 热电偶的串联

4. 示差热电偶

示差热电偶是由两支相同的热电偶反向串联而成,如图 1-24 所示。线路输出总的热电势取决于两个热端接点处的温度 t_2 和 t_1。当其相等时,热电势为零;不等时,才有热电信号输出。这种线路通常用来测量同一被加热物体所存在的温度差。在差热分析中,可显示试样对参考试样的温度差。如果要用示差热电偶作温度差的绝对测量,则必须保证在不同的温度范围内,相同的温度差对应相同的电势,也就是要求两支热电偶具有完全相同的特性,而且具有良好的线性。

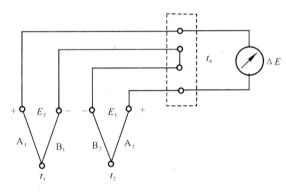

图 1-24　示差热电偶线路

二、热电势的检测电路

1. 动圈式仪表及其检测电路

(1) 动圈式仪表的基本结构。动圈式仪表常用于温度的检测与控制,但不要求进行记录检测温度值的场合。动圈式仪表的核心部件实际上就是一个磁电式毫伏表,以 XCT—101 型仪表为例,内部基本结构如图1-25所示。与磁电式毫伏计一样,仪表都是由一个磁电表头和连接它的测量电路组成。表头中的动圈处于永久磁铁的磁场中,当热电偶产生热电势时,测量电路中有电流产生。当电流通过动圈时,动圈便产生动力矩 M 而偏转。在线圈几何尺寸和匝数一定的条件下,M 只与流过线圈的电流成正比。该力矩 M 促使线圈绕中心轴转动,线圈转动时,支持线圈的张丝将产生反力矩 M_0。M_0 的大小与动圈的转角 α 成正比。当动力矩 M 与反力矩 M_0 相等时,动圈将停留在某一位置。此时动圈转角为

$$\alpha = CI = C\frac{E_t(t,t_0)}{R_Z} \tag{1-28}$$

式中,R_Z 为测量电路的总电阻;C 为表征仪器灵敏度的系数,它与动圈的几何尺寸、磁感应强度以及张丝的弹性模量有关;I 为流过动圈的电流。α 角由固定在动圈上的指针显示出来,当电动势增大时,转角也增大,指针指示的被测温度就越高。动圈式仪表的表盘刻度一般是把热电势换算成温度值。由于不同的分度号热电偶与温度的关系不同,因此动圈式仪表应配用相应的热电偶。

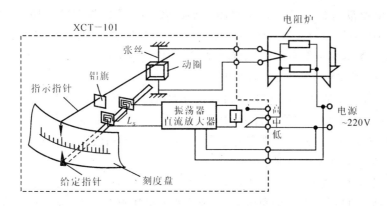

图 1 - 25　XCT—101 型仪表的基本结构示意图

（2）测量电路。动圈式仪表要求输入信号为直流毫伏级信号，所以热电偶可以直接接入仪表而不需要附加其他变换装置。图 1-25 中的热电势测量回路可简化为等效电路，如图 1-26 所示。图中虚线内为仪表内部的等效电路，等效电阻用 R_{I} 表示；虚线外为仪表外接电路，等效电阻用 R_{O} 表示。回路电流 I 为

$$I = \frac{E_t(t,t_0)}{R_{\mathrm{I}} + R_{\mathrm{O}}} \tag{1-29}$$

式中，$E_t(t,t_0)$ 为热电偶电势。

将式（1-29）代入式（1-28），得

$$\alpha = C\frac{E_t(t,t_0)}{R_{\mathrm{I}} + R_{\mathrm{O}}} \tag{1-30}$$

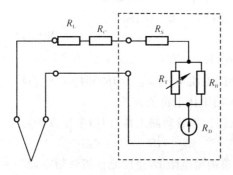

图 1 - 26　动圈式仪表测量电路

可见，为保证仪表值与热电偶的热电势成正比，必须保证 R_{I} 和 R_{O} 为常数。仪表内电阻 R_{I} 包括量程电阻 R_{S}、动圈电阻 R_{D}、温度补偿电阻 R_{B} 和 R_{T}。量程电阻 R_{S} 的大小可以改变仪表的量程，是用温度系数很小的锰铜丝绕制，电阻值约在 $200 \sim 1\,000\ \Omega$ 范围内，具体可根据配置热

电偶的型号和测温范围而定。仪表出厂时，R_S 已被确定。R_D 是用细铜丝绕制的线框，电阻值会随仪表所处环境温度变化而变化。为保证 R_1 尽可能恒定以减少测温误差，必须采取温度补偿。R_T 是一负温度系数的热敏电阻（20℃ 时为 68 Ω），其热惯性和动圈电阻 R_D 相当。它和 R_B（20℃ 时为 50 Ω）并联，可较好地补偿 R_D 的变化。

仪表外部电阻 R_0 是热电偶电阻、冷端补偿等效电阻 R_L 和外接调整电阻 R_C 之和。为保证 R_0 为常数，规定外电阻为一定值，阻值为 15 Ω 或 5 Ω，仪表出厂时标注在表盘上。安装仪表时，调整 R_C 电阻值以保证 R_0 为仪表规定的电阻值。这一点在使用仪表时尤为重要。

2. 直流电位差计及其检测电路

动圈式仪表的结构简单，制造成本低，但测量精度较差。直流电位差计是一种高精度仪器，其测量精度可达 0.005 级，可准确测出 1 μV 或更小的电压数值。在实验室或科学研究中，总是应用直流电位差计来精确测量温度，也可以用做标准的直流电势源。在校验电子电位差计时，作为标准输入信号。

直流电位差计按随动平衡方式工作，采用把被测量与已知标准量比较后的差值调零的零差测量方法，图 1-27 为直流电位差计原理示意图。图中，E_B 是工作电源；R_S 是调整工作电流的电位器；E_N 是标准电池（电势为 1.017 6 ~ 1.019 8 V）；R_N 是校准工作电流的标准电阻；B 是测量电阻；G 是检流计。直流电位差计的基本线路是由工作电流回路、校准工作电流回路和测量回路三个回路组成。

当开关 K 拨到"标准"一侧时，G，E_N，R_N 组成校准工作回路。若设标准电池和检流计的总内阻为 R_y，则其电压方程为

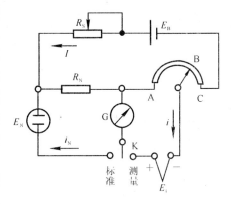

图 1-27　直流电位差计原理示意图

$$E_N - IR_N = i_N(R_N + R_y) \qquad (1-31)$$

调整 R_S，可改变工作回路电流 I。当 $E_N = IR_N$ 时，$i_N = 0$，检流计 G 指针指向零。此时，电流 I 为直流电位差计所要求的工作电流值。

当开关打到"测量"一侧时，测量回路工作。回路电压方程为

$$E_t - IR_{AB} = i(R_{AB} + R_G) \qquad (1-32)$$

式中，R_G 为检流计内阻。调整测量电阻 B，使检流计指针指零，即 $i = 0$，$E_t = IR_{AB}$。由于 I 已是精确工作电流值，将测量电阻 R_{ABC} 按其阻值的大小标以电势值，即可直接读出被测电势 E。由直流电位差计的工作原理可知，它的测量精度主要取决于检流计的灵敏度、仪表内各电阻的精度以及稳定的标准电压。高精度的直流电位差计的最小读数可达 0.01 μV。

显然，直流电位差计标准化后处于测量状态，如果不接被测电势 E_t，那么这个接线端可输出一个和测量电阻 B 的滑点位置相对应的电势，成为标准电势源。但它不能输出电流，因为

有了负载电流后，将改变工作电流值，按B点刻度输出的电势值就不真实了。所以，直流电位差计只能作为电子电位差计的信号源，而不能作为动圈式仪表的信号源。

　　3．电子电位差计及其检测电路

　　实际使用的温度记录仪表大部分是电子电位差计。它灵敏度高，对较快变化的温度也能进行测量，并能自动指示和记录温度，一般都附加有控温装置，可实现对温度的自动控制。

　　电子电位差计实际上是自动平衡式测量仪表，主要由测量电桥、振动交流级、电压放大器、功率放大器、可逆电动机、指示记录机构及调节机构所组成，如图1－28所示。热电偶产生的热电势 E_t 送入测量桥路，与其两端电压 E_0 比较。若 $E_t \neq E_0$，其差值 $\Delta E = E_0 - E_t$，称为不平衡电压。振动变流级将此不平衡电压 ΔE 变成交流电压，经电压放大和功率放大后，推动可逆电动机朝着使测量桥路趋于平衡的方向转动，直到 ΔE 趋近于零，电桥达到平衡位置时，可逆电动机才停止转动。在可逆电动机转动过程中，同时还带动指示和记录机构，指示和记录热电偶所测温度。为了能自动控制温度，可逆电动机又带动调节机构，控制继电器通断电，从而达到控制温度的目的。

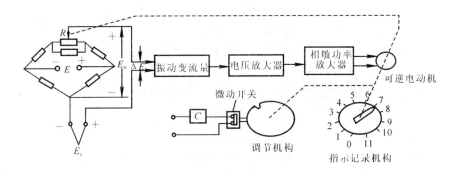

图1－28　XWB—101型电子电位差计工作原理示意图

1.5　智能仪表

　　测温仪表的产生和发展经历了三代。第一代是模拟式仪表，如上节所讲的动圈式仪表、电子电位差计等。这类仪表都有一个共同的特征，就是直接对模拟信号进行测量和控制，最终以指针的运动来显示测量结果。第二代仪表是数字式仪表，与模拟式仪表相比，在原理、结构上均发生了根本性变化。数字集成电路的大量采用、A/D（模／数转换器）、D/A（数／模转换器）和十进制数码显示技术是这类仪表的最明显的特征。数字式仪表给人以直观的感觉，响应速度和测控精度比模拟仪表提高了很多。但是，这一代仪表实时功能比较简单，不具备记忆功能，也不能实现对数据的处理、可编程控制以及人机对话这样的高级功能。第三代仪表是智能化仪表，所谓智能仪表实质上是以微型计算机为控制中枢,其功能由软件、硬件相结合来完成测温与控制的一代新型仪表,因此也称为微机化仪表。这类仪表不但能够解决传统仪表不能解决或不易解决的问题,而且能实现记忆存储、四则运算、逻辑判断、命令识别、自诊断以及人工智能的工作,有的还具有自校正、自适应、自学习等控制功能。

一、智能仪表的组成

智能仪表主要由硬件和软件两大部分组成。硬件部分主要由数据采集装置和微型计算机两部分组成。

智能仪表具有小型化、多功能、抗干扰能力强和成本低等特点,广泛应用于温度、压力、位移等信号的采集与控制。图 1-29 为智能仪表硬件结构框图。

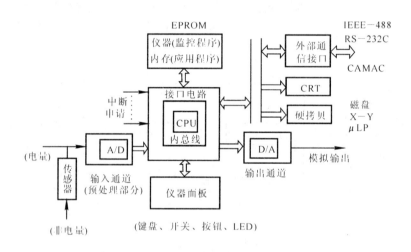

图 1-29　智能仪表硬件结构框图

微型计算机(包括 CPU,CRT,接口电路,程序存储器 ROM,数据存储器 RAM 等)为仪表的核心,用于储存程序、数据,执行程序并进行各种运算、数据处理,并实现各种控制功能。

数据采集装置一般由信号预处理电路、多路开关采样保持器、A/D 转换器和 I/O 接口组成,用于对被测控对象的物理信号进行处理转换,使之成为微机能接受的数字量输入。模拟量的输出由 D/A 转换器、输出保持器、光电隔离器件和功率驱动电路等组成,用于将微机处理过的数字信号变为模拟信号输出。开关量 I/O 口的输入、输出通道用于输入、输出脉冲信号和开关量。

智能仪表的软件包括监控程序、中断服务程序、实现各种功能的子程序以及各种测量控制算法的功能模块,用于完成仪表的数据处理和控制任务。其中主要包括数据采集、数字滤波、线性化、标度变换、PID 控制、模糊控制及自适应控制等控制算法等。

对于材料加工中常用的温度、压力、位移等测控的智能仪表,其硬件结构基本相同,工作原理相近。由传感器输出的检测信号首先在输入通道中进行变换、放大、整形、滤波、补偿等预处理,再经过 A/D 转换器变成数字信号后输入微机。由 CPU 对输入的数据进行一系列的运算处理,并将运算结果存储在 RAM 中,同时可以通过输出端口送入显示、打印等设备中,也可以输出开关量信号或经过 D/A 转换成模拟量信号输出,实现调节与控制作用。仪表的整个工作均是依靠 CPU 执行预先编制好的软件来完成的。

二、智能仪表的功能

智能仪表由于具备了记忆和运算功能,因此它比传统的模拟仪表或数字仪表具有无可比拟的功能特点。因此,极大地提高了仪表的准确性,保证了仪表的可靠性,实现了复杂的控制规律和数据通信,并可实现多点控制和多种输出形式。

1. 输入通道接口自诊断功能

自诊断是智能仪表自动开始,或人为启动开始执行的自我检验过程,其目的是检查仪表各部分是否正常。常见的自检有三种类型:开机自检、周期性自检和键盘自检。开机自检是仪表接通电源或复位后,仪表进行一次自检。自检的项目一般有对面板显示装置的检测,对插件牢靠性的检测,对 RAM,ROM 的检测及对功能键是否有效的检测。开机后,仪表面板显示某些特殊字符,一旦仪表出现故障或某部分状态出现错误,仪表将发出警示,也可在显示装置上显示错误代码。周期性自检是为了保证在运行过程中仪表的正确性。在不影响仪表测量或在测量间歇中,不断地、周期性地插入自检操作。这种检测完全是自动的。对于一些特殊的检测或随机性检测,可通过按键来完成。

为了提高系统的安全性及信号测量的准确性,对输入、输出接口以及控制电路等有关部分进行自检和自诊断是非常必要的。例如,在炉温检测与控制中,最为常见的故障是热电偶以及连接导线的短路或断路。因此,所有温度仪表中均设置有断偶保护电路和自检电路。

断偶保护电路由偏置电源 V_B 和一个高阻电阻 R_B 组成(见图 1-30)。在正常情况下,信号源(热电偶和连接导线)的等效内阻值 R_S 很小,并满足 $R_S \ll R_B$,故 R_B 回路对检测电路不起作用。但是,若信号源断线时,则出现 $R_S \gg R_B$ 的状态。偏置电源 R_{B1} 通过 R_B 对 C_F 电容进行充电,C_F 两端的充电电压迅速上升,导致 A/D 转换溢出量程。仪表据此判断热电偶断路,并进行报警处理。

2. 数字滤波技术

在数据传输过程中不可避免地要混入各种干扰信号,这些干扰是随机的。为了消除干扰所造成的随机误差,可以采用硬件进行滤波(详见第 6 章),也可以采用软件来实现数字滤波。智能仪表中常用的数字滤波方法很多,如算术平均滤波、中位值滤波、一阶惯性数字滤波、高通数字滤波和带通数字滤波等。这些方法可以单独使用,也可以组合使用。

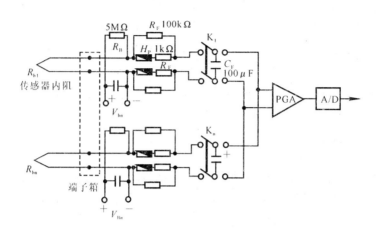

图 1-30 断偶保护电路

3. 标度变换(工程量变换)

在实际生产中,温度等参数都有不同的量程和数值。例如,铂铑-铂热电偶在 0 ~ 1 600℃ 时,其热电势为16.71 mV;镍铬-镍硅热电偶在 0 ~ 1 300℃ 时,热电势为52.37 mV。为了便于采集,这些参量都要经过传感器或变送器转换成 A/D 转换所能接收的统一电压信号(如 0 ~ 5 V),再由 A/D 转换成 0000H ~ 0FFFH(12 位)的数字量,以便微机进行各种数据处理。然而,为了进行显示、记录、报警等,必须把这些数字量转化成与被测参数相对应的参量。这种测量结果的数字变换就是所谓的标度变换(工程量变换)。

标度变换有线性变换和非线性变换两种。若被测参数数值与 A/D 转换结果为线性关系,则可采用线性变换,线性变换公式为

$$Y_X = (Y_m - Y_0) \frac{N_X - N_0}{N_m - N_0} + Y_0 \qquad (1-33)$$

式中,Y_X 为实际测量值;Y_m,Y_0 分别为测量上限和下限;N_X 为实际测量值所对应的数字量;N_m,N_0 分别为测量上限和测量下限所对应的数字量。

对于非线性特性的标度变换,若非线性传感器特性能用数学关系式表达,可进行直接变换。但许多情况下,非线性传感器特性不能用简单的数学关系式表达,一般先进行线性化处理后,再进行标度变换。也可采用多项式插值法、线性插值法和查表法进行标度变换。

4. 自动定时控制

自动定时控制是某些测量过程所必需的,因此智能仪表的内部一般都配有时钟信号,作为时间标尺来控制仪器的工作时间。定时控制可用硬件完成,微机系统都有硬件定时器,其特点是定时准确,能通过编程来确定时间。编制特定的软件也可以达到延时的目的,可通过编制固定的延时子程序放在程序存储器中,需要时只需调用这些子程序,就可以按所需的时间进行

延时。

5. 实现复杂的控制功能

仪表实现智能化后,一些常规仪表不能实现的功能,在智能仪表中就能很容易实现。例如,如图 1-31 所示,某些材料的热处理工艺较为复杂,具有多段等温加热曲线和冷却曲线。图 1-31 所示的热处理工艺曲线中,有三个加热等温点和二个冷却等温点。从一个等温点到另一个等温点之间有不同的升温或降温速率。智能温控仪表完全可以拟合热处理工艺曲线进行控制,即可控制等温温度,又可控制加热或冷却速率,并且可以存储工艺曲线,以备下次使用。功能较强的温度测控智能仪表,可以存储十多条工艺曲线,每个工艺曲线中可设 10 个等温温度点,基本可以满足目前复杂的热处理工艺要求。

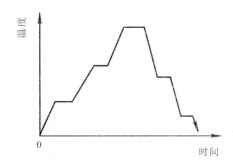

图 1-31 热处理工艺曲线示意图

专家系统引入仪表,使仪表具有自学习、自适应功能。控制系统中一直很难解决的诸如前馈、非线性、纯滞后、模糊控制以及复杂的 PID 控制等问题都能通过智能仪表技术得到满意的解决。

PID 控制是热加工中应用较为广泛的一种控制算法。在模拟仪表中是由具有比例(P)、积分(I)和微分(D)作用的调节器来实现仪表的 PID 控制。常用的组合有 P、PI 和 PID。在实时控制中,P,I,D 三项的系数,可通过仪表面板的键盘进行人工设定。仪表也可以对三个系数进行自动整定。

三、智能仪表的软件设计

复杂的智能化功能是由软件来实现的。智能仪表的软件分为两部分:一是系统软件,二是应用软件。系统软件是管理系统本身的程序,如操作系统、监控系统、编译程序等,一般由计算机生产厂家提供。应用软件是面向用户的程序,由设计人员根据系统的需要进行编写,因此,它是一种涉及面非常广泛、应用极为灵活的程序。表 1-7 列出了应用程序所包含的内容,主要有三大部分:过程检测、工程控制计算和公共服务程序。软件的设计方法有模块化程序设计、由顶向下程序设计和结构化程序设计。

表 1-7　应用程序系统

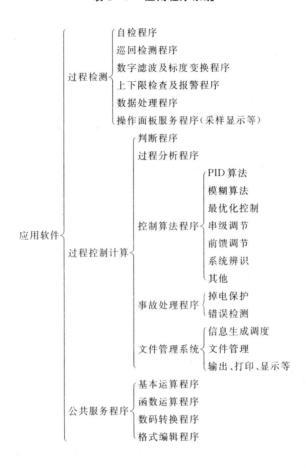

　　模块化程序设计,是将一个复杂的系统软件,分解为若干个程序块,每一个程序块完成单一的功能,并且具有一定的独立性。模块化程序设计的优点是程序容易编写、查错和调试,缺点是有些程序难于模块化,模块间的相互调用有时会产生相互影响。

　　由顶向下程序设计,又称为构造性编程,实质上是一种逐步求精的方法。其设计概念就是把整个问题划分为若干个大问题,每个大问题又划分为若干个小问题,这样一层层地划分下去,直到最底层的每个任务。

　　结构化程序设计方法,给程序设计施加一定的约束,它限定必须采用规定的基本结构及操作顺序,任何程序场有层次分明、易于调试的若干个基本结构组成。这些基本结构的共同特点是在结构上信息流只有一个入口和一个出口。结构的形式有顺序结构、条件结构和循环结构等。

习　　题

1. 为什么任何两种导体皆可组成热电偶?

2. 常用热电偶有哪些特点?根据什么原则来选热电偶?

3. 按图 1-4(b) 连接热电偶回路,有以下三种连接方式:

(1) 热电偶与仪表之间的连接导线 C 为铜线,热电偶与 C 的连接点处的温度为 0℃,C 与仪表的连接点处温度为 20℃;

(2) 热电偶与仪表之间的连接导线 C 为铜线,热电偶与 C 的连接点处的温度为 40℃,C 与仪表的连接点处温度为 20℃;

(3) 热电偶与仪表之间的连接导线 C 为补偿导线,热电偶与 C 的连接点处的温度为 40℃,C 与仪表的连接点处温度为 20℃。

若用直流电位差计测得热电回路的热电势为 35.32 mV,那么上述三种情况下热电偶热端的实际温度为多少(温度升高 1℃,热电势变化 0.04 mV)?

4. 有一直流电位差计(见图 1-27),已知 $E_B = 6$ V,$E_N = 1.018\ 6$ V,$R_N = 340\ \Omega$,测量热电势的范围是 50 mV。试问:测量电阻应选多大?电位器 R_S 最小应选多大?

5. 动圈仪表的外阻是指什么,为什么动圈式仪表规定一个外阻值?

6. 简述影响直流电位差计测量精度的因素。

7. 直流电位差计在测量中,为什么要保持工作电流不变?

8. 根据辐射测温原理,试推导出比色测温的温度表达式。

9. 在温度控制中,若采用 PID 算法,P,I,D 三个参数的大小对温度控制效果的有何影响?

第2章　力与应变的测量

在材料加工过程中经常遇到力与应变的测量问题,例如,焊接及冲压构件残余应力的测量,锻压及压焊过程中压力的测量等。另外,通过对模具应变和应力状态的测试,可以改进模具结构,提高模具的使用寿命,节约生产成本。对于材料成形设备关键部位进行力与应变的测量,可以建立整机或部件的数学模型,进行综合分析,为确定最佳的设计方案提供可靠的实验依据。设备运行时,也可以通过生产现场的实时测量,对设备的运行状态进行识别、预测和监视。在材料加工自动控制方面,一些闭环系统、自动调节系统和随动系统中的力与应变信号的反馈也必须由相应的测量传感器来获得。

用以测量力与应变的力敏传感器是使用非常广泛的一种传感器,它的种类繁多。本章主要介绍应变式、压阻式、压电式和压磁式传感器的工作原理与测量电路。最后简单介绍几种材料加工过程中应力、应变测量的新方法及其应用。

2.1　应变式传感器及测量电路

电阻应变式测量力与变形的方法是在材料加工领域中使用最为普遍的一种非电量信号的电测法。

一、金属电阻的应变效应

电阻应变测量方法是依据电阻丝的电阻随变形而改变阻值的原理,把力学参数转换成电学参数来测量构件应变值的方法。金属电阻随其变形(伸长或缩短)而改变电阻值的物理现象就称为电阻应变效应。

金属导体的电阻值 R 与其长度 L、横截面积 S 和该金属材料的电阻率 ρ 有关,可表示为

$$R = \rho \frac{L}{S} \tag{2-1}$$

当该导体受到外力 F 作用时,其长度 L、横截面积 S 和电阻率 ρ 都将发生改变,从而引起导体电阻变化 ΔR,即

$$\Delta R = \frac{\partial R}{\partial L} \Delta L + \frac{\partial R}{\partial S} \Delta S + \frac{\partial R}{\partial \rho} \Delta \rho \tag{2-2}$$

现以圆形金属电阻丝为例进行分析计算。若电阻丝的横截面积 $S = \pi r^2$(r 为电阻丝的半径),则

$$\Delta R = \frac{\rho}{\pi r^2}\Delta L - 2\frac{\rho L}{\pi r^3}\Delta r + \frac{L}{\pi r^2}\Delta\rho = \frac{\rho L}{\pi r^2}(\frac{\Delta L}{L} - \frac{2\Delta r}{r} + \frac{\Delta\rho}{\rho}) = R(\frac{\Delta L}{L} - \frac{2\Delta r}{r} + \frac{\Delta\rho}{\rho})$$

导体电阻的相对变化为

$$\frac{\Delta R}{R} = \frac{\Delta L}{L} - \frac{2\Delta r}{r} + \frac{\Delta\rho}{\rho} \tag{2-3}$$

令金属电阻丝的纵向应变(即轴向相对伸长)$\varepsilon = \Delta L/L$;横向应变(即径向相对伸长)$\varepsilon_r = \Delta r/r$,由材料力学可知,$\varepsilon_r = -\mu\varepsilon$,$\mu$ 为电阻丝材料的泊松比(即横向变形系数)。经整理式(2-3),可得

$$\frac{\Delta R}{R} = (1+2\mu)\varepsilon + \frac{\Delta\rho}{\rho} \tag{2-4}$$

通常把单位应变所引起的电阻相对变化称作电阻丝的灵敏系数,其表达式为

$$k_s = (1+2\mu) + \frac{\Delta\rho/\rho}{\varepsilon} \tag{2-5}$$

从式(2-5)可以看出,电阻丝的灵敏系数 k_s 由两部分组成:$(1+2\mu)$ 表示受力后由材料的几何尺寸变化引起的部分;$\Delta\rho/(\rho\varepsilon)$ 表示由材料电阻率变化引起的部分。对于金属材料,$\Delta\rho/(\rho\varepsilon)$ 项比$(1+2\mu)$项小很多,可以忽略不计,所以 $k_s \approx 1+2\mu$。大量实验表明,在电阻丝变形的比例极限范围内,电阻的相对变化与应变成正比,即 k_s 为常数。通常金属电阻丝的灵敏系数 $k_s = 1.7 \sim 3.6$。

二、金属电阻应变片的结构及特性

1. 金属电阻应变片的结构

金属电阻应变片分为金属丝式和箔式两种。图2-1为一种金属丝式应变片的典型结构图。由图可以看出,金属丝电阻应变片由四个基本部分组成:敏感栅5、基底2和盖层4、黏结剂1和3以及引线6。其中敏感栅是应变片最重要的部分,一般采用的栅丝直径为 $0.015 \sim 0.05$ mm。敏感栅的纵向轴线称为应变片轴线,L 为栅长(或基长),a 为基宽。根据不同用途,栅长可为 $0.2 \sim 200$ mm。基底用以保持敏感栅及引线的几何相对位置,并将被测件上的应变迅速准确地传递到敏感栅上。因此,基底做得很薄,一般为 $0.02 \sim 0.04$ mm。盖层起保护敏感栅的作用。基底和盖层用专门的薄纸制成的为纸基;用各种黏结剂和有机树脂薄膜制成的为胶基,现多采用后者。黏结剂将敏感栅、基底及盖层黏结到一起。在使用应变片时也采用黏结剂,将应变片与被测试件粘可靠。引线常用直径为 $0.10 \sim 0.15$ mm 的镀锡铜线,并与敏感栅两输出端焊接。

金属箔式应变片如图2-2所示。其敏感栅1是由很薄的金属箔片制成,箔片厚度只有 $0.003 \sim 0.010$ mm,用光刻技术制作,2 为引线,3 是胶膜基底。它相对于金属丝式应变片,有如下优点:① 可用光刻技术制成各种复杂形状的敏感栅,并能制成基长 L 极小的应变片,最小可达 0.2 mm,可以满足各种特殊测量的要求;② 横向效应小,测量精度高;③ 箔栅表面积大,

散热条件好,允许通过较大的工作电流,以增大输出;④ 蠕变小,疲劳寿命长,长期使用可靠性高;⑤ 生产效率高。但是箔式应变片的电阻值分散性大,需要进行阻值的调整。

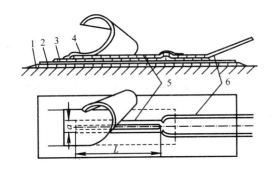

图 2-1　丝式应变片的基本构造

1,3— 黏结剂;2— 基底;

4— 盖层;5— 敏感栅;6— 引线

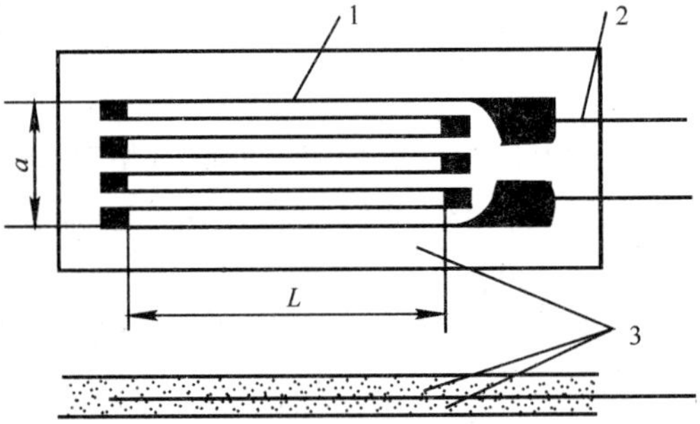

图 2-2　箔式应变片的基本结构

1— 敏感栅;2— 引线;3— 胶膜基底

制作金属电阻应变片敏感栅的常用材料有康铜、镍铬合金等。对金属电阻应变片敏感栅材料的基本要求是:① 灵敏系数 k_s 值要大,并且在较大的应变范围内保持常数;② 电阻温度系数要小;③ 电阻率要大;④ 机械强度要高,且易于拉丝或展薄;⑤ 与铜导线的焊接性要好,与其他金属的接触热电势要小等。

2. 电阻应变片的主要特性

(1) 灵敏系数 k。电阻应变片的灵敏系数 k 与电阻丝的灵敏系数 k_s 不同,它恒小于 k_s。通常情况下,由生产厂家标明的灵敏系数 k 是按照统一的标准测定的,即应变片安装(粘贴)在受单向应力状态的被测件(一般为钢质标定梁)表面上,其轴线与应力方向平行,此时电阻应变片的灵敏系数 k 就是应变片阻值的相对变化与沿其轴向的被测件应变的比值。因此,电阻应变片的出厂灵敏系数 k 是一种标称灵敏系数,所以在应力状态不同于单向应力,或材质不为钢的情况下,应当给予修正。

(2) 最大工作电流。对于已安装的应变片,允许通过敏感栅而不影响其工作特性的最大电流称为应变片的最大工作电流 I_{max}。显然,工作电流大,应变片的输出信号也大,灵敏度高。但过大的工作电流会使应变片本身过热,灵敏系数发生变化,零漂及蠕变增加,甚至烧毁应变片。工作电流的选取要根据试件的导热性能及敏感栅形状和尺寸等决定。

(3) 横向效应。沿应变片轴向的应变 ε_x 必然引起应变片电阻的相对变化,但沿垂直于应变片轴向的横向应变 ε_y 也会引起其电阻的相对变化,这种现象称为横向效应。横向效应的产生与应变片的结构有关,而以敏感栅的端部具有半圆形横栅的丝绕应变片最为严重。研究横向效应的目的在于,当实际使用应变片的条件与灵敏系数 k 的标定条件不同时,用于修正测量结果。

例如,在平面应力状态下进行测量时,沿应变片轴向的应变 ε_x 在测量仪表上的读数应变ε'_x为

$$\varepsilon'_x = \frac{1}{k}\frac{\Delta R}{R} = \frac{1}{k}k_x(\varepsilon_x + H\varepsilon_y) = \frac{\varepsilon_x + H\varepsilon_y}{1 - \sigma_0 H} \qquad (2-6)$$

式中,H 为横向效应系数,$H = k_y/k_x$;k_x 和 k_y 分别为电阻丝的轴向灵敏系数和横向灵敏系数,$k_x + k_y = k_s$;σ_0 为标称灵敏系数测量时试件材料的泊松比。

实际应用时,通常采用双向贴片法来消除横向效应带来的测量误差,即在被测部位沿 x,y 两个方向贴片,分别获得 ε_x 和 ε_y 的仪表读数值 ε'_x 和 ε'_y,则

$$\left.\begin{array}{l} \varepsilon'_x = \dfrac{\varepsilon_x + H\varepsilon_y}{1 - \sigma_0 H} \\[3mm] \varepsilon'_y = \dfrac{\varepsilon_y + H\varepsilon_x}{1 - \sigma_0 H} \end{array}\right\} \qquad (2-7)$$

解此联立方程,可得

$$\left.\begin{array}{l} \varepsilon_x = \dfrac{1 - \sigma_0 H}{1 - H^2}(\varepsilon'_x - H\varepsilon'_y) \\[3mm] \varepsilon_y = \dfrac{1 - \sigma_0 H}{1 - H^2}(\varepsilon'_y - H\varepsilon'_x) \end{array}\right\} \qquad (2-8)$$

式(2-8)就是平面应力状态下,由双向读数应变换算实际应变的计算公式。

(4)温度效应。粘贴在试件上的电阻应变片,除了感受机械应变而产生电阻的相对变化外,在环境温度发生变化时,也会引起其电阻的相对变化,产生虚假应变,这种现象称为温度效应。温度变化对电阻应变片的影响是多方面的,这里仅考虑敏感栅材料的电阻温度效应和敏感栅材料与试件材料热膨胀不匹配时所产生的附加应变影响。当温度变化 ΔT 时,电阻的相对改变量$(\frac{\Delta R}{R})_T$ 计算公式如下:

$$\left(\frac{\Delta R}{R}\right)_T = [\alpha_T + k(\beta_g - \beta_s)]\Delta T \qquad (2-9)$$

式中,α_T 为敏感栅的电阻温度系数;k 为电阻应变片的灵敏系数;β_g 为被测试件的线膨胀系数;β_s 为敏感栅材料的线膨胀系数;ΔT 为温度变化值。为消除此项误差,需要采用温度补偿措施。通常温度补偿方法有两类:自补偿法和线路补偿法。

自补偿法是在电阻应变片的敏感栅材料和结构上采取措施,其中单丝自补偿法就是通过适当地选取应变片栅丝的电阻温度系数 α_T 及线膨胀系数 β_s,使其满足 $\alpha_T = -k(\beta_g - \beta_s)$ 而达到温度补偿的目的。对于给定材料的试件,可以在一定的温度范围内很好地解决温度的补偿问题。实际的做法是,对于给定的试件材料,选用合适的敏感栅材料,并通过调节敏感栅材料的合金成分和控制其冷、热处理工艺,达到温度补偿的目的。而组合式自补偿法则是通过两种电阻

温度系数不同的合金丝串接而成应变片的敏感栅,一种合金丝的电阻温度系数为正值,而另一种为负值,这样由温度效应所引起的热输出就会相互抵消,从而达到温度补偿的目的。

线路补偿法中最常用的一种方式是电桥补偿法。如图2-3所示,工作应变片 R_1 安装在被测试件上,另选一个其特征与 R_1 相同的补偿片 R_B,安装在材料与试件相同的某补偿件上,温度环境要与试件相同,但不承受应变。将 R_1 和 R_B 接入电桥的相邻臂上,使 R_1,R_B 产生的变化量 ΔR_{1T} 和 ΔR_{BT} 相同。根据电桥理论可知,其输出电压 U_0 与温度变化无关。当工作应变片感受应变时,电桥将产生相应的与温度变化无关的输出电压。同理也可以将被测试件上同温度环境下的异号同值应力部位应变片接于相邻桥臂,消除温度效应。

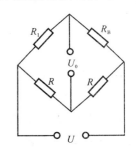

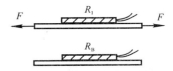

图2-3 温度效应的电桥补偿法

(5)压力效应。贴在高压容器内壁上的应变片,除了随容器受力变形而引起电阻变化外,还会因高压介质对电阻应变片敏感栅的压力作用而引起电阻变化,这种现象称为电阻应变片的压力效应。电阻应变片压力效应的大小很难用理论公式分析计算,一般采用试验的方法测定,并通过一定的补偿办法来修正由此而产生的附加应变。如内补偿法就是将补偿用的应变片贴在位于高压容器内的补偿块上,当承受压力时,贴在高压容器内壁上的工作片与只承受高压介质作用的补偿片就能同时感受到压力效应的作用,通过一定的电路,就能使工作片和补偿片中反映介质压力的应变相互抵消。

(6)动态响应。电阻应变片在测量频率较高的动态应变时,应考虑其动态特性。因为动态应变是以应变波的形式在试件中传播的,在测量高频应变波时,应变片所反映的应变是其栅长范围内应变的平均值,它与应变片栅长中点的应变值之间存在一定的误差。应变频率越高,应变片的栅长越长,则此项误差就越大。通过理论分析表明,当以正弦波形式传播的应变波通过栅长为 L 的应变片时,其测量的频响误差 δ 值为

$$\delta = \frac{1}{6}(\frac{\pi L f}{v})^2 \qquad (2-10)$$

式中,f 为应变波的频率;v 为应变波在试件中的传播速度。当限定应变片的频响相对误差为一定值时,选择应变片栅长 L 的公式为

$$L \leqslant \sqrt{\frac{6\delta v^2}{\pi^2 f^2}} = \frac{v}{\pi f}\sqrt{6\delta} \qquad (2-11)$$

电阻应变片在选用时,应根据工作环境、载荷性质和测点应力状况等来决定。其中:① 工作环境是指被测构件的温度、湿度和磁场环境。温度高的宜选用中温和高温应变片;在潮湿的地方宜选用防潮性能较好的胶膜基底应变片;在强磁场下工作的构件应选用抗磁性应变片。② 载荷性质是指静态或动态载荷。对于静态载荷,要求测量具有较小的零漂、蠕变、热输出和

较好的长期稳定性,因此最好选用温度自补偿应变片和胶膜基底的应变片;对于动态载荷,要考虑应变片的动态响应能力和疲劳寿命等问题,因此宜选用较小的箔式应变片,以减小频率响应的误差。③ 应力状况是指待测区域的应力分布情况。对于应力分布均匀的大型构件,宜选大栅长的应变片,因为栅长较长时应变片的灵敏系数分散度较小,横向系数也小,粘贴起来也比较方便;对于应变梯度较大的构件,必须选用栅长短的应变片,以提高测量的精度。

三、应变式传感器及测量电路

1. 应变式传感器

电阻应变片除了直接用于测量工程结构的应变外,还可以与某种形式的弹性敏感元件相配合,组成其他物理量的测量传感器,如力、扭矩、位移、加速度等。图2-4为常用的测力传感器的结构示意图。图2-5为轮辐式荷重传感器的结构示意图。

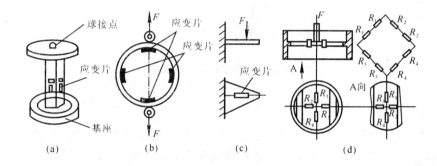

图 2－4　测力传感器示意图

(a) 柱式；(b) 环式；(c) 悬臂梁式；(d) 两端固定梁式

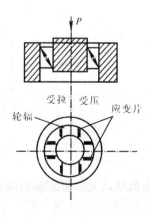

图 2－5　轮辐式荷重传感器结构图

43

2. 电桥测量电路

在应变测量中,常用的测量仪器是载波放大式应变仪。它由电桥、放大器、相敏检波器、低通滤波器、振荡器、指示电表和稳压电源等七部分组成,如图2-6所示。电阻应变仪是以电桥为基础的测量仪器,它的主要任务就是将测量电桥的微小输出,经过电压放大后,用普通的检流计指示或供示波器显示与记录。而测量电桥的作用就是将电阻应变片的电阻相对变化 $\Delta R/R$ 值转换成对应的电压或电流信号。根据电源的不同,可将电桥分为直流电桥和交流电桥。

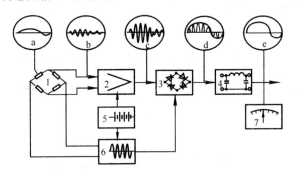

图 2-6　电阻应变仪的组成

1— 电桥；2— 放大器；3— 相敏检波器；4— 低通滤波器；

5— 稳压电源；6— 振荡器；7— 指示电表；a,b,c,d,e— 信号波形

(1)直流电桥。如图2-7所示,直流电桥由应变片或电阻元件 R_1,R_2,R_3,R_4 构成四个桥臂,A,C连接供桥电压 E(电源端),B,D连接负载 R_H。随负载 R_H 的不同,输出分为电压输出和电流输出两类。现以电压输出电桥为例,说明其工作原理(见图2-8)。

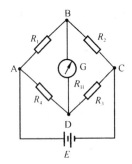

图 2-7　直流测量电桥

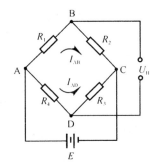

图 2-8　电压输出电路

当负载电阻 R_H 很大时,可以近似地认为电桥的输出端是开路的,于是输出电压 U_H 就相当于输出端的开路电压,则

$$U_H = \frac{R_1 R_3 - R_2 R_4}{(R_1 + R_2)(R_3 + R_4)}E \tag{2-12}$$

电桥的初始平衡($U_H = 0$)条件为

$$R_1 R_3 = R_2 R_4 \qquad\qquad (2-13)$$

如果电桥初始是平衡的,但工作后各桥臂的应变片,由于受应变的作用而产生电阻的微小变化分别为 ΔR_1,ΔR_2,ΔR_3,ΔR_4,则输出电压的增量为

$$\Delta U_H = \frac{(R_1 + \Delta R_1)(R_3 + \Delta R_3) - (R_2 + \Delta R_2)(R_4 + \Delta R_4)}{(R_1 + \Delta R_1 + R_2 + \Delta R_2)(R_3 + \Delta R_3 + R_4 + \Delta R_4)} E \qquad (2-14)$$

如果电桥是等臂或半等臂电桥,则根据电桥的初始平衡条件,展开式(2-14)并略去二次项和非线性因子后,得

$$\Delta U_H = \frac{E}{4}\left(\frac{\Delta R_1}{R_1} - \frac{\Delta R_2}{R_2} + \frac{\Delta R_3}{R_3} - \frac{\Delta R_4}{R_4}\right) \qquad (2-15)$$

式(2-15)表示应变电桥在容许的非线性误差范围内,当输入桥压恒定时,输出电压与桥臂电阻变化率之间的线性关系式。从式(2-15)中可以看出,电桥的输出电压与相邻桥臂的电阻变化率之差,或与相对桥臂的电阻变化率之和成正比。这个性质又称为应变电桥的电阻变化的加减法则。根据电阻应变效应原理,对于全桥工作的电桥,其输出电压增量与每个桥臂应变 $\varepsilon_1 \sim \varepsilon_4$ 之间的关系为

$$\Delta U_H = \frac{E}{4}k(\varepsilon_1 - \varepsilon_2 + \varepsilon_3 - \varepsilon_4) \qquad (2-16)$$

(2)交流电桥。当电桥输入电压 u 为交流正弦波时,就必须考虑连接导线的电容的影响,在对交流电桥的分析过程中,常用一个假想的集中电容 C 来代替分布电容的影响,并认为该集中电容 C_1,C_2 与应变片的电阻并联,如图 2-9 所示。此时,各桥臂的阻抗为

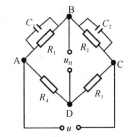

图 2-9　交流测量电桥

$$Z_1 = \left(\frac{1}{R_1} + j\omega C_1\right)^{-1} \qquad Z_2 = \left(\frac{1}{R_2} + j\omega C_2\right)^{-1}$$

$$Z_3 = R_3 \qquad Z_4 = R_4$$

以上各式中,ω 为电桥电源的角频率。与直流电桥相类似,交流电桥输出电压 u_H 的基本关系式为

$$u_H = \frac{Z_1 Z_3 - Z_2 Z_4}{(Z_1 + Z_2)(Z_3 + Z_4)} u \qquad (2-17)$$

式中,u 为加在电桥两端的交流电压。所以,交流电桥的平衡条件为

$$Z_1 Z_3 = Z_2 Z_4 \qquad\qquad (2-18)$$

将式(2-18)展开,且实部与实部相等,虚部与虚部相等,则

$$\left.\begin{array}{l} R_1 R_3 = R_2 R_4 \\ R_3 C_2 = R_4 C_1 \end{array}\right\} \qquad (2-19)$$

式(2-19)表明,欲使交流电桥平衡,需同时满足电阻平衡和电容平衡两个条件。

交流电桥预调平衡后,如果各桥臂应变片受应变使电桥失去平衡时,桥路因应变片电阻变化而形成的输出电压增量为

$$\Delta u_{H1} = \frac{u}{4} \frac{\Delta R_1}{R}(1 + \omega^2 R^2 C^2)^{-1} \tag{2-20}$$

上式在推导过程中,假设桥臂电阻的初始值 $R_1 = R_2 = R_3 = R_4 = R$,电容的初始值 $C_1 = C_2 = C$。

与直流电桥相比,输出电压增量减小了,如果忽略分布电容的影响,则得

$$\Delta u_{H1} = \frac{u}{4} \frac{\Delta R_1}{R} \tag{2-21}$$

工程实践当中,桥臂电阻和电容的变化都会引起输出电压的改变,且电桥的四个桥臂都有可能参与工作(都有应变),并都存在分布电容。以上情况下的输出电压增量 Δu_H 与阻抗变化的关系式推导过程与上述方法相同。

3. 布片与接桥方式

在实际测量过程中,常利用应变电桥的加减特性或加减法则,来达到提高测量灵敏度或在复杂载荷中有选择地测取某种应变的目的。常用的布片和接桥方式如表2-1所示。

表2-1　常用的布片和接桥方式

序号	载荷形式	需测应变	应变片粘贴位置	接桥方法	读数应变 $\varepsilon_{仪}$ 与需测应变 ε	说明
1	拉(压)	拉(压)			$\varepsilon = \varepsilon_{仪}$	R_1——工作片 R_2——补偿片
					$\varepsilon = \dfrac{\varepsilon_{仪}}{1+\mu}$	R_1——工作片 R_2——补偿片
2	弯曲	弯曲			$\varepsilon = \dfrac{\varepsilon_{仪}}{2}$	R_1,R_2——工作片
					$\varepsilon = \dfrac{\varepsilon_{仪}}{2}$	R_1,R_1',R_2,R_2'——工作片,若接成全桥,则 $\varepsilon = \dfrac{\varepsilon_{仪}}{4}$

续　表

序号	载荷形式	需测应变	应变片粘贴位置	接桥方法	读数应变 $\varepsilon_仪$ 与需测应变 ε	说　明
3	扭转	扭转主应变			$\varepsilon = \dfrac{\varepsilon_仪}{2}$	R_1, R_2——工作片
4	拉(压)弯曲组合	拉(压)			$\varepsilon = \varepsilon_仪$	R_1, R_2——工作片, R——补偿片
		弯曲			$\varepsilon = \dfrac{\varepsilon_仪}{2}$	R_1, R_2——工作片
5	拉(压)扭转组合	扭转主应变			$\varepsilon = \dfrac{\varepsilon_仪}{2}$	R_1, R_2——工作片
		拉(压)			$\varepsilon = \dfrac{\varepsilon_仪}{1+\mu}$	R_1, R_2——工作纵片 R_3, R_4——工作横片
6	弯曲扭转组合	扭转主应变			$\varepsilon = \dfrac{\varepsilon_仪}{4}$	R_1, R_2, R_3, R_4——工作片
		弯曲			$\varepsilon = \dfrac{\varepsilon_仪}{2}$	R_1, R_2——工作片

4. 虚拟测量仪器

传统的应变测量仪器以应变仪为主,它由电桥、放大器、相敏检波器、低通滤波器、稳压电源和振荡器等组成。如果要显示和记录数据,可再配备指示仪表、示波器和记录仪等。这样一个测试系统需要多台设备之间很好地匹配。设备的选型、调试和使用也比较麻烦,而且设备功能单一、固定。因此,虽然传统应变仪在测量精度、稳定性和可靠性等方面都比较成熟,但是仍难以满足应变测量内容的多样性以及对应变测量仪器所提出的各种不同要求。

随着计算机进入测试技术领域,虚拟仪器技术给我们提供了一种解决上述问题的有效方法。虚拟仪器(Virtual Instrument)是在1986年由美国 NI(National Instruments)公司首先提出的一种新概念,随后虚拟仪器技术逐步形成了一个以计算机为基础,以软件为核心的完整仪器体系。虚拟仪器并不完全等同于计算机辅助测试,它是一种新的工业标准,一种现代化的技术规范,一种建立在信号采集与分析理论的基础之上,软硬件及其接口实现标准化、具有良好集成性与柔性的仪器体系。采用这个体系,按照它的规则操作,我们就能充分发挥计算机在数据计算、传输、存储和显示等方面的巨大优势,投入最少的财力和人力,并通过最方便快捷的途径,得到较高的测量精度和稳定性。

基本的虚拟仪器应变测量系统硬件结构如图2-10所示。图中应变片的作用是将被测对象变形转换为电阻值的变化;信号调理装置的主要作用是根据应变片的粘贴情况组成相应的测量电桥,并为电桥提供激励电压,将微弱的电信号放大和滤波;数据采集卡的主要作用是 A/D 转换、采样保持、多路复用和放大等。静态测量时选用数据采集卡应主要考虑其精度指标。进行动态测试时还要考虑数据采集卡的采样率和多通道同步等项技术指标。

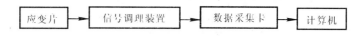

图2-10 基于虚拟仪器应变测量系统的硬件结构

基于虚拟仪器的应变测量软件结构如图2-11所示。在诸多软件开发平台中,比较适合开发应变测量虚拟仪器的软件平台是美国 NI 公司的 LabVIEW 软件。在 LabVIEW 环境下开发的应变测量各模块有:① 数据采集模块。在进行静态应变测量时,使用 AI Sample Channels 函数,每次从各个信道采集一个数据,然后加以处理和分析。在进行动态应变测量时,使用 AI Continuous Scan 函数,在内存中开辟一片缓存区,数据采集卡在后台不断采集数据写进缓存区,程序每次从缓存区读取一定量的数据,从而实现数据的连续采集和实时分析。② 信号处理模块。这个模块的主要功能是使用 Convert Strain Gauge Reading 函数,根据不同的电桥组桥方式将采集到的电信号转换成应变值。当环境噪声较大或硬件品质不良时,还要考虑在此处加入数字滤波功能。③ 数据分析模块。根据不同的测量目的,对各点应变值进行分析。在这个模块内可以编制多个子模块,分别承担各种常用的数据分析功能。当系统需要进行功能转换时,只需要调用相应的模块就可以从一种仪器迅速转换为另一种仪器。④ 显示模块。根据要求在计算机屏幕上显示各种数字量和曲线。静态测量时用 Wave Form Chart 显示图线，动态测量时用 Wave Form Graph 显示测量波形。⑤记录模块。用 Write to Spread Sheet File 函数将测量数据和分析结果存为一个电子表格文件，必要时可以用 Excel 打开以查看和处理。

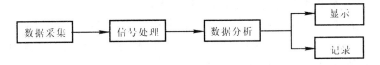

图 2-11　基于虚拟仪器的应变测量软件结构

2.2　压阻式传感器及测量电路

一、半导体材料的压阻效应

固体受到压力作用时，其电阻率会发生变化，这种现象称为压阻效应。由于半导体电阻材料的压阻效应很强，$\Delta\rho/\rho \gg (1+2\mu)\varepsilon$，因此式(2-4)中机械变形而引起的电阻变化就可以忽略，则

$$\frac{\Delta R}{R} = \frac{\Delta\rho}{\rho} \qquad (2-22)$$

由半导体电阻理论可知

$$\frac{\Delta\rho}{\rho} = \pi_L\sigma = \pi_L E\varepsilon \qquad (2-23)$$

式中，π_L 为半导体材料的压阻系数，其大小与半导体材料及晶体方向有关；σ 为应力；ε 为应变；E 为半导体材料的弹性模量。

由式(2-23)可知，半导体压阻材料的灵敏系数 k_0 为

$$k_0 = \frac{\Delta R/R}{\varepsilon} = \pi_L E \qquad (2-24)$$

如半导体硅，$\pi_L = (40 \sim 80) \times 10^{-11}$ m²/N，$E = 1.67 \times 10^{11}$ N/m²，则 $k_0 = 50 \sim 100$。显然半导体电阻材料的灵敏系数比金属丝要高 $50 \sim 70$ 倍。由于利用压阻效应制成的半导体压阻式传感器具有高的灵敏度和分辨率、大的测量范围、宽的频响特性和小的机械滞后等优点，特别是可以做成集成化的传感器，因此日益受到重视。

最常用的半导体材料有硅和锗，在其中掺杂可形成 P 型和 N 型半导体。其压阻效应是由于在外力的作用下，半导体材料的原子点阵排列发生了变化，导致载流子的迁移率及载流子的浓度发生改变，从而引起电阻率的变化。半导体材料的压阻效应与掺杂浓度、温度、材料类型及晶向有关。

二、半导体应变片的结构及特性

压阻式传感器有两种主要类型：一类是依据半导体材料的体电阻做成的粘贴式应变片；另一类是以半导体基片材料本身作为感受元件，制成压阻式传感器。

如图 2-12 所示，按照选定的晶向将半导体材料切成薄片，然后研磨加工，再将薄片切成细条，经光刻腐蚀后安装内引线，并粘贴于带焊接端的胶膜基底上，最后安装外引线。敏感栅可以做成条形、U 形等，栅长在 1 ~ 10 mm 之间。

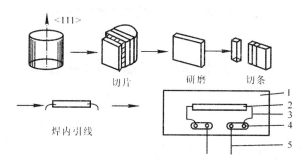

图 2-12　体形半导体应变片的外形及制造过程

1— 胶膜基底；2— 半导体敏感栅；3— 内引线；4— 焊接端；5— 外引线

半导体应变片除了做成单片粘贴在变形元件上使用外，随着集成电路技术的发展，也可以用扩散的方法在单晶硅膜片上制成多个半导体应变片并组成桥路，如图 2-13 所示。在图中，由于电桥的四个桥臂都在膜片上，电阻与膜片成为一体，因而不存在结合不良或脱落的问题，其外径尺寸可以做的很小，自振频率可以达到 100 kHz 以上。

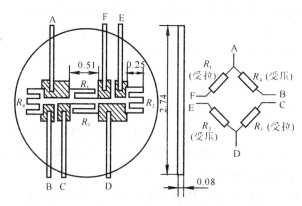

图 2-13　扩散型半导体应变片及其桥路

半导体电阻应变片的最突出优点是灵敏度高，解决了测量微小变形的困难，甚至不必采用放大器就可以直接带动指示或记录仪表进行测量。其不足之处是电阻温度系数大,对环境温度的变化比较敏感,不能用于较高温度环境下的测量;半导体应变片的电阻相对变化与所承受应变之间,只在几百微应变的范围内呈线性关系,对于大应变测量,其灵敏度的非线性就非常严重。由于P型硅的线性范围比N型硅大,而N型硅在承受压应变时的线性度又比拉应变要好,因此可以采取预压缩的办法,或采用P型与N型并列的双元件应变片,来改善半导体应变片的线性度。

对于在较大温度变化范围内工作的半导体应变片,应考虑灵敏系数的温度补偿。图2-14给出了一种温度自补偿的半导体应变片,它是由具有正灵敏系数的P型硅条和负灵敏系数的N型硅条并列布置在一个基底上构成。实际测量时,P型硅条和N型硅条分别作为电桥的相邻臂。当温度变化时,由于两元件的电阻变化率符号相同,在大小相等的情况下,就能达到温度补偿的目的。同时,因为两元件的灵敏系数符号相反,所以相邻臂布置的测量桥路对输出结果没有影响。

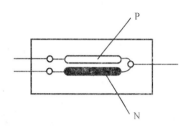

图2-14 温度自补偿半导体应变片

三、压阻式传感器及测量电路

压阻式传感器在国内外发展较快,但比较成熟且应用广泛的主要是压力传感器和加速度传感器。图2-15为压阻式压力传感器的结构简图,其关键部件是硅杯,如图2-15(b)所示。在沿某晶向(如<110>)切割的N型硅片上扩散有四个P型电阻,沿<110>晶向的电阻排列如图2-15(c)所示。硅片周边固定,在压力p的作用下,膜片将产生应力和应变。由于产生了应力,P型电阻将产生压阻效应,其电阻发生相应变化,采用电桥方式,就可以差分输出测量信号。图2-16为一种压阻式加速度传感器的结构简图,它采用单晶硅作为悬臂梁,在其根部扩散有四个电阻,当传感器受到图示加速度a时,质量块m的惯性力就会作用到梁上,产生弯矩和应力,四个扩散电阻的值发生变化。因为应力与加速度的值成正比,所以电阻的相对变化与加速度成正比。如果将上述电阻连接成差动电桥,即可测出加速度a的大小。

在实际应用中,大多数的压力传感器是压阻式的,且采用电桥方式及差分输出信号。应用时,除了对压力传感器自身的精度、非线性、温漂和时漂提出要求外,还要求对于输出信号的调理电路进行合理的设计。要想获得较高的信号调理精度,必须对零点误差、满度误差、非线性、零点温漂和满度温漂等参数进行补偿。图2-17给出了一种基于数字信号处理(DSP)的智能信号调理电路。该电路基于Maxim公司推出的MAX1460信号调理器,其信号处理过程如下:传感器信号经过高精度的模拟前端电路(由一个2位PGA和一个3位零点粗调DAC组成)处理后,输入16位ADC,信号经过数字化处理后,再由内部的DSP结合温度传感器输出和存储在内部EEPROM的修正系数一起,经过计算产生高达0.05%精度的数字量输出(12位并行输出)，并且由内部一个 12 位 DAC 产生对应的模拟量输出。

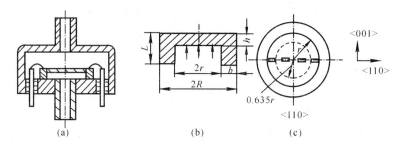

图 2-15　压阻式压力传感器及硅杯结构

(a) 压力传感器；(b) 硅杯；(c) 电阻排列形式

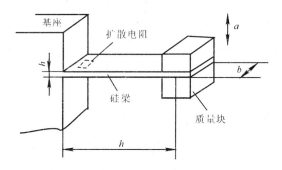

图 2-16　压阻式加速度传感器

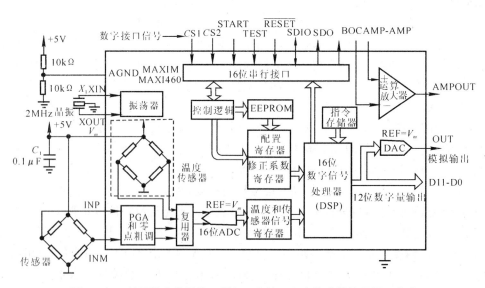

图 2-17　基于数字信号处理器(DSP)的压阻式传感器信号调理电路

2.3　压电式传感器及测量电路

一、晶体材料的压电效应

1. 压电效应

压电式传感器的工作原理是以晶体材料的压电效应为基础的。当某些晶体材料沿一定方向受到外力作用时,在其表面上就会产生电荷,在外力去掉后,晶体表面的电荷也就随之消失,又重新回到不带电的状态,这种现象就称为压电效应。相反,如果晶体材料沿一定的方向受到电场的作用时,晶体将产生机械变形,在外电场去掉后,变形也随之消失,这种现象称为逆压电效应,也称为电致伸缩效应。晶体的压电效应是晶体材料在外力的作用下发生极化的结果。因此,当作用力或外电场的方向发生改变时,晶体表面上所产生的电荷符号或变形方向也将改变。图2-18为石英晶体的模型以及石英晶体受力后产生极化的过程。

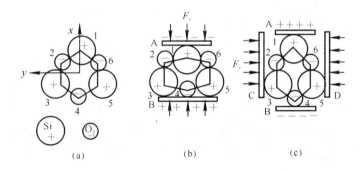

图 2-18　石英晶体模型及极化过程示意图
(a) 不受外力；(b)x 轴向受力；(c)y 轴向受力

2. 压电材料

具有压电效应的材料称为压电材料。常见的压电材料有两大类:压电晶体和经过极化处理的压电陶瓷。前者为单晶体,后者为多晶体。

(1) 压电晶体。石英是典型的压电晶体,其化学成分为二氧化硅(SiO_2)。它的居里点为573℃,在该温度下石英晶体完全失去压电效应。在从室温到200℃的温度范围内,石英晶体的压电效应几乎不变,温度上升到400℃时,压电效果只下降5%。石英具有很高的机械强度,并且机械性能也较稳定,常用来制作测量大的力和加速度的传感器。除了天然石英和人造石英晶体外,近年来铌酸锂($LiNbO_3$)、钽酸锂($LiTaO_3$)、锗酸锂($LiGeO_3$)等许多压电单晶在传感技术中也得到了广泛的应用。

(2) 压电陶瓷。它是一类人工制造的晶体压电材料。该类材料在极化前是各向同性的,不

53

存在压电效应,只有在一定温度和高压电场的作用下产生剩余极化后,才具有压电效应。常用的压电陶瓷有钛酸钡及锆钛酸铅系压电陶瓷(PZT)和铌镁酸铅系压电陶瓷(PMN)等。它们的压电系数比石英大得多,是很有发展前途的压电元件。

二、压电元件的常见结构及特性

压电元件处于不同受力状况下的转换灵敏度差异较大,因此在使用时应当合理地选择变形方式,并对压电元件的结构进行设计。

压电元件按受力情况不同,有厚度变形、长度变形、剪切变形和体积变形等几种形式,如图 2-19 所示。

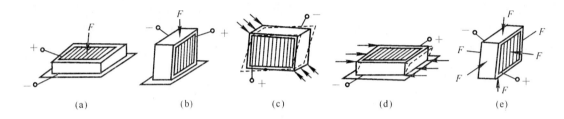

图 2-19 压电元件的变形方式
(a)厚度变形;(b)长度变形;(c)面剪切变形;
(d)厚度剪切变形;(e)体积变形

在实际使用过程中,为了更好地发挥压电元件的性能优势,提高测试的灵敏度,应结合实测构件的形状和待测物理量,具体来确定压电元件的变形方式和压电元件的组合形式。图 2-20 给出了几种常用的压电元件的组合结构形式。

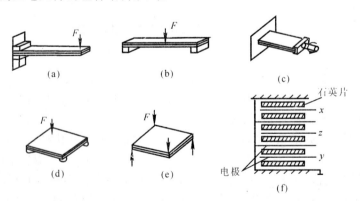

图 2-20 常用的叠层式压电元件结构形式
(a)悬臂结构;(b)简支梁结构;(c)扭转子结构;
(d)三点扭转子结构;(e)四点扭转子结构;(f)多晶片结构

三、压电式传感器及测量电路

1. 压电传感器

压电传感器的基本原理是利用压电材料的压电效应。在力作用于压电元件后,传感器就有电压输出。因此,它测量的基本参量是力,但也可以通过变换用以测量速度、位移和加速度等。在压电元件上产生的电荷,应基本上无泄漏,故需要测量回路具有无限大的输入阻抗,这在实际测量过程中几乎是不可能的,因此压电传感器不适用于测量静态参量。只有在交变载荷的作用下,电荷才能得到不断的补充,才能够给测量回路提供一定的电流,所以特别适宜于动态变量的测量。

在压电传感器中,为了满足一定结构和性能上的要求,常将两片或两片以上的压电元件黏结在一起使用。一般有并联和串联两种接法,如图 2 - 21 所示。在并联接法中,输出电容为单片电容的两倍,输出电压等于单片电压,输出电荷为单片电荷的两倍。由于这种连接方式本身电容大,时间常数大,所以适用于测量变化缓慢的信号。在串联接法中,输出的总电荷等于单片的电荷,输出电压为单片电压的两倍,而总电容只有单片电容的一半。由于这种连接方式的输出电压大,本身的电容又小,所以特别适用于以电压作为输出信号,且测量电路输入阻抗又很高的地方。

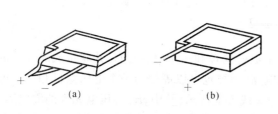

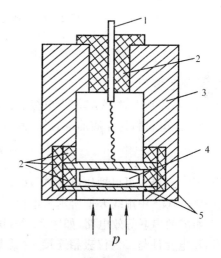

图 2 - 21　压电元件的连接方式

(a) 并联方式;(b) 串联方式

图 2 - 22　压力传感器结构示意图

1— 引线插件;2— 绝缘体;3— 壳体;

4— 压电元件;5— 膜片

图 2 - 22 为一种压电式压力传感器的结构示意图。当压力 p 作用在膜片上时,压电元件的上、下表面将产生电荷,电荷量与作用力 F 成正比,即 $F = pS$,S 为压电元件的有效受力面积。

图2-23为一种压电加速度传感器的结构原理图。压电元件放在基座上,其上为重块组件,用弹簧片将压电元件压紧。当待测物振动时,由于传感器固定在待测物上,因而也受到同样的振动,此时惯性质量就产生一个与被测加速度成正比的惯性力F,该力作用在压电元件上,因此就产生了与加速度成正比例的电荷。因为传感器的电容不变,所以可以用输出电压来表示所测的加速度值。

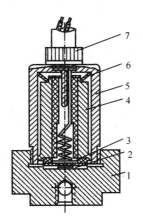

图 2 - 23　加速度传感器的结构原理图

1— 基底;2— 压电片;3— 导电片;

4— 重块组件;5— 壳体;6— 弹簧片;7— 插头

2. 等效电路

当压电元件受力时,在其两个电极表面就会分别聚集有等量的正电荷和负电荷Q,这就相当于一个以压电材料为介质的电容器,其电容量为C_a,则压电元件的开路电压U为

$$U = \frac{Q}{C_a} \tag{2-25}$$

根据以上分析,可以把压电元件等效成一个电荷源Q和一个电容器C_a并联组成的等效电路,如图2-24(a)中虚线方框所示为电荷等效电路。同样也可以等效为一个电压源U和一个电容器C_a组成的串联等效电路,如图2-24(b)中虚线方框所示。其中,R_a为压电元件的漏电阻。工作时,压电元件与二次仪表相连接,这就要考虑连接电缆的电容C_o、放大器的输入电阻R_i和输入电容C_i对测量结果的影响。

3. 测量电路

压电传感器的输出信号很弱,而且内阻很高,一般不能直接显示和记录,需要采用低噪声电缆把信号送到具有高输入阻抗的前置放大器。前置放大器有两个作用,一个是放大压电传感器的微弱输出信号;另一作用是把传感器的高阻抗输出变换成低阻抗输出。与压电传感器等效电路相对应的前置放大器有两种形式:电压放大器和电荷放大器。

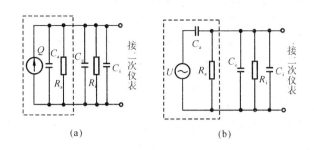

图 2-24 压电式传感器测试系统等效电路

(a)电荷等效电路；(b)电压等效电路

图 2-25 是一种电压放大器的电路图。它具有很高的输入阻抗(一般在 1 000 MΩ 以上)和很低的输出阻抗(一般小于 100 Ω)。因此,可将高内阻的压电传感器与一般放大器相匹配。

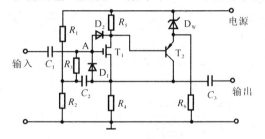

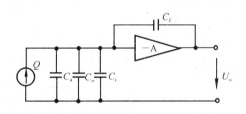

图 2-25 阻抗变换器电路图　　　　**图 2-26 简化后的电荷放大等效电路**

放大器第一级采用 MOS 场效应管构成源极输出器,第二级是用锗管 T_2 构成对输入端的负反馈,以提高输入阻抗。

图 2-26 为压电传感器与电荷放大器连接的等效电路图,电荷放大器是一个有反馈电容 C_f 的高增益运算放大器。

2.4　压磁式传感器及测量电路

一、铁磁材料的压磁效应

铁磁材料在外力的作用下会变形,并产生应力,致使各磁畴发生移动,导致磁畴的磁化强度矢量转动,从而也使材料的磁化强度发生相应的改变。这种应力使铁磁材料的磁性质发生变化的现象,称为压磁效应。

铁磁材料的压磁效应的具体表现为：① 材料受到压力时，在作用力方向磁导率 μ 减小，而在作用力相垂直的方向，μ 略有增大；作用力是拉力时，其效果正好相反。② 作用力取消后，磁导率 μ 复原。③ 铁磁材料的压磁效应还与外磁场有关。为了使磁感应强度与应力间有单值的函数关系，必须保证一定的外磁场强度。

二、压磁元件的结构及特性

压磁传感器的核心部分是压磁元件，压磁元件是由磁性材料构成的磁敏感元件。由于铁磁材料受外力作用时，内部将产生应力，引起材料磁导率的变化，故当压磁材料上绕有线圈时，将引起线圈阻抗的变化。同样，当压磁元件上同时绕有励磁绕组和输出绕组时，磁导率的变化将导致绕组间耦合系数的改变，从而使输出电势产生变化。因此，压磁元件实质是一种力／电变换元件。

压磁元件通常采用硅钢片、坡莫合金和一些铁氧体材料制成。坡莫合金是比较理想的压磁材料，它具有很高的相对灵敏度，但价格较贵。铁氧体也有很高的相对灵敏度，但由于它较脆而不常采用。在压磁式传感器中大多采用硅钢片，虽然灵敏度比坡莫合金低一些，但在实际应用中已经可以满足测试要求。

为了减少涡流损耗，压磁元件的铁心大都采用薄片的铁磁材料叠合而成。冲片形状大致有四种，如图 2 - 27 所示。

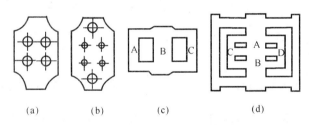

图 2 - 27　压磁元件冲片形状
(a) 四孔圆弧形冲片；(b) 六孔圆弧形冲片；
(c) "中" 字形冲片；(d) "田" 字形冲片

(1) 四孔圆弧形冲片。它是一个去掉四角的矩形片，为的是在冲孔部位得到较大的压应力，从而提高传感器的灵敏度。使用时，中间四个对称的小孔内，交叉绕有励磁绕组和输出绕组（测量绕组）。这种冲片适用于测量 5×10^5 N 以下的力，设计应力约为 $(2.5 \sim 4) \times 10^3$ N/cm²。

(2) 六孔圆弧形冲片。与四孔圆弧形冲片相比，增加了两个较大的孔，因而中间部分受力减小，其结果是灵敏度降低，但量程扩大。这种结构也同时避免了由于压力增大而使冲片中间部分磁路达到磁饱和的状态。这种冲片可测量 3×10^6 N 以下的力，设计应力可达 $(7 \sim 10) \times 10^3$ N/cm²。

(3) "中" 字形冲片。励磁绕组绕在臂 A 上，输出绕组绕在臂 C 上。无外力作用时，磁力线沿最短路程闭合,与输出绕组交链的比较少。当有外力作用时,臂 B 的磁导率下降,通过臂 C 的磁力线增多,感应电势增大。这种冲片的传感器灵敏度高,但零电流也大。设计应力为 $(2.5 \sim 3) \times 10^3$ N/cm^2。

(4)"田"字形冲片。在 A,B,C,D 四个臂上分别绕有四个绕组,四个绕组连成一个电感电桥。无外力作用时,各绕组的感抗相等,电桥平衡。有外力作用时,A,B 两臂有压应力,磁导率下降,电感量减小,而 C,D 两臂基本不变,电桥失去平衡,输出一个正比于外力 F 的电压信号。这种冲片结构复杂,但灵敏度高,线性好。它适用于测量 5×10^5 N 以下的力,设计应力为 $(10 \sim 15) \times 10^3$ N/cm^2。

压磁元件的输出除了与元件材料和结构有很大的关系外,其输出电压的灵敏度和线性度还取决于激励安匝数。

激励过大或过小都会产生严重的非线性和灵敏度降低。最佳的条件是压磁元件工作在磁化曲线(B-H 曲线)的线性段,这样就可以获得较理想的灵敏度和线性度。图 2-28 所示为不同的激励安匝情况下,压磁元件输出电压 U_0 与外加作用力 F 之间的关系曲线。其中 1,3 为激励安匝数过大和过小的情况,2 为比较合理的情况。

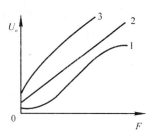

图 2-28　U_0-F 曲线

1— 激励安匝数过大;
2— 激励安匝数合适;
3— 激励安匝数过小

三、压磁式传感器及测量电路

图 2-29 是一种压磁式传感器的结构简图。它由压磁元件、弹性支架和传力钢球等组成。为了确保传感器的测量精度和使用过程中的良好重现性,就必须采取一定的措施来保证长期使用过程中力的作用点位置不变,压磁元件的位置和受力情况不变。在图示结构中,机架上的传力钢球能够保证被测力垂直集中作用在传感器上,并具有良好的重复性;压磁元件装入由弹簧钢做成的弹性机架内后,机架的两道弹性梁能够使被测力垂直、均匀地作用在压磁元件上,从而保证了测量的精度。

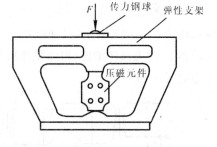

图 2-29　压磁式传感器结构简图

压磁式传感器的工作原理如图 2-30 所示。在压磁元件的中间部位开有四个对称的小孔,在孔 1,2 中绕有励磁绕组(初级绕组 W_{12}),孔 3,4 间绕有测量绕组(次级绕组 W_{34});孔 1,2,3,4 把压磁元件分成 A,B_1,C,D 四个区域,如图 2-30(a)所示。在没有外力的情况下,它们的磁导率是相同的。此时在励磁绕组 W_{12} 中通以电流时,则在线圈中产生磁场 H。因为 A,B_1,C,D 各处磁导率相同,所以磁力线成轴对称分布,合成的磁场方向 H 平行于测量线圈绕组 W_{34} 的平面,如图 2-30(b)所示。在磁场的作用下,磁导体沿 H 方向磁化,磁通密度 B 与 H 取向相同,此时测量绕组中无磁通通过,故不产生感应电势。在有外力作用时,如对传感器施加作用力 F,如图 2-30(c) 所示,在 A,B_1 区将产生很大的压应力 σ,而在 C,D 区基本上处于自由状态。压应力 σ 使其磁化方向转向垂直于压力的方向,因此 A,B_1 区的磁导率 μ 下降,磁阻增大,而与应力垂直方向的磁导率 μ 值则略有上升,磁阻相应减小,致使磁通密度 B 偏向水平方向,从而与测量绕组 W_{34} 交链,在 W_{34} 中将产生感应电势 e。作用力 F 越大,W_{34} 交链的磁通就越多,感应电势 e 也就越大。经变换处理后,就能用电流或电压来表示被测力 F 的大小。

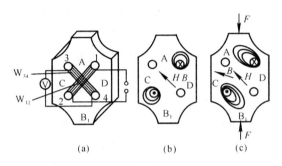

图 2-30 压磁式传感器的工作原理

(a) 压磁元件及绕组;(b) 无载荷时的磁通分布;(c) 有载荷时的磁通分布

由于压磁式传感器输出绕组的输出电压值比较大,因此一般不需要放大,只要通过整流、滤波,即可输入指示器显示。图 2-31 是一种为压磁式传感器配用的测量电路。图中 u 为交流电源,T_1 为降压变压器,它给压磁元件 B 激励绕组提供励磁电压。T_2 为升压变压器,它将压磁元件 B 输出的电压升高到线性整流的范围。A 为补偿电路,用来补偿零电压,其中 R_{w1} 用来调整电压幅值,R_{w2} 用来调整电压的相位。从变压器 T_2 输出的电压与 R_1 上的补偿电压叠加后,通过滤波器 F_1 滤去高次谐波,再经整流桥 Z 整流,然后用滤波器 F_2 消除纹波,最后以直流输出电压供给电表 V 或负载 R_L。

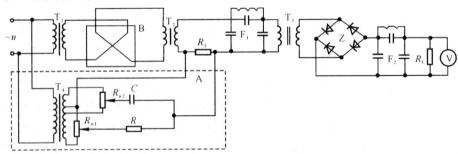

图 2-31 压磁式传感器的测量电路

2.5　应力及应变的其他测量方法

在应力、应变测量中,除了采用常用的应变式、压阻式、压电晶体和压磁式测量传感器进行检测外,还可以采用超声波法、光弹性法、激光全息法和密栅云纹法等特殊检测技术进行测量。

一、超声波测量方法

超声波是一种机械波,它能灵敏地反映试件内部的各种信息,用超声波参量来表征应力的研究在近年来得到了迅速发展。目前超声波应力测试技术大多以固体介质中应力和声速的相关性为基础,即使超声波直接通过被测介质,通过声速的变化来检测固体中的应力分布。

1. 超声波测量原理

超声波测量的基本原理就是利用超声波声速的差异,与应力间存在的对应关系来进行测量应力的。在固体中的声速可表示为

$$c = \sqrt{\frac{E}{\rho}} \qquad\qquad (2-26)$$

式中,E 为弹性模量;ρ 为密度。

当超声波通过处于应力下的固体传播时,应力会使固体的弹性模量和密度随应变而改变。通常情况下变化都比较小,可以认为声速随应力的变化呈较理想的线性关系,且拉应力引起超声波声速减小,而压应力则引起超声波的声速增大。由于以上应力是指超声波传播方向上所受的应力,所以采用纵波与横波声速同时作为转换参量,才能够综合反映应力分布的情况。

2. 应力测量方法

超声检测金属材料应力技术是利用应力引起的声双折射效应进行测量的。由有限变形弹性理论可以得出,对于垂直平面应力作用面传播的超声偏振横波和垂直平面应力作用面传播的超声纵波,传播速度 v_{T1},v_{T2},v_L(下标 T 代表横波,下标 L 代表纵波)和主应力 σ_1,σ_2 之间存在如下关系:

$$\left.\begin{array}{l} (v_{T1} - v_{T2})/v_{T0} = S_T(\sigma_1 - \sigma_2) \\ (v_L - v_{L0})/v_{L0} = S_L(\sigma_1 + \sigma_2) \end{array}\right\} \qquad (2-27)$$

式中,v_{T0} 为零应力介质中超声横波的传播速度;v_{T1},v_{T2} 为 v_{T0} 沿主应力 σ_1 和 σ_2 方向分解出的两个横波分量的传播速度;v_{L0} 为超声纵波在零应力介质中的传播速度;v_L 为介质中超声纵波的传播速度;S_T 为超声横波声弹性常数,可用试验求得;S_L 为超声纵波声弹性常数,可用试验求得。

不难看出,如果由试验求得 v_{T0},v_{L0},v_{T1},v_{T2},v_L 和 S_T,S_L,代入式(2-27)就可以求出两主应力。在实际测定时,可以通过以下途径来确定声速:超声脉冲传播时间的直接测量法、相位比较法、回振法、超声测角仪法、回波幅度法、频谱法以及层析法等。图2-32是一套简单的高精度

超声波声速测量仪的构成原理图。它利用微机技术,将超声波发射、接收、信号提取及多周期的平均时间间隔计数器融为一体,可以自动完成声速随应力变化情况的测量。

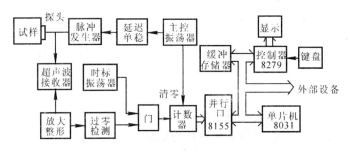

图 2 - 32　超声波检测试验系统示意图

二、光弹性测量方法

光弹性法是一种光学与力学相结合的实验测试方法,它是利用光的折射和干涉原理进行应力测量的。其中二维光弹性法已很成熟,光弹贴片法还可以直接测取实物应力,而且设备简单,使用方便。三维光弹法在科学研究和实际生产中也被采用。

1. 光弹性测量原理

在光弹性实验中,被测件是一种具有双折射性能的透明材料制成的与被测构件几何形状相似的模型,给上述模型加上与实际情况相似的载荷,并置于偏振光场中。由于模型材料的双折射效应和光波的干涉性能,于是就获得了整个模型的干涉条纹。所谓的双折射,是指光波射入某些各向异性的晶体,或虽各向同性但对光的效应与各向异性的晶体一样的透明材料时,射出的是两束振动平面相互垂直而折射率不等的光波。如图 2 - 33 所示,其中 o 束遵守折射定律,称为寻常光;e 束不符合该定律,称为非常光。

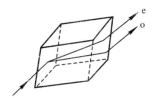

图 2 - 33　双折射现象

根据光弹的应力-光学定律,干涉条纹与模型边界及内部的应力分布之间存在着一定的数量关系,即

$$R = Ch(\sigma_1 - \sigma_2) \tag{2-28}$$

式中,R 为光通过模型材料后,由于双折射效应而产生的两束光的光程差;C 为模型材料的应力光学系数;h 为模型厚度;σ_1,σ_2 为模型内部点的主应力。

当模型厚度 h 已知时,偏振光通过受力模型上任意点后所产生的光程差 R 与该点的主应力差成正比。由此可见,如果能用实验方法测定 R 和 C 的值,就能确定模型上任意点的主应力差值。而光程差与单色光波长 λ 及干涉条纹级数 n 间存在如下关系:

$$R = n\lambda \tag{2-29}$$

式中，n 为主应力等差线干涉条纹级数，它可以等于 $0,1,2,3,\cdots$。

图 2-34 为纯弯曲梁的等差线图。由于中性层处应力等于零，所以是零级黑色条纹，往上依次为 $1,2,3,\cdots$ 级条纹。因此，通过试验方法，求出模型内某点干涉条纹的级数及光波的波长后，就可以确定模型内某点的主应力差值。

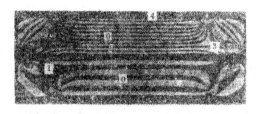

图 2-34 纯弯曲梁等差线图

2. 应力测量方法

在光弹测量中，当起偏镜和检偏镜逐渐旋转到使起偏镜的偏振轴与模型内某点的主应力方向一致时，在检偏镜后就会出现黑点。一系列这样的点便构成了黑线或干涉条纹。在这条线上各点的主应力方向都平行于偏振轴的方向，主应力的倾角相等，故称等倾线，由等倾线可以确定主应力的方向。为了区别主应力中的 σ_1 和 σ_2 的方向，可根据模型的受力类型先确定某特征点主应力 σ_1 和 σ_2 的方向，然后再根据应力变化的连续性，依次推导出其他各点的主应力方向。如图 2-34 中的纯弯曲梁的上表面受压应力，可以确定 σ_2 的方向；下表面受拉应力，可以确定 σ_1 的方向。

将式(2-29)代入式(2-28)中，得

$$\sigma_1 - \sigma_2 = \frac{R}{Ch} = \frac{\lambda n}{Ch} \tag{2-30}$$

令，$f = \dfrac{\lambda}{C}$，则得

$$\sigma_1 - \sigma_2 = \frac{f}{h}n \tag{2-31}$$

式中，f 为模型材料的条纹值，其物理意义是模型材料为单位厚度时，对应于某一定波长的光源，产生一级等差线所需要的主应力差值。f 与光源和模型材料有关，可以用标准试件试验测定。

综上所述，由平面光弹实验法可以测得三组数据：其一是任意点的等差线条纹级数 n；其二是主应力方向，它由等倾线测定，并通过适当的方法就能判明 σ_1 和 σ_2 的方向；其三是模型材料的条纹值 f，它由标定试件通过试验和计算确定。因此，将以上测得的数据代入式(2-31)中，就可以得到模型上各点的主应力差$(\sigma_1 - \sigma_2)$值，然后通过理论分析，就可以求出模型边界

和内部各点的应力大小。

光弹性实验法的优点是直观性强,可以测量构件表面和内部的应力、集中应力和接触应力等,所以在弹性力学的应变应力分析中获得了广泛的应用。

三、激光全息测量方法

全息干涉法是一种基于全息照相技术的计量测试方法。全息照相技术是利用激光的干涉,将物体光波的全部信息(振幅和相位)记录在底片上得到全息图,再利用光的衍射,在一定条件下使物体的光波再现,从而得到十分逼真的立体图像。这种既记录光的振幅又记录光的相位的照相就称为全息照相。将全息干涉技术应用到弹性应力的实验测试方法就称为全息光弹法,它是利用光的干涉和衍射原理进行应力测量的一种实验方法。利用该方法,不仅可以获得反映主应力方向的等倾线和反映主应力差的等差线,而且还能测得主应力和的等和线等。因此,只需经过简单的计算,就可以求出被测模型上各点的应力。

1. 全息照相原理

全息照相记录原理如图2－35(a)所示,激光器S发射出一束激光,经分光镜SB分为两束相干光,其中一束经反射镜B、扩束镜K照射到物体上,称为物光。物光经物体反射后,投射到全息底片上。另一束参考光经反射镜B和扩束镜K,直接照射到全息底片上。上述两束光在全息底片上相遇而产生光的干涉,形成稳定的光的干涉条纹图,并由全息底片记录。将曝光后的底片经显影、定影处理后,即可得到全息照相图。虽然在获得的全息照相图上,只能看到复杂的干涉条纹,而看不到物体的形像,但它却记录了物体反射光波的全部信息。

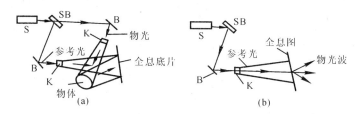

图2－35　全息照相原理示意图
(a)全息照相记录;(b)全息照相再现

只有将全息图放回到原光路系统中,物像才会全息再现。全息再现原理如图2－35(b)所示,此时仅用参考光照射,全息底片上的干涉条纹就相当于衍射光栅,在参考光通过这个衍射光栅后,被衍射出三束光波。其中一束为沿着原物光波传播方向的一级衍射光波,即为再现的物光波。如果它在可视的范围内为人眼所接受,就能看到物体的虚像,即全息像。另外,还有一束一级衍射光和一束零级衍射光波,这三级光波在空间上是分离的。

2. 应力测量方法

激光全息应力测量的光路布置如图2－36所示。在全息应力测量时,可采用圆偏振光或平

面偏振光。具体过程如下：在模型加载前首先曝光一次，待模型加载后于同一张底片上再曝光
一次，常称为两次曝光法。经两次曝光后的底片上就获得了模型加载前后的全部光信息，通过
显影和定影处理后得到激光全息图。如果将上述全息图放回到原光路系统中，并用参考光照
射，就能观察到模型受载前后两束物光的干涉条纹图。这些干涉条纹与模型所受的应力之间有
一定的数量关系。

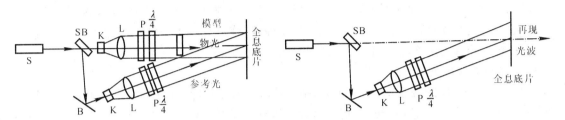

图 2-36 全息光弹实验的光学系统

S— 氦氖激光器；SB— 分光镜；B— 反光镜；K— 扩束镜；L— 准直镜；P— 偏振镜；$\frac{\lambda}{4}$— 四分之一波长

由于光强与光的振幅成正比，而再现物光的振幅由于受模型中应力分布的影响而改变，所
以其光强与模型的主应力有关。根据应力-光学定律，再现物光的光强 I 表达式为

$$I = t_2^2 A\left[k^2 + 2k\cos\frac{\pi h}{\lambda}D(\sigma_1 + \sigma_2)\cos\frac{\pi h}{\lambda}C(\sigma_1 - \sigma_2) + \cos^2\frac{\pi h}{\lambda}C(\sigma_1 - \sigma_2)\right]$$

$$(2-32)$$

式中，t_2 为第二次曝光时间；A 是物光、参考光和再现物光振幅平方的乘积；$k = t_1/t_2$，为两次曝
光的时间比；h 为模型的厚度；λ 为光的波长；D 为与模型材料及光在空气中的折射率有关的系
数；C 为模型材料的光学系数；σ_1、σ_2 为主应力。

图 2-37 给出了利用激光全息光弹实验测量圆盘片主应力分布时的全息照片。

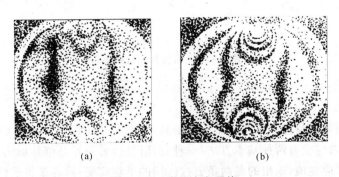

(a)   (b)

图 2-37 激光全息照片

(a) 环氧树脂圆盘片一次曝光全息照片；(b) 有机玻璃圆盘片二次曝光全息照片

65

全息光弹实验测试装置需要安放在特制的防震台上,加载装置也必须要求稳定、准确、可靠,不能产生振动。否则就无法获得清晰的干涉条纹图及高质量的全息底片。

四、密栅云纹方法

密栅云纹法是实验应力分析中的一种新方法,其基本测量元件是密栅片,它是 20 世纪 80 年代发展起来的一种利用光的干涉原理而进行测量的一种方法。因其所测得数据为纯几何变形量,故无论是对各向同性或异性材料以及处于弹性、弹塑性或大塑性范围内的变形,均能适用。它具有实验方法简单,适用范围广,结果显示直观,测量数据准确等诸多优点。

1. 密栅云纹法原理

密栅片的结构如图 2-38(a) 所示,它是一种由透明和不透明相间的平行等距线所组成的胶片。这些平行的等距线为栅线,它可以通过光学方法印制在照相用的胶片上,制成黑线与透明线相间的栅片。将栅片粘贴在试件表面上后,就制成了试件栅。通常用于测量应变及位移用的栅线密度为 2 ~ 50 线 /mm。

密栅云纹法的基本原理是利用试件栅(变形栅)和基准栅(不变形栅或分析栅)重叠后,存在于栅线间的光学干涉云纹而进行测量的,如图 2-38(b) 所示。干涉云纹间距 f 和栅线节距 p 与试件变形间存在着确定的数量关系,因此,可以由密栅节距和云纹间距求出试件变形后各处的应变值。

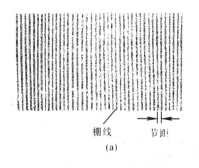

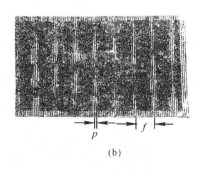

栅线　节距　　　　　　　　　　　　　p　　　f

(a)　　　　　　　　　　　　　　　　(b)

图 2-38　密栅片和云纹图

(a) 密栅片；(b) 云纹图

2. 应变测量方法

密栅云纹法通常获得的云纹图形是应变信息,因此利用云纹图形求应变是该方法的主要目的。由云纹图形求应变有两种基本方法:一种是几何法,另一种是位移场法。前者从云纹图形的几何关系中计算应变值,求出的是两条云纹区间的平均应变;后者是将云纹看做等位移线的轨迹,直接应用相关的力学理论进行分析,计算出应变值。位移场法可以参考有关力学书籍,下面简略介绍一下几何法。

先将试件栅 S 和基准栅 M 与应变方向垂直布置(见图 2-39(a)),变形前试件栅节距 p_0 与基准栅节距 p 相等,并将两栅片的黑线对齐。此时,基准栅片与试件栅重叠,且基准栅的栅线与试件栅的栅线相互平行时,试件变形后所形成的云纹图像成为平行云纹。由于有黑线的遮挡,当光线从白线条透过时,每节距的光强由 a 减弱到 b。

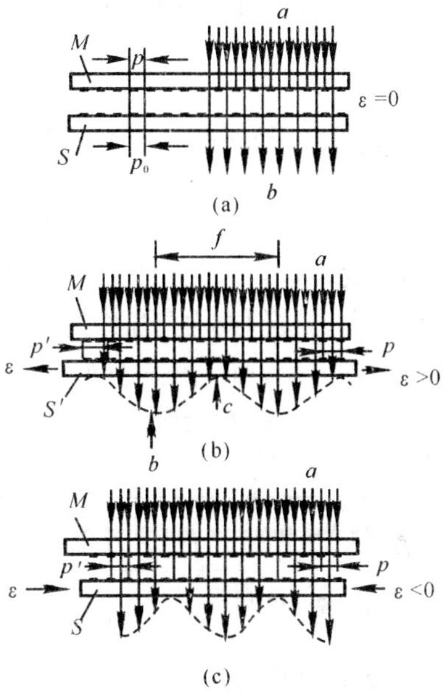

当试件栅 S 受垂直于栅线的拉伸载荷作用而变形时,其节距就由 p_0 增大到 p',增量为 Δp,即

$$p' = p_0 + \Delta p \tag{2-33}$$

上式说明试件栅与基准栅的每一栅线错移 Δp 距离,从而使两栅片的透光强度小于 b,如图 2-39(b)所示。经过 n 根栅线后(基准栅线),某一基准栅线又将与试验件栅的另一栅线完全重合,故使两栅片在该处的透光度又恢复到 b,形成亮带,而在 $n/2$ 栅线处,试件栅的黑线刚好落在基准栅的透明线上,完全遮挡了光线,形成暗带 c。设云纹间距(即亮带与亮带或暗带与暗带之间的间距)为 f,则

$$f = np \tag{2-34}$$

又因为每一云纹间距内,试件栅线数比基准栅线数少一根,故

$$f = (n-1)p' \tag{2-35}$$

联立式(2-34)和式(2-35),并消去 n,得

$$f = \frac{pp'}{p'-p} \tag{2-36}$$

由于试件的拉应变表达式为

$$\varepsilon = \frac{\Delta p}{p_0} \tag{2-37}$$

故

$$p' = p_0 + \Delta p = p_0(1+\varepsilon) \tag{2-38}$$

代入式(2-36),并考虑到 $p = p_0$,得

$$f = \frac{p_0(1+\varepsilon)}{\varepsilon} \tag{2-39}$$

移项,得

$$\varepsilon = \frac{p_0}{f-p_0} \tag{2-40}$$

图 2-39 平行云纹形成原理

(a)未加载荷;(b)加拉伸载荷;

(c)加压缩载荷

因为 $p_0 \ll f$，所以式（2-40）可以近似地表示为

$$\varepsilon \approx \frac{p_0}{f} \tag{2-41}$$

如图 2-39(c) 所示，当试件受垂直于栅线的压缩载荷时，进行类似推导，可得

$$\varepsilon = \frac{p_0}{f + p_0} \approx \frac{p_0}{f} \tag{2-42}$$

由式（2-41）及式（2-42）可见，由于栅片节距 p_0 是已知的，所以只要测出云纹间距 f，便可求出均匀拉伸或均匀压缩时的应变。如果是非均匀拉伸或压缩，则所得应变 ε 表示相邻云纹间的平均应变。由于栅片节距 p_0 和云纹间距 f 都是正值，无法判断所求应变的性质，表 2-2 给出了一个简便的判断所测应变性质的方法。

表 2-2　试件应变性质的判断方法

两栅节距相等 $p = p_0$	转动时，云纹不转，只作平行移动，疏密发生变化
试件栅受拉 $p < p_0$	转动基准栅时，云纹随着转动，方向相同
试件栅受压 $p > p_0$	转动基准栅时，云纹反向转动

图 2-40 为实验过程中获得的云纹间距不同的平行云纹图像。

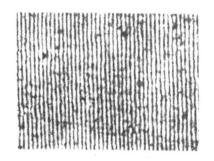 

图 2-40　不同云纹间距的平行云纹图像
(a) 小云纹间距情况；(b) 大云纹间距情况

当基准栅片与试件栅交叉重叠放置时，试件变形前或后所形成的云纹图像，称为转角云纹。当基准栅节距与试件栅节距相等时，云纹线条基本上垂直于栅线。试件变形后，如果是均匀变形，则云纹线条呈倾斜状平行线；如果是非均匀变形，则云纹线条呈弯曲、疏密不等的现象。转角云纹形成的原理如图 2-41 所示，基准栅与试件栅交叉点连线形成云纹亮带，亮带之间为暗带。如图 2-42 所示，试件栅变形前的云纹亮带为 OA，受拉变形后的云纹亮带为 OA_1，变形

前两栅的节距均为 p_0，两栅的栅线夹角为 θ，变形后亮带云纹线 OA_1 与基准栅的栅线夹角为 φ，并规定 θ 和 φ 逆时针方向为正，顺时针方向为负。根据几何关系，推导出的转角云纹参数与应变的关系式为

$$\varepsilon = \frac{\sin(\varphi + \theta)}{\sin\varphi} - 1 \tag{2-43}$$

上式中，θ 是已知角，所以只要测出 φ 角就可以求出 ε 值。与平行云纹方法不同，只要按照 θ 和 φ 角的方向规定，求出应变值的正负号就代表了所测应变的性质，其中正号为拉应变，负号为压应变。

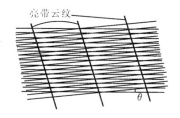

图 2-41　转角云纹形成原理

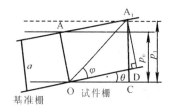

图 2-42　转角云纹的几何参数

在实际测量过程中，可用平行云纹，也可用转角云纹测量构件的应变。当应变量很大时，宜采用平行云纹；应变量小时，则宜用转角云纹。因为平行云纹对小的应变不够敏感，云纹间距 f 过大，测点过少，而转角云纹间距小，对小应变比较敏感。如果是构件的边界，宜采用平行云纹测量应变，因为转角云纹的测量点很难逼近边缘点。

习　　题

1. 已知应变片的电阻 $R = 120\ \Omega$，$k = 2.0$，贴于受轴向拉伸的碳钢试样表面上，应变片的轴线与试件轴线平行，试件的弹性模量 $E = 2.1 \times 10^{11}\ N/m^2$。若加载到应力 $\sigma = 2\,100 \times 10^5\ N/m^2$，试求应变片阻值的变化。如果采用 $120\ \Omega$ 的半导体压阻式应变片（$k_0 = 100$）也贴于上述试件上，试求其电阻变化。

2. 在拉（压）和弯曲组合作用的梁上，应如何布片与接桥，才能分别测出拉（压）应变和弯曲应变的值？

3. 已知全桥电路的各桥臂的电阻分别为 $R_1 = R_2 = R_3 = R_4 = 120\ \Omega$，$k = 2.0$，现在桥臂 2 上分别并联上电阻 $R_a = 5 \times 10^6\ \Omega$，$R_b = 100 \times 10^4\ \Omega$ 和 $R_c = 100 \times 10^3\ \Omega$ 三个电阻，试求出对应的当量应变。

4. 结合图 2-17，详细阐述基于数字信号处理器的压阻式传感器的智能信号调理电路的工作原理。

5. 阐述压电式传感器的工作原理，并结合常用的压电元件的结构形式，分析压电元件的

串并联特性及其适用范围。

6. 详细阐述压磁式力敏传感器的工作原理，并分析常见的压磁元件形状特征与工作特性。

第3章 真空度的测量

在飞机、导弹、军舰及常规兵器的制造中,愈来愈多的材料及其构件需要在真空环境下进行加工,例如真空热处理、真空钎焊、真空电子束焊、真空熔炼等。因此,真空度的测量,真空检漏技术已成为材料加工过程检测与控制方面的重要内容。

3.1 真空系统及其主要参数

一、真空系统

所谓真空系统,通常是指由真空室和获得真空、测量真空、控制真空等组件以及相应的辅助零部件所构成的体系。常见的真空系统主要有以下三种:

1. 低真空系统($1.33 \times 10^3 \sim 13.3$ Pa)

低真空系统的示意图如图 3-1(a) 所示,通常采用机械真空泵即能满足要求。对真空度要求高,而抽气速率要求不大时,可选用旋片式真空泵。如果真空度要求不高,而抽气速率要求较大时,可选用滑阀式真空泵。

2. 中真空系统($13.3 \sim 1.33 \times 10^{-2}$ Pa)

中真空系统一般选用由机械泵和增压泵组成的真空泵组。机械泵常用滑阀泵或旋片泵,增压泵可选用罗茨泵或油增压泵。罗茨泵的极限真空度比油增压泵稍低,但抽速比较大。工作时,先启动机械泵对真空室预抽真空。当达到增压泵可以启动的压强时,再启动增压泵一直抽到要求的真空度为止。

这类真空系统在热处理炉中应用较广,其示意图如图 3-1(b),(c) 所示。

3. 高真空系统($1.33 \times 10^{-2} \sim 1.33 \times 10^{-4}$ Pa)

高真空系统的示意图如图 3-1(d),(e) 所示,主泵常采用油扩散泵。

二、真空系统的主要参数

真空系统的基本参数主要有工作真空度、极限真空度、抽气时间、抽气速率及压升率等。

1. 工作真空度

真空室在工作时需要保持的真空度称为工作真空度。为了简化真空系统,降低造价,防止工件合金元素挥发,应按工艺要求尽量选择较低的工作真空度。通常,工作真空度低于极限真空度约一个数量级,最好选择接近主泵的最大抽速。

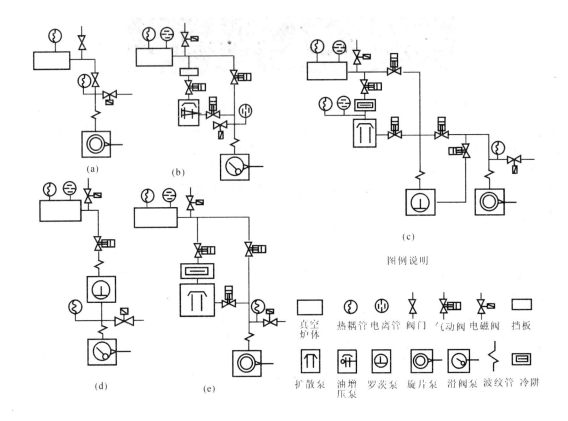

图 3-1　几种典型的真空系统

(a) 低真空系统；(b)，(c) 中真空系统；(d)，(e) 高真空系统

2. 极限真空度

真空室不放置工件时所能达到的最高真空度称为极限真空度，它与泵的极限真空度和抽速有关，且与真空室内的总放气量和漏气量成反比。由于总放气量是一个随抽气时间变化的值，故在确定极限真空度时，只能规定一个在确定的抽气时间内达到的相对值。通常，极限真空度低于真空泵的极限真空度一个数量级左右。

3. 抽气时间

抽气时间反映了抽气效率。它是指真空室从某一压力下，开始抽到预定压力所经历的时间。一般真空室的预抽时间以小于 10 min 为宜。

在低、中真空区域的前段，抽气时间可近似为机械泵预抽时间。对联合机组，总抽气时间包括机械泵抽气时间加上主泵接转后抽到某一压力所经历的时间。油扩散泵和油增压泵的预热时间不包括在抽气时间内。

4. 抽气速率

真空系统单位时间内所抽出的气体体积称为抽气速率。真空系统的抽速与主泵的抽速和流导有关(气体沿管道流动的能力,即流阻的倒数叫流导;管路两端的压力差与通过管路的流量之比称流阻),因此,为提高抽速,除选择抽速大的真空泵外,应尽可能增大管道流导。通常管道造成的泵抽速损失,高真空时应小于 $40\% \sim 60\%$,低真空时应小于 $5\% \sim 10\%$。

5. 压升率

单位时间内渗漏入真空室内的气体量是检验真空室密封性能的重要指标。国标规定用关闭法测量压升率,即系统抽到极限真空或某一压力后关闭真空室各通气口阀门,如果只用机械泵抽真空时应停泵,然后根据两次读数间的时间间隔(不少于 30 min) 去除以两次读数时真空室内压力之差,即得压升率。

3.2　真空度的测量

真空度测量是指在低于大气压的条件下,对气体全压的测量。真空规是测量低于大气压的气体全压的仪器,一般包括规管和控制线路两部分。

目前,从大气压到 10^{-10} Pa 压力范围内真空度的测量问题已经解决了。一般是采用不同类型的真空规去测量不同压力区间的气体压力。

一、液体真空规

1. U 形压力计

U 形压力计采用水银或低蒸汽压油作为工作液体。从这种压力计的两个支管的液面高度差 h,可计算出两个支管液面上的压力差,即

$$\Delta p = p_1 - p_2 = \rho g h \tag{3-1}$$

式中,ρ 为工作液体的密度;g 为重力加速度;p_1,p_2 分别为两个支管液面压力。

式(3-1)表明,U 形压力计是一种绝对真空规。对油 U 形压力计来说,因油密度约为水银密度的 1/15,故其灵敏度要比水银 U 形压力计高 15 倍。

在真空度的测量中,常用的 U 形压力计有如下几种形式。

图 3-2 为开管式 U 形压力计,它是一种以大气压作为参考压力的 U 形压力计。

图 3-3 为闭管式 U 形压力计,其封闭支管中的气体压力与被测气体压力相比,可以忽略。

图 3-4 是采用电化学方法测量液面差的水银 U 形压力计。它的两个支管中装有电阻丝(钨丝或铂丝),随着水银液面的上升或下降,丝的电阻值随之减小或增大,以此来测出两液面高度之差。

图 3-5 是倾斜式 U 形压力计,它是根据所测出的长度 L,并由 $h = L\sin\theta$ 来算出液面差。此种结构形式的 U 形压力计可以提高灵敏度 $5 \sim 10$ 倍。

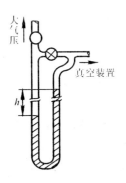

图 3-2　开管式 U 形压力计

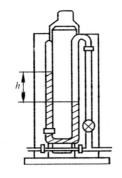

图 3-3　闭管式 U 形压力计

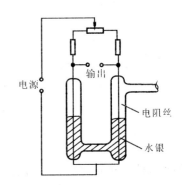

图 3-4　用电化学法测量液面
　　　　　差的 U 形压力计

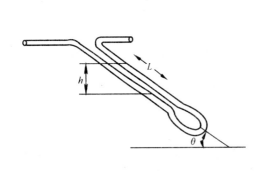

图 3-5　倾斜式 U 形压力计

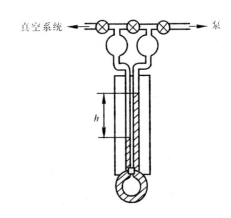

图 3-6　油 U 形压力计

图 3-6 是一种油 U 形压力计。

除通常使用的 U 形压力计外,特殊设计的精密 U 形压力计可作为 $1 \times 10^5 \sim 10^{-1}$ Pa 压力范围的真空测量标准。它经受了长期的实践检验,被公认为真空测量标准中最成熟、可靠性最高的标准。

2. 压缩式真空规

图 3-7 是压缩式真空规的结构图,A 为抽气支管,D 为测量毛细管,B 为比较毛细管,两个毛细管的内径相同($d_1 = d_2 = d$)。当把大体积 V 中的低压(p)气体压缩到测量毛细管 D 中后,就可得到下面的关系:

$$pV = (p + \rho g h)v \qquad\qquad (3-2)$$

式中,h 为两毛细管中水银面的高度差;g 为重力加速度;ρ 为汞的密度;v 为压缩后气体在 D 管中的体积。

如 $\rho g h \gg p$,则

$$p = \rho g h \frac{v}{V} \qquad (3-3)$$

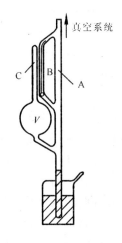

图 3-7　压缩式真空规结构

从所测得的物理量 h,v,V ,根据式(3-3),可直接计算出气体的压力值 p。

压缩式真空规在 $1 \sim 10^{-3}$ Pa 压力范围内是很好的真空测量标准。国际公认压缩式真空规具有很高的可靠性,并普遍将它定为国家级的真空测量标准。

但是,对于日常的测量来说,压缩式真空规并不是一种很好的测量工具。因为其工作液体水银对人体有害,操作也较复杂,而且没有熟练的操作技术,很难获得精确可靠的读数。

二、弹性变形真空规

1. 薄膜真空规

用金属弹性薄膜把规分隔成两个小室,一侧接被测系统,另一侧作为参考压力室。当压力变化时,薄膜随之变形。其变形量可用光学方法测量,也可转换为电容或电感量的变化,用电学的方法来测量,还可用薄膜上粘附的应变规来进行测量。

近年来,电容薄膜规有了很大发展。它的优点是,在很宽的量程上(10^5 量级)具有很好的精度(3% ~ 2%),稳定性好(在满刻度为 1.33 Pa,长期稳定性为 1.3×10^{-3} Pa,短期稳定性为 1.3×10^{-4} Pa),灵敏度与气体种类无关,可测蒸汽和腐蚀性气体的压力,结构牢固,使用方便。电容薄膜规在科研及工业上已被广泛使用。

为了防止规的薄膜发生蠕变,通常采用零位法测量,即采用静电力补偿压力差,使变形的薄膜重新回到零位置。图 3-8 是零位法薄膜规的原理图。

采用零位法时的计算公式为

$$p = kV^2 \qquad (3-4)$$

$$k = C_0/d_0 \qquad (3-5)$$

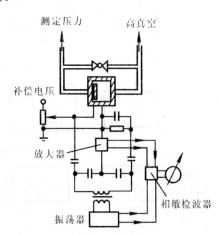

图 3-8　零位法薄膜规的原理图

式中,V 为补偿电压;d_0 为固定电极与薄膜间的距离;C_0 为固定电极与薄膜间的静电电容。

一个直径为 60 mm,厚度为 25 μm 的圆不锈钢膜制成的电容薄膜规,其极间电容 $C_0 =$

600 pF,规管常数为 1.5 pF/Pa,量程为 53.3 ～ 10^{-2} Pa,误差为 ±1%。

2. 压阻式真空规

压阻式真空规的传感器为压阻绝对压力传感器,它是利用集成电路的扩散工艺将四个等值电阻做在一块硅片薄膜上,并连接为平衡电桥。硅膜片利用机械加工和化学腐蚀的方法制成硅环,然后用金硅共熔工艺或用其他特殊工艺将硅环与衬片烧结在一起。硅环膜片内侧为标准压力（约 1 × 10^{-3} Pa）,外侧为待测压力,其结构如图 3 - 9 所示。当硅膜片外侧的压力变化时,由于硅的压阻效应使电桥的四个臂的阻值发生变化,电桥失去平衡,产生对应于待测压力的电压信号。

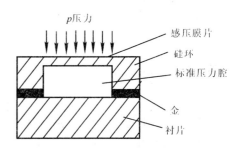

图 3 - 9　压阻式绝对压力传感器结构示意图

此信号经过放大器、控制单元及显示单元等,将相应的压力数值显示出来。此规的测量范围为 10 ～ 10^5 Pa。

采用压阻式绝对压力传感器的 HLP—03 型低真空计原理框图如图 3 - 10 所示。仪器的测量范围为 10 ～ 10^5 Pa,满量程的精度为 0.5%。仪器的特点是线性测量精度高,与被测气体种类无关,量程自动转换。

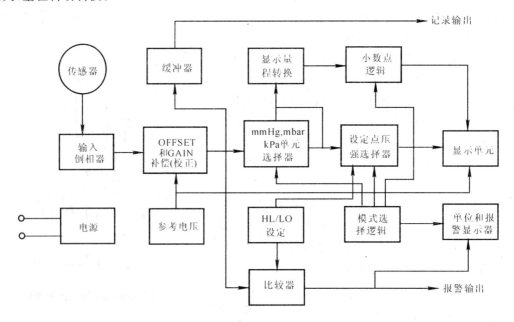

图 3 - 10　HLP—03 型低真空计原理方框图

三、热传导真空规

1. 原理

将规管中一根张紧的金属丝通以电流 I 加热(见图 3-11),在热平衡时,输入的能量为辐射传导热量(Q_R)、引线传导热量(Q_L)和气体传导热量(Q_C)之和。

$$RI^2 = Q_R + Q_L + Q_C \qquad (3-6)$$

$$Q_R = K_R A(\varepsilon T^4 - \varepsilon_0 T_0^4) \qquad (3-7)$$

$$Q_L = K_L(T - T_0) \qquad (3-8)$$

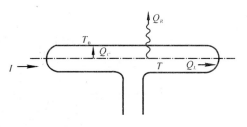

图 3-11　热传导真空规原理图

式中,R 为金属丝电阻;T 为金属丝的热力学温度;T_0 为规管壁热力学温度;K_R 为斯蒂芬-玻耳兹曼常数(5.67×10^{12} W/(cm^2 · K^4));A 为金属丝表面积;ε 为金属丝热辐射率;ε_0 为规管壁热辐射率;K_L 为与引线材料和结构有关的常数。

从式(3-7)、式(3-8)可知,Q_R 与 Q_L 与气体压力无关,而 Q_C 则不同。在高压时,气体分子自由程 λ 远远小于管径 d,气体的传热量 Q_C 为

$$Q_C = - K_C \frac{\partial T}{\partial Z} \qquad (3-9)$$

$$K_C = \frac{1}{3} \rho v \lambda C_V \qquad (3-10)$$

式中,K_C 为高压力下气体的热传导系数;ρ 为气体密度,v 为气体分子速度;C_V 为定容比热容。

因式(3-10)中的 ρ 与压力 p 成正比,λ 与 p 成反比,所以 K_C 与压力 p 是无关的,式(3-9)可写成

$$Q_C = B(T - T_0) \qquad (3-11)$$

式中,B 为常数。

从式(3-11)可知,在高压力时,由于 Q_C 与压力 p 无关,因此不能利用气体热传导来测量气体压力(热传导规的测量上限也由此因素决定)。

在低压力时,$\lambda \gg d$,分子间基本无碰撞,气体传热仅与压力 p 有关,即

$$Q_C = \alpha \lambda' p(T - T_0) \qquad (3-12)$$

式中,α 为热适应系数;λ' 为自由分子的热传导系数,如下式所示:

$$\lambda' = \frac{C_V + \frac{1}{2} R'}{\sqrt{2\pi M R T'}} \qquad (3-13)$$

式中,R' 为气体常数;T' 为 T 与 T_0 的平均值;M 为气体的摩尔质量。

因此,可利用低压力下 Q_C 与压力 p 成正比的关系来测量气体压力。又由于 λ' 与 $\sqrt{M}$ 成反

比，λ 和 C_v 与气体种类有关，所以热传导真空规的灵敏度则因气体种类而异。

2. 热偶式真空规

热偶式真空规的结构如图 3-12 所示，图中 F 是加热丝（铂丝），J 是热偶（康铜-镍铬丝）。多数热偶规是按定流型的方式工作的，即加热电流 I 为常数。因加热丝 F 的温度是随压力 p 而变化的，所以可以用热偶 J 来测量热丝温度，此时输出的信号为热电势 E。

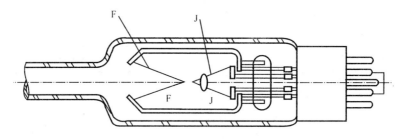

图 3-12　DL—3 型热偶式真空规结构

国产 DL—3 型热偶规的加热电流约在 $95 \sim 150$ mA 之间，量程为 $133 \sim 10^{1}$ Pa。

热偶规的缺点是量程窄，稳定性差，精度不高。但其结构简单，使用方便。

3. 电阻式真空规

电阻式真空规的热丝温度是随压力而变化的，由于温度的改变导致热丝电阻的变化，可用测量电阻的变化来测量真空度。此规要求热丝具有较大的电阻温度系数，以提高灵敏度；还要求热丝具有良好的化学稳定性，以减少零点漂移。

（1）定温型电阻规。定温型电阻规的工作原理是，保持热丝温度不变，当压力变化时，热丝的加热功率随之变化。调节电阻 R_v，以保持电桥的平衡（电流表 G 指示为零），从而保持规管热丝温度的恒定，可借助电阻值的改变来测量真空度（见图 3-13）。

定温型电阻规灵敏度稳定，其测量上限压力可达到 10 Pa 左右。但由于电流表精度、室温变化以及零点漂移等因素的影响，此类电阻规的测量下限约为 10^{-2} Pa。定温型电阻规的特点是量程宽，反应时间快，但是自动维持热丝温度恒定的电子线路比较复杂。

（2）定电压型和定电流型电阻规。这两种电阻规没有本质的区别。其工作原理如图 3-14 所示，图中 R_1 是电源内阻，R 是规管热丝电阻。

如 $R_1 \ll R$，就是定电压型电阻规。当压力增大时，气体热导增大，导致热丝温度下降和电阻 R 下降。在电压不变的情况下，R 下降导致电流 I 增加，使丝温下降变缓。这样灵敏度虽有下降，但可拓宽量程。

如 $R_1 \gg R$，就是定电流型电阻规。当压力增大时，气体热传导增大，导致热丝温度及电阻 R 下降，但电流 I 基本保持不变。与定电压型相比，定电流丝温下降更快，故其灵敏度较高。

这类电阻规的测量线路与定温型电阻规相同，但此时惠斯通电桥是工作在非平衡状态，输出信号由电流表 G 指示。电阻规使用方便，应用广泛。在较高的压力下，由于热丝温度下降过多，使得这类规的测量上限仅是 1 Pa 左右。又由于辐射传热量（Q_R）、引线传热量（Q_L）、热丝表面状态的变化、规壁温度波动及电流表灵敏度不高等因素的影响，这类电阻规的测量下限约为 10^{-1} Pa。如能稳定规壁温度或采用结构相同的补偿规管，则测量下限可扩展到 10^{-2} Pa。

对热传导规的改进和发展，主要体现在扩展量程和提高反应速度两个方面。

例如，一种单晶半导体的热传导规采用了微电子学的制造工艺，在薄的硅单晶片上用固态扩散法形成电阻网络。这种电阻网络的表面积较大，性能参数稳定，使此规的量程扩展为 $10^5 \sim 10^{-3}$ Pa，克服了一般热敏电阻规表面积小、性能参数不稳定和制作工艺困难等缺点。

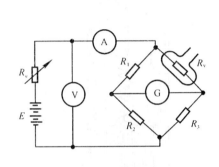

图 3-13　定温型电阻规测量原理图

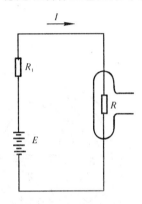

图 3-14　定电压型和定电流型电阻规原理图

四、电离真空规

1. 概述

在低压气体中，气体分子电离后生成的正离子数，通常与气体分子的密度成正比。利用此关系可制成各种类型的电离真空规。

使气体分子电离有各种方法。例如可采用在电场中（或电磁场中）被加速的电子去轰击气体分子，使其电离；也可采用放射性物质放射出粒子（α 或 β 粒子）去轰击气体分子，使其电离。

在真空测量中，电离真空规是最主要的一种规型。不同类型的电离真空规配合使用，能够测量的压力范围，可从大气压到目前所能测量的最低压力。在超高真空和极限真空区域中，电离真空规也是最实用的规型。

2. 圆筒型电离规

圆筒型电离规的原理图如图 3-15 所示。规管中心热阴极 F 的电位为零，栅极 G 的电位 V_G 为正，收集极 C 的电位 V_C 为负。从 F 上发射的电子在 V_G 的作用下飞向 G，越过 G 趋向 C，在 G，C 之间的排斥电场的作用下电子逐渐减速。在速度变为零后，电子再次反向飞向 G，再越过 G 而趋向 F，又在 G，F 之间排斥电场的作用下逐渐减速。在速度降至零后，电子再一次反向飞向

G。在这样的往返运动中,电子不断地与气体分子碰撞,把能量传递给气体分子,使气体分子电离,最后被栅极捕获。在 G,C 空间产生的正离子被收集极 C 接收,形成离子流。离子流与气体压力 p 有如下关系:

$$p = \frac{1}{K}\frac{I_+}{I_e} \tag{3-14}$$

式中,K 为规管常数(Pa^{-1}),I_+ 为离子流(A);I_e 为电子流(A)。

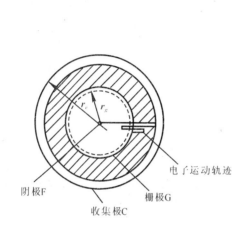

图 3-15　圆筒型电离规原理图

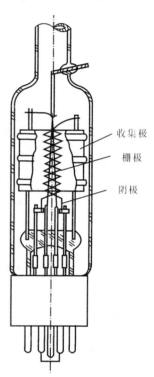

图 3-16　DL—2 型电离规

由于各种气体的电离电位是不相同的,所以电离规的常数 K 与气体种类有关。同时还与规管的结构和电参数有关。

圆筒型电离规具有同轴的电极结构,电极尺寸和位置容易保证,又由于外圆筒的屏蔽作用使规管性能稳定,不受玻壳电位影响。许多国家已选用这种规作为真空测量的副标准。

图 3-16 是国产 DL—2 型电离规结构。该规电参数:$V_G = 225\ \mathrm{V}$,$V_C = 0\ \mathrm{V}$,V_F(阴极电压)$= 25\ \mathrm{V}$,$I_E = 5\ \mathrm{mA}$,$K(\mathrm{N}_2) = 0.188\ \mathrm{Pa}^{-1}$。

圆筒形电离规的量程一般为 $1 \times 10^{-1} \sim 1 \times 10^{-5}\ \mathrm{Pa}$。在此量程内,离子流 I_+ 与压力 p 之间具有线性关系。

3. 中真空电离规

圆筒型电离规的测量上限为 0.1 Pa。高于此压力,离子流与气体压力之间的关系就要严重地偏离线性。

为了扩展电离规的测量上限,设计了如图3-17所示的中真空电离规。其结构为一根直丝阴极放置在两平行板之间,一板作阳极,另一板作离子收集极,阴极与阳极之间的距离为 1.6 mm。从阴极上发射出的电子,经过 1.6 mm 的行程,直接到达阳极。因为这样短的电子渡越行程,已经相当于气体压力为 10^2 Pa 时电子在气体中的平均自由程,所以在气体压力低于 10^2 Pa 时,电子行程不再受压力影响。由于电子行程短和阳极电压仅为 60 V,所以此规管的常数低(对于氮气,$K = 4.5 \times 10^{-3}$ Pa^{-1})。当气体压力为 200 Pa 时,电子电离气体分子所产生的二次电子流 I_s 仅相当于发射电流 I_e 的 10%,从而有效减小了二次电子流的影响。又由于离子收集极的面积远大于阴极面积,并且在收集极上施加了 $V_c = -60$ V 的负压,所以使收集极能够有效地收集大部分离子,从而使规管的量程明显提高。

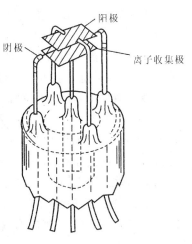

图 3-17　中真空电离规

我国生产的 DL—5 型中真空规(见图 3-18)采用盒式结构,在 $54 \sim 10^{-4}$ Pa 的压力范围内,离子流与压力 p 之间呈线性关系。各极电参数为:阳极电位 $V_A = 170$ V;收集极电位 $V_c = 0$ V;阴极电位 $V_F = 54$ V;在 $54 \sim 10^{-4}$ Pa 时,$I_e = 50$ μA;在 $10^{-2} \sim 10^{-4}$ Pa 时,$I_e = 500$ μA。此规采用敷氧化钇-铱丝作阴极,抗氧化性好。

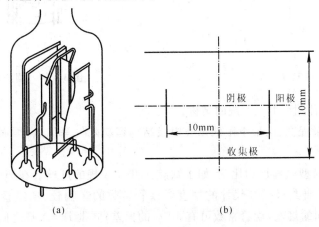

(a)　　　　　　　　　　　　(b)

图 3-18　DL—5 型中真空规

(a) 规管电极外型;(b) 各电极的相对位置

4. B—A 规

圆筒型电离规的测量下限约为 1×10^{-5} Pa，如果低于此压力，由于 X 射线的作用，会使离子流 I_+ 与压强 p 之间的关系严重偏离线性。

电离规的栅极在接受具有一定能量的电子流以后，要发射软 X 射线。此软 X 射线照射到离子收集极上，将引起收集极发射电子流 I_x。由于这部分电子流的方向与离子流 I_+ 的方向相反，所以在离子流测量回路中叠加了一个与压力无关的剩余电流 I_x，这就是所谓电离规的 X 射线效应。因为与圆筒型电离规中的剩余电流 I_x 相对应的等效压 p_x 约为 1×10^{-6} Pa，所以用圆筒型电离规测量 1×10^{-5} Pa 的压力时将引起 10% 的误差。

B—A 规（见图 3-19）采用直径为 0.1 mm 的钨丝作离子收集极，使接受 X 射线的面积降低了 1 000 倍，因而使光电流 I_x 也降低了 1 000 倍。此外，B—A 规把离子收集极装在栅极中心，把灯丝装在栅极外侧，在栅极和收集极之间形成对数曲线分布的电场，进入栅极空间的电子能在栅极和收集极之间 99% 的空间内产生电离作用，从而提高了电子电离气体的效率，也就提高了规管常数。这种结构虽然使离子收集极的面积减小了 1 000 倍，但是规管常数基本上仍与圆筒型接近，故 B—A 规的测量下限能延伸到 10^{-8} Pa。

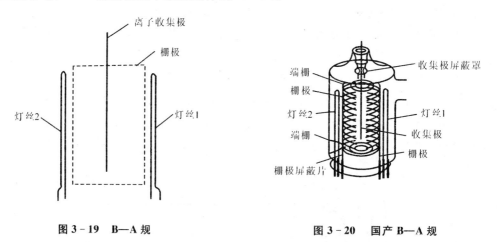

图 3-19　B—A 规

图 3-20　国产 B—A 规

图 3-20 为一种国产 B—A 规的结构。

B—A 规具有量程宽、测量下限低以及电极结构容易除气等优点，因而是一种优良的超高真空规。

B—A 规与圆筒型电离规相比，有如下缺点：①B—A 规的灯丝装在栅网外侧，两者之间距离很小（几毫米），因此灯丝安装尺寸的精度对规管常数的影响较大。经验指出，在同一 B—A 规中，对于两根不同的灯丝，规管常数可有 10% 的偏差；同批 B—A 规之间的灵敏度偏差可达 20%。②B—A 规的玻璃壳电位对规的常数影响较大，而圆筒型电离规由于筒状收集极的屏蔽作用，其玻璃壳电位对规管常数没有影响。

3.3 真空测量技术

一、概述

在真空测量中,要用真空规比较精确地去测量容器中被研究的稀薄气体压力,以达到预期的目的,必须考虑以下三个问题。

(1) 首先对被测对象应有一般性了解。

1) 气体是可凝的还是非可凝的,是单一气体还是混合气体,是惰性气体、活泼气体还是腐蚀性气体?

2) 气流状态是稳态还是瞬态,是均匀气流还是非均匀气流?

3) 所处的温度是等温还是非等温,是高温还是低温?

4) 有无磁场、电场、振动、冲击、加速度带电粒子及辐射等特殊条件?

(2) 根据研究对象的情况及研究目的,正确选用真空规,并要了解所选真空规的原理、量程、特性和局限性,以便正确地使用它。

(3) 要研究真空规和被测对象之间的相互作用。规的引入可能会使被测对象原来的状态发生畸变,同时被测对象也可能改变规的性能,干扰规的正常工作。

由此可知,要比较精确地进行真空测量,仅仅孤立地去研究真空规还是很不够的,必须全面地考虑涉及测量技术的有关问题。

影响真空测量的因素较多,而且难以控制,以至于在有些情况下,测量精度是难以保证的。因此,如果不能很好地解决上述三个方面的问题,那么将会引起更大的误差,甚至发生明显的错误。

从真空应用的角度上看,多数情况并不需要过高的精确度。只有在少数情况下(例如空间研究中),才要求高的测量精度(误差小于或等于 1%)。这样的高精度对粗低真空范围的真空测量来说是可以满足的,但在更宽的量程内还不能达到。

二、气体的种类与真空规

如果被测气体是氮气或惰性气体(如氦、氩等),那就比较简单。但在多数情况下,系统中的气体是氮、氧、氢、一氧化碳、二氧化碳、水蒸气、氩、氦、甲烷、汞和油蒸气等多种气体和蒸汽的不同组合,其中尤以氧、水蒸气、油蒸气等组分会给真空规带来不良的影响,故在选用真空规时必须认真考虑气体组分对真空测量的影响。

1. 氧气

氧是理想气体,所以可用压缩式真空规进行测量,但分压过高时,会使水银表面发生氧化,从而污染玻璃毛细管的内表面,导致水银毛细管低压值的无规则变化,产生很大的测量误差。氧对水银 U 形压力计也有同样的影响。

氧气会使热传导规的热丝氧化,改变热丝的表面状态,引起规管零点漂移和灵敏度的改变。如采用抗氧化性好的铂金丝作热丝,则能使规管性能稳定性提高。

电离规的热阴极在氧气中工作会有明显损耗。如果在高于 10^{-2} Pa 的氧压下工作,钨阴极很快就会被烧坏。如果在低于 10^{-3} Pa 的氧压下工作,钨阴极就可以长时间使用。

在粗低真空区间测定氧压的最好规型是薄膜规(尤其是不锈钢制的电容薄膜规)。

测量空气压力时应考虑规与氧气的作用。

2. 水蒸气

可凝性水蒸气的压力一般不能用压缩式真空规来测量。若用热传导真空规测量水蒸气的压力,也会与测氧压一样,引起规管零点的漂移和灵敏度的改变。

在用具有钨阴极的电离规测量水蒸气压时,水蒸气会被高温钨表面分解并与钨反应生成氧化钨和原子态氢,氧化钨蒸发后附着在玻璃壁上,原子态氢则从玻璃壁上的氧化钨中夺取氧再变成水蒸气。这样循环下去,水蒸气就起着输送钨的作用,致使钨不断蒸发。在高于 10^{-2} Pa 的水蒸气压力下使用钨阴极时,会使钨严重蒸发,此时钨的消耗速率相当于氧中的 $1/5$,与在大气中的消耗速率差不多。若在电离规中采用铼或铼钨阴极,则可用来测量高达 10^{-1} Pa 的水蒸气压力。

通常对可凝性水蒸气的测量,在粗真空区可用 U 形计,在低真空区间可用薄膜规。

真空规对于水蒸气可靠的校准方法至今还没有建立,一般只是用氮气校准过的真空规来测量,而以等效氮压力来表征水蒸气压力。

3. 油蒸气

在用油的(扩散泵和机械泵)抽气系统中,存在分子量很大的有机油蒸气及其分裂物。它们的蒸气压一般比较低,因此不能用压缩式真空规来测量,如用压缩式真空规测量机械泵的极限压力时,要比热导规测得的数据约低一个数量级。

用油 U 形压力计测量油蒸气压力时,因工作油可以溶解油蒸气,所以也不能得到正确的指示。

用热传导规测量时,油蒸气附在热丝和规壁上,会改变表面性能,引起热传导规零点漂移和灵敏度的改变。用电离规测量时,油蒸气会被高温阴极表面所分解(或由于电子轰击而分解),生成碳氢化合物,污染电极和管壁,使规管的灵敏度和特性发生明显变化。规管对油蒸气的灵敏度要比氮气高 10 倍。要校准电离规对高分子碳氢化合物的灵敏度是困难的。不同资料对低分子碳氢化合物的校准结果也不很一致,但综合有关数据,可得出电离规对不同碳氢物相对灵敏度的规律性。图3-21表明,电离规对不同碳氢化合物的相对灵敏度与这些碳氢化合物分子的电子数之间有线性关系。由图3-21所示曲线的外推,可以估算大分子碳氢化合物的相对灵敏度。

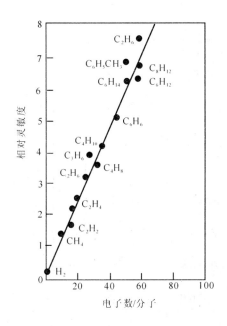

图 3-21 电离规对各种碳氢化合物的相对灵敏度

三、影响真空测量的其他因素

(1) 真空系统中气流分布的不均匀性。

(2) 真空系统中温度分布的不均匀性。U形压力计和弹性变形规测量真空时,温差不引起误差;采用电离规及热传导规测量时,则必须修正到校正时的标准温度。

(3) 规的抽气与除气。$p \leqslant 10^{-4}$ Pa时,必须对规管进行严格除气,并且要求校准和使用时的除气规范相同。在 $p > 10^{-2}$ Pa 时,没有必要对规除气。

(4) 气体在真空系统固体表面的吸附及对高温钨丝的氧化作用。

(5) 真空规的安装位置。应该尽可能把真空规接在要测压力处。如果由于某种原因必须在其间安置导管、冷阱、挡板、过滤器等部件时,要进行相应修正。

表3-1所示为国产各类真空规管的技术性能参数。

表 3-1　国产各类真空规管技术性能表

名　称	型　号	管　型	测量范围 /Pa	电参数	灵敏度 /(A·Pa^{-1})
热偶规管	DL—3 (ZJ—51)	玻璃壳	$67 \sim 1.3 \times 10^{-1}$	加热电流 $180 \sim 200$ mA　$90 \sim 150$ mA	
	ZJ—53B	玻璃壳	$270 \sim 1.3 \times 10^{-1}$		
	ZJ—53C	玻璃壳	$270 \sim 1.3 \times 10^{-1}$		
	DJ—3	玻璃壳	$133 \sim 13$		
电阻规管	ZG—1	玻璃管规	$1.3 \times 10^{-1} \sim 2.7 \times 10^{3}$		
电阻规管	ZJ$_2$—2J	裸规	$1.3 \times 10^{-1} \sim 1.3 \times 10^{4}$		
电阻规管	ZJ—52	裸规	$1.3 \sim 2.7 \times 10^{3}$		
电阻规管	ZJ$_2$—1L	玻璃管规	$1.3 \times 10^{-1} \sim 2.7 \times 10^{3}$		
电阻规管	ZJ$_2$—3L	玻璃管规	$1.3 \times 10^{-1} \sim 1.3 \times 10^{2}$		
电阻规管	ZJ$_2$—2L	玻璃管规	$1.3 \times 10^{-1} \sim 1 \times 10^{5}$		
电阻规管	CP—1	玻璃管规	$10^{-2} \sim 10^{3}$		
球状电阻规	P$_{585}$—1				
中真空规	DL—5	玻璃管规	$10 \sim 10^{-4}$	阳极电压 115 V, 发射电流 $10 \sim 10^{-2}$Pa,50μA $10^{-2} \sim 10^{-4}$Pa,500μA	1.5×10^{-2}
高真空电离规	DL—2	玻璃管规	$10^{-2} \times 10^{-3}$	阳极电压 200 V 发射电流 5 mA	1.5×10^{-1}
宽量程电离规	DL—6	玻璃管规	$10 \sim 6.7 \times 10^{-5}$	$10 \sim 10^{-1}$Pa 电参数 阳极电压 46 V 发射电流 50 μA	4.5×10^{-3}
				$10^{-2} \sim 6.7 \times 10^{-3}$Pa 阳极电压 170 V 发射电流 2 mA	3.75×10^{-3}

四、智能真空测量仪

目前使用的真空测量传感器,大部分是电离规,在中真空范围内用途最广泛。

常用的电离真空规测量仪,均采用模拟电路控制发射电流,并把它当成固定数来看待,这样不可避免地会影响真空度的测量精度。例如,网路电压的波动或元器件的老化,均会使发射电流产生变化,从而导致测量误差的增大。用单片机控制电离真空规的发射电流,不仅可有效提高测量精度,而且可在线性区域内扩展量程。

1. 智能真空测量仪的总体结构与单片机硬件组成

电离规是根据气体电离与气体密度成正比的原理来测量真空度的。在固定结构及固定电压的条件下,离子流 I_+、电子流 I_e 与压力 p 之间的关系如式(3-14)所示。各级的电压和规管的结构决定了规管的常数,如 DL—5 真空规的规管常数 $K = 0.015/Pa$。

智能测量仪由单片机与显示部分、闭环控制系统、采样测试部分及直流电源等四部分组成(见图 3-22)。

系统采用 8031 单片机进行控制。单片机的 I/O 口 $P_{1.5}$、外部中断口 INTO 和定时器组成控制发射电流的闭环系统。$P_{1.5}$ 用于选择发射电流的大小;$P_{1.0} \sim P_{1.1}$ 用于选择测量的量程;$P_{1.6}$ 口用于启动 A/D 转换;$P_{1.7}$ 判断数据是否溢出;$P_{1.4}$ 用于选择测量发射电流及离子电流(见图 3-23)。系统可扩展 8 KB 的 EPROM 及 2 KB 的 RAM。显示电路可采用 8279 芯片或两片 74L244 芯片来驱动数码线路。

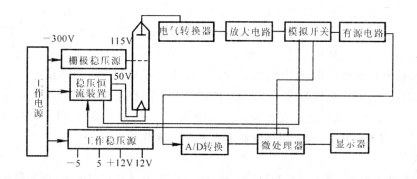

图 3-22　总体结构框图

2. 闭环控制系统

根据式(3-14),在发射电流与收集电流的线性范围内,当真空度高时,可增大发射电流,使收集极电流能在正常测量范围内工作;当真空度低时,可降低发射电流,并可根据发射电流的数据,预报测量过程的异常情况。如在测量过程中,真空系统漏进了大量空气,单片机系统将自动切断灯丝电源。为了提高控制精度和测量精度,采用了 16 位的双积分 A/D 转换器。

闭环控制系统电路如图3-23所示。收集极电流（离子）信号从电阻R_2取出，经过放大器放大后，通过模拟开关输入A/D转换器进行采样，采样值通过数据总线输入8031单片机。变压器B的副边电压u_1经过比较器A_1，整形为方波信号，输入8031的INTO端，作为网路电压的同步中断信号。触发双向晶闸管SCR的脉冲信号由$P_{1.5}$输出。电离规的灯丝电压为u_2。改变双向可控硅SCR的控制角，亦即改变了电离规的发射电流。

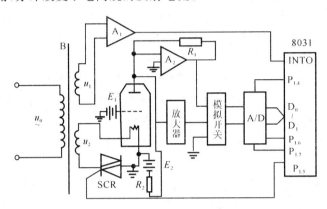

图 3-23 闭环控制系统电路

3. 收集极电流与采样电路

由式（3-14）可以计算传感器整个测量范围内输出的最大电流和最小电流。例如，对DL—5型真空规，取$K = 0.015/Pa$，$I_e = 50\ \mu A$。当$p = 10\ Pa$时，$I_+ = 7.5\ \mu A$；当$p = 10^{-4}\ Pa$时，取$I_e = 500\ \mu A$，$I_+ = 7.5\ nA$。由此可以看出，传感器的输出电流在四个数量级的范围内变化。由于弱的电流信号极易被干扰信号淹没，且又考虑到传感器的灵敏度低，在微弱电信号的情况下，可使收集极的电压接近零伏，故必须适当增大转换电阻R_2，提高信噪比。我们可以把整个电流量程分为四档，每档对应一个电阻，使四档对应的收集极电流均在毫安级内变化，然后再选用合适的运算放大器进行放大。四档的转换采用2-4译码器（见图3-24）。由于电流信号非常弱，不能用模拟开关，可采用继电器$J_{1\sim4}$的触点来代替。

4. 软件

软件分为两大部分。第一部分为执行软件，主要功能为测量发射电流，控制移相角，测量收集极电流，进行零位补偿，计算压力并显示；第二部分为诊断软件，对系统进行自检、自校和预测。在测量前，首先启动诊断软件，检查EPROM，ROM，RAM及A/D转换器工作是否正常。在测量中，根据测量数据，判断是否出现异常现象情况，如超量程、灯丝断路等。若出现异常情况，则要及时切断电源，显示故障信号，并指示故障部位。

此外，主程序中还具有开机程序，判断冷热启动。冷启动时初始化，热启动时进行自诊、自校以及自动复位。软件流程框图如图3-25所示。

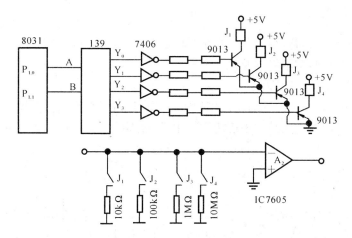

图 3-24　收集极电流转换电路

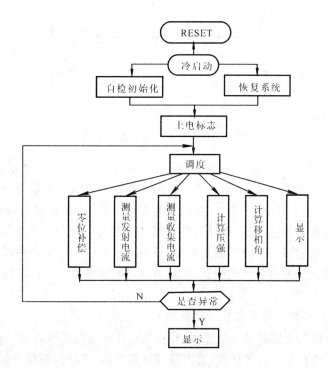

图 3-25　程序流程图

五、智能真空测控仪表

真空测量仪表的一体化、智能化及系统化已成为真空测量的一种趋势。下面简要介绍智能真空测控仪表工作原理，基本组成及设计方法。

1. 仪器的原理与功能设置

图 3-26 是镁合金真空冶炼的工艺过程图。从图可看出，真空应用系统是一个复杂的多参数动态系统。图中以曲线形式给出了应用系统中各点的压力（真空度）、温度等应用参数随时间的变化规律。

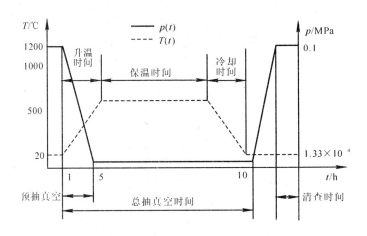

图 3-26 真空冶炼工艺过程图

图 3-26 对真空工艺过程的描述仅是大致的，真空应用的实际情况要复杂得多。首先，$p(t)$，$T(t)$ 不仅都是时间 t 的函数，而且它们之间亦存在多元函数关系；其次，这些函数关系在控制过程中还有一定的不确定性。所以，在仪表的设计中，从一些典型的应用系统工艺流程曲线，归纳出各参数之间的相互关系，设计真空应用工艺程序，并采用适当的控制算法（如 PID，FUZZY（模糊）等），通过现场传感器测量信号、设备的状态信号以及各种报警信号等进行综合处理，输出相应的控制信号到各执行装置，从而最终达到多参数实时控制的目的。

2. 功能设置

中小型真空应用系统常常需要仪器具备如下较全面的功能。

（1）多通道、多种类传感器输入功能，并有较宽的计量范围和较高的精确度。

（2）调节装置、执行元件的多样性，要求仪器具有多种、多路控制信号输出，如开关量及脉宽信号（PWM）输出等，必要时还应考虑 D/A 输出。

（3）有较强的面板操作功能，能通过面板键盘较方便地键入、设定所需的工艺参数。

（4）具有多物理参量，多路信号同时显示或滚动、切换显示，以及工作状态与报警显示功能。

（5）可连接打印机以及与上位机（PC 机）通信，或多台联机组成更大控制系统。可以考虑采用 RS-232 接口、现场总线接口方案。

（6）仪器应有较高的可靠性和较强的抗干扰能力，并能实时地对应用系统的运行状态进行全面监控。一旦出现非正常情况，立即发出报警，并自动实施保护。

3. 智能型真空系统多参数测控仪的基本设计方法

智能型真空系统多参数测控仪的基本设计方法如下：

（1）单片机选型。推荐选用 INTER51 系列 87C552（87C554）型 MCU 嵌入式微处理器，主要考虑以下几点：

1）INTER 系列单片机应用广泛，产品成熟，子程序库丰富，便于开发。

2）芯片具有 8 路片内 10bit 的 A/D 转换输入端口，最适宜多通道输入的系统。

3）具有较多的 I/O 端口，便于处理开关量的输入／输出信号。

4）可以直接输出 PWM 信号，使电动阀或其他伺服设备调节较为方便。

5）时钟频率为 12～16 MHz，处理速度较快，且具有多个中断源、I^2C 母线及掉电数据保护功能，适合实时控制系统。

6）安全性好。

（2）信号采集、调理电路。

1）真空度传感器采用精度高、稳定性和线性度都较好的薄膜传感器（0.1～10 Pa）和压阻式真空传感器（10 Pa～100 kPa）。仪器自备精密恒流源（$\Delta i < 0.05\%$）供电，以保证仪器的综合精度。

2）信号调理电路采用 μpc7650 斩波调制型自动稳零高精度运放，以减小温漂和零漂。

3）根据系统需要可选择 K 型（0～1 300℃）或 S 型（600～1 600℃）热电偶测温，温度采样可扩展为 8～16 路巡检。

（3）仪器面板键盘和显示。

1）面板键盘设有功能选择键、参数切换选择键、设定键、＋键、－键、系统复位键、启动键，以及 0～9 数字键，用来输入和设定控制过程的初始值。以上共计 16 个键（不含系统复位键），由 4×4 开关矩阵组成。

2）显示部分主要有 $4\frac{1}{2}$ 位 LED 真空度显示窗口（X2）、$3\frac{1}{2}$ 位系统温度显示窗口。可采用 MC14489LED 显示专用接口电路芯片，以解决单片机端口资源不足的问题。

3）电源、功能选择、控制状态等指示灯。

（4）信号输出与通信。

1) 继电器组由三极管带动不同功率的多触点继电器组成,用以执行开关量控制。

2)PWM 输出用来控制驱动步进电机、电磁阀等机电伺服装置。

3)RS-232 通信接口用以连接打印机。经扩展后,亦可用多台同型仪器组网,与上位 PC 工控机形成 DCS 分布式测控系统。

智能型真空系统多参数测控仪原理方框图如图 3-27 所示。

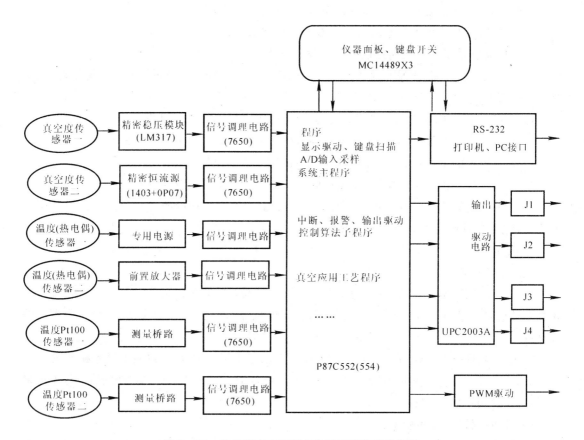

图 3-27　智能型真空系统多参数测控仪原理框图

(5)测控软件设计。

1)应用系统主程序设计。根据真空控制系统的特点,可采用模块化程序设计,主程序流程如图 3-28 所示。

2)真空应用程序。由于真空应用系统的多样性,仪器应备有多种较典型的真空应用程序,以适应不同真空应用系统的要求。对于一些具有特殊要求的应用系统,可通过修改工艺程序来实现。

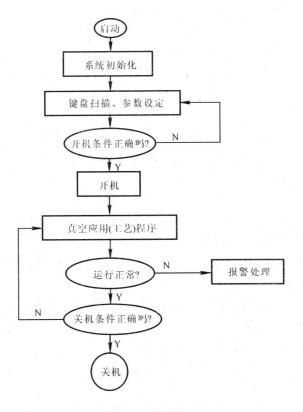

图 3-28　主程序流程图

3) 应用系统的控制算法。系统的控制算法为子程序结构,设有位式控制算法、PID 控制算法和 FUZZY 控制算法。一般采用位式控制和 PID 控制算法,这两种算法简单成熟,且 PID 控制算法的精度已能满足一般系统要求。如精度要求高,亦可配用模糊控制算法。这些配置可通过设置不同的算法子程序来实观。

4) 软件的抗干扰措施。采用输入数字滤波,软件"看门狗"等常用的抗干扰技术。另外,由于一般真空系统运行速度较慢,故适当采用冗余设计方法,可进一步提高系统的稳定性。

3.4　真空检漏技术和仪器

一、概述

1. 真空系统中漏气、虚漏与抽气之间的平衡

真空系统中漏气流量的平衡可表示为

$$p = \frac{1}{S}(Q_0 + \Sigma Q_i) + p_0 \tag{3-15}$$

式中，p 为系统达到的压力；p_0 为真空泵的极限压力；S 为系统的有效抽速；Q_0 为系统外部流向系统内部的总漏率；ΣQ_i 为虚漏所形成的总漏率。所谓漏率是指漏气速率，常用单位是 Pa·L/s。

所谓虚漏，其来源是多方面的，如真空系统结构材料表面的出气，试验物或工件的出气，系统内各种材料的蒸气，气体通过气壁向系统内的渗透以及系统的死空间中气体的流出等。

检漏中应注意区分 Q_0 与 ΣQ_i。相对虚漏 ΣQ_i 而言，漏气 Q_0 也可称为实漏。在不特别加以说明时，所说的漏气都是指实漏。

2. 最大的允许漏率

真空系统或真空容器漏气是绝对的，不漏气是相对的。真空检漏技术中所指"漏"的概念，是和最大允许漏率的概念联系在一起的。

对于动态真空系统来说，只要真空系统的平衡压力能达到所要求的真空度，这时即使存在着漏孔，也可认为系统是不漏的。

对于静态真空系统来说，则要求在一定的时间间隔内，系统内的压力维持在所允许的真空度，同样也可以认为系统是不漏的。

动态系统中，当 $p \gg p_0$ 时，式（3-15）可写成

$$p = \frac{1}{S}(Q_0 + \Sigma Q_i) \tag{3-16}$$

因此，为了满足 $p_e \gg p$（p_e 为工作压力），要求 Q_0 不大于 $\frac{1}{10}p_e S$。

3. 真空检漏的目的

对于大多数真空系统来说，如果真空抽不上去，首先应判断漏气是不是主要因素，然后确定是否需要检漏。

真空检漏就是用一定的手段，将示漏物质加到被检工件器壁的某一侧，用仪器或某一方法在另一侧怀疑有漏的地方，检测通过漏孔逸出的示漏物质，从而达到检测的目的。

检漏的程序是先进行总漏率的测定工作，只有当总漏率超出允许值以后，再进行漏孔的定位工作。这是因为找出漏孔位置的工作一般比漏率的测量工作更困难一些。

4. 漏孔

真空技术中所讲的漏孔是指当封闭容器内部与外部的气体压力或浓度不同时，可以使气体由器壁的一侧漏到另一侧去的小孔、缺陷、缝隙、渗透元件或漏气装置。

最容易产生漏孔的情况是，各种焊接和封接接头存在缺陷；器壁材料有气孔、夹渣或裂缝；加工后出现裂纹；密封圈不完善或受损伤；密封面加工粗糙或有划痕；密封圈没有压紧；构件受冷、热和机械冲击后引起的裂纹及材料受腐蚀后形成的漏点等。

真空技术中所指的漏孔，由于尺寸微小、形状复杂，无法用几何尺寸来表示其大小，所以一

般用等效流导或漏率来表示。

用漏率来表示漏孔的大小时,如果不加特别说明,则是指在标准条件下,漏点温度低于 -25℃的空气通过一漏孔的流量。标准条件是:漏孔的入口压力为100 kPa(±5%),出口压力低于1 kPa,温度是(23±7)℃。

二、检漏方法和仪器

检漏的方法和仪器是很多的。根据所使用的设备,可分为氦质谱检漏仪法、卤素检漏仪法及其他简易检漏法。根据被检容器所处的状态,又可分为压力检漏法与真空检漏法。

压力检漏法是将被检容器充入一定压力的示漏物质,若容器上有漏孔,示漏物质便从漏孔漏出,用一定的方法或仪器在容器外检测出从漏孔中漏出的示漏物质,从而判定漏孔的位置及漏率的大小。

真空检漏法是将被检容器与检漏仪器的敏感元件均放在真空中,示漏物质施加在被检容器的外面,如果被检容器有漏孔,示漏物质便通过漏孔进入容器和检漏仪器敏感元件所在的空间,由敏感元件检测出示漏物质来,从而可以判定漏孔的存在、大小及位置。

1. 气泡检漏法

气泡检漏法属于压力检漏法。它适用于允许承受正压的容器、管道、零部件的气密性检验。此种方法简单、方便、直观、经济。

气泡检漏法是在被检器件内,充放一定压力的示漏气体后放到液体中,气体通过漏孔进入周围的液体形成气泡。气泡形成的地方就是漏孔所在的位置。根据气泡的形成速率、大小以及所用气体的液体的物理性质,可大致估算出漏孔的漏率。

(1) 打气试漏法。在被检容器充入高于一个大气压的气体后,将该容器浸入液体中进行检漏。这是常用的一种方法,俗称打气试漏法。

液体表面张力系数越小,示漏气体压力越高,形成气泡的地方距液面距离越近,可检示的漏孔就越小,则灵敏度也越高。示漏气体的黏滞系数越小,相对分子质量越小,灵敏度也越高。

打气试漏中,大多数用水作显示液体,示漏气体用空气。此方法的灵敏度可达 10^{-4} ~ 10^{-3} Pa·L/s。

检漏时应注意以下事项:

1) 首先要了解被检件能否承受正压,能承受多大的压力,以决定是否可以采用打气试漏法以及可以充入多大压力的气体。

2) 检漏前要细致、认真地清洗焊缝,清除焊渣、油污和粉尘。

3) 检漏场地的光线要充足,水槽内的背景要暗,水要清洁透明,水面上不要有汽雾。

4) 被检件一定要先充气,然后放入水中,否则小孔可能被水堵塞。放入水中之前,先用听音法检查有无大漏,排除大漏后再放入水中,否则将会影响小漏孔的检测。

5) 被检件刚放入水中时,被检件的表面上可能出现气泡。如果除去这些泡后气泡不再出现,可以判定原来产生气泡的地方无漏孔;如果气泡是有规律地连续不断地出现,产生气泡的地方就有漏孔存在了。

6) 被检部位应尽可能接近水面。

7) 发现漏孔要及时做上标记。有大漏孔时,要修补后再进行小漏孔的检查。

(2) 皂泡检漏法。对放到水槽内不大方便的管道和容器进行检漏时,先在被检件内充入高于1个大气压的气体,然后在怀疑有漏孔的地方涂抹肥皂液,产生肥皂泡的部位便是漏孔存在的部位。

在检漏时,应注意肥皂液稀稠适当。太稀,易于流动和滴落而造成误检;太稠了,透明度差,易漏检。此法的灵敏度为 10^{-3} Pa·L/s 数量级。

2. 放电管法与高频火花检漏器

由于示漏气体通过漏孔进入被检容器后,使放电管内放电光柱的颜色发生变化,根据此变化来判断漏孔存在的方法称为放电管法。为了便于观察放电光柱的颜色,放电管壳采用玻璃泡壳。对于用放电管指示前级真空的真空系统来说,用此方法进行检漏是很方便的。它适用的压力范围为 $1 \sim 10^2$ Pa,在此范围内空气的放电颜色为玫瑰红色。示漏物质进入放电管后,放电光柱的颜色可参考表3-2。该方法的灵敏度为 1 Pa·L/s。

表3-2 各种气体和蒸气的辉光放电颜色

气体	放电颜色	蒸气	放电颜色
空气	玫瑰红	水银	蓝、绿
氮气	金红	水	天蓝
氧气	淡黄	真空油脂	淡蓝(有荧光)
氢气	浅红	酒精	淡蓝
二氧化碳	白蓝	乙醚	淡蓝灰
氦气	紫红	丙酮	蓝
氖气	鲜红	苯	蓝
氩气	深红	甲醇	蓝

高频火花检漏器也叫高频火花真空测定仪,可用于玻璃真空容器的检漏与真空度测定,其工作原理如图3-29所示。当接通开关K时,在放电簧F处便产生高频火花。当放电簧与玻璃的真空容器接近时,在容器内激起高频放电。当放电簧沿玻璃表面移动,其尖端距表面1 cm左右

时,若没有漏孔,则会在玻璃表面散开杂乱火花;如果玻璃壁有漏孔,则可形成细长而明亮的火花束,束的末端指向漏孔。

高频火花检漏仪在玻璃容器内激发放电的颜色与放电管相同,因此,与放电管一样,也可根据放电颜色的改变进行检漏。

高频火花检漏仪不能直接用来检测金属容器和管路的漏孔,因为高频火花在金属表面被短路,不能使容器内部激发放电。此时,应该用真空胶管把一段玻璃管接到金属真空系统上,用高频火花检漏仪在玻璃管内激起放电,然后在系统怀疑有漏孔

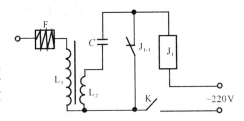

图3-29　高频火花检漏器原理图
C— 电容;J₁— 接触器;J₁-₁— 常闭触点;
K— 开关;L₂— 谐振线圈;
L₃— 高压线圈;F— 放电簧

的地方施以示漏物质,观察玻璃管内放电颜色有无变化,从而判断有无漏孔及漏孔的位置。

高频火花检漏仪的工作压力范围为 $10\ 000 \sim 10^{-1}\ Pa$,灵敏度为 $1\ Pa \cdot L/s$。

使用高频火花检漏仪时应注意,放电簧不要长时间停在一处,因为这样会将玻璃壁打穿而造成漏孔。放电簧不要接近金属架或其他金属部件,以免发生触电事故。

3. 真空规检漏法

热传导真空规(热阻真空规和热偶真空规)是基于低压力下气体热传导与压力有关的性质来测量真空系统内的压力的。此外,还可以利用热传导真空规的读数不仅与压力有关,而且还与气体种类有关的性质来进行检漏。当示漏气体通过漏孔进入真空系统时,不但改变了系统的压力,也改变了其中的气体成分,使热传导真空规的读数发生变化,据此可示漏孔的存在。

大多数高真空系统上都带有电离真空规,此时也可用它来进行检漏。示漏物质通过漏孔进入系统后,规管的离子流要发生相应变化,据此可检测漏孔及其漏率。

4. 静态升压法

静态升压法是一种常用的判断容器是否有漏孔并能测出总漏率的一种方法。

被检容器抽空后用阀门将它与泵隔开,测量其内部压力变化,并根据四种不同情况画出如图3-30所示的四条压力-时间变化曲线。曲线a是一条平行于时间坐标轴的直线,说明容器既不漏气也没有放气;曲线b表示容器中的压力上升速度开始较快,然后逐渐减慢,最后趋于平衡,这说明容器只有放气而无漏气;曲线c是一条具有一定斜率的直线,表明容器中的漏气是主要的,曲线d开始上升较快,然后变慢,最后变为一条斜率不变的直线,直线前面的一段曲线是由漏气和放气共同形成的,直线部分是由漏气决定的。

此方法的优点是不需要什么特殊设备,只需用真空泵、阀门、真空规这些普通设备。

此外,正在进行抽气的容器壁上如果有较大漏孔,可用真空泥来堵,也可用真空漆或虫胶一点一点刷,同时注意容器中真空度的变化。一旦堵上了漏孔,真空度就会有好转,如果除掉堵塞物,真空度又会明显变坏,以此来验证漏孔的存在及漏孔的位置。这方法对于大漏孔是可靠

的,但对于小漏孔来说,由于真空度变化不明显及堵塞物难以清除干净,会给验证工作带来一定困难。

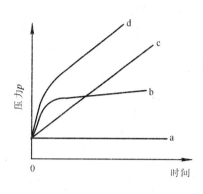

图 3 - 30　压力变化曲线

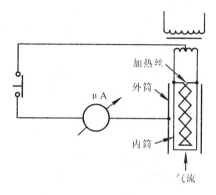

图 3 - 31　卤素检漏仪原理图

5. 卤素检漏仪

(1) 基本工作原理。当铂加热到 $800 \sim 900\,℃$ 时会产生正离子发射,在卤素气氛中这种正离子发射将急剧增加,这就是所谓的"卤素效应"。利用此效应而设计的检漏仪称为卤素检漏仪,其原理图如图 3 - 31 所示。它的敏感元件是一个二极管。这个二极管的内、外筒及加热丝都是用铂制成的。内筒被加热丝加热后发射正离子,外筒收集正离子。离子流的大小可用检流计指示出来,也可用音响来指示。有的仪器的敏感元件没有内筒,而直接用加热的铂丝做发射极。加热电源交、直流均可。

根据使用条件不同,卤素检漏仪可分为两类。敏感元件与待检系统相连的称为固定方式卤素检漏仪;不与待检系统连接的称为携带式卤素检漏仪。前者在检漏时需要被检系统抽到 $10^{-1} \sim 10\,Pa$ 的真空度,示漏气体(卤素气体)通过漏孔从外进入系统及敏感元件所在空间。携带式卤素检漏仪则要求被检系统预先充入高于 1 个大气压的示漏气体,仪器探头(敏感元件)在大气中工作,将通过漏孔漏到外面来的示漏气体由探头检示出来。

卤素检漏仪的最小可检漏率可达 $10^{-7}\,Pa \cdot L/s$。示漏气体采用氟里昂、氯仿、碘仿、四氯化碳等卤素化合物,其中以氟里昂 - 12 (CCl_2F_2) 效果最好。

(2) 仪器的结构和技术性能。下面以 LX—2A 型携带式晶体管卤素检漏仪为例,来说明仪器的基本结构与性能。

1) 探头部分。探头装有离子室、吸风装置(由电机带动)、小电流放大器及电流表。离子室装在探头的前部,由加热丝和收集极两个电极组成。工作时,加热丝发射正离子,当有卤素气体进入离子室时,离子发射增加。离子被收集极收集后,并经放大器放大后在电流表上显示出来。放大器及电流表均装在探头上,使用方便。

2）电源部分。电源由四节 1.5 V,2 A 的蓄电池及直流变换器组成。

图 3 - 32 为 LX—2A 型卤素检漏仪原理框图。

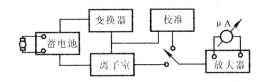

图 3 - 32 LX—2A 型卤素检漏仪原理框图

3）技术性能。灵敏度为 1.7×10^{-4} Pa·L/s;反应时间小于 1 s;离子室加热功率为 18 W;总重量为 5 kg,探头重量 1 kg。

（3）使用与维护。在使用中,若卤素检漏仪的敏感元件长时间处于浓度较高的卤素气氛中,会产生中毒效应使灵敏度下降。当仪器短时间中毒时,在清洁的不含卤素的空气中工作一段时间还可以恢复。但长时间中毒时,恢复的可能性较小,在使用时要特别注意。这就要求在仪器附近不得倾倒含有卤素化合物的污物,检漏场地要有良好的通风设施。敏感元件不宜用酒精或其他碳氢化合物来洗涤,因为这些物质会使敏感元件的性能变坏。

卤素气体比空气重,进行检漏时,必须先从被检件的下部开始。检出的漏孔要及时做临时性的堵塞或永久性的修补,因为在大漏孔修补前想要检出小漏孔是困难的。在用携带式卤素检漏仪进行检漏时,通过大漏孔的卤素气体将逸散到周围的角落及裂缝附近。由于停留的时间较长,也可能被探头探及,给出不应有的干扰信号。所以,在检漏过程中良好的通风是非常重要的。

橡皮和塑料易于吸收卤素气体,并会逐渐将其释放出来,使卤素检漏仪出现不稳定现象,干扰检漏工作。因此,检漏系统中最好避免使用橡皮和塑料。

卤素气体的扩散系数比较小,在用携带式卤素检漏仪进行检漏时,为了使被检件内各处的示漏气体浓度一致,应有较长的等待时间。

当卤素气体浓度较高时,卤素检漏仪的指示值与浓度的关系是非线性的。因此,在做完定量测量时,进入探头的卤素气体的浓度不宜高于百分之一。

固定式卤素检漏仪的敏感元件是在真空条件下工作的,合适的工作压力范围为 10^{-1} ～ 10 Pa。压力太低了灵敏度反而低,所以在作真空系统检漏时,探头应装在扩散泵的前级。

6. 氦质谱检漏仪

（1）质谱仪与检漏技术。用于真空残余气体分析的质谱计都可用来检漏(其示漏物质可用氢、氦、氩等),但检漏灵敏度各不相同,如表 3-3 所示。

专门用来检漏的质谱计叫质谱检漏仪,其特点是灵敏度高,性能稳定。特别是用氦作示漏气体的质谱检漏仪,是真空检漏中灵敏度最高,用得最普遍的一种检漏仪器。

表 3 - 3   各类质谱计的检漏灵敏度

类型	示漏物质	工作压力 /Pa	灵敏度 /(Pa·L/s)
射频质谱计(单级)	H_2	$10^{-1} \sim 10^{-5}$	3.7×10^{-5}
射频质谱计(三级)	H_2	$10^{-2} \sim 10^{-6}$	5.1×10^{-8}
回旋质谱计	Ar,He		10^{-12}
四级滤质器	H_2,Ar,CHF_3		$10^{-9} \sim 10^{-13}$
磁偏转质谱计	He	$10^{-2} \sim 10^{-3}$	$10^{-8} \sim 10^{-11}$

氦质谱检漏仪由离子源、分析器、接收器、真空系统、电子线路及其他电气部分组成。

目前的氦质谱检漏仪基本上都是磁偏转型的。能适应在恶劣条件下进行检漏,对于大容器的检漏此问题尤为重要。

(2)6104 型氦质谱检漏仪。这是一种 $180°$ 单级磁偏转型仪器(见图 3 - 33),被检件、节流阀、质谱室与真空室系统串联,采用水冷扩散泵,电子线路稳定,灵敏度为 6.7×10^{-8} Pa·L/s。由于增加了预抽阀、放气阀、控制阀和前置阀,并附有标准漏孔,使用和维修方便。

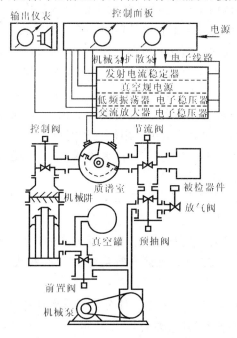

图 3 - 33   6104 型氦质谱检漏仪原理框图

1）技术性能。灵敏度为 6.7×10^{-8} Pa·L/s；反应与清除时间不大于 3 s。

2）仪器的主要组成。质谱室位于磁铁的中央，内有阴极、电离室、加速极、离子闸、抑制栅、离子收集极；真空规、电测管等。磁场强度 $H = 115$ kA/m，离子加速电压为 300 ～ 400 V（可调）。

真空系统的前级泵是 ZX—1 型机械泵。主泵是 K—70 型三级水冷油扩散泵，泵入口有水冷机械阱，防止油蒸气进入质谱室。仪器装有水压继电器，断水后可自动报警并切断扩散泵电源。系统有五个阀门和一个前级真空罐，因此，仪器可以在扩散泵持续工作的情况下更换灯丝及被检件。

利用控制阀可调节泵对质谱室的抽速，以调节仪器的灵敏度。

习　　题

1. 常见的真空系统有几种？它们的组成有什么不同？

2. 何谓工作真空度、极限真空度、抽气速率及压升率？

3. 简述液体真空规、弹性变形真空规、热传导真空规及其电离真空规的基本原理、优缺点及其适用范围。

4. 如何根据材料加工过程的气体种类选择真空规？

5. 智能真空测量仪是如何提高电离真空规的测量精度的？

6. 智能真空测控仪表主要有哪些技术优势？

7. 简述真空检漏的主要方法及所使用的仪器。

8. 何谓漏孔？怎样表达漏孔大小？检漏方法的灵敏度指的是什么？

第4章 位移及转速的测量

位移和转速是材料加工过程中两个重要参数。例如，旋转式摩擦焊、熔化极及钨极自动氩弧焊过程中都需要对焊件的位移及转速进行检测和控制。

位移分为线位移和角位移，线位移是指物体沿直线移动的距离；角位移是指物体绕着某一点转动的角度。工件运动的速度可分为线速度和角速度。本章主要介绍测量位移与速度的一些主要方法及常用传感器。

4.1 位移的测量

用来测量工件位移量的位移传感器分为线性位移和角位移传感器两大类。当位移量加到这些传感器上时，就被转换成电信号输出。位移传感器类型很多，本节就目前常用的几种位移传感器作一介绍。

一、电位计型位移传感器

电位计型位移传感器的工作原理如图4-1所示。电位计由电阻元件与滑臂组成。滑臂与被测运动物体相连接，并随被测物体移动。在理想情况下，当电阻元件两端加有直流电压U时，电阻元件的一端与可动触点之间的电压U_0与滑臂离开该端的位移x成比例。如果做成旋转型电位计形式，就可用来测量角位移。

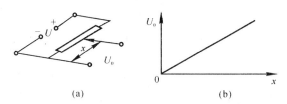

图4-1 电位计型位移传感器

(a) 原理图；(b) 特性曲线

这种传感器的电阻元件可以是金属丝、碳膜或导电塑料。在一般情况下可用直流电源，但为了消除不同金属接触所产生的热电势和接触电势的影响，有时也使用交流电源。

单线电位器在输出开路的情况下，输出电压U_0与位移x之间成线性关系（见图4-1(b)），即输出电压U_0能准确地再现输入位移x。但通常电压电位器的输出要接到电压表或记录仪器

上(见图 4-2),若这些装置的输入电阻为 R_m,那么电位计输出的电压 U_0 为

$$U_0 = \frac{U}{\dfrac{1}{\dfrac{x}{x_{max}}} + \dfrac{R_p}{R_m}(1 - \dfrac{x}{x_{max}})} \tag{4-1}$$

式中,U 为电源电压(V);x 为位移量(m);x_{max} 为最大位移量(m);R_p 为电位计总电阻(Ω);R_m 为输出端的负载电阻(Ω)。

对于理想情况,输出开路,即 $R_p/R_m = 0$,那么式(4-1)变为

$$U_0 = \frac{U}{x_{max}}x \tag{4-2}$$

由此可见,在无负载情况下,输入/输出曲线是一条直线。在实际使用中,$R_m \neq \infty$,因此,U_0 和 x 呈现非线性关系。

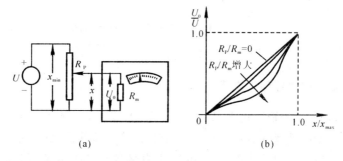

图 4-2 电位计的负载效应

(a)测量电路;(b)特性曲线

一般说来,如果电位计电路的负载电阻 R_m 为给定,那么就应该选择比 R_m 低得多的电位计 R_p,以得到比较好的线性。但是,这个要求总是和所希望的高灵敏度要求相矛盾,因为在一定耗散功率的情况下,比较低的 R_p 值,允许使用的电源电压 U 也较低,这样就降低了传感器的灵敏度。因此,在选择这种传感器时,必须在线性度与灵敏度之间作综合考虑。

电位计的分辨能力取决于电位计中电阻元件的结构。单滑线电阻元件在滑臂移动的整个过程中,可给出连续的无级电阻变化。如果单从分辨能力这个角度来看,这种情况是人们所希望的,但是这种电位计的电阻丝长度受传感器行程的限制,故其电阻值也受到限制,这对灵敏度是不利的。

在电位计型位移传感器中,广泛采用绕线电阻元件(见图 4-3)。这种电位计是将有绝缘涂层的电阻丝绕在绝缘的线圈骨架上,动触点在去掉绝缘层的轴向窄条上滑动。这种结

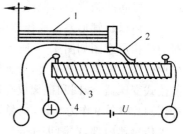

图 4-3 绕线电阻位移传感器

1—杆;2—滑臂;3—电阻丝;
4—线圈骨架

构的电位计虽然在尺寸较小的情况下可得到较大的电阻值,但随着滑臂的移动(位移),电阻并不是连续直线变化。触点从电阻丝的一圈滑到另一圈上时,出现一个个小台阶(见图4-4)。因此,这种电位计的分辨能力由电阻丝的直径决定。例如在25 mm的骨架长度上,绕有500圈电阻丝,那么滑臂的移动若小于0.05 mm,就无法感测出这个移动。

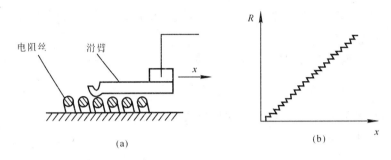

图4-4　绕线电位计的分辨能力

(a)原理图;(b)特性曲线

二、差动变压器式位移传感器

差动变压器的结构形式很多,如图4-5所示。其基本结构由初级线圈、次级线圈和铁芯组成。图4-5(a),(b)是螺管形差动变压器,它由一个初级线圈、两个完全相同的次级线圈、铁芯以及圆柱形衔铁组成,可用来测量1 mm至上百毫米的位移。图4-5(c),(d)分别是E形和n形差动变压器,其衔铁是平板形,灵敏度较高,一般可用于检测几微米至几百微米的机械位移。图4-5(e),(f)是E形、四极形检测转角的差动变压器,通常可检测转角秒级的微小角位移,量程一般为±10°的范围内。

差动变压器式位移传感器的基本变换原理是,机械位移量引起了磁阻改变,从而使初、次级线圈之间的磁耦合情况改变,利用线圈的互感作用,使次级线圈的感应电势发生变化。

下面以螺管形差动变压器位移传感器为例进一步说明差动变压器的工作过程。位移传感器的结构示意图如图4-6所示,实际结构如图4-7所示。测头1通过轴套2与测杆3相连,圆柱形衔铁4固定在测杆上,初级线圈N_1绕在线圈架5的中间,两端是初级线圈N_2和N_3,形成差接式变压器。线圈和框架放在屏蔽铁筒8内,以屏蔽外磁场的干扰,同时还可增加灵敏度。测杆用圆片弹簧9作为导轨,从弹簧6获得恢复力。线圈通过导线7接入测量电路。为了防止灰尘侵入传感器内部,在测头和壳体之间装有防尘罩10。

当给N_1提供适当频率的交流激励电压e_1时,由于互感作用,在两个次级线圈中就产生感应电势e_2和e_3。当衔铁处在中间位置时,由于衔铁与两个完全相同的次级线圈N_2和N_3之间的气隙相等、磁阻与磁通相等,则$e_2 = e_3$。由于两次级线圈是差接的,所以输出电压$e = e_2 - e_3 = 0$。当衔铁向上移动时,N_2内穿过的磁通多于N_3,感应电势e_2大于e_3,则输出电压$e = e_2 - e_3 >$

0；反之，当衔铁下移时，$e_3 > e_2$，$e = e_2 - e_3 < 0$。可见，输出电压的极性反映了衔铁的移动方向，其大小反应了衔铁位移的大小。图 4 - 8 为其输出特性曲线。从图可见，单个线圈的感应电势 e_2，e_3 与衔铁位移不成线性关系，而两个线圈差接后的输出电压 e 与衔铁的位移 x 成线性关系，形成"V"字形特性曲线。

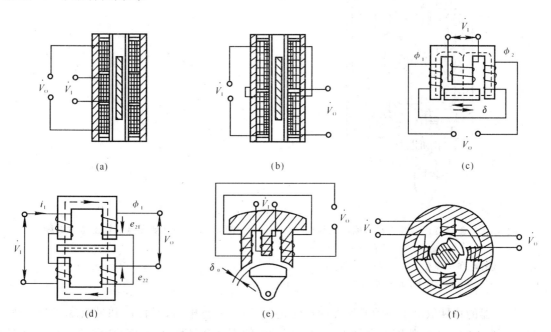

图 4 - 5　各种差动变压器的结构示意图

(a)，(b) 螺管形；(c)E 形；(d)ɳ 形；(e)E 形；(f) 四极形

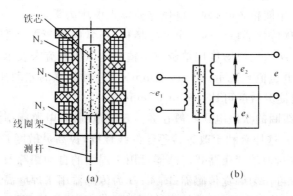

图 4 - 6　差动变压器结构示意图

(a) 结构图；(b) 原理图

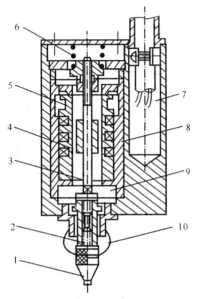

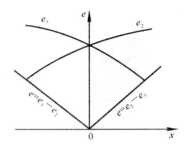

图 4-7　差动变压器或位移传感器的结构　　图 4-8　差动变压器的输出特性曲线

1— 测头；2— 轴套；3— 测杆；4— 衔铁；

5— 线圈架；6— 弹簧；7— 导线；8— 屏蔽铁筒；

9— 圆片弹簧；10— 防尘罩

传感器的特性取决于差动变压器的特性,主要涉及零点电压、线性度和灵敏度三个参数。实际上,由于两只次级线圈的电气参数和几何尺寸的不完全对称,以及寄生电容等分布参数的影响,当衔铁处于线圈的中心位置时,次级线圈的输出电压并不等于零(通常零点电压为零点几毫伏到几十毫伏)。为了消除零点电压,通常在测量电路中,利用电位器或电位器和电容组成平衡电路,在衔铁处于中间位置时,调节电位器使零点电压为零。

线性度是表征位移传感器精度的一个重要指标。通常螺管形差动变压器式传感器的线性度为 $\pm 0.25\%$FS(full scale)。灵敏度用单位位移输出电压或电流来表示,有时也用单位位移和单位激磁电压下输出电压值来表示,即 mV/(mm · V)。性能好的差动变压器其电压灵敏度可达 $0.1 \sim 5$ V/mm,电流灵敏度可达 100 mA/mm。

差动变压器初级线圈的激磁电压一般在 $3 \sim 5$ V 范围内;电源频率为 $50 \sim 20\,000$ Hz,最好取 $400 \sim 10\,000$ Hz,这样有利于改善传感器的线性度,提高灵敏度并减小体积。

在材料加工过程中,差动变压器式传感器可用于焊缝的自动跟踪及点、缝焊过程的热膨胀监控。在弧焊机器人中可作为触觉传感器。图 4-9 为传感器用于焊缝高度检测的示意图,通常以两个传感器作为一对使用,可用于搭接焊缝、角焊缝的跟踪监控。图 4-10 为此类传感器用于角焊缝跟踪示意图。两个传感器分别跟踪立板和水平板,传感器置于距电弧 50 mm 的地方,且距母材为 5 mm 时,焊缝的跟踪精度达到 5 ± 0.15 mm。

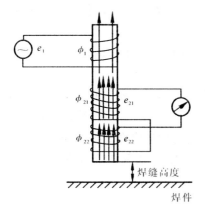

图4-9 焊缝高度监控示意图

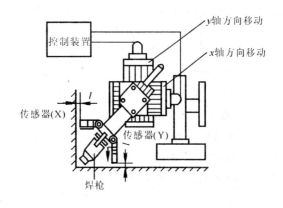

图4-10 角焊缝跟踪示意图

三、感应同步式线性位移传感器

1. 感应同步线性位移传感器结构

感应同步式线性位移传感器是检测直线和转角的一种精密变换元件,可分为检测位移的直线感应同步器及测量转角的圆感应同步器两类。直线感应同步器由定尺和滑尺组成;圆感应同步器由转子和定子组成。

直线感应同步器结构如图4-11所示。定尺1和滑尺2上的绕组都是用照相腐蚀法制成的,故称印制绕组。定尺绕组4印制在钢带上,滑尺2封装在铁(或铝)盒内。滑尺通过支架3与被测位移的运动体连接,定尺两端安装在固定不动的部件上。定尺与滑尺之间的气隙为0.25 mm,并且定尺和滑尺在全长上保持平行。

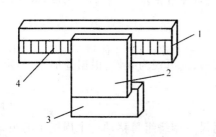

图4-11 直线感应同步器示意图

1—定尺;2—滑尺;3—支架;4—定尺绕组

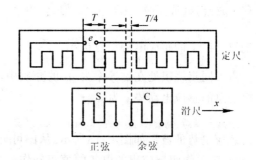

图4-12 绕组分布图

定尺上印制的是单相均匀连续绕组,尺长约250 mm,标准绕组节距 $T = 2$ mm(见图4-12)。滑尺上有正弦(S)及余弦(C)两组绕组。在正弦绕组的每一匝线圈与定尺绕组对准时,余弦绕组的每匝线圈与定尺线圈相差 $T/4$（周期为 2π 电角度），则两者相差 $2\pi/4 = 90°$ 电角度。

2. 感应同步器的工作原理

感应同步器是利用两个平行绕组的互感随位置而变化的原理工作的。下面以直线感应同步器为例进行分析。

（1）输出电势与位移的关系。直线感应同步器的定尺和滑尺分别装在被测对象的固定和运动部分，被测位移变成滑尺相对于定尺的运动。定尺和滑尺绕组的分布如图 4-12 所示。

当在 S 绕组中通以交流正弦激磁电流，则定尺的连续绕组中会有互感电势 e 输出，输出电势除了与激磁频率、激磁电流、耦合长度、两绕组的间隙有关外，还与两绕组的相对位移有关。若 S 绕组所加的激磁电压 U_s 为

$$U_s = U_{sm}\sin\omega t \tag{4-3}$$

式中，U_{sm} 为激磁电压幅值；$\omega = 2\pi f$ 为角频率；f 为激磁电压的频率（通常 $f = 1 \sim 10$ kHz）。以图 4-12 所示的位置为起点，则滑尺沿图示 x 方向移动时，定尺绕组上的感应电势 e_s 为

$$e_s = k\omega U_{sm}\cos\frac{2\pi x}{T}\cos\omega t \tag{4-4}$$

式中，k 为与两绕组间最大互感系数有关的比例常数；T 为绕组间节距。

C 绕组所加的激磁电压为

$$U_c = U_{cm}\sin\omega t \tag{4-5}$$

式中，U_{cm} 为 C 绕组激磁电压的幅值。

同理，定尺绕组的感应电势 e_c 为

$$e_c = k\omega U_{cm}\sin\frac{2\pi x}{T}\cos\omega t \tag{4-6}$$

由式（4-6）、式（4-4）可见，定尺绕组输出电势的幅值与激磁电压的幅值成正比，与被测位移 x 成余弦（或正弦）函数关系。但是，由于 C 绕组与 S 绕组相差 $\dfrac{T}{2}$，即 $\dfrac{\pi}{2}$ 电角度，故它们在定尺绕组上产生的感应电势相位也相差 $\dfrac{\pi}{2}$。

由于同步绕组处在磁导率为 μ_0 的介质中，故磁路系统可视为线性。根据叠加原理，定尺上绕组内总的感应电动势 e 为

$$e = e_s + e_c \tag{4-7}$$

感应电势的波形如图 4-13 所示。从图可见，当滑尺一相绕组每移动一个周期 T 的距离（为 2 mm），定尺绕组感应出的电势幅值正好作一个正弦波周期的变化，这样就把机械位移量 x 和感应电势的幅值联系起来了。但是，在一个电周期 2π 内，对于同一感应电势的幅值 $E_{s.r}$ 却有两个位移对应点 x_1 和 x_2，因此，不能在 x 和 $E_{s.r}$ 之间建立起一一对应的单值关系，所以在一个电周期 2π 内不能对 $E_{s.r}$ 直接进行细分而求得相应的 x。但滑尺上还有余弦绕组，它在定尺绕组上产生的感应电势幅值为 E_c（图 4-13），有了 E_c 的帮助，同一 $E_{s.r}$ 值下的 x_1 和 x_2 就可以区别了。

因为位移 x_1 时 E_c 为正值，而 x_2 时 E_c 为负值。这样，同时应用 e_s 和 e_c，便能在一个周期内，使每一个位移量 x 与感应电势幅值建立一一对应的关系，从而可以在一个周期内进行细分，以达到测量微小位移量的目的。

例如 $T = 2$ mm 的直线感应同步器，如果能将周期经过 2 000 等分的细分，则每一细分相当于 1 μm 的位移。电测电路能分辨出一个细分的电信号，便能测出 1 μm 的位移量。

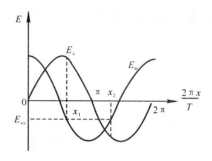

图 4-13　感应电势幅值与 x 的关系

（2）电信号的检测。根据输出电势的幅值变化来鉴别位移量大小的测量系统称鉴幅型测量系统；根据输出电势的相位变化来鉴别位移量大小的测量系统叫鉴相型测量系统。下面介绍鉴幅型系统。这种系统的工作方式要求在滑尺的正、余弦绕组上供给频率相同但相位不等的正弦电压进行激磁，并使

$$u_s = U_m \sin\theta \sin\omega t \tag{4-8}$$

$$u_c = -U_m \cos\theta \sin\omega t \tag{4-9}$$

式中，U_m 为激磁电压的幅值；θ 为激磁电压的相位角。

这时定尺上的感应电势分别为

$$e_s = k\omega U_m \sin\theta \cos\frac{2\pi x}{T} \cos\omega t \tag{4-10}$$

$$e_c = -k\omega U_m \cos\theta \sin\frac{2\pi x}{T} \cos\omega t \tag{4-11}$$

$$e = e_s + e_c = k\omega U_m \cos\omega t \sin(\varphi - \theta) \tag{4-12}$$

式中，$\varphi = \dfrac{2\pi}{T}x$，为与位移 x 相当的机械角。

式（4-12）把滑尺相对于定尺的位移 x 与激磁电压的电相角 θ 联系起来了。特别是当 $\theta = \varphi$ 时，式中 $\sin(\varphi - \theta) = 0(e = 0)$，这是鉴别输出电压幅值为零的主要依据。

当利用感应同步器来测量 x（相应的 φ）时，可调节激磁电压的电相角来跟踪位移角 φ。即当滑尺移动 φ 时，一方面用特别设计的激磁电压源（采用变压器函数发生器）控制 θ 的变化，另一方面让 φ 与 θ 比较后测量输出电势 e，如 $e = 0$，即 $\theta = \varphi$ 时系统处于平衡状态。此时根据 θ 值（也就是 φ 值），即可求出 x。图 4-14 是鉴幅型工作方式的信号传送过程。图中 7 是直线感应同步器，其输出电势 e 经放大器 1 放大后送到滤波器 2，滤掉高次谐波。滤波器输出电压大于某基准值时打开门槛电路 3，使信号可以送入模-数转换电路 4，信号被转换到数码量。它一方面被送到显示仪 6，另一方面被送入数-模转换器 5。经数-模转换器输出的模拟信号输入函数发生器 8，函数发生器输出 $u_s = U_m \sin\theta \sin\omega t$ 和 $u_c = U_m \cos\theta \sin\omega t$ 的 S 及 C 绕组电压，即在感应同步器中形成激励电压新的电相角 θ。上述过程一直持续到 $\theta = \varphi$，这时 $e = 0$，过程停止。模-数转换

电路输出的每个脉冲代表一定的机械位移（一般为 $\dfrac{T}{200} = \dfrac{2}{200}$ mm $= 0.01$ mm），该脉冲进入显示器 6，显示已移动 0.01 mm。

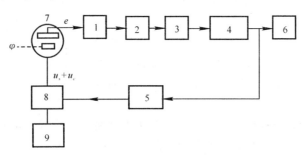

图 4 - 14　鉴幅型测量系统框图

1— 放大器；2— 滤波器；3— 门槛电路；4— 模-数转换电路；

5— 数-模转换器；6— 显示仪；7— 感应同步器；8— 函数发生器；9— 振荡器

四、光栅式线性位移传感器

光栅式线性位移传感器的结构原理图如图 4 - 15 所示。主光栅上面均匀地刻上许多线纹，形成明暗交替的线条，指示光栅上面亦刻上同样密度的线条。两块光栅平行安装，并使它们的刻线互相倾斜一个很小的角度 θ，从而在指示光栅上出现 n 条较粗的明暗条纹，称莫尔条纹（见图 4 - 16）。因暗条纹方向跟刻线方面垂直，故又称横向莫尔条纹。若主光栅沿刻线垂直方向移动，莫尔条纹就沿夹角 θ 平分线的方向移动。

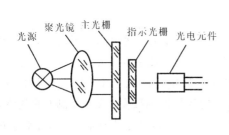

图 4 - 15　光栅式线性位移传感器的
结构原理图

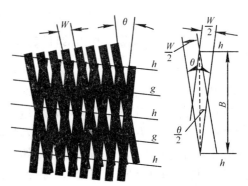

图 4 - 16　莫尔条纹

莫尔条纹的移动量和移动的方向相对于指示光栅的位移量和移动方向有严格的对应关系，莫尔条纹通过光栅固定点（光电元件）的数量刚好与光栅所移动的刻线数相等。莫尔条纹移动方向亦相反。

设光栅的栅距为 W,由图 4-16 可知,相邻两莫尔条纹的间距 B 为

$$B = \frac{W}{2\sin(\theta/2)} \approx \frac{W}{\theta} \qquad (4-13)$$

显然,主光栅移动一个栅距,莫尔条纹就变化一个周期,若用计数器记下指示光栅上移过的条纹数,即可知道主光栅移动的距离(位移)。

利用上述原理,通过对莫尔条纹信号的内插细分的辨向,即可检测出比光栅间距还小的正、反向位移。这种传感器在精密仪器、机械加工和自动控制中应用广泛,优点是精度高,缺点是结构复杂。主要性能参数如下:

动态范围:$30 \sim 100$ mm;

分辨率:$0.1 \sim 10~\mu m$。

五、激光式线性位移传感器

激光式线性位移传感器的主要装置是迈克尔逊干涉仪,其工作原理如图 4-17 所示。激光器 A 产生的激光经由透镜组成的准直系统 F_0,投射到分束器 C 上。一部分激光透过 C 入射到反射镜 M_2 上(D 是 M_2 的虚像),并被反射镜 M_2 反射后,经 C 再次反射,投射到光电接收器 B 上。另一部分激光经 C 反射到反射镜 M_1 上,再经 M_1 反射后再入射到 B 上。因此,投射到 B 上的两束光产生干涉,由光电接收器 B 接收到最大峰值的干涉条纹被 B 转换为脉冲信号。由于 M_2 固定在待测物体 E 上,而 E 可左右自由移动,故当 E 移动时,干涉条纹产生位移,光电接收器接收到的光强度发生变化,使电脉冲个数发生变化。因此,经计数系统计数后,即可确定对应的位移变化。即物体的位移为

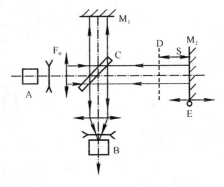

图 4-17 迈克尔逊干涉仪的工作原理

A— 激光器;B— 接收器;C— 分束器;D— 虚像;
M_1,M_2— 反射镜;F_0— 准直系统;E— 待测物体

$$x = \frac{N\lambda_0}{2n} \qquad (4-14)$$

式中,n 为空气的折射率;λ_0 为真空中光波波长;N 为干涉条纹明暗变化的数目。

这种位移传感器的动态范围宽、精度高,可用于非接触检测,但是装置比较复杂,测量精度易受环境条件的影响(温度、气压、湿度及气体成分等)。主要性能参数如下:

动态范围:2 m;

分辨率:1 μm;

精度:0.1%。

六、光纤位移传感器

光纤位移传感器可分为元件型和天线型两种,前者用光纤作敏感元件,后者把光纤端面作为检测光的天线。

元件型光纤传感器是通过压力和应变等机械量使光纤特性发生变化来检测位移,其工作原理如图4-18所示。图4-18(a)示出由于光纤长度和纤径等变化,使光在光纤中传播的相位发生变化。该相位发生变化的光,与通过参考光纤的未发生相位变化的光发生干涉。根据干涉光强度的变化,即可检测位移。图4-18(b)是将位移转换成光纤弯曲应变的例子,弯曲使损耗增加,故输出光强度发生变化。

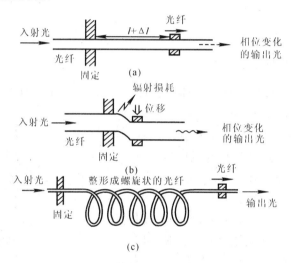

图4-18 元件型光纤位移传感器的结构原理

图4-18(c)为高灵敏度位移传感器的原理结构。用这种线圈形光纤,很小的力即能产生较大的位移。元件型传感器可在恶劣环境中工作,这是天线型传感器难以达到的。

天线型位移传感器的工作原理如图4-19所示。当光纤探头端部紧贴被测物体时,发射光纤的光不反射到接收光纤中,没有光电流。当被测表面逐渐远离光纤探头时,发射光纤照亮被测表面A的面积越来越大,故接收光纤端面上被照亮的B_2区也逐渐增大,有一个线性增加的输出信号。当整个接收光纤端面上被全部照亮时,输出信号即达到图4-20所示位移输出信号曲线上的光峰点,光峰点以前的曲线称为前坡区。当被测表面继续远离时,被反射照亮的B_2面积小于C,即部分反射光没有反射进接收光纤,故光敏元件的输出信号逐渐减弱,位移输出信号曲线进入后坡区。标准光纤位移传感器是由600根光纤组成的直径$\phi0.762$ mm的光缆,其内芯是折射率为1.62的火石玻璃。光缆的后部分成发射光和接收光两支,所用光源是2.5 V的白炽灯泡,接收光信号的是光敏电池。光敏检测器的输出电信号与接收光的光强度成正比。

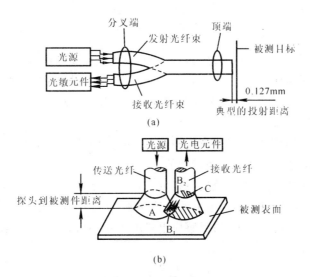

图 4－19　天线型光纤位移传感器的工作原理

（a）距被测表面远；（b）距被测表面近

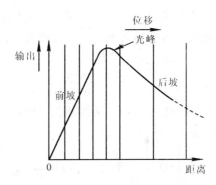

图 4－20　位移与输出电压特性曲线

光纤位移传感器 $0.25~\mu m$ 的位移能产生 1 V 的输出电压,其分辨率为 $0.025~\mu m$。

4.2　转速的测量

转速传感器是转速的测量元件,其输出的电信号与转速成正比。

转速传感器可分为模拟式和数字式两类。模拟式传感器所产生的电信号的大小或幅值是转速的连续函数,测速发电机就属这类传感器;数字式传感器所输出的电信号的频率或脉冲周期与转速成比例。

一、测速发电机

测速发电机是一种模拟式转速传感器，它分为交流测速发电机和直流测速发电机两类。交流测速发电机用交流电激磁时，交流输出电压的幅度与转速成正比；用直流电激磁时，直流输出电压与转子的角加速度成正比，故可作角加速度计使用。直流测速发电机的输出电压与转速成正比，目前应用广泛。

直流测速发电机按激磁方式可分为电磁式和永磁式两种。在一般条件下，应用永磁式直流发电机较方便，测量误差一般不大于满量程的 1％。

直流他激测速发电机与一般直流发电机的工作原理相同（见图 4-21）。在恒定磁场的条件下，由于外扭矩的作用，使电枢旋转，电枢的导体切割了磁力线，便在电枢绕组中产生感应电动势，并从电刷引出到显示仪表式记录仪。感应电势的大小与转速成正比，输出极性与旋转方向相对应。感应电势的大小可用下式计算：

$$E = \frac{P\phi N}{60a}n = K_{\varepsilon}n \qquad (4-15)$$

式中，P 为磁极对数；ϕ 为每对磁极的磁通量（Wb）；N 为电枢绕组的导体总数；a 为电枢绕组并联的支路对数；n 为电枢的转速（r/min）；K_{ε} 为电机常数。

上式为空载条件下，测速发电机的输入输出特性关系。当测速发电机接上负载时，例如接一个显示表，其内阻为 R_L，测速发电机的输入输出特性便应按下式考虑：

$$U = \frac{K_{\varepsilon}n}{1 + \dfrac{r_a + r_b}{R_L}} \qquad (4-16)$$

式中，R_L 为负载电阻（Ω）；r_a 为电枢电阻（Ω）；r_b 为电刷接触电阻（Ω）。

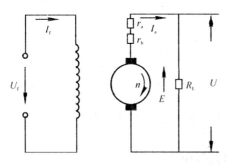
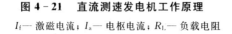
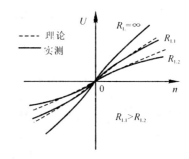

图 4-21　直流测速发电机工作原理　　　图 4-22　负载电阻对测速发电机输出特性的影响

I_f— 激磁电流；I_a— 电枢电流；R_L— 负载电阻

因为接上负载电阻 R_L，回路便存在电流，电枢绕组与电刷都具有一定压降，这些对测速发电机的输出特性有一定影响（见图 4-22）。

永磁式直流测速发电机的定子是用 LiNiCo8 材料制成的磁钢,具有极强的矫顽磁力。但在测速精度要求较高的场合,应定期标定其输入／输出特性。

测速发电机存在一个较大的缺点,即由于电机的换向器片与电刷的接触电阻不稳定,在输出电势中存在严重的干扰信号,故通常应采取滤波措施。但滤波过强,又会损害其动态特性,所以在实际应用时应作综合考虑。

二、光电式转速传感器

光电式转速传感器是一种非接触式传感器,它是利用光电效应将转速的变化首先转化成光通量的变化,再由光敏元件转换成电量的变化。

光电效应又分为外光电效应和内光电效应。在光的照射下,能使电子逸出物体表面的现象称为外光电效应;而使物体的电阻率发生变化或产生电动势的现象称为内光电效应。

光电式转速传感器有反射式和直射式两种,它们都是由光源、光能元件、电源及放大整形电路组成。其中光能器件是核心元件。由于光敏元件具有反应快、工作可靠且结构简单等优点,因此,在自动化检测中得到了非常广泛的应用。

图 4-23 为反射式转速传感器的示意图。这种传感器要求在被测轴上有黑白相间的表面,以吸收和反射入射光。来自光源的光束遇到反射面就被反射到光敏元件上,这样就在电路的输出端产生一个电脉冲信号。

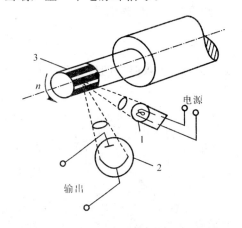

图 4-23 反射式光电传感器

1— 光源;2— 光敏元件;

3— 黑白相间的旋转轴表面

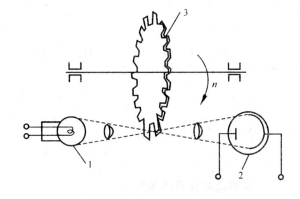

图 4-24 直射式光电传感器

1— 光源;2— 光敏元件;3— 孔(或槽)盘

图 4-24 为直射式光电转速传感器的示意图。来自光源的光束,每当透过与轴一起旋转的圆盘上的一个孔(或槽)时,就在放大电路的输入端出现一个电脉冲。典型的光电式转速传感器的放大整形电路如图 4-25 所示。

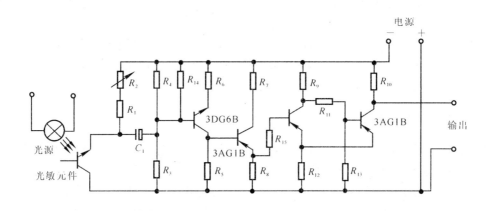

图4-25　光电传感器的放大整形电路

在轴上的黑白相间数目或圆盘孔数目给定的情况下,可测量的最高转速往往受光敏元件频率响应特性的限制。随着转速的增高,当放大器输出的脉冲幅值衰减到数字频率计能分辩的最低电平以下时,系统就不能工作。另外,光电管到放大器的连接电缆、插口等的分布电容也会造成信号电压在高频段的较大衰减。

由光电式转速传感器的工作原理可知,传感器的输出频率与被测转速的关系为

$$f = \frac{nz}{60} \tag{4-17}$$

式中,f 为传感器输出频率(Hz);z 为数码盘齿数(孔或槽数);n 为被测轴的转数(r/min)。由式(4-17)可得

$$n = \frac{60f}{z} \tag{4-18}$$

当 $z = 60$ 时,则

$$n = f \tag{4-19}$$

三、电容式转速传感器

电容式转速传感器通常利用电机轴原有的等分槽或凸起的金属表面来进行工作。这时以转动的金属轴作为电容的一个极,另外在靠近转轴的部位安装电容的另外一个固定极。当转轴旋转时,由于这些槽或凸起部分的存在(例如键槽),使转轴和固定电极间所形成的电容发生变化。若采用适当的测量电路,那么这些槽或凸起部分每经过固定电极一次,就在测量电路的输入端出现一个电脉冲。测量这些电脉冲的频率,就可得到轴的转速。图4-26为电容传感器安装形式的四个例子。

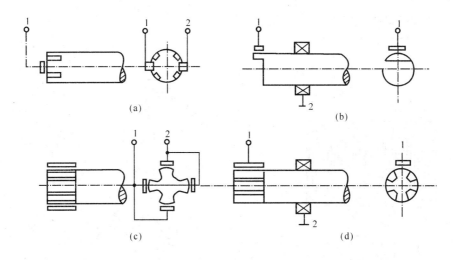

图 4 - 26　电容传感器安装位置示例

(a),(c) 两条引出线不与转轴连接；(b),(d) 一条引出线与转轴连接

1,2— 电容传感器引出线

四、磁电式转速传感器

磁电式转速传感器的结构如图 4 - 27 所示。它由圆柱形永久磁铁、极靴以及在极靴骨架上绕着的线圈组成。当一个可极化的钢物体移近传感器头部时(见图 4 - 28)，永久磁铁周围的磁力线就从 f - f 路径移到 f - f 路径。这就相当于线圈切割了磁力线，于是在线圈中就会产电动势。感应电动势的大小取决于传感器与可磁化运动物体间的间隙大小、运动物体的运动速度及运动物体的尺寸。

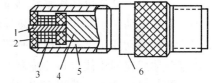

图 4 - 27　磁电式转速传感器结构

1— 极靴；2— 线圈骨架；3— 线圈；

4— 磁铁；5— 树脂浇灌；6— 外壳

齿轮的齿、透平叶片、车轮的钢辐条、铁螺钉等都可用来使传感器产生电信号输出。当利用装在转轴上的钢齿轮齿来测量转速时，模数较小($M < 1.25$)的细齿可以使传感器产生一个近似正弦波的输出信号；粗齿则产生一个严重畸变的输出信号(见图 4 - 29)；单个铁磁件则输出一个类似于粗齿的波形。

这种传感器可以用来检测由非磁性材料(金属或非金属)隔开的金属齿轮或叶轮的转速，例如涡轮流量计就是利用这种传感器。非金属隔离层使传感器输出信号的幅值有所下降，如果采用非磁性的金属隔离层，则输出信号的幅值下降更大，这是金属隔离层产生的涡流损耗所致。随着信号频率的增高，这种损耗也随之增大。当频率接近 5 kHz 时，这种损耗就要影响测量系统的正常工作。

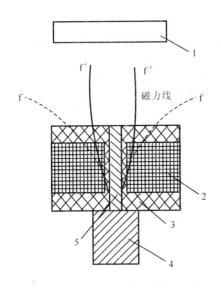

图 4-28　磁电式转速传感器的工作原理

1— 钢物体；2— 线圈；3— 线圈骨架；

4— 永久磁铁；5— 极靴

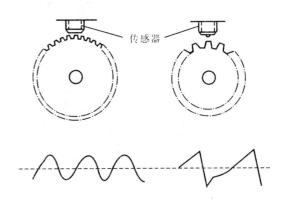

图 4-29　细齿和粗齿所产生的输出波形

习　　题

1. 影响电位计型位移传感器测量精度的主要因素是什么？

2. 简述差动变压器式位移传感器的工作原理。

3. 影响差动变压器式位移传感器线性度及灵敏度的主要因素是什么？

4. 简述感应同步式位移传感器的工作原理。

5. 简述感应同步式鉴幅型位移测量系统的信号传输与处理过程。

6. 简述激光式线性位移传感器的工作原理及优、缺点。

7. 试述光纤位移传感器的工作原理及优缺点。

8. 试述光电式、电容式及磁电式转速传感器的工作原理及优、缺点。

9. 在材料加工过程控制中，如何把位移信号输入单片机系统进行处理？

10. 如何消除测速发电机输出电势中的干扰信号？

11. 怎样对转速进行数字显示？

第 5 章　磁场的测量

在材料加工过程中经常会遇到磁场的测量及控制等方面的问题。例如,奥氏体等温转变曲线的测定,焊接残余应力的测定等都可以用测量磁场的方法来实现。

测量磁场的磁传感器是伴随着测磁仪器的进步而发展起来的。通常意义上讲,能够用于检测磁性物理量的传感器统称为磁传感器。磁传感器的工作原理及测量方法有多种多样,最常见的有磁-力法、电磁感应法、磁饱和法、电磁效应法、磁共振法、超导效应法及磁光效应法等。

5.1　磁传感器的基本原理及类型

一、磁传感器的工作原理

几种类型的磁传感器(磁场测量仪)的测量方法及其工作原理简介如下:

(1)磁-力法。磁-力法是利用在被测磁场中的磁化物体(如磁针)或载流线圈与被测磁场之间相互作用的机械力(或力矩)来测量磁场的方法。所用仪器主要为定向磁强计、无定向磁强计和磁变仪等。

(2)电磁感应法。电磁感应法是以电磁感应定律为基础的磁场测量方法。利用电磁感应方法测量恒定磁场时,可以通过探测线圈的移动、转动和振动等方式,使探测线圈中的磁通发生变化。所采用的主要检测仪器为固定线圈磁强计、抛移线圈磁强计、旋转线圈磁强计和振动线圈磁强计等。

(3)磁饱和法。磁饱和法是利用被测磁场中,磁芯在交变磁场的激励下,其磁感应强度与磁场强度的非线性关系来测量磁场的方法。它主要用于测量恒定的或缓慢变化的磁场,所用仪器主要为二次谐波磁通门磁强计和时间编码磁通门磁强计等。

(4)电磁效应法。电磁效应法是利用金属或半导体中通过的电流和外磁场的共同作用而产生的电磁效应来测量磁场的一种方法。所用仪器主要为霍尔效应磁强计、磁阻效应磁强计和电磁复合效应磁强计等。

(5)磁共振法。磁共振法是利用物质量子状态的变化来测量磁场的一种方法,其测量对象一般是均匀的恒定磁场。所用仪器主要为核磁共振磁强计、顺磁共振磁强计和光泵磁强计等。

(6)超导效应法。超导效应法是利用弱耦合超导体中超导的约瑟夫逊效应原理来测量磁场的一种方法,可以用于测量 0.1 T(特斯拉)以下的恒定磁场和交变磁场,具有极高的灵敏度和分辨率。所用仪器主要为直流超导量子磁强计和射频超导量子磁强计等。

（7）磁光效应法。磁光效应法是利用磁场对光和介质的相互作用而产生的磁光效应来测量磁场的一种方法。它可以用于测量恒定磁场、交变磁场和脉冲磁场,所采用的主要仪器为法拉第效应磁强计和克尔效应磁强计,常用于测量低温下的超导强磁场。

二、常用磁传感器的类型

目前,从 10^{-14} T 的人体弱磁场到高达 25 T 以上的强磁场,都可以找到相应的磁传感器进行检测。磁传感器的种类繁多,其中最主要的是半导体磁敏传感器（霍尔传感器）、磁阻传感器、磁敏二极管和磁敏三极管等。其他材料制成的磁传感器有强磁性金属磁阻传感器、威根德磁敏传感器和约瑟夫逊超导量子干涉仪等。表 5 - 1 列出了常用磁传感器的主要类型。

表 5 - 1　常用磁传感器的主要类型

名　　称	工作原理	工作范围	主要用途	备　　注
霍尔效应器件	霍尔效应	$10^{-7} \sim 10$ T	磁场测量,位置和速度传感,电流、电压传感等	包括霍尔片开关、线性和各种功能集成电路
半导体磁敏电阻	磁敏电阻效应	$10^{-3} \sim 1$ T	旋转和角度传感等	对垂直于芯片表面磁场敏感
磁敏二极管	复合电流的磁场调制	$10^{-6} \sim 10$ T	位置和速度及电流、电压传感等	
磁敏晶体管	集电极电流或漏极电流的磁场调制	$10^{-6} \sim 10$ T	位置和速度及电流、电压传感等	包括双极、MOS 两大类
载流子畴器件	载流子畴的磁场调制	$10^{-6} \sim 1$ T	磁强计	输出频率信号
金属膜磁敏电阻器	磁敏电阻的各向异性	$10^{-3} \sim 10^{-2}$ T	磁读头、旋转编码器速度检测等	包括三端、四端、一维、三维和集成电路
巨磁电阻器	磁耦合多层膜或自旋阀	$10^{-3} \sim 10^{-2}$ T	高密度磁读头等	
非晶金属磁传感器	磁率或马特乌奇效应等	$10^{-9} \sim 10^{-3}$ T	磁读头、旋转编码器、长度检测等	包括双芯多谐振荡桥磁场传感器、个人计算机手写输入装置、巴克豪森器件等
巨磁阻抗传感器	巨磁阻抗或巨磁感应效应	$10^{-10} \sim 10^{-4}$ T	旋转和位移传感,大电流传感等	
威根德器件	威根德效应	10^{-4} T	速度检测,脉冲发生器等	
磁性温度传感器	居里点变化或初始磁导率随温度变化	$-50 \sim 250℃$	热磁开关,温度检测等	

续　表

名　称	工作原理	工作范围	主要用途	备　注
磁致伸缩传感器	磁致伸缩效应		各种力学量传感,位置和速度传感等	包括力、形变、压力、振动、冲击,转矩测量等传感器
磁电感应传感器	法拉第电磁感应效应	$10^{-3} \sim 100$ T	磁场测量及位置和速度传感	
磁通门磁强计	材料的 B－H 饱和特性	$10^{-11} \sim 10^{-2}$ T	磁场测量	
核磁共振磁强计	核磁共振	$10^{-12} \sim 10^{-2}$ T	磁场精密测量	
磁光传感器	法拉第效应或磁致伸缩	$10^{-10} \sim 10^{2}$ T	磁场测量及电流、电压传感	含磁光和光纤磁传感器两大类
超导量子干涉器	约瑟夫逊效应	$10^{-14} \sim 10^{-8}$ T	生物磁场检测	

本章主要介绍材料加工工程中常用的霍尔元件磁传感器、磁敏电阻磁传感器和磁敏晶体管传感器等。

5.2　霍尔元件磁传感器及其检测电路

霍尔传感器是利用半导体材料的霍尔效应而制成的磁电转换器件,它通常将霍尔元件、放大器、温度补偿电路及稳压电源等器件集成到一块芯片上,制成集成的霍尔传感器。集成霍尔传感器主要包括线性霍尔传感器和开关型霍尔传感器两种。

一、霍尔元件的工作原理

1. 霍尔效应

把通有电流的半导体薄片置于垂直于该薄片的磁场中时,就会因洛仑兹力的作用而使电流偏离外加电场的方向,通常将电流与外电场形成的夹角称为霍尔角。由于霍尔角的存在,就使半导体薄片在横向(垂直于磁场和电流的方向)上产生了电势,这种现象称为霍尔效应,产生的电势称为霍尔电势,该半导体薄片称为霍尔元件。

2. 计算公式

如图5-1所示,依据霍尔效应,在一块半导体薄片的两侧面ab通以控制电流 I_H ,在薄片的垂直方向上施加磁感应强度为 B 的磁场,那么,在垂直于电流和磁场方向的另两侧面 cd 上产生电势 U_H 为

$$U_H = R_H \frac{I_H B}{h} \qquad (5-1)$$

式中,R_H 为霍尔系数,它反映了半导体元件的霍尔效应的强弱;h 为霍尔元件的厚度。如设 $K_H = R_H/h$,则有

$$U_H = K_H I_H B \qquad (5-2)$$

式中,K_H 为霍尔灵敏度,它表示在单位磁感应强度和单位电流的控制下,半导体元件输出的霍尔电势。

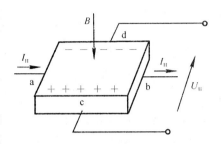

图 5-1　霍尔效应原理图

由式(5-2)可知,对于一个材料和尺寸都确定的元件,霍尔灵敏度 K_H 为常数,霍尔电势 U_H 仅和控制电流与磁感应强度的乘积 $I_H B$ 成正比。利用这一特性,在恒定控制电流下就可以测量磁感应强度 B;反之,在恒定磁场下,就可以测量电流 I。当霍尔灵敏度 K_H 和磁感应强度 B 都恒定时,所测电流 I 越大,霍尔电势 U_H 就越高。同样,当霍尔灵敏度 K_H 和控制电流 I_H 恒定时,磁感应强度 B 越大,霍尔电势 U_H 也就越高。

如果磁场方向不垂直于元件的表面,而是与元件平面的法线成一角度 θ 时,实际作用在元件上的有效磁场是其法线方向的分量,这时霍尔元件的输出为

$$U_H = K_H I_H B \cos\theta \qquad (5-3)$$

当控制电流的方向或磁场方向改变时,输出霍尔电势的方向也将改变。但当磁场与电流同时改变方向时,霍尔电势的极性不变。

3. **基本电路**

在电路中,霍尔元件可以用两种符号来表示,如图 5-2 所示。霍尔元件的基本电路如图 5-3 所示。控制电流 I 由电源 E 供给,R 为调节电阻,用于调节控制电流的大小。霍尔输出端接负载电阻 R_L,它也可以是放大器的输入电阻或表头内阻等。

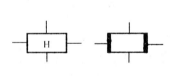

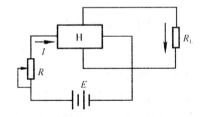

图 5-2　霍尔元件符号　　　　　　　图 5-3　霍尔元件的基本电路

由于霍尔元件建立霍尔效应的时间很短(约在 $10^{-12} \sim 10^{-14}$ s 之间),因此控制电流采用交流信号时,频率可高达 10^9 Hz 以上。此外,为了得到较大的霍尔输出,当元件的工作电流为直流时,可将几个霍尔元件的输出串联起来使用,但控制电流应该并联。这种连接方式虽然增加了输出电势,但输出内阻也随之增加。当霍尔元件的输出信号不够大时,也可采用运算放大器加以放大。

二、霍尔元件的基本技术特性

1. 霍尔元件的主要技术参数

(1) 输入电阻 R_i 和输出电阻 R_o。霍尔元件控制电流极间的电阻为输入电阻 R_i，霍尔元件输出霍尔电势极间的电阻为输出电阻 R_o。输入电阻与输出电阻一般为 $100 \sim 2\,000\ \Omega$，而且输入电阻大于输出电阻，但相差不太多，使用时不能接错。

(2) 额定控制电流 I_C。它是指使霍尔元件在空气中产生 10℃ 温升时的控制电流。I_C 大小与霍尔元件的尺寸有关，尺寸越小，I_C 也就越小，一般为几毫安至几十毫安。

(3) 不等位电势 U_0 和不等位电阻 R_0。霍尔元件在额定控制电流的作用下，不加外磁场时，其霍尔电压电极间的电势为不等位电势。它主要与两个电极不在同一等位面上及材料电阻率不均等因素有关。可以用输出的电压来表示或用空载霍尔电压 U_H 的百分数表示，一般情况下，U_0 不大于 10 mV。不等位电势与额定控制电流之比称为不等位电阻 R_0。U_0 和 R_0 越小越好。

(4) 灵敏度 K_H。灵敏度 K_H 即霍尔灵敏度，它在量值上等于在单位磁感应强度下，通以单位控制电流时所产生的霍尔电压大小。

(5) 寄生直流电势 U_{0D}。它是指在不加外磁场时，交流控制电流通过霍尔元件时，在霍尔电压极间产生的直流电势。它主要是由电极与基片之间的非完全欧姆接触所产生的整流效应所造成的。

(6) 霍尔电势温度系数 α。它是指在一定的磁感应强度和规定的控制电流下，温度每变化 1℃ 时，霍尔电压值变化的百分率。

(7) 电阻温度系数 β。它是指温度每变化 1℃ 时，霍尔元件材料的电阻变化百分率。

(8) 灵敏度温度系数 γ。它是指温度每变化 1℃ 时，霍尔元件的灵敏度变化率。

(9) 输出功率。它是指在规定工作电压和负载情况下，霍尔元件输出能力的大小。元件的输出功率与负载的大小有关，与一般的功率匹配条件一样，仅当负载阻抗与元件的输出内阻相等时，负载上获得的功率才最大。

2. 霍尔元件材料及形状对性能的影响

霍尔元件的输出与灵敏度有关，K_H 越大，U_H 就越大。而霍尔元件的灵敏度又取决于元件的材料、形状和尺寸。

元件材料的电阻率 ρ 和电子迁移率 μ 越大，其霍尔系数 R_H 就越大（$R_H = \rho\mu$），从而灵敏度 K_H 就高，元件输出的霍尔电势 U_H 就高。在选用霍尔元件材料时，应要求材料的霍尔系数 R_H 尽可能大。霍尔元件常用的半导体材料有 N 型锗（Ge）、锑化铟（InSb）、砷化铟（InAs）、砷化镓（GaAs）及磷砷化铟（InAsP）和 N 型硅（Si）等。锑化铟元件的输出较大，但受温度的影响也较大；砷化铟和锗元件输出虽然不如锑化铟大，但其温度系数较小，线性度也好；砷化镓元件的温度特性和输出线性都好，但价格较贵。

形状和尺寸效应对改善霍尔电势与外磁场的线性关系有一定的好处。因为在强磁场中存在着磁阻效应,即材料电阻率会随磁场的增加而提高,而迁移率则会随磁场的增加而下降,所以通过选择合适的霍尔元件长宽比,就可以使二者相互抵消,达到扩大霍尔元件测量线性范围的目的。此外,霍尔元件的厚度越薄,霍尔元件的灵敏度 K_H 也就越高,所以霍尔元件的厚度一般都比较薄。

3. 霍尔元件的温度及不等位电势补偿

(1) 温度补偿。霍尔元件和其他半导体材料一样,其电阻率、迁移率及霍尔系数等都是温度的函数,因此,在应用霍尔元件时,必须进行温度补偿,用于消除霍尔电压及内阻随温度的变化。

在电路上可以采用恒流源供电方式来使控制电流保持不变,也可按图 5-4 所示的电路利用温度敏感元件(如热敏电阻)进行补偿。并联电阻 R 的计算公式为

$$R = \beta R_i / \alpha \qquad (5-4)$$

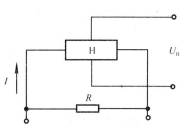

图 5-4　霍尔元件温度补偿电路

式中,β 为元件材料的电阻温度系数;R_i 为霍尔元件的输入电阻;α 为霍尔电势的温度系数。

(2) 不等位电势 U_0 的补偿。霍尔不等位电势是霍尔元件的一个主要的零位误差。可以将霍尔元件等效成一个电桥,如图 5-5 所示。电桥的四个电阻分别为 r_1,r_2,r_3,r_4。当两个霍尔电压电极在同一等位面上时,$r_1 = r_2 = r_3 = r_4$,则电桥完全平衡,此时 $U_0 = 0$;当两个电极不在同一等位面上时,则有 U_0 输出。图 5-6 为一种霍尔元件的不等位电势的补偿电路。其中,外接电阻 R 的值应大于霍尔元件的内阻,并通过调整 R_P,使不等位电势为零。

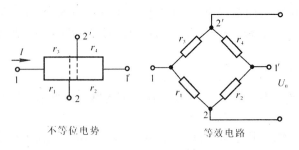

图 5-5　霍尔元件等效电桥电路

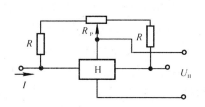

图 5-6　霍尔元件不等位电势补偿

三、霍尔元件的驱动与检测电路

1. 霍尔元件的驱动与检测电路

霍尔元件有恒压驱动和恒流驱动两种方式。恒压驱动是使加在元件输入端的电压保持恒

定;恒流驱动是使流过元件内的电流保持恒定。两种驱动方法各有优、缺点,要根据使用目的以及电路设计的要求而定。

图 5-7 是一种恒压驱动方式的电路简图。在 a,b 输入端施加 1 V 的恒定电压,当元件内阻随外部各种条件变化时,这种变化就引起了霍尔电流的变化。恒压驱动方式的主要特点是施加的电压 E_b 保持恒定,因此,不平衡电压的温度变化就小。但霍尔电流发生变化时,输出电压 U_H 的温度变化就大,即恒压工作时,影响工作特性的主要因素是霍尔元件输入电阻的温度系数及磁阻效应。这种驱动方式适用于测量精度要求不高的场合。

图 5-8 是一种恒流驱动方式的电路简图。图中,霍尔元件的输入电阻 R_i 与外接电阻 R_1,R_2 串联,并要求 $R_1 + R_2 \gg R_i$,E_b 足够大。这样,不管 R_i 如何变化,霍尔电流 I_H 均能保持恒定,也就构成了恒流电路。此外,电阻值 $R_1 + R_2 \gg R_i$ 时,还有抑制磁阻效应的作用,因此,可获得不失真的霍尔电压。恒流驱动方式的特点是,即使元件内阻随外部各种条件变化,其霍尔电流仍保持恒定不变,因此,输出电压 U_H 的温度变化就小。这种驱动方式适用于高精度测量的场合。

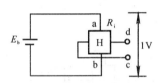

图 5-7　霍尔元件的恒压驱动方法

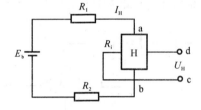

图 5-8　霍尔元件的恒流驱动方法

图 5-9 是一种采用运放的恒流驱动电路实例,电路中的基准电压(电流)采用稳压二极管获得,霍尔电流 I_H 由稳压管的稳定电压和电阻 R_E 决定。此外,电路的运放反馈环路内包含晶体管 VT 的基区电压 U_{BE},因此温度特性就非常好。

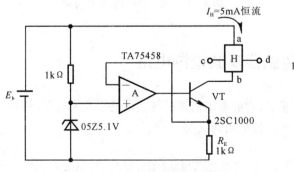

图 5-9　采用运放的恒流驱动电路

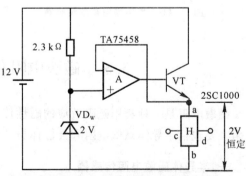

图 5-10　采用运放的恒压驱动电路

图 5-10 是一种采用运放的恒压驱动电路实例,该电路与带运放的恒流驱动电路相似,只

是霍尔元件接在晶体管 VT 的发射极上。因此，电路构成上为恒压电路，电路的设定电压可通过更换稳压二极管任意改变。

2. 集成霍尔传感器

集成霍尔传感器是利用集成电路工艺将霍尔元件与硅集成电路集成在一起的一种单片式集成传感器。集成霍尔传感器往往将霍尔敏感元件、放大器、温度补偿电路和稳压电源等集成在一个芯片上。按其输出信号的形式，可分为线性型和开关型两种。

线性型集成霍尔传感器由霍尔元件、恒流源和线性放大器等部分组成。其输出为模拟电压信号，输出电压的大小与外加磁场强度在一定范围内呈线性关系。线性型集成霍尔传感器有单端输出和双端输出（差分输出）两种电路形式。图 5-11 为 UGN—3501 型单端输出线性集成霍尔传感器的外形和内部结构框图，它是一种塑料扁平封装的三端元件。图 5-12 为 UGN—3501M 型双端输出线性集成霍尔传感器的内部结构框图。它采用八脚封装，其中 1,8 两脚为差动输出，2 脚为空脚，3 脚为 V_{CC}，4 脚接地，5,6,7 脚为补偿端，三脚之间接调零电位器，用它进行不等位电势补偿，还可以改善输出线性。

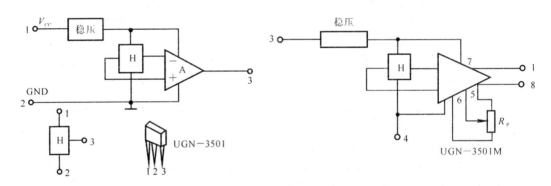

图 5-11　单端输出霍尔传感器　　　图 5-12　双端输出霍尔传感器

5.3　磁敏电阻传感器及其检测电路

磁敏电阻是一种利用磁阻效应的磁性传感器，它的电阻值随磁场强弱的变化而变化。磁敏电阻主要包括半导体磁敏电阻和强磁体材料的磁敏电阻两大类。

一、半导体磁敏电阻传感器

半导体磁敏电阻传感器是利用霍尔效应和磁阻效应原理工作的。当外加磁场增加时，它的电阻值将发生显著的改变，同时霍尔角也将产生变化。霍尔角的改变，是由于霍尔效应使电流与外电场的方向不一致所导致的,所以电流在整个半导体磁敏电阻中的流动距离将延长,并产生极化现象,致使半导体材料的电阻率显著提高。这除了与元器件的结构有关外,还主要受半导体材料迁移率的影响,因此常选用高纯度锑化铟(InSb)之类的材料来制造半导体磁敏电阻。由于磁阻元件是在霍尔元件的基础上进行制造的,所以能够制成任意形状的两端子或多端子元器件,从而有利于检测电路的设计。此外,对霍尔元件,其输出电压的极性随磁场的方向而改变,而磁阻元件的阻值变化仅与磁场的绝对值有关,与磁场方向无关。

　　半导体磁敏电阻的结构如图 5-13(a) 所示,它由多个 InSb 材料制成的矩形体串联而成。图 5-13(b) 给出了不同形状下磁敏电阻的电阻变化率与磁通密度之间的关系。从图可见,随着磁通密度值的增大,半导体的电阻值也将变大。矩形体的长宽比(L/W)小于1时的磁敏电阻灵敏度要比长宽比大于 1 时的灵敏度高,所以可以通过改进形状来提高测试的灵敏度。但测试灵敏度提高后,其磁阻元件的电阻值将降低。在工程实践中,一般采用多个矩形体串联的办法来获得几百到几千欧姆的实用的磁敏电阻。

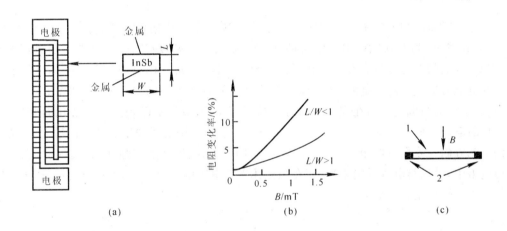

(a)　　　　　　　　　　(b)　　　　　　　　　　(c)

图 5-13　半导体磁敏电阻结构及其特性

(a) 磁敏电阻的结构;(b) 电阻变化率与磁通密度之间的关系;(c) 磁敏电阻外加磁场的方向

1— 磁阻元件;2—电极

　　半导体磁敏电阻传感器对外加磁场方向也有特殊的要求,首先应与磁阻表面垂直,如图 5-13(c) 所示。在一些特殊的场合,比如弱磁场附近时,还要对半导体磁敏电阻施加偏磁,以提高测试的灵敏度。如图 5-14(a) 所示,图中 1 为磁敏电阻传感器,2 为偏置用永久磁铁。图 5-14(b) 给出了加偏磁后灵敏度的变化情况,图中 1 处灵敏度较低,2 处为加偏磁后的灵敏度变化提高情况,3 为初始的电阻值。

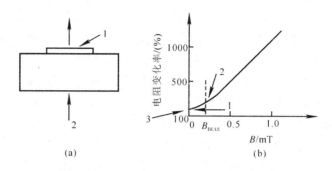

(a)   (b)

图 5 - 14   偏磁对半导体磁敏电阻变化率的影响

（a）偏置用永久磁铁；（b）加偏磁后的灵敏度变化

二、强磁体磁敏电阻传感器

强磁体磁敏电阻的磁阻效应与半导体磁敏电阻不同,其电阻值与磁场大小成反比例关系,如图 5-15 所示。这种磁敏电阻不仅电阻值较小,而且磁通密度在 $10^{-3} \sim 10^{-2}$ T 就进入饱和状态。因此,电阻的变化量只有百分之几可以作为有效输出。其工作原理是当强磁体材料的磁化方向与电流方向成一定角度时,强磁体材料的电阻值将发生各向异性变化。如图 5-16(b)所示,当磁化方向与电流方向在同一平面时,磁敏电阻的阻值将随磁场强度的变化而变化;当磁阻元件的电流方向与磁场方向平行时,磁敏电阻的阻值将随磁场强度的增强而增大;当磁阻元件的电流方向与磁场方向相垂直时,磁敏电阻的阻值随磁场强度增强而减小。因此,在半导体磁敏电阻中,磁场与电流方向垂直,而在强磁体磁敏电阻中,磁场应与电流方向平行。强磁体材料的上述特性就是磁阻效应。

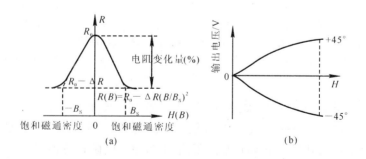

(a)   (b)

图 5 - 15   强磁体磁敏电阻的特征

（a）电阻与磁场特性；（b）磁场与输出特性

图 5-16(a)给出了强磁体磁敏电阻的结构简图。它是用真空镀敷的方法在受磁部分基体

上镀上一层 NiCo 或 NiFe 等合金强磁体材料,并采用光刻技术制成一定形状的薄膜磁阻元件,如图 5-16(b) 所示。当磁场方向与电流方向不平行时,电阻值的计算公式为

$$R(\theta) = R_\perp \sin^2\theta + R_{/\!/} \cos^2\theta \qquad (5-5)$$

式中,$R_\perp$ 为 $\theta = 90°$ 时的电阻;$R_{/\!/}$ 为 $\theta = 0°$ 时的电阻;θ 为磁场与电流之间的夹角。

图 5-16(c) 给出了强磁体磁敏电阻输出电流与 θ 之间的关系曲线。

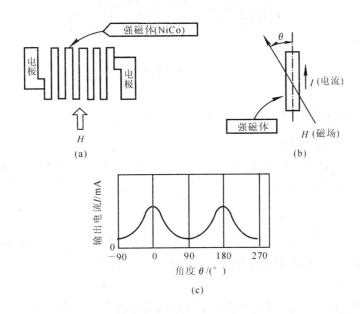

图 5-16 强磁体磁敏电阻的结构及关系曲线

(a) 强磁体磁敏电阻的结构;(b) 电流与磁场方向示意图;

(c) 输出电流与 θ 角之间的关系

如果采用图 5-17 所示的三端型薄膜磁阻元件,且磁场在平面 A 内平行于电流方向,则元件 A 和 B 的电阻值计算公式分别为

$$R_A(\theta) = R_\perp \sin^2\theta + R_{/\!/} \cos^2\theta \qquad (5-6)$$

$$R_B(\theta) = R_\perp \cos^2\theta + R_{/\!/} \sin^2\theta \qquad (5-7)$$

将式(5-6)和式(5-7)相加,可以得到电极 a 和 c 间的总电阻值为

$$R_{ac} = R_A(\theta) + R_B(\theta) = R_\perp (\sin^2\theta + \cos^2\theta) + R_{/\!/} (\sin^2\theta + \cos^2\theta) = R_\perp + R_{/\!/}$$

$$(5-8)$$

式(5-8)说明,图 5-17 中所描述的三端型薄膜磁阻元件,总电阻与夹角 θ 无关,因此可以当做磁敏电位器使用。通过在电极 a 和 c 间施加偏压,就可以利用 b,c 间的分压值进行检测。当磁场一定时,由磁敏电阻所组成的分压电路的分压值 $U_{bc}(\theta)$ 与 $\cos^2\theta$ 成正比。

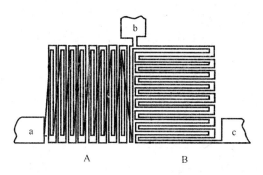

图 5 - 17　三端型薄膜磁阻元件

三、磁敏电阻的基本检测电路

1. 半导体磁敏电阻的基本电路

InSb 材料半导体磁敏电阻的温度特性较差,实际使用时,常采用两个电阻串联的方式进行温度补偿,电路如图 5 - 18 所示。在图中,电路的输出电压 V_S 计算公式如下:

$$V_S = \frac{V}{R_{M1} + R_{M2}} R_{M1} \qquad (5 - 9)$$

式中,R_{M1},R_{M2} 分别为磁敏电阻的阻值,V 为加到 R_{M1} 和 R_{M2} 上的电压。

因为式(5 - 9)中的($R_{M1} + R_{M2}$)和 R_{M1} 有相同的温度系数,可以相互抵消。这样,采用两个磁敏电阻的串接方式,就可以改善半导体磁敏电阻的温度特性。

图 5 - 19 给出了一种采用 MS—F06 磁敏电阻传感器检测磁性卡片表面波形的检测电路。由于该传感器内有永久磁铁,对于被测物体不是强磁体时也能很好地识别。图 5 - 20 为检测曲线。

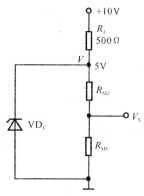

图 5 - 18　半导体磁敏电阻的串联工作方式

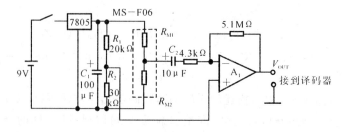

图 5 - 19　半导体磁敏电阻检测电路

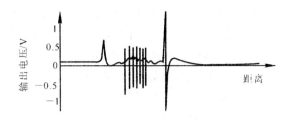

图 5-20　磁性卡片表面的检测波形

2. 强磁体磁敏电阻的基本电路

强磁体磁敏传感器被检测的对象只限于铁磁物质。

图 5-21 给出了一种磁敏电阻无触点开关的工作原理图。图中,磁敏电阻 R_{MA} ,R_{MB} 和 R_1 ,R_2 组成电桥电路;A_1 为运算放大器组成的电压比较电路,它用于对电桥输出信号进行比较;A_2 为运算放大器组成的施密特触发器。当在铁磁物质的作用下,磁敏电阻的阻值发生变化时,A_1 由高电平变为低电平,A_2 由低电平变为高电平,从而控制下级电路的工作。

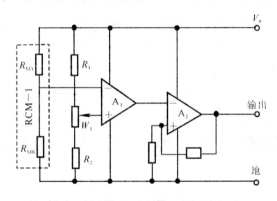

图 5-21　磁敏无触点开关工作原理

采用强磁性金属薄膜磁敏电阻为传感元件做成无触点开关,具有灵敏度高、动作距离远、高低电平明显、无误动作、抗冲击震动、温度使用范围宽和频率响应高等特点,因此被广泛应用于汽车里程表、转速表、点火器、数控机床自动开关和限位器、流量仪表和电梯自动开关等方面。

图 5-22 给出了一种利用磁敏电阻进行线位移测量的原理与电路,图中采用 RCM01 型磁敏电阻组成线位移测量传感器。磁敏电阻不仅对磁场方向敏感性很强,而且对磁场强度的敏感性也很强,并且在一定的范围内磁敏电阻的阻值随磁场强度的变化有极好的线性度。如图 5-22(a) 所示,H_r 为可逆磁场强度。当外加磁场强度大于 H_r 时,磁敏电阻变化没有磁滞效应,即随磁场强度的变化是可逆的;当外加磁场强度小于 H_r 时,磁敏电阻的变化是不可逆的,具有磁

滞效应；当外加磁场强度大小为 H_s 时，磁敏电阻不再随磁场强度的增减而变化，H_s 称做饱和磁场强度。使用时，应首先为磁敏线位移传感器中的磁敏电阻自建一个大磁场 H，使 $H_r <$ $H < H_s$。当外加反向磁场强度随位移的变化而变化时，磁敏电阻的阻值 R_{MA} 和 R_{MB} 也将随之变化，从而能够完成线位移的测量。测量电路如图 5-22(b) 所示，它由电桥电路、跟随器、差动放大器等组成。磁敏线位移传感器的应用也很广泛，可制做成精密线位移传感器、压力传感器、厚度传感器、称重传感器、速度传感器和加速度传感器等。

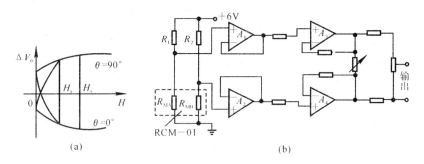

图 5-22　磁敏线位移测量原理与测量电路

(a) 磁场与输出特性曲线；(b) 测量电路简图

利用强磁性金属薄膜磁敏电阻对磁场方向的敏感性，可以通过改变磁场的方向，使磁力线方向与磁敏电阻电流的相对角度 θ 发生变化，这样磁敏电阻的阻值也将随之发生变化。由于磁敏电阻组成分压电路的分压值与夹角 θ 的 $\cos^2\theta$ 成正比，所以可用图 5-22(b) 中给出的电路测量角位移的变化。磁敏电阻角位移传感器被广泛应用于高精度、高分辨率的角度测量及自动控制领域。

5.4　磁敏晶体管传感器及其检测电路

磁敏晶体管也称结型磁敏电阻器，它是一种新型高灵敏度的磁电转换元件。

一、磁敏晶体管传感器

磁敏晶体管传感器主要包括磁敏二极管和磁敏三极管传感器。

磁敏二极管是利用电子和空穴双注入效应以及复合效应原理而制成的元器件。即在本征半导体薄片的两端设计出高掺杂的 P 型区和 N 型区，中间为高纯度的 I 区，如图 5-23(a) 所示。这样就形成了一个 $P^+ - I - N^+$ 型长基区二极管。在半导体的某一侧面采用喷砂、研磨或扩散的方法，制成电子和空穴的高复合区，即人为破坏半导体晶格的有序排列，造成电子和空穴复合速度高的区域，同时将半导体的另一侧面腐蚀成光滑的平面，并保持其完整性，使在该区域的复合不易进行。

如果对上述半导体施加正向(P接正,N接负)的偏压,在I区就会同时出现由P区和N区分别注入的空穴和电子,它们在外磁场力的作用下,都将偏向于复合区。将这个磁场方向定为正向,用 H^+ 表示,如图 5-23(b) 所示。反之,如果是背离复合区,则把这个磁场方向定为反向磁场,用 H^- 表示,如图 5-23(c) 所示。由于复合区比I区的复合速度大得多,因此在正向磁场的作用下,通过半导体的载流子就会因复合速度的增加而寿命降低,致使I区的电阻增大而压降增加,加在 PI 结和 NI 结上的电压也将减小,进而使注入到I区的载流子浓度相应减低,结果使I区的电阻进一步增加,直到某一稳定的状态为止。反之,在反磁场的作用下,半导体中的载流子偏离高复合区,因本征区的电导率很高,载流子的复合速度又很小,从而延长了载流子的寿命。因此,I区载流子的浓度增加,压降减小,结果使得加在 PI 结和 NI 结上的电压增加,进而又促使了载流子向I区的更进一步的注入,直到该区电阻降到某一稳定的值为止。

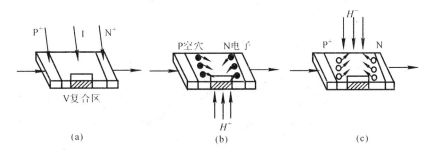

图 5-23 磁敏二极管的构造原理
(a)PI 及 NI 结;(b)正向磁场;(c)反向磁场

基于电子和空穴双注入效应与复合效应而制成的磁敏二极管元器件在使用过程中,上述两种效应是相乘的。因此,对磁场非常灵敏,即使在较弱的磁场作用下,也可以获得较大的电压输出。磁敏二极管随磁场方向的变化可以产生变化的正、负输出电压,同时对应于预先规定的磁场方向,就可以获得与磁场大小成正比的电压变化。

图 5-24 是磁敏二极管在不同磁场强度时的伏安特性曲线。由图可知,通过磁敏二极管的电流越大,则在同一磁场强度下输出的电压就越高,磁灵敏度也就越高。当电压一定时,磁敏二极管在正向磁场的作用下,其电阻增加,电流减小;在反向磁场的作用下,电阻减小,电流增大。

图 5-25 是磁敏二极管的磁场/输出电压特性曲线。由图可以看出,磁敏二极管随外加磁场方向的变化可以产生正(ΔV^+)负(ΔV^-)输出的电压变化。在正向磁场的作用下,电压升高;在反向磁场的作用下,电压下降。

图 5-26 是磁敏二极管的温度特性曲线。由曲线可知,输出电压(ΔV)和灵敏度基本随温度的升高而降低。

表 5-2 列出了部分磁敏二极管的主要特性参数。

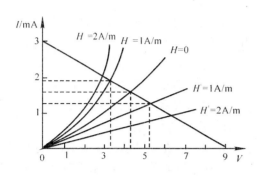

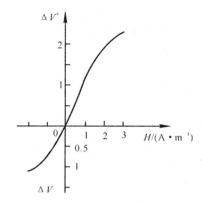

图 5 - 24　磁敏二极管的伏安特性　　　　图 5 - 25　磁敏二极管的磁场／输出电压特性

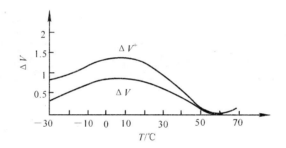

图 5 - 26　磁敏二极管的温度特性

表 5 - 2　磁敏二极管的主要特性参数

型号	负载电阻 kΩ	工作电压 V	工作电流 mA	磁场方向变化与工作电压变化 V		工作温度 ℃	频率 kHz	功率 mW	温度系数 （%）/℃
				$H^+ = 100$ mT	$H^- = 100$ mT				
2ACM - 1A	3	3～5	2	≤ 0.6	≤ 0.4	- 30～65	10	30	0.6
2ACM - 1B	3	3～5	2	0.6～0.8	0.4～0.6	- 30～65	10	30	0.6
2ACM - 1C	3	3～5	2	0.8～0.1	≥ 0.6	- 30～65	10	30	0.6
2ACM - 2A	3	3～7	2	≤ 0.6	≤ 0.4	- 30～65	10	30	0.6
2ACM - 2B	3	3～7	2	0.6～0.8	0.4～0.6	- 30～65	10	30	0.6
2ACM - 2C	3	3～7	2	0.8～0.1	≥ 0.6	- 30～65	10	30	0.6
2ACM - 3A	3	7～9	2	≤ 0.6	≤ 0.4	- 30～65	10	30	0.6
2ACM - 3B	3	7～9	2	0.6～0.8	0.4～0.6	- 30～65	10	30	0.6
2ACM - 3C	3	7～9	2	0.8～0.1	≥ 0.6	- 30～65	10	30	0.6

磁敏三极管是一个PNP结构的晶体管,它与普通晶体管的不同之处是,其基区较大(大于载流子的扩散长度),而电流的放大倍数小于1,一般在$0.05 \sim 0.1$内。在外加正向磁场的作用下,由于洛仑兹力的作用,致使载流子向基极偏转,因此输送到集电极的电流减小,所以电流放大倍数降低;反之,在外加反向磁场作用时,由于洛仑兹力的作用,使载流子向集电极偏转,输送到集电极的电流增加,所以电流放大倍数也增加。磁敏三极管的电流放大倍数随外加磁场而变化,且具有正、反向的磁灵敏度。应用时要特别注意,外加磁场的方向应与磁敏感表面相垂直,这样才能获得最大的磁灵敏度。

　　图5-27是一种磁敏三极管的构造原理图,图5-28是一种磁敏三极管的结构图。

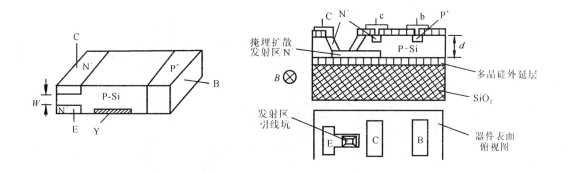

图 5 - 27　磁敏三极管的构造原理图　　　　**图 5 - 28　磁敏三极管的结构图**

　　表5-3给出了硅与锗磁敏三极管在相同的标准测试条件($U_{CE} = 6$ V,负载电阻$R_L = 100$ Ω,$I_b = 3$ mA,外加磁场$B = \pm 0.1$ T)下获得的主要性能参数。

表 5 - 3　硅与锗磁敏三极管主要性能比较

参数	单位	硅磁敏三极管	锗磁敏三极管
I_{C0} 相对磁灵敏度	(%)/T	> 50	> 75
I_{C0} 温度系数	(%)/℃	$-(0.1 \sim 0.3)$	$-(0.4 \sim 0.6)$
对磁场响应时间	μs	< 1	< 5
使用温度范围	℃	$-45 \sim 100$	$-40 \sim 65$
最大功耗	mW	30	45

二、磁敏晶体管的基本检测电路

与霍尔元件和磁敏电阻相比,磁敏晶体管传感器具有体积小、灵敏度高等特点,被广泛用于磁场检测、磁力探伤、转速测量、位移测量、电流测量以及无触点开关、无刷直流电动机等自动化装置中。

图 5-29 是用磁敏二极管组成的简易高斯计的检测电路图,它由 VT_1 和 VT_2 组成的差分电路和磁敏二极管接成的桥路组成。未加磁场时,磁敏桥平衡无输出;加磁场后,磁敏桥有电压输出,将输出电压加到差分放大器的基极上,集电极的电位将发生变化,就会有电流流过电流表,此时表针的指示即为磁场强度的表征量。

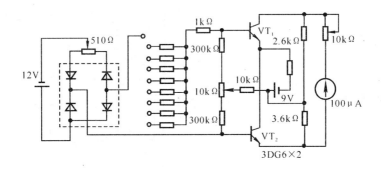

图 5-29　磁敏二极管组成的简易高斯计电路

图 5-30 是一种利用磁敏二极管组成的无触点开关电路。未加磁场时,磁敏桥平衡无输出;加磁场后,磁敏桥有电压输出,将输出电压加到晶体管 VT 的基极上,三极管导通,R_1 两端电压升高,晶闸管 VS 导通,继电器 J 带电吸合,其常开触点 J_1 闭合,灯 H 亮,电路接通。

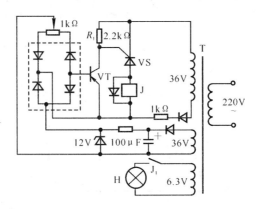

图 5-30　磁敏二极管组成的无触点开关电路

5.5 磁场测量在材料加工中的应用

磁传感器的应用可以分为直接应用和间接应用两大类。直接应用包括测量磁场强度的各种磁场计,直接测量包括地磁的测量、磁带和磁盘的读出、漏磁探伤和磁控设备等;间接应用是把磁场作为媒介来探测非磁信号的应用,如无接触开关、无触点电位器、电流计、功率计、线位移和角位移的测量等。在材料加工过程中,主要利用磁传感器来直接或间接地测量与磁相关的物理量,并分析讨论这些物理量在材料加工中的变化规律及其作用。

一、奥氏体等温转变曲线的测定

一种钢的化学成分确定后,通过不同的热处理方法,就可以得到不同的组织与性能。为了合理地使用材料,最大限度地发挥钢材的使用性能,不但要正确选择钢的化学成分,还必须正确制定热处理工艺规范。钢的过冷奥氏体等温转变曲线(C曲线或S曲线)就是研究钢的性能、合理使用钢材和制定热处理工艺的不可缺少的依据。

RLB耐磨铸钢是一种中碳新型稀土低合金贝氏体耐磨钢,经空淬处理获得马氏体组织后,具有优越的综合机械性能和良好的使用性能。以下介绍磁性法测绘该材料C曲线的具体过程。

(1)测试原理。钢或合金钢加热到奥氏体状态后(奥氏体是无磁性的),只有经过一段时间的冷却,转化成其他非奥氏体组织时,才能产生磁性。这样就可以根据磁性的变化记录下奥氏体的转变时间,并测定钢的C曲线。

(2)测试结果。通过一系列的试验(高温奥氏体化,高温回火等处理),获得了RLB钢在各等温转变温度下的组织及其性能的具体数据,如表5-4所示。根据表中的数据,在温度时间坐标系内描点并用光滑的曲线连接各点,即可获得C曲线,如图5-31所示。

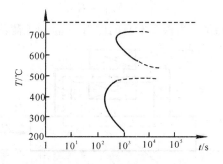

图5-31 RLB耐磨铸钢的C曲线

表 5－4 RLB 钢的组织转变数据

转变温度 /℃	250	310	370	425	455	502
时间	19′18″	6′	5′48″	4′02″	5′30″	∞
硬度(HRC)	61.3	60.1	59.8	58.8	58.2	
组织	B_F	B_F	B_F	B_F	B_F	M＋B_上
转变温度 /℃	552	600	650	703	716	
时间	∞	40′40″	20′	10′47″	37′52″	
硬度(HRC)		56.4	56.1	56	51	
组织	M＋B_上	P＋S	P＋T	P＋T	P＋T	

注:表中 B_F,B_上,M,P,S 和 T 分别代表下贝氏体、上贝氏体、马氏体、珠光体、索氏体和托氏体。

二、焊接残余应力的磁性测量法

残余应力,特别是焊接构件内部残余应力的无损检测,目前尚有一定的技术难度,但是,运用磁性法测量技术可无损检测深达 2 mm 以上的焊缝残余应力。

(1)测量原理。对于常用于焊接结构的普通低碳钢,在无应力作用时,各向磁场是同性的。而在外力的作用下,发生变形后的材料就容易产生内应力,导致材料的磁各向异性,即各方向的磁导率发生了不同的变化。磁导率作为张量,与应力张量相似,且主轴相互重合。如图 5－32 所示,当测量探头(由铁芯与线圈组成)与被测试件表面接触时,线圈通电后就会形成一闭合回路,磁回路的总磁阻可用下式表示:

$$R_M = R_{M1} + R_{M2} \tag{5-10}$$

式中,R_M 为磁回路的总磁阻;R_{M1} 为探头本身的磁阻;R_{M2} 为被测部位的磁阻。

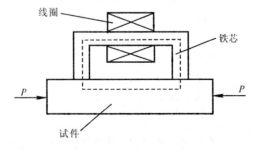

图 5－32 磁性法测量应力原理图

在外力 P 的作用下,试件被测部位的磁阻将发生变化,因此总磁阻也将发生变化,从而导致磁回路中的磁通量发生变化,引起线圈的反电势发生相应的改变。应用所测出的不平衡电流值,并依据一定的方法,就可计算出相应部位的残余应力值。测量前,要进行标定试验,以确定探头对被测材料的灵敏度系数,即不平衡电流的变化值与应力关系曲线的斜率。

(2)测量方法。测量前在被测部位标出测量点,如图 5-33 所示。然后手持测量探头,分别测出每个测点上 $0°,45°$ 和 $90°$ 三个方向的输出电流值,并分别用 I_0,I_1 和 I_2 表示。定义 $I_3 = 2I_1 - I_2 - I_0$。采用弹性力学中的切应力差分法,分别计算出各测点的应力,其公式如下:

$$\sigma_{xn} = \sigma_{yn} - (I_{2n} - I_{0n})/a \qquad (5-11)$$
$$\sigma_{yn} = \sigma_{y(n-1)} - (I_{3n'} - I_{3n''})\Delta y/(\Delta x \times 2a) \qquad (5-12)$$

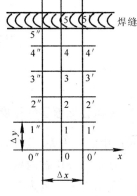

图 5-33 测点设置示意图

其中,n,n',n'' 为测点符号,分别代表 $(1,2,3,\cdots),(1',2',3',\cdots)$ 和 $(1'',2'',3'',\cdots)$,如图 5-33 所示;a 为探头灵敏度系数,由标定试验确定;σ_{xn},σ_{yn} 分别为测点 n 处 x 和 y 方向的正应力;I_{0n},I_{2n} 分别为测点 n 处 $0°$ 方向上及测点 n 处 $90°$ 方向上的输出电流值;$I_{3n'},I_{3n''}$ 分别为定义的计算值 I_3 在测点 n',n'' 处的值。为简化计算,通常取 $\Delta x = \Delta y$。使用上述公式前有一个基本假设,即认为远离焊缝的 0 点为零应力点,以此为基础,依次逐步计算各测点的应力值。

(3)测量结果。测量试件由 800 mm×250 mm×10 mm 的两块 A3 钢板沿长度方向对焊后组成,表 5-5 为磁性法测量残余应力值的原始记录数据,图 5-34 为应力分布曲线。

表 5-5 磁性法测量残余应力值的原始数据

测点		I_0/μA	I_1/μA	I_2/μA	σ_x/10 MPa	σ_y/10 MPa	测点		I_0/μA	I_1/μA	I_2/μA	σ_x/10 MPa	σ_y/10 MPa
1	1'	606	600	593	-3.6	1	4	4'	603	604	602	3.7	2.7
	1	608		620				4	602		599		
	1''	608	612	610				4''	583	591	612		
2	2'	610	597	610	0.4	2.3	5	5'	603	558	526	25	5
	2	616		621				5	566		514		
	2''	605	617	620				5''	492	464	395		
3	3'	594	613	606	1.7	2.7	6	6'	445	528	518	24	5.8
	3	599		602				6	437		490		
	3''	562	604	618				6''	532	517	506		

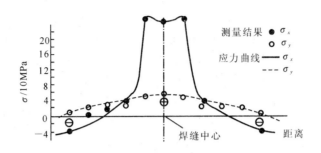

图 5 - 34　磁性法测量残余应力分布图

三、非磁性涂镀层的厚度测量法

核电中的压力壳、蒸发器一次侧和稳压器内壁都堆有奥氏体不锈钢或镍基堆焊层。不少化工容器,如加氢反应器内壁也堆有奥氏体不锈钢堆焊层,其目的是为了增强容器的抗腐蚀性能。堆焊层的厚度一般为 $3 \sim 14$ mm,因此在容器制造过程中必须对堆焊层厚度进行控制。常用的堆焊层测厚方法有机械测厚、磁性测厚和超声测厚,而适用于容器制造的主要是磁性测厚和超声测厚。

1. 磁性测厚原理

磁性测厚是利用磁感应原理对磁性基体上的非磁性涂层进行测厚,设备包括测厚仪和探头。探头通过初级激励线圈产生一个磁场,并通过次级线圈探测这个磁场。次级线圈将收到的信号转换成电压,然后输送到检测电路。当探头接近铁磁性物体时,磁场发生变化,次级线圈的输出电压也随之变化。变化的范围取决于探头的顶部与磁性物体表面之间的距离,也就是说,次级线圈产生的信号和涂层厚度是成比例的。最后,仪器通过校正曲线把信号转换成涂层厚度。

校正曲线是储存在测厚仪储存器内的一条反映输入信号与厚度的归一化曲线。由于该曲线受基体金属的磁导率、工件曲率以及工件厚度等的影响,因此,在测厚前必须对该曲线进行校正。假定堆焊层厚度为 δ,则校正点分别为探头能测定的最小厚度,$\delta/3, \delta, 3\delta$ 和无穷大值。校正在试块上进行,试块可采用两种形式:一种是已知厚度并且与工件同材料同堆焊方法的堆焊层试块;另一种是薄片。堆焊层试块的优点是与实际工件较为接近,缺点是由于工件尺寸和材料不同,因而需要制作很多试块。薄片的优点在于只需加工一系列不同厚度的试片,放在工件基体上校正,就可适用不同的场合;但其缺点在于薄片与基体存在空隙,如果放置不好就会造成测量不准。影响磁性测厚的因素主要有基体金属的磁性与厚度、工件曲率、表面粗糙度、边缘效应、漏磁场、外来杂质、探头的压力和方向等。

2. 磁性测厚结果

测厚仪型号为 FISCHERSCOPE MAGNA460C；探头为 L500 双极探头，两极间距为 50 mm，测量范围为 1 ~ 30 mm；校正试片采用胶木薄片，尺寸为 70 mm × 100 mm，厚度分别为 1 mm，2.89 mm，4.17 mm 和 18.1 mm。表 5-6 是磁性法对取自镍基和奥氏体不锈钢堆焊层薄片的测量结果，表 5-7 是磁性法对实际堆焊工件的测量结果。

表 5-6　磁性法对薄片的测量结果

试片号	试片材料	试片厚度 /mm	测量值 /mm				
			1	2	3	4	5
1	Ni 基	3	3.00	3.02	3.02	3.00	3.09
2	Ni 基	6	5.78	5.80	5.79	5.81	5.84
3	Ni 基	10	9.58	9.55	9.47	9.58	9.46
4	奥氏体不锈钢	10	1.34	1.39	1.36	1.35	1.36
5	奥氏体不锈钢	20	1.94	2.03	2.08	1.95	1.94

表 5-7　磁性法对实际堆焊工件的测量结果

工件号	堆焊层材料	堆焊层厚度 /mm	测量值 /mm				
1	Ni 基	6.8 ~ 7.2	6.62	6.20	6.13	6.35	6.53
			6.66	6.12	6.08	6.32	6.50
			6.66	6.22	6.06	6.34	6.53
2	Ni 基	10.5 ~ 12.5	10.07	10.75	10.63	10.75	11.05
			10.78	10.76	10.65	10.60	11.05
			10.76	10.74	10.60	10.59	10.93

四、冷轧设备主要部件的故障监测

锥形芯棒是无缝钢管冷轧机的主要部件之一，无缝钢管就是在锥形芯棒和上下轧辊的共同作用下而成形的。在轧制过程中，如果芯棒发生断裂和轴向窜动，就必须立即停机。不然，轻则产品报废，重则可能导致整个轧机的损坏。

为了防止由于芯棒断裂和窜动而引起损坏的危险，必须寻求一种灵敏、可靠且在生产现场可行的方法，对无缝钢管冷轧机的芯棒进行监测。下面即介绍一种利用非接触式磁测量方法进行的芯棒故障的监测。

1. 故障监测原理

非接触式磁监测法的工作原理是以成品管内与锥形芯棒相连的磁铁为信号源,利用穿透成品管管壁的磁力线传递管内芯棒位置的信息。通过监测成品管外漏磁场的变化,进而监测管内芯棒的断裂和轴向窜动情况。如图5-35所示,在锥形棒的顶端通过接长杆固定一块永久磁铁,磁铁通过管壁的屏蔽,会在管壁外面形成一个十分微弱的漏磁场。由于磁铁和芯棒之间是刚性联结的,因此管内芯棒轴向位置的任何改变,都会引起管外漏磁场的空间分布发生相应的改变。因此,可以用各种磁场传感器检测管外的漏磁场来确定管内芯棒的轴向位置,进而监测芯棒的工作状态。

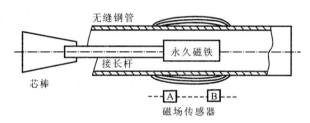

图5-35 芯棒故障监测方案

2. 芯棒监视器的构成

基于以上非接触式磁检测原理,图5-36给出了一种芯棒监视器的组成框图。整个监视器可以分为芯棒位移传感器和信号处理系统两部分。首先,将来自芯棒位移传感器的信号送到信号调理电路进行预处理,以消除其中的共模成分和高频干扰。然后,把预处理后的信号送鉴别器,以确定芯棒的工作状态是否正常,其标准可以通过调节监视器的灵敏度和中心定位加以改变。最后,输出接口将鉴别的结果转换成继电器开关信号和声光信号,分别通知主控台和操作人员。整个系统由一个双相时钟控制,其中一相驱动传感器,另一相去同步控制输出接口,目的是提高系统工作的可靠性。

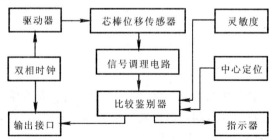

图5-36 芯棒故障监视器框图

3. 系统监测结果

当钢管内径为 41 mm,管壁厚度为 5.5 mm,传感器与钢管外壁相距 45 mm 时,测定的芯棒位移传感器的输出特性如图 5－37 所示,图中 V_0 为传感器的输出电压。从图中可以看出,该传感器在零点附近具有较好的线性,非常适合于监测芯棒的工作状态。测试表明,在上述条件下,系统可以监测出 ± 0.3 mm 的轴向位移,响应时间小于 10 ms。

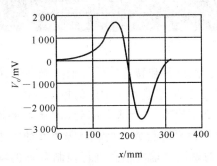

图 5－37　芯棒位移传感器的输出特性

习　　题

1. 简述常见的磁传感器的工作原理及其使用范围。
2. 如何对霍尔元件磁传感器进行温度补偿?
3. 设计磁敏电阻角位移传感器的工作电路,并阐述其工作过程。
4. 简述磁敏二极管的工作原理,并分析由其组成的无触点开关电路的工作原理。
5. 结合磁性法在焊接残余应力测试中的应用,试设计比较详细的残余应力测试方案。

第6章 检测信号微机处理系统的输入与输出

将传感器输出的温度、应力、位移和转速等信号输入微机系统进行分析处理,然后再输出相应的控制信号,是目前材料加工工艺过程中常用的控制方法。

检测信号的微机处理系统主要有三个基本部分,即输入通道、主计算机和输出通道(见图6-1)。输入通道是对被测试信号进行放大、整形、隔离及数字采集的电路;主计算机部分是对采集数据进行计算处理和对输入/输出信息进行控制管理的部分;输出通道是对输出信号及控制对象实现控制操作的电路。本章重点介绍检测系统的输入、输出通道。

图6-1 微机检测系统基本组成部分

6.1 输入、输出通道的基本结构

一、输入通道的基本结构

被测信号通常可分为数字信号(或开关量信号)和模拟信号。对于数字信号,其输入通道结构比较简单,而模拟信号的输入通道较为复杂。

一个简单的单通道检测信号输入电路应包括传感器、信号变换电路、采样/保持(S/H)电路和模/数(A/D)转换电路几部分,如图6-2所示。

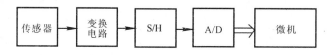

图6-2 单通道信号输入电路结构

实际的微机测试系统往往需要同时检测多个物理量,因此多通道数据采集系统更为普遍。多通道数据采集测试系统的典型输入结构有以下几种。

　　1. 多路分时采集输入结构

　　如图6-3所示,多个信号分别由各自的传感器和信号变换电路组成输入通道,并经多路转换开关切换,进入公用的采样/保持电路和A/D转换电路。其特点是多路信号共同使用一个S/H和A/D电路,简化了电路结构、降低了成本。但是它对信号的采集是由多路转换开关分时切换、轮流选通的,因而相邻两路信号在采样时间上是不同步的,不能获得同一时刻的数据,这样就产生了时间偏斜误差。这种时间偏斜是很短的,故在多数中速和低速测试系统中应用广泛,但对于要求多路信号严格同步采集测试的系统不适用。

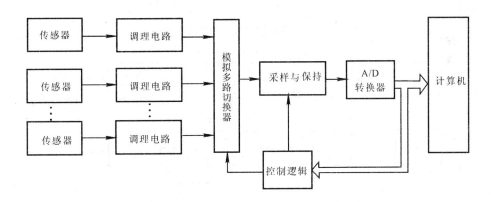

图6-3　多路分时采集单端输入结构

　　图6-3中的信号调理电路是指对信号进行放大、幅值变换、整形、滤波和限幅的电路。

　　2. 多路同步采集分时输入结构

　　如图6-4所示,在多路转换开关之前,给每个信号通路增加一个S/H电路,使多个信号的采样在同一时刻进行,即同步采样。先由各自的保持器采集保持的信号,等待多路转换开关分时切换进入公用的S/H和A/D电路,然后将数字量输入主机。这样可以消除上述结构的时间偏斜误差。这种结构既能满足同步采集的要求,又比较简单。但是不足之处是在被测信号数较多的情况下,同步采得的信号在保持器中保持的时间会加长,泄漏增加,使信号有所衰减。由于各路信号保持时间不同,导致各个保持信号的衰减量不同,因此会产生一定的采样误差。

　　3. 多路同步采集多通道输入结构

　　这是由多个通道并列构成的输入通道结构,如图6-5所示。显然,每个信号从采集到转换完全同步。但是这种电路比较复杂,元器件数量多,成本高,适用于高速采集多通道测试系统和被测信号严格要求同步采集的检测系统。

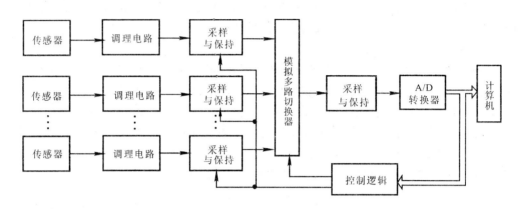

图 6‑4　多路同步采集分时输入结构

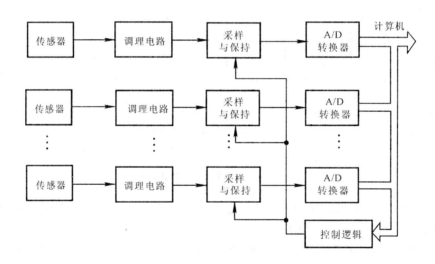

图 6‑5　多路同步采集多通道输入结构

二、输出通道的基本结构

微机检测系统常见的输出形式有以下几种：

(1) 输出各执行机构的控制信号。

(2) 在 CRT 显示器屏幕上显示测试结果，通过串行通信接口实现数据传输。

(3) 在数码管上显示数字，经过数据寄存器和译码器等数字电路实现数据输出和变换。

(4) 由打印机或绘图仪打印数据或绘制数据曲线和图形。

除这些普通形式以外，在微机(MPU)测控系统中经常通过模拟信号输出通道将主计算机处理结果馈送到控制部件或指示仪表及记录仪器。这一类输出通道比上述普通形式的输出结构稍为复杂。一般单通道的输出结构应包括数据缓冲寄存器、D/A 转换器以及信号变换（放大）器等几部分，如图 6－6 所示。

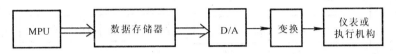

图 6－6　单通道输出结构

多通道的输出结构都是在单通道输出结构基础上变换而成的。下面介绍几种主要的输出结构。

1. 多路分时输出结构

图 6－7 为多路分时输出结构电路图，其特点是每个输出通道配置数据寄存器、D/A 转换器和信号变换电路，即多个单通道输出电路并列。主计算机控制数据总线分别选通各个输出通道，将输出数据传送到各自的寄存器中。这个过程是分时进行的，因此各路信号在其输出通道的传输过程不是同步的，这对于要求多参量同步控制执行机构的系统就会产生时间偏斜误差。

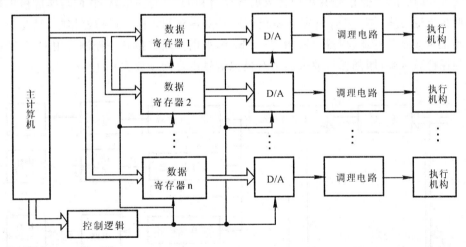

图 6－7　多路分时输出结构

2. 多路同步转换输出结构

这种结构与图 6－7 电路的差异仅在于多路输出通道中 D/A 转换器的操作是同步进行的，因此各信号可以同时到达记录仪器或执行部件。为了实现这个功能，在各路数据寄存器与 D/A 转换器之间增设了一个缓冲寄存器 U_2（见图 6－8）。这样，前一个数据寄存器 U_1 与数据总线分时选通接收主机的输出数字量，显然，各通道输出的模拟信号不存在时间偏斜，主机分时送出的各信号之间的时间差，由第二个数据寄存器的缓冲作用所消除。

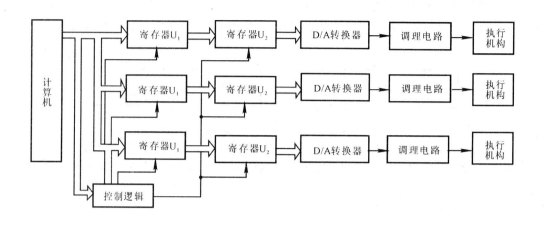

图 6-8　多路同步转换输出结构

3. 多路公用 D/A 分时输出结构

如图 6-9 所示,各路信号共用一套数据寄存器和 D/A 转换电路。它们转换成模拟量以后可采用两种传输方案:图 6-9(a) 是将各模拟信号由各自的采样／保持器接收,经变换(放大)电路驱动记录显示装置或执行部件;图 6-9(b) 则采用多路转换开关控制公用 D/A 转换器与各路跟随保持放大器(跟随保持放大器可对模拟信号进行同步放大)的连接方式。

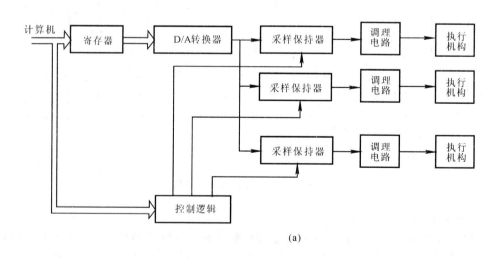

(a)

图 6-9　多路公用 D/A 分时输出结构

(a) 模拟信号由各自的采样保持器接收

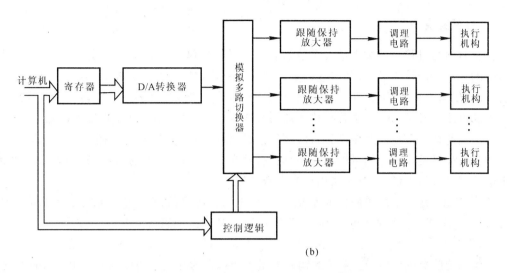

(b)

图 6 - 9(续)　多路公用 D/A 分时输出结构

（b）模拟信号由多路转换开关切换

　　多路公用 D/A 转换电路的优点是结构简单、成本低,但由于各通道信号之间分时间隔明显增加,时间偏斜误差加大,对于高准确度的测控系统应谨慎使用。

6.2　输入通道的基本电路

　　典型的模拟量输入通道由标度变换器、滤波器、放大器、采样保持和 A/D 转换器等组成,图 6 - 10 是模拟量输入通道框图。生产过程中各种各样的被测参数,如压力、位移、转速、温度等,经检测元件、变送器或转换器变换为电流或电压,再由标度变换器变换成统一的电信号后,经滤波、放大、采样保持、A/D 转换后送入主计算机。

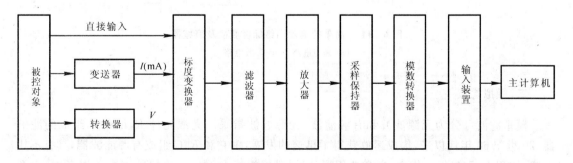

图 6 - 10　模拟量输入通道框图

一、标度变换

在材料加工过程中的物理量大多数是非电量,例如,热工参数中的温度、压力、流量,机械参数中的转速、力、位移等。这些参数的量纲往往不同,数值大小也不同,转换时常根据信号本身的特点、传输距离、抗干扰性等,或者转换为电流,或者转换为电压。A/D 转换器只能接受一种标准的电压信号,因此,有必要把检测的信号变成统一的信号,这就是标度变换器的作用。目前普遍采用的是将被检信号变换为直流电压信号,即把所有信号统一变换为 0 ~ 5 V 的直流电压。当然,如果现场信号的量纲与大小都符合要求时,也可不采用标度变换器;如果传感器的输出电平超过了最大值,这时应采用信号衰减装置。

图 6-11(a) 是一最简单的标度变换器,利用电阻分压,可将直流电流信号变为直流电压信号,即进行 I/V 变换。当输入电压为 V_i、输出电压为 V_o 时,理想情况下,有下式

$$V_o/V_i = R_2/(R_1 + R_2) \tag{6-1}$$

当考虑传感器的内阻 R_0、系统的输入电阻 R_i 时,它的等效电路如图 6-11(b) 所示,这时

$$\frac{V_o}{V_i} = \frac{R_2}{R_1 + R_2 + R_0 + (R_0 R_2 + R_1 R_2)/R_i} \tag{6-2}$$

式中,V_o 为输出电压;V_i 为输入电压;R_1,R_2 为分压电阻。

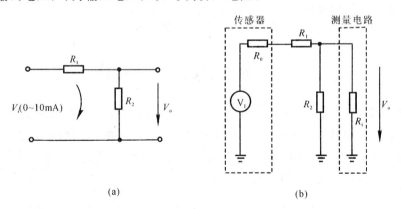

(a) (b)

图 6-11 简单的电阻网络标度变换及衰减器

(a) 理想电路;(b) 等效电路

二、模拟滤波

模拟滤波可分为无源滤波和有源滤波。无源滤波指采用无源元件 R,L 和 C 组成的滤波器。20 世纪 60 年代以来,集成运放获得了迅速的发展,由它和 R,C 组成有源滤波器,具有不用电感、体积小、重量轻等优点。究竟选用哪一种,可根据场合、要求、价格等因素予以考虑。无源滤波结构简单,使用方便,性能稳定价格便宜。在微机控制系统中,常用 RC 滤波器。图 6-12

是最简单的单节 RC 滤波器。

根据对干扰信号的衰减程度,即可确定 RC 的乘积值,进而选定电阻 R 及电容 C。

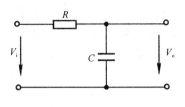

图 6 − 12　单节 RC 滤波器

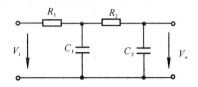

图 6 − 13　双节 RC 滤波器

当单节 RC 滤波器不能满足衰减及带宽要求时,可采用如图 6 − 13 所示的双节 RC 滤波器。通常,R_1 与 R_2 为几十欧到几百欧,C_1 和 C_2 为 $0.01\ \mu F$ 到 $100\ \mu F$,具体数值可根据干扰源的频率决定。

三、同相、反相及线性可调差动放大器

信号放大器是检测系统中应用较广泛的调理电路,它不但起放大作用,还可用作阻抗变换。按照信号变换功能常见的有同相放大器、反相放大器、跟随器及可调差动放大器。

1. 同相放大器

同相放大器如图 6 − 14 (a) 所示,输入信号 V_i 与输出信号 V_o 的关系为

$$V_o = (1 + \frac{R_f}{R_b})V_i \tag{6-3}$$

通过改变 R_f 和 R_b 来调节放大倍数,当 $R_f = 0$ 时,则有 $V_o = V_i$,这就成为同相跟随器。同相放大器和同相跟随器的输入阻抗极高,常用作信号变换电路的前置输入部分。

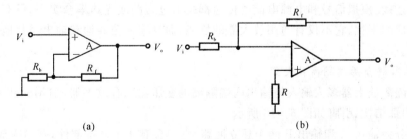

(a)　　　　　　　　　　　(b)

图 6 − 14　运算放大器

(a) 同相放大器；(b) 反相放大器

2. 反相放大器

反相放大器的输入信号 V_i 与输出信号 V_o 极性相反,如图 6 − 14 (b) 所示,其关系为

$$V_o = -\frac{R_f}{R_b}V_i \qquad (6-4)$$

3. 线性可调差动放大器

图 6-15 是一种线性可调差放大器电路。它由同相放大器作差动输入,因此输入阻抗极高,以保证不影响采样信号值。用反相跟随器作输出级,输出阻抗极低,可输出较大的负载电流。当 $R_3 = R_4 = R_5 = R_6$ 且 $R_1 = R_2$ 时,输出信号 V_o 与输入信号 V_i 的关系为

$$V_o = (1 + \frac{2R_1}{R_w})(V_{i2} - V_{i1}) \qquad (6-5)$$

调节 R_w 可改变放大倍数,以满足不同需要。

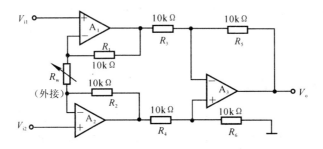

图 6-15　线性可调差动放大器

四、隔离放大器

在微机测试系统的输入通道中,人们十分重视隔离技术。隔离放大器是对模拟信号进行信号变换和电气隔离的电路,其输入电路与输出电路没有电气的直接耦合,并且电源回路之间也没有直接的连接。模拟信号和电源电能的传递都是通过磁路或光路耦合实现,可有效消除因地线连接所造成的干扰。它不仅有通用放大器的性能,而且输入公共地和输出公共地之间有良好的绝缘性能。

1. 变压器耦合两端隔离放大器

早期的隔离放大器多为输入与输出两端隔离的变压器耦合放大器,如 Model277 两端隔离放大器,其内部结构、引脚如图 6-16 所示。

放大器分为输入 A 和输出 B 两个独立回路。它包含有 4 个基本部件,即输入放大器、调制和解调器、信号耦合变压器以及输出运算放大器。输入回路由精密运算放大器 A_1 组成,6,8,7 端用于零位调整,放大器的输出端引至 2 端,用以组成各种反馈放大器。3,4 端为放大器的差动输入端。直流信号经放大后由调制器变为交流,通过耦合变压器送入输出电路。输出电路的电源由逆变器提供,交流信号用于调制器,直流电压(± 15 V)除供运算放大器(A_1)外,还可供用户使用。

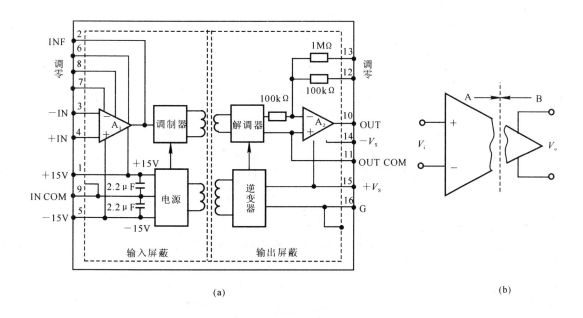

(a)　　　　　　　　　　　　　　　　　　　(b)

图 6－16　Model277 结构及示意图

(a) 结构及引脚；(b) 示意图

在 Model277 的输出电路中,解调器把输入信号转换为直流信号并经过滤波器送到输出运算放大器 A_2,A_2 的反相端连接的 100 kΩ 电阻,用来调节输出放大器的放大倍数(可在 10,12 端串接不同的电阻得到不同的闭环增益)。连接的 1 MΩ 电阻用于调整零点,无须调零时,13 端应接地以减少外部干扰。277 的全部电源由外部通过 14,15,16 端提供。放大器 A_2 的同相输入端 11,必须与外接电源地 G (16 端) 构成通路,通常将 11 端 OUTCOM 接地。图 6－17 是 Model277 的实际应用电路。图中放大器接成同相输入方式,其增益为 $G_i = 1 + R_F/R_1$;输出回路 10 与 12 端短接,故增益为 1。

2. 光耦合隔离放大器

ISO100 是 B—B 公司推出的一种小型廉价的光耦合隔离放大器。它将发光二极管的光反向送回输入端(负反馈),正向送至输出端。光敏二极管经仔细匹配,放大器经过激光微调,从而保证了放大器的精度、线性度和温度稳定性。

使用 ISO100 时,只需要外接少量元件,非常方便。它的输出 $V_o = I_i R_F$,因此,只要改变一个电阻值就能改变增益。另外 ISO100 的频带很宽(直流至 60 kHz),足以对大多数工业和测试设备的信号进行放大。从图 6-18 可以看出,它基本上是一个单位增益电流放大器,用于高电压或差动基准电压的隔离电路,以传送小信号。

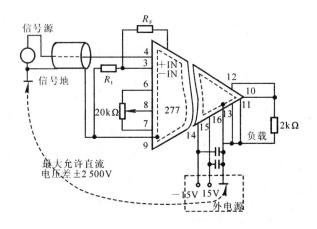

图 6-17   model277 的实际应用电路

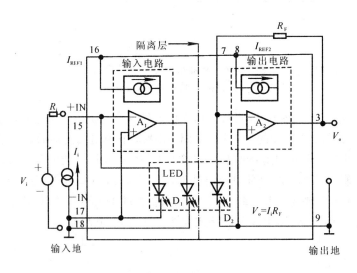

图 6-18   ISO100 简化电路图

ISO100 体积小、偏移电压低、漂移小、频带宽、漏电流极小以及成本低,因此特别适合于各种输入电路的隔离。

图 6-19 为 ISO100 的引脚连接图,其为 18 脚双列直插封装(DIP)组件,工作电源为 ± 18 V,隔离电压为 2 500 V,输入电流为 ± 1 mA。

图 6-20 是用 ISO100 构成双极性三端隔离热电偶放大器。输出电压 $V_o = I_i R_F$。图中,虚线表示隔离层。

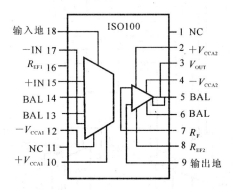

图 6－19　ISO100 引脚连接图

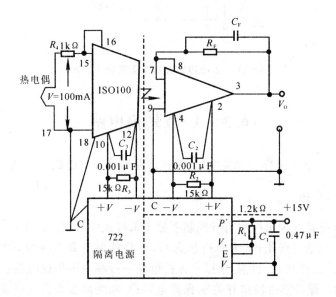

图 6－20　双极性三端隔离热电偶放大器

图 6-21是由多模拟通道数控增益运放 PGA100 和光电隔离放大器 ISO100 构成的多路小信号数控增益放大通道,用户可通过编程选择任意一个模拟输入通道,并给出相应的增益控制。计算机发出的通道选择及增益选择控制信号经光电耦合器隔离后输入 PGA100 的锁存器中。ISO100 光电隔离放大器将输入地和输出地(计算机接口地)隔离开。输入地与 PGA100 地线相接。ISO100 的输入级和 PGA100 采用公共隔离电源供电。ISO100 的输出级与 A/D 转换器的模拟地相连,由另一组 ±15V 电源供电。

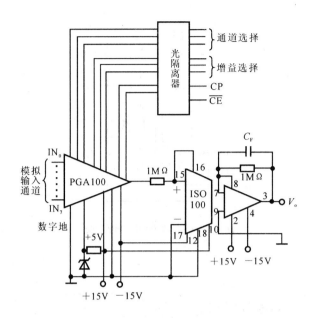

图 6-21　多通道数控增益隔离放大输入电

6.3　A/D 转换电路

A/D 转换电路一般由采样／保持电路、模拟多路转换开关电路以及 A/D 转换器等组成。

一、采样／保持电路

采样／保持电路是在逻辑控制信号控制下处于采样或保持状态的电路。在采样状态下,它跟踪输入的被测模拟信号变化;转为保持状态时,电路就保持着采样结束时刻的模拟信号电平,直到进入下一次采样状态。目前,采样／保持电路一般都采用集成电路芯片。

最基本的采样／保持器由模拟开关 S,保持电容 C_H 和缓冲放大器 A 组成,如图 6-22 所示。图中 V_C 为模拟开关 S 的控制信号,当 V_C 为采样电平时,开关 S 导通,模拟信号向保持电容 C_H 充电,这时缓冲放大器 A 的输出电压 V_o 就跟踪 V_i 变化。当 V_C 转为保持电平时,开关 S 断开,此时输出电压 V_o 保持在开关 S 断开瞬间的输入信号值。通常保持电容不能直接与负载相连接,否则在保持阶段,C_H 上的电荷会通过负载放电,所以必须加一级高输入阻抗的缓冲放大器 A。

采样／保持器选用时应考虑的主要因素如下:

(1) 捕捉时间 t_{AC}。采样保持器有两个工作过程,即采样和保持过程。在采样过程中,当控制信号 V_C 由 0 变 1 时,由于模拟开关 S 的动作不能立即导通,存在着滞后延迟时间,如图 6-23 所示。S 导通后,保持电容充电,跟踪输入信号。把开关导通的延迟时间和 C_H 充电建立稳定过程的时间加起来称为捕捉时间 t_{AC}。显然采样周期必须大于捕捉时间,才能保证采样阶段充分地采集到输入模拟信号。

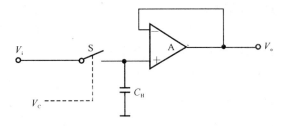

图 6-22 采样 / 保持电路原理图

(2) 孔径时间 t_{AP}。在保持过程中,当保持电平翻转后,直到开关 S 完全断开所需要的时间称为孔径时间 t_{AP}(见图 6-23)。由于孔径时间的存在,而使采样时间被额外延长了,输出电压仍跟踪着输入信号的变化。当开关 S 断开时,使保持电容与输入回路切断,产生一个调节过程,通常把孔径时间 t_{AP} 和这个稳定调节时间合称保持状态建立时间。由控制信号 V_C 转为保持电平时刻,模拟信号对应数值,与建立时间期间完成的实际保持的信号数值之间的误差称为孔径时间误差。在保持过程中,要求保持时间必须大于孔径时间。

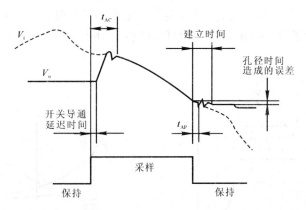

图 6-23 采样和保持过程

(3) 保持电压变化。在保持状态下,由于保持电容的漏电流会使电压不断地衰减。这个漏泄电流包括缓冲放大器的输入电流、模拟开关截止状态的漏电流和电容内部的漏电流等。保持电压的变化量 ΔV_o 为

$$\Delta V_o = \frac{I_d}{C_H} T_H \qquad (6-6)$$

它与保持时间 T_H、总漏泄电流 I_d 成正比,与保持电容 C_H 成反比。因此通常采用高输入阻抗的运算放大器作缓冲放大器,选择优质电容器作为保持电容,并且在捕捉时间满足要求的前提

下,增大电容值来减小 ΔV。

集成型采样/保持器按其性能可分为以下四类：

(1) 通用芯片,如 AD582,AD583,AD585,LF198,LF298 和 LF398 等；

(2) 高速芯片,如 HTS-0025,THS-0060,THC-1500,HIC-0500 和 ADSHM-5 等；

(3) 高分辨率芯片,如 SHA144,AD389 和 SHA6 等；

(4) 超高速芯片,如 THS-0010 和 HTC-0300 等。

二、多路转换开关电路

在数据采集系统中,往往需要同时对多个传感器的信号进行测量,为此经常使用多路转换开关轮流切换各被测信号,采用分时方式使被测信号与公用的模数转换器接通。这样,由于多路转换开关电路的作用而使输入通道可以共用 A/D 转换器,使电路结构简化,成本降低。

多路转换开关的种类较多,最简单的是机械式波段开关,如今它仍在一些场合使用。它们的转换时间慢,不便控制,体积亦较大。继电器、步进开关、干簧管等都是应用较广的电磁换转开关。它们可以实现自动控制且能承受较高的分断电压,但是开关时间略长,使其应用受到一定限制。

各种集成电路的模拟转换开关把驱动电路与开关集成在一起(见图 6-24)。最常用的是 CMOS 场效应晶体管开关,其导通电阻 R_{ON} 与信号电平的关系曲线较为平直,如图 6-25 所示。CMOS 多路转换开关的导通电阻 R_{ON} 一般可做到小于 100 Ω,此外,它还具有功耗小、速度快等优点。

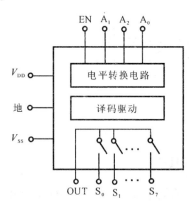

图 6-24　集成模拟转换开关　　图 6-25　MOS 转换开关导通电阻特性

多路转换开关的一对重要性能参数是导通时间和关断时间。

图 6-24 所示为 CMOS 集成芯片。图中,$S_0 \sim S_7$ 为 8 路输入通道；1 路公共输出 OUT；由 3 条地址线 A_0,A_1,A_2 和 EN 允许选通信号来选择 8 路通道的工作状态；V_{DD},V_{SS} 和地为

±15 V 电源与地线。

目前在中、低速测试系统中应用较多的 ADC0809 就是包含有 8 路开关通道,3 位地址锁存器及译码器的 A/D 转换器。

模拟多路开关在实际测试系统中的应用,通常采用两种基本形式:一种是单端式,它将多路开关的每一路与被测信号源的一根输出线端分别相连,所有被测信号源的地线与模拟开关的地线连接在一起,这是一种最常见的连接方式;另一种形式是差动式,此种方式应用在被测信号源各自有独立的参考地电位的系统,不能将它们接在公共的地线上,必须由两路通道同时切换到一个信号源的信号线和地线。对于信号线需要作长距离传输的系统,尽管各信号源的地电位都相同,可以共地,但是由于长距离传输会引起严重的共模干扰,因此往往采用差动式连接方式。显然差动式连接使模拟开关的通道数目减少了一半,图 6-26 是单端式和差动式多路转换开关应用原理图。

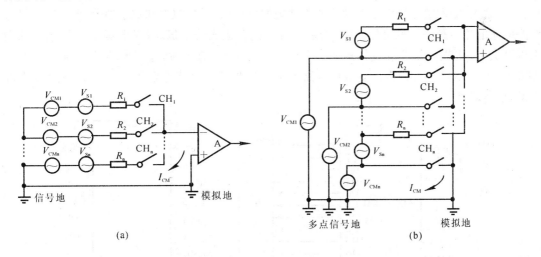

图 6-26 多路转换开关应用原理图
(a)单端式;(b)差动式

三、集成 A/D 转换器及其应用特性

A/D 转换器是将模拟电压或电流转换成数字量的器件,它是模拟系统与数字系统或计算机之间的接口。A/D 转换的实现方法有多种,常用的有逐次比较式、双积分式、量化反馈式和并行式。

(1)逐次比较式 A/D 转换器。逐次比较式 A/D 转换器是目前种类最多、数量最大、应用最广的 A/D 转换器件。逐次比较式 A/D 转换器有单片集成与混合集成两种模块,后者的主要性能均高于前者。

目前流行的单芯片集成化比较式 A/D 转换器基本上有两类产品：一类是以双极型微电子工艺为基础的产品；另一类是以 CMOS 工艺为基础的产品。前者的转换速度较高，一般在 $1 \sim 40\ \mu s$ 范围内；后者转换速度较低，一般在 $50 \sim 200\ \mu s$ 范围内，但价格较低、功耗小，而且转换速度也在不断提高。单片集成化逐次比较式 A/D 转换器的分辨率通常为 $8 \sim 13$ 位二进制量级。

单芯片集成化逐次比较式 A/D 转换器芯片主要有以下几种：

1）ADC0801 ~ 0805 型 8 位全 MOS A/D 转换器。它是当前最流行的中速廉价型产品之一。片内有三态数据输出锁存器，与微处理器兼容，输入方式为单通道，转换时间约为 $100\ \mu s$。精度较高的 ADC0801，非线性误差为 $\pm 1/4$ LSB；最差的 ADC0804 和 ADC0805 非线性误差为 ± 1 LSB。电源电压为单一 ± 5 V。

ADC0801 ~ 0805 的典型外部接线如图 6 - 27 所示，被转换的电压信号从 $V_{IN}(+)$ 和 $V_{IN}(-)$ 输入，输入信号可以是差动的或不共地的电压信号。模拟地和数字地分别设置，使数字电路的地电流不影响模拟信号回路，以防止寄生耦合造成的干扰。参考电压 $V_{REF}/2$ 可以由外部电路供给，从 "$V_{REF}/2$" 端直接送入。当 V_{CC} 电源准确、稳定时，也可作参考基准。此时，由 ADC0801 ~ 0805 芯片内部设置分压电路可自行提供 $V_{REF}/2$ 参考电压，"$V_{REF}/2$" 端不必外接电源，悬空即可。

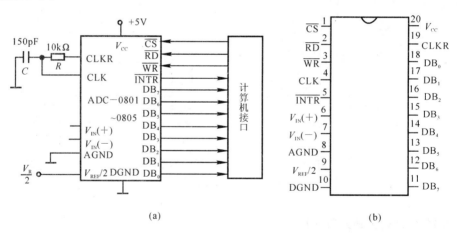

图 6 - 27 ADC0801 ~ 0805 管脚与典型外部接线

(a) 外部接线；(b) 管脚

ADC0801 ~ 0805 片内有时钟电路，只要在外部 CLKR 和 CLK 两端外接一对电阻、电容，即可产生 A/D 转换所要求的时钟，其振荡频率为 $f_{CLK} \approx 1/(1.1\ RC)$。其典型应用参数为：$R = 10\ k\Omega$，$C = 150$ pF，$f_{CLK} \approx 640$ kHz，每秒可转换 1 万次。若采用外部时钟，用外部 f_{CLK} 可从 CLK 端送入，此时不接 R，C。

$\overline{\text{CS}}$ 是片选端；$\overline{\text{WR}}$ 是转换启动端；$\overline{\text{INTR}}$ 是转换结束信号输出端，当其输出低电平时，表示本次转换已经完成，该信号可作为中断或者查询信号。如果将 $\overline{\text{CS}}$ 和 $\overline{\text{WR}}$ 端与 $\overline{\text{INTR}}$ 端相连，则 ADC0801 ~ 0805 就处于自动循环转换状态。

$\overline{\text{RD}}$ 为转换结果读出端，当它与 $\overline{\text{CS}}$ 同时为低电平时，输出数据锁存器 DB_0 ~ DB_7 各端上出现的 8 位并行二进制数码为 A/D 转换结果。

2）ADC0808 系列多通道 8 位 CMOS A/D 转换器。其结构、性能与 ADC0801 ~ 0805 近似，芯片内设置了多路模拟开关以及通道地址译码及锁存电路，因此，能对多路模拟信号分时采集与转换。

ADC0808 系列芯片主要有 8 通道的 ADC0808 ~ 0809 和 16 通道的 ADC0816/0817。

ADC0808 ~ 0809 的结构原理如图 6 - 28 所示，芯片的主要部分是一个 8 位逐次比较式 A/D 转换器。为了能实现 8 路模拟信号的分时采集，片内设置了 8 路模拟选通开关以及相应的通道地址锁存及译码电路。转换后的数据送入三态输出数据锁存器。

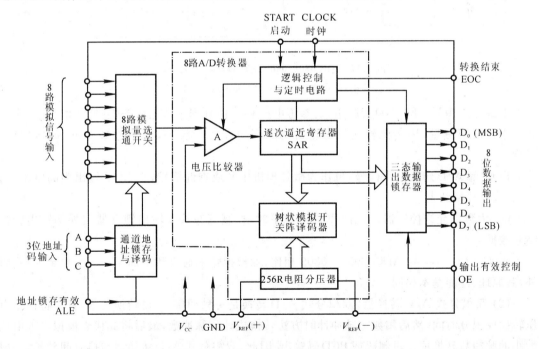

图 6 - 28　ADC0808/0809 的结构框图

ADC0808 的最大不可调误差小于 $\pm 1/2$ LSB，ADC0809 为 ± 1 LSB。两者的典型时钟频率为 640 kHz，每一通道的转换时间需要 66 ~ 73 个时钟脉冲，约为 100 μs。

由于 ADC0808/0809 内部没有时钟电路，故时钟 f_{OLK} 必须由外部提供。ADC0808/0809 的引脚及模拟通道的地址译码如图 6 - 29 所示。

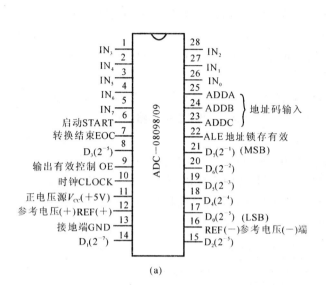

地址码			选通模拟通道
C	B	A	
0	0	0	TN$_0$
0	0	1	TN$_1$
0	1	0	TN$_2$
0	1	1	TN$_3$
1	0	0	TN$_4$
1	0	1	TN$_5$
1	1	0	TN$_6$
1	1	1	TN$_7$

(b)

图 6 - 29　ADC0808/0809 的引脚与模拟通道地址

(a) 引脚图；(b) 模拟通道的地址码

电源电压由 V_{CC} 和 GND 管脚引入。参考电压 V_{REF} 由外部参考电压提供(典型值为 ± 5 V)。如果进行比值测量，则传感器之供电电源与参考电压源相统一，可消除参考电压源误差的影响。

EOC 是 A/D 转换结束信号，可作为微处理机中断或查询信号，当 EOC 输出为高电平时，表示 A/D 转换结束。

OE 为数据允许控制器，当给 OE 端高电平时，控制三态数据输出锁存器向外部输出转换结果数据。

ADC0816/0817 与 ADC0808 ～ 0809 相比，除模拟输入通道数增加至 16 个、封装为 40 脚外，其原理、性能基本相同。

(2) 双积分式 A/D 转换器。双积分式 A/D 转换是一种间接 A/D 转换技术。首先将模拟电压转换成积分时间，然后用数字脉冲计时方法转换成计数脉冲数，最后将此代表模拟输入电压大小的脉冲数转换成二进制码或 BCD 码输出。因此，双积分式 A/D 转换器转换时间较长，一般要大于 40 ～ 50 ms。但是，由于双积分式 A/D 转换器外接器件少，使用十分方便，而且具有极高的性价比，因此，在一些非快速过程的输入通道中使用十分广泛。

目前我国市场上广为流行的集成双积分 A/D 转换器主要有 ICL7106/ICL7107/ICL7126 系列，MC14433，ICL7135，AD7550/AD7552/AD7555 等。

(3) 量化反馈式 A/D 转换器。量化反馈式 A/D 转换器是在电荷平衡式 V/F(电压 / 频率)

转换技术上改进而成的，它取消了电荷平衡式 V/F 转换中较为复杂的单稳定时器电路，用比较简单的 D 触发器代替。这样，在量化反馈式 A/D 转换器的电路组成中，对精密元件的要求降低到了最低程度。

量化反馈式 A/D 转换也具有像双积分式 A/D 转换那样对串模干扰的抑制能力，如果取转换时间 T_c 为工频周期的整数倍，则对工频串模干扰有很强的抑制能力。

量化反馈式 A/D 转换电路是一种连续转换的闭环系统，对组成电路的某些元器件要求低于双积分式，例如，比较器的失调与漂移电压不会影响转换精度。电路组成也较双积分式简单。

目前国际市场上流行的量化反馈式 A/D 转换器有单片或双片集成电路两种。主要的产品有 LD111 - LD110（双片），LD - 130（单片），LD122 - LD121A（双片）等等。

（4）并行 A/D 转换器。并行式 A/D 转换技术也称瞬时比较-编码式 A/D 转换。这是一种转换速度最快、转换原理最直观的 A/D 转换技术，由于并行 A/D 转换需要大量的低漂移电压比较器，实际上不容易实现，故并行式 A/D 转换长期以来未获得实际应用。随着集成电路技术的发展，已有一些厂家开始生产出单片集成化的低分辨率并行式 A/D 转换器，主要产品有 TDC1007J，TDC1019J，TDC1029J，CA3308 等等。

四、A/D 转换电路设计要点

1. 数据的采样与处理

（1）数据的采样。A/D 转换电路在进行模／数转换时，必须以一定的时间间隔对模拟信号的波形进行采样，以取得数值序列，这样便把时间上连续的模拟信号转换成时间上的离散的脉冲或数字序列。这些序列值就称为采样值。两相邻采样之间的时间间隔称为采样周期 T_s，对应的频率称为采样频率 f_s（$f_s = 1/T_s$）。图 6-30（a）为对连续时间信号 $x(t)$ 的采样，采样间隔为 T_s，图 6-30（b）为采样后得到的离散时间信号。

根据奈奎斯特（Nyquist）采样定理，在理想的数据采样系统中，为了使采样输出信号能无失真地复现原输入信号，必须使采样频率至少为输入信号最高有效频率的两倍，否则会出现频率混迭误差。

下面以单一频率信号的采样对采样定理进行直观的简单说明。

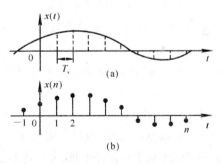

图 6-30　信号采样

(a) 连续信号；(b) 离散信号

在图 6-31（a）中，采样频率远大于 2 倍的信号频率，直接连接用黑点表示的采样点就可以完整地表现出正弦波的波形；在图 6-31（b）中，采样频率略大于 2 倍的信号频率，虽然用手工连接黑点来恢复波形有困难，但通过计算来完全恢复波形是没有问题的。可以说，图（a）和图（b）采样的结果是完全相同的。

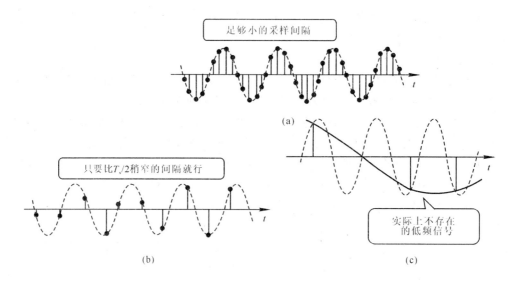

图 6-31　正弦波的采样

(a)$f_s \gg 2f$；(b)f_s 略大于 $2f$；(c)$f_s < 2f$

在图 6-31(c) 中，采样频率远小于 2 倍的信号频率，无论是手工连接黑点还是通过计算处理，都会误以为是一个实际上不存在的低频信号，即不能恢复原波形。

在实际应用中，为了保证数据采集精度，通常在输入通道中采取以下措施：

1) 增加每个周期的采样数，在最高频率端每周期采样 7 ～ 10 次，即 $f_s = (7 \sim 10)f_{max}$；

2) 在 A/D 转换前设置低通滤波器，消除信号中无用的高频分量。

对于多通道数据采集系统，由于是分时控制采样，考虑到通道的分时、模拟信号的带宽等因素，多通道数据采集系统的最小采样频率 f_s 应为

$$f_s = (7 \sim 10)f_{max}N \tag{6-7}$$

式中，N 为通道数。

(2) 数据的处理。数据采集系统所得到的原始数据，在信号转换、传输、放大和 A/D 转换的过程中，由于受到各种干扰、零点漂移等影响会偏离其真实数值。对于明显偏离真实数值的数据称为奇异项。对于采样过程中出现的奇异项必须予以剔除，以使待处理的数据尽可能好的逼近真实数值，从而使结果更加准确。一般情况下，干扰是不可避免的，所以还必须进行数字滤波。数字滤波的理论和方法很多，这里只介绍几种常用的滤波方法。

1) 剔除原始数据的奇异项。数据中的奇异项是指数据中明显错误的个别数据。比如，测量工业加热炉中的炉温时，所得数据如图 6-32 所示。由于炉子容量很大，而且加热源的功率有限，炉温只能缓慢上升而不可能有突变，如图中虚线所示。所测得的数据应在精度范围内落在这条虚线的两侧，但个别数据由于受到偶然的强干扰的影响，会大大偏离其正常值，这些数据

就是奇异项，应予以剔除。然后根据一定的插值原理，人为地补上一些数据，如图 6-32 中的"。"所示。

2）平滑滤波。平滑滤波的目的是滤出叠加在信号上的噪声。平滑滤波在结构上与一般低通滤波器相同。事实上，一般低通滤波器具有滤除噪声的作用，不过衡量滤波性能的指标却与一般滤波器不同，它是以滤波后的噪声方差的衰减来表示。

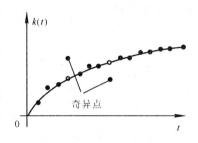

图 6-32　数据中的奇异点

移动平滑滤波器是常用的平滑滤波器，下面对其平滑数据的方法作以介绍。

设处理的数据 X_k 是由信号 S_k 和噪声 n_k 两部分叠加形成的，即

$$X_k = S_k + n_k \tag{6-8}$$

把 X_k 及两侧各 m 个点的 $2m+1 = N$ 点的平均值作为滤波器的输出 $\hat{X}_k$，即

$$\hat{X}_k = \frac{1}{N} \sum_{i=-m}^{m} X_{k+i} \tag{6-9}$$

只要连续地改变 k 值并套用式（6-9），即可自前至后对所有数据进行平均的平滑处理。必须注意，其平均区段是逐点向后移动的，所谓移动平均这一名称就是由此而来的。

为保证取数期间信号是不变的，应使取值时间远小于信号的变化周期，因而数据量 N 越小，平滑滤波引入的方法误差也越小。

3）平均滤波。有些情况下，信号的变化是缓慢的，如稳定状态下的压力、温度、流量等，所以通过 A/D 转换而得到的数据也应该是平稳的，但是在信号的传输采集过程中，虽然经过了硬件滤波处理，大信号仍会受到一定程度的高频干扰而使数据发生小幅度的波动。在这种情况下可以采用平均滤波的方法。

对同一信号连续采样数次，然后按大小进行排序，再将两端偏差较大的数据各剔除一部分，最后将其余数取平均值。经过这样处理后的数据就比较稳定了。如果系统干扰较强，则应增加采样次数，但会影响系统的运行速度。

如果系统还存在较低频的干扰，则还应用平滑滤波的方法进行滤波处理，电路滤波和数字滤波结合使用，会使效果更好。

2. A/D 转换器的主要技术指标

（1）分辨率与量化误差。与一般测量仪表分辨率表达方式不同，A/D 转换器的分辨率不采用可分辨的输入模拟电压相对值表示，习惯上以输出二进制位数表示。例如 ADC0809 为 8 位 A/D 转换器，即该转换器的输出数据可以用 2^8 个二进制数进行量化，其分辨率为 1LSB。当用百分数来表示分辨率时，其分辨率为

$$1/2^n \times 100\% = 1/2^8 \times 100\% = 1/256 \times 100\% = 0.39\%$$

显然，二进制位数越多，分辨率越高。

量化误差和分辨率是统一的,量化误差是由于有限数字对模拟数值进行离散取值(量化)而引起的误差。因此,量化误差理论上为一个单位分辨率,即 ±1/2LSB。提高分辨率可减少量化误差。

(2) 转换精度。转换精度是指 A/D 转换器实际输出的数字量与理想的数字量之间的差值,可表示成绝对误差或相对误差,与一般测试仪表的定义相似。

对于 A/D 转换器,不同厂家给出的精度参数可能不完全相同,有的给出综合误差,有的给出分项误差。通常给出的分项误差包括非线性误差、失调误差或零点误差、增益误差或标度误差,以及微分非线性误差等。

(3) 转换时间与转换速率。转换时间是指 A/D 转换器完成一次转换所需的时间,即从接到转换控制信号开始到输出端得到稳定的数字输出信号所经过的时间。通常,转换速率是转换时间的倒数。

采用不同的转换电路,其转换时间是不同的。转换时间最短的 A/D 转换器为全并行式 A/D 转换器,用双极型或 CMOS 工艺制作的高速全并行式 A/D 转换器的转换时间为 5～50 ns,即转换频率达 20～200 MHz;其次是逐次比较式 A/D 转换器,若采用双极性制造工艺,其转换时间也达到了 0.4 μs,即转换速率为 2.5 MHz。

集成 A/D 转换器按转换速率分类:转换时间在 20～300 μs(3.3～50 kHz)之间的为中速型;大于 300 μs(小于 3.3 kHz)的为低速型;小于 20 μs(大于 50 kHz)的为高速型。

除以上指标外,还有电源电压抑制比、功率消耗、温度系数和输入模拟电压范围等,在此不再一一介绍。

3. A/D 转换器选择原则

在确定使用 A/D 转换器以后,按下列原则选择 A/D 转换器芯片。

(1) 根据输入通道的总误差,选择 A/D 转换器精度及分辨率。用户提出的数据采集精度要求是综合精度要求,它包括了传感器精度、信号调节电路精度和 A/D 转换精度。应将综合精度在各个环节上进行分配,以确定对 A/D 转换器的精度要求,据此确定 A/D 转换器的位数。

(2) 根据信号的变化率及转换精度要求确定 A/D 转换速度。对于快速信号,要估计孔径误差,以确定是否需要加采样 / 保持电路。因为对快速信号采集时,为了保证有小的孔径误差,常常要求有很高的转换速度,这就大大增加了 A/D 转换器的成本,而且有时找不到高速的 A/D 转换芯片,故对快速信号必须考虑采样 / 保持电路。

(3) 根据环境条件,选择 A/D 转换芯片的工作环境参数,如工作温度、功耗、可靠性等级等性能。

(4) 根据计算机接口特征,选择 A/D 转换器的输出状态。例如,A/D 转换器是并行输出还是串行输出,是二进制码还是 BCD 码输出,是用外部时钟还是内部时钟,有无转换结束状态信号,与 TTL,CMOS 及 ECL 电路的兼容性,等等。

(5) 其他还要考虑到成本、资源、是否是流行芯片等因素。

五、多通道、大容量 A/D 转换系统应用实例

多通道、大容量同步数据采集系统是材料加工工艺过程及飞机、汽车等振动模态试验中的重要测试设备,下面介绍一种 48 通道大容量同步数据采集 A/D 转换系统的具体应用。

该系统具有以下四个特点:通道数多、同步采集、中等采集速度以及数据量大。若以连续采样 90 s,采集速度 10 kHz 计,则数据采集的总量为 82.4 MB。即使一般的 PC 机内存也很难储存如此大量的数据。因此一个有效的解决办法是,在机外设置存储容量不大的两个可切换的存储区,充分利用 PC 机的硬盘资源,采用边采集边存储技术,实现连续的长时间的数据采集。为了测得同时刻 48 个点上的动态数据,必须对 48 个通道的模拟输入量进行同步采集。然后再经多路开关由高速 A/D 变换器分时转换成数字量。

图 6-33 为采用同时采样、分时 A/D 转换、边采集边存盘的 48 通道大容量同步数据采集系统的方框图。来自 48 个点上的动态数据,经传感器转换成直流电压,加到相应的采样 / 保持器 (S/H) 的输入端,当主机向数据采集控制器发出采集命令后,各通道的 S/H 分别对 48 个通道的输入信号进行同步采样,并由 12 位高速 A/D 转换器 AD1671 进行分时转换,转换结果依次存放在 RAM 存储区 1 中。当 64 KB 的存储区存满数据以后,数据采集控制器向双端口存储器发出切换命令,RAM 存储区 1 和 2 相互交换位置,存储器 2 接着存放 48 个通道的采集数据。与此同时数据采集控制器向主机发出中断请求信号 $\overline{INT}$,让主机通过 DMA(直接内存访问)操作将存储区 1 中的数据全部存入硬盘。如此往复,边采集边存盘,直到 90 s 的采集任务完成为止。

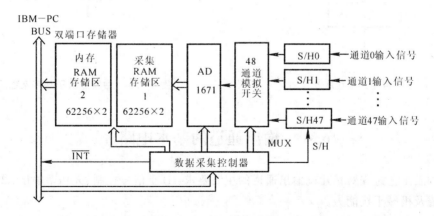

图 6-33 48 通道、大容量同步数据采集系统方框图

整个采集系统的工作过程分采集、传送、预处理等三个阶段。除采集过程由外部硬件实现外,其他过程均由主机和机内软件完成。采集和传送是两个并行的过程。每当一个 RAM 存储区装满数据后,两个 RAM 存储区就交换位置,"空"的 RAM 区开始存放新的采集数据,同时外

部硬件向主机发出中断请求信号,于是切入 PC 机内存的、存满数据的 RAM 区就向硬盘传送采集数据。系统数据采集程序和中断服务程序流程图如图 6-34、图 6-35 所示。

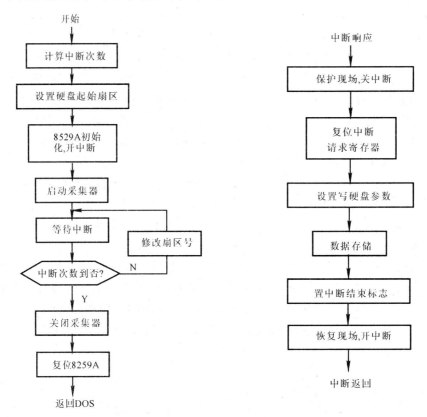

图 6-34　数据采集程序流程图　　　　图 6-35　中断服务子程序流程图

6.4　输出通道的基本电路

材料加工工艺过程对单片机输出通道的主要要求:① 小信号控制、大功率输出;② 具有较强的抗电磁及机械干扰能力。

输出通道中常用的器件及电路主要有功率驱动、数/模转换器、抗干扰器件及相关电路。下面将逐一介绍。

一、功率开关接口器件及电路

在单片机应用系统中,被控对象往往是功率较大的机电元件或设备,而控制系统开关量是通过单片机的 I/O 口或扩展 I/O 口输出的,这些 I/O 口的驱动能力有限。例如,标准的 TTL 门电路在 0 电平时吸收电流的能力约为 16 mA,常常不足以驱动一些功率开关(如继电器、电机、电磁开关等)。因此,在控制和应用中要用到各种功率器件组成功率接口,对上述器件进行驱动。在输出通道中,常采用如图 6-36 所示的功率开关接口电路。

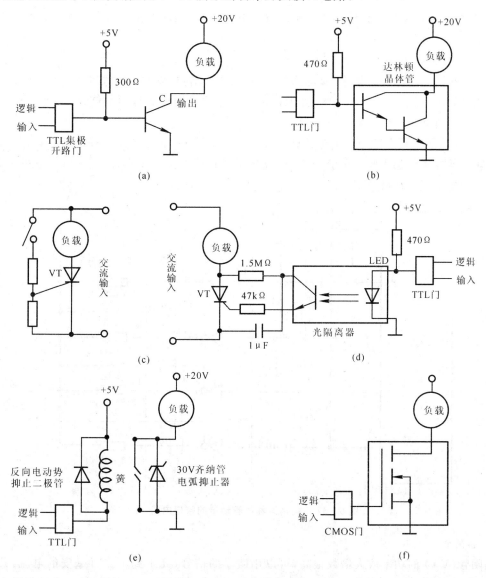

图 6-36 各种功率开关电路

(a) 简单晶体管驱动器;(b) 达林顿驱动器;(c) 晶闸管驱动器;

(d) 光隔离器;(e) 簧式继电器;(f) MOSFET 驱动器

1. 功率晶体管

功率晶体管的基本原理和一般的晶体管是一样的,但其功率比一般三极管要大得多。

图 6-36(a)是简单的晶体管驱动电路。当晶体管用做开关元件时,其集电极与发射极之间的压降仅为 0.3 V 左右,故输出电流基本上取决于负载的阻抗。如果用低增益晶体管来获得大电流输出时,前级电路仍需提供一定大小的驱动电流,在该驱动电路中采用 TTL 集电极开路门来提供。

2. 达林顿驱动电路

达林顿驱动电路主要是采用多级放大来提高晶体管增益,以避免加大输入驱动电流。达林顿驱动电路如图 6-36(b)所示,它实际上使用两个晶体管构成达林顿晶体管。这种结构形式具有高输入阻抗和极高的增益。

图 6-37 表示了具有四个大电流达林顿开关的 ULN2068 驱动器与 8031 的接口电路。由于达林顿驱动器要求的输入驱动电流很小,可直接用单片机的 I/O 口驱动。I/O 口低电平有效,外电路加上拉电阻并加散热板。

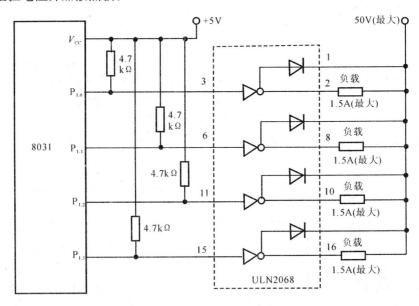

图 6-37　使用达林顿驱动器的接口电路

3. 晶闸管

晶闸管(VT)的功率放大倍数很高,可以用微小的信号(几十到一二百毫安的电流,几伏的电压)对大功率(电流为几百安、电压为数千伏)的电源进行控制和变换,是较为理想的大功率开关器件。但是,晶闸管导通后,即使去掉控制极信号,电流也不会截止,只有在通过晶闸管的电流小于维持电流,或在其阳极与阴极间加上反向电压,才能关断。因此,晶闸管在交流功率开关电路中得到了广泛的应用。

图 6-36(c) 是一个简单的 VT 驱动器电路。由于 VT 通常用来控制交流大电压开关负载，故不宜直接与数字逻辑电路相连。在实际使用时应采取隔离措施，如光隔离器（见图 6-36(d)）。

图 6-38 是一个双向晶闸管的光电耦合（隔离）驱动电路。双向晶闸管也称为双向三极半导体开关元件，它和单向晶闸管的区别是：第一，它在触发之后是双向导通的；第二，触发信号不管是正的还是负的都可以使双向晶闸管导通。双向晶闸管可看做由两个单向晶闸管反相并联组成。

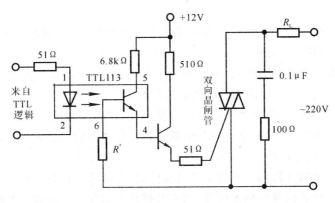

图 6-38 双向晶闸管隔离驱动

4. 机械继电器

在数字逻辑电路中最常使用的机械继电器是簧式继电器。它由两个磁性簧片组成，受磁场作用时，两个簧片相接触而导通。这种簧式继电器控制电流要求很小，而簧片触点可开关较大的电流。例如，控制线圈可直接由 5 V 输入电压驱动，驱动电流为 13 mA，而簧片触点可通过 500 mA 至几十安的电流。但与逻辑电路相配用的簧式继电器一般小于 1 A。

簧式继电器的接口电路如图 6-36(e) 所示。触点两端的齐纳二极管用来防止产生触点电弧。

机械继电器的开关响应时间较长，单片机应用系统中使用机械继电器时，必须考虑开关响应时间的影响。

5. 功率场效应管（MOSFET）

功率场效应管，即在大功率范围内应用的场效应晶体管。用功率场效应管构成的功率开关驱动器件可在高频条件下工作，输入电流小，并能可靠截止，兼有晶体管开关和晶闸管的全部优点。

由于场效应管是电荷控制器件，只在开关的过程中才需要电流，而且只要求微安级的输入电流，控制的输出电流可以很大。例如 VN84GA 在低频时耗散功率为 80 W，而在 30 MHz 时可耗散 50 W,通过电流可达 12.5 A,图 6-36(f) 为 MOSFET 电机控制电路。

二、光电隔离与接口驱动器件

光电耦合器是把发光器件和光敏器件组装在一起,通过光实现耦合,构成电－光－电的转换器件。光电耦合器具有如下特点:

(1)光电耦合器的信号传递采取电-光-电的形式,发光部分与受光部分不直接接触,因此具有很高的绝缘电阻,可以达到 10^{10} Ω 以上,并能承受 2 000 V 以上的高压。因而被耦合的两个部分可以自成系统,也不需要"共地",绝缘和隔离性都很好,能够避免输出端对输入端可能产生的干扰。

(2)光电耦合器的发光二极管是电流驱动器件,动态电阻很小,对系统内外的噪音干扰信号形成低阻抗旁路,所以具有很强的抑制噪音干扰能力。

(3)光电耦合器作为开关应用时,具有耐用、可靠性高和速度快等优点,响应时间一般为数微秒以内,高速型光电耦合器的响应时间有的甚至小于 10 ns。

光电耦合器件的用途很多,如实现信号的可靠隔离,进行信号隔离驱动及远距离传送等,故在系统的输出通道中经常使用。常见的光电耦合器有晶体管输出型和晶闸管输出型。

1. 晶体管输出型光电耦合器驱动接口

晶体管输出型光电耦合器的受光器是光电晶体管。光电晶体管跟普通晶体管基本一样,所不同的是以光作为晶体管的基极输入信号。当光电耦合器的发光二极管发光时,光电晶体管受光的影响在 cb 间和 ce 间会有电流流过,这两个电流基本上受光的照度控制,常用 ce 极间的电流作为输出电流,输出电流受 V_{ce} 的电压影响很小,当 V_{ce} 增加时,输出电流稍有增加。光电晶体管的集电极电流 I_c 与发光二极管的电流 I_F 之比称为光电耦合器的电流传输比 CTR。不同结构的光电耦合器的电流传输比相差很大,例如输出端是单个晶体管的光电耦合器 4N25 的电流传输比大于或等于 20%,输出端使用达林顿管的光电耦合器 4N33 的电流传输比大于或等于 500%。电流传输比受发光二极管的工作电流大小影响。当电流为 10～20 mA 时,电流传输比最大;当电流小于 10 mA 或大于 20 mA 时,传输比都下降。温度升高,传输比也会下降,因此在使用时要留一些余量。

光电耦合器在传输脉冲信号时,输入信号和输出信号之间有一定的延迟时间,不同结构的光电耦合器的输入输出延迟时间相差很大。4N25 的导通延迟 t_{on} 是 2.8 μs,关断延迟 t_{off} 是 4.5 μs;4N33 的导通延迟 t_{on} 是 0.6 μs,关断延迟 t_{off} 是 45 μs。

晶体管输出型光电耦合器可作为开关使用。当无电流通过时,发光二极管和光电三极管都处于关断状态。在发光二极管通入电流脉冲时,光电晶体管在电流持续的时间内导通。光电耦合器也可作线性耦合器运用。

图 6-39 是使用 4N25 的光电耦合器接口电路图。4N25 起到耦合脉冲信号和隔离单片机8031 系统输出部分的作用,使两部分的电源相互独立。4N25 输出端的地线接机壳或接大地,

而 8031 的电源地线与机壳隔离。这样可有效消除地线干扰,提高系统的可靠性。4N25 输入输出端的最大隔离电压大于2 500 V。

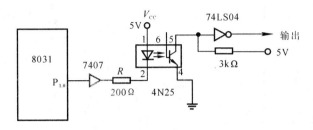

图 6 - 39　光电耦合器 4N25 的接口电路

图 6 - 39 接口电路中使用同相驱动器 7407 作为光电耦合器 4N25 输入端的驱动。光电耦合器输入端的电流一般为 $10 \sim 15$ mA,发光二极管的管压降约为 $1.2 \sim 1.5$ V。限流电阻 R 由下式计算:

$$R = \frac{V_{CC} - (V_F + V_{CS})}{I_F} \qquad (6 - 10)$$

式中,V_{CC} 为电源电压;V_F 为输入端发光二极管的压降,取 1.5 V;V_{CS} 为驱动器的压降;I_F 为发光二极管的工作电流。

当 8031 的 $P_{1.0}$ 端输出高电平时,输入 4N25 发光二极管的电流为 0,光电三极管处于截止状态,74LS04 的输入端为高电平,其输出为低电平。8031 的 $P_{1.0}$ 端输出低电平时,7407 输出端为低电平,4N25 的输入电流为 15 mA,光电三极管饱和导通,74LS04 输出高电平。4N25 的 6 脚是光电晶体管的基极,在一般使用中可以悬空。

光电耦合器也常用于较远距离的信号隔离传送。一方面,光电耦合器可以起到隔离两个系统地线的作用,使两个系统电源相互独立,消除地电位不同所产生的影响。另一方面,光电耦合器的发光二极管是电流驱动器件,可以形成电流环路的传送形式。由于电流环电路是低阻抗电路,它对噪音的敏感度低,因此提高了通信系统的抗干扰能力,故常用于有噪音干扰的环境下传输信号。图 6 - 40 是用光电耦合器组成的电流环发送和接收电路。

图 6 - 40 电路可以用来传输数据,最大速率为 50 KB/s,最大传输距离为 900 m。环路连线的电阻对传输距离的影响很大,其阻值不能大于 30 Ω。当连线电阻较大时,限流电阻 R_1 要相应减小。光电耦合器使用 TIL110,其功能与 4N25 相同,但开关速度比 4N25 快。当传输速度要求不高时,也可用 4N25 代替。电路中光电耦合器放在接收端,输入端由同相驱动器 7407 驱动。

TIL110 的输出端接一个带施密特整形电路的反相器 74LS14,作用是提高抗干扰能力。施密特触发电路的输入特性有一个回差。输入电压大于 2 V,才认为是高电平输入;小于 0.8 V,才认为是低电平输入。电平在 $0.8 \sim 2$ V 之间变化时,则不改变输出状态。因此,信号经过 74LS14 之后,更接近理想波形。

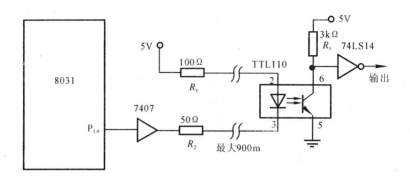

图 6－40　电流环电路

2. 晶闸管输出型光电耦合器驱动接口

晶闸管输出型光电耦合器的输出端是光敏晶闸管或光敏双向晶闸管。当光电耦合器的输入端有一定的电流流入时,晶闸管即导通。有的光电耦合器的输出端还配有过零检测电路,用于控制晶闸管过零触发,以减少负载在接通电源时对电网的影响。

4N40 是常用的单相晶闸管输出型光电耦合器。当输入端有 $15 \sim 30$ mA 电流时,输出端的晶闸管导通。输出端的额定电压为 400 V,额定电流有效值为 300 mA。输入输出端隔离电压为 $1\ 500 \sim 7\ 500$ V。4N40 的 6 脚是输出晶闸管的控制端,不使用此端时,可对阴极接一个电阻。

MOC3041 是常用的双向晶闸管输出的光电耦合器,带过零触发电路,输入端的控制电流为 15 mA,输出端额定电压为 400 V,最大重复浪涌电流为 1 A,输入输出端隔离电压为 7 500 V。MOC3041 的 5 脚是器件的衬底引出端,使用时不需要接线。图 6－41 是 4N40 和 MOC3041 的接口驱动电路。

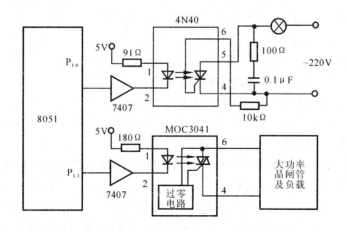

图 6－41　晶体管输出型光电耦合器驱动接口

4N40 常用于小电流用电器的控制,如指示灯等,也可以用于触发大功率的晶闸管。MOC3041 一般不直接用于控制负载,而用于中间控制电路或用于触发大功率的晶闸管。

三、D/A 转换器

1. D/A 转换器工作原理

D/A 转换器的功能是把一个 n 位的二进制数字量转化为一个模拟电压(或电流)值。它为微机系统的数字信号与外部环境的模拟信号之间提供了一种接口。

图 6-42 表示一个四位 D/A 转换器的原理电路,它由四个开关、一组位权网络、一个运算放大器及输入参考电压 U_{REF} 组成。

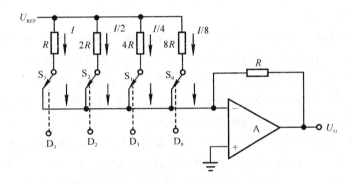

图 6-42 D/A 转换器原理电路

四个开关由四位二进制数的信号电平来控制。当它们为 0000 时,开关全部断开,输出为 0 V;当 $D = 0001$ 时,S_0 闭合,使参考电压 U_{REF} 通过 $8R$ 电阻加到 A 的输入端,输出电压为 $-\frac{1}{8}U_{\text{REF}}$;当 $D = 0011$ 时,S_0 S_1 同时闭合,A 的输出电压为 $-(\frac{1}{8}+\frac{1}{4})U_{\text{REF}}$;当 $D = 1111$ 时,$S_0 \sim S_3$ 同时闭合,A 的输出电压为 $-(\frac{1}{8}+\frac{1}{4}+\frac{1}{2}+1)U_{\text{REF}} = -\frac{15}{8}U_{\text{REF}}$。这样就把一个四位的二进制数转换成了具有 16 个不同状态数值的模拟电压,数字量每变化一个最低位,模拟电压增加 $-\frac{1}{8}U_{\text{REF}}$。

2. D/A 转换器的性能指标

D/A 转换器的主要性能指标有静态指标、动态指标以及环境和工作指标。

(1)D/A 转换器的静态指标。

1) 分辨率。D/A 转换器的分辨率是指最小输出电压(对应的输入二进制数为 1)与最大输出的电压(对应的输入二进制数的所有位全为 1)之比。例如,对于 10 位 D/A 转换器,其分辨率为

$$\frac{1}{2^{10}-1}=\frac{1}{1\,023}\approx 0.001$$

在实际使用中,表示分辨率高低常用的方法是采用输入数字量的位数或最大输入码的个数表示。例如,8位二进制 D/A 转换器,其分辨率为8位。显然,位数越多,分辨率越高。

2)转换精度。一般来说,不考虑其他 D/A 转换误差时,D/A 转换器的的分辨率即为转换精度,故要获得高精度的 D/A 转换结果,首先要保证选择足够分辨率的 D/A 转换器。而 D/A 转换精度还与外电路的配置有关,当外电路的器件或电源误差较大时,会造成较大的 D/A 转换误差,当这些误差超过一定程度时,会使增加 D/A 转换位数失去意义。因此,在实际使用时,D/A 转换器的转换精度是指输出模拟电压的实际值与理想值之差。

在 D/A 转换中,影响转换精度的主要误差因素有失调误差、增益误差、非线性误差和微分非线性误差。现分述如下:

i) 失调误差(或称零点误差)。失调误差是指输入数字为全 0 码时,其模拟输出值与理想输出值之偏差值。偏差值的大小一般用偏差值相对于满量程的百分数表示。

一般温度下的失调误差可以通过外部调整措施进行补偿。有些 D/A 集成芯片设置有调零端,可外接电位器调零。有些转换器不设置专门的调零端,要求用户采取外接校正偏置电路加到运算放大器求和端的办法来消除失调电压或电流。

ii) 增益误差(或称标度误差)。D/A 转换器的输出与输入传递特性曲线的斜率称为 D/A 转换增益或标度系数,实际转换的增益与理想增益之间的偏差值称为增益误差。增益误差用当消除失调误差后,以满码(全 1)输入时,其实际输出值与理想输出值(实际满量程)之间的偏差来表示,一般也用偏差值相对于满量程的百分数来度量。

一定温度下的增益误差也可以通过外部调整措施实现补偿。

图 6 - 43(a) 是一种典型的单极性的 D/A 转换器的失调误差和增益误差校正电路。

如果校正前 D/A 的传递特性只存在有失调误差和增益误差(见图 6 - 43(b)),那么,在消除失调误差后,零点满足理想输出。当消除增益误差时,传递特性为理想状态。

具体的调整方法是,先对 D/A 转换器输入全 0 码,通过电位器 W_2 加入偏置,将输入失调电压补偿掉,然后输入全 1 码,再通过调整电位器 W_1 改变 I_R 大小,使输出模拟电压达到理想值。

iii) 非线性误差。D/A 转换的非线性误差是指实际转换特性曲线与理想特性曲线之间的最大偏差,并以该偏差相对于满量程的百分数度量。在转换器电路设计中,一般都要求非线性误差不大于 $\pm 1/2$ LSB。

D/A 转换器的非线性误差一般不能采用简单的外部校正办法实现完全补偿,但是可以通过调整零点或增益,使非线性偏差值均匀散布在理想特性曲线的两侧,从而使非线性误差大大减小。

iv) 微分非线性误差。微分非线性误差是指任意两个相邻数码所对应的模拟量间隔(称为步长)与标准值之间的偏差。若步长为1 LSB增量,则该转换器的微分非线性误差为零;若该步长为 1 LSB $\pm\varepsilon$ 的增量,则 $\pm\varepsilon$ 为微分非线性误差,微分非线性误差也用 LSB 的份数来表示。

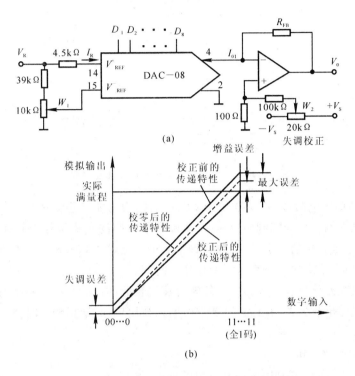

(a)

(b)

图 6-43　D/A 转换器的失调误差和增益误差的校正

(a) 误差校正电路;(b) 传递特性曲线

通常,要求 D/A 转换器的微分非线性误差小于 $\pm 1/2$ LSB。如果微分非线性误差超过了 1 LSB,则传递特性可能会出现非单值性误差,即两个相邻的数码只对应有一个模拟量输出的空码现象。

v) 馈送误差。馈送误差是指杂散信号通过 D/A 转换器内部电路,耦合到输出端而造成的误差。

应该注意,转换精度和分辨率是两个不同的概念。转换精度是指转换后所得的实际值对于理想值的接近程度,而分辨率是指能够对转换结果发生影响的最小输入量。对于分辨率很高的 D/A 转换器,一定具有很高的转换精度。

(2)D/A 转换器的动态指标。

1) 建立时间(t_s)。建立时间 t_s 是描述 D/A 转换速率快慢的一个重要参数,一般是指输入数字量变化后,输出模拟电压或电流达到稳定值所需的时间,如图 6-44 所示。

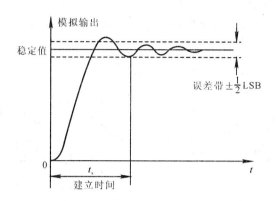

图 6-44 D/A 转换中的模拟电压建立时间 t_s

D/A 转换器中的电阻网络、模拟开关及驱动电路均为非理想电阻性器件,各种寄生参量及开关电路的延迟响应均会限制转换速率。实际建立时间的长短不仅与转换器本身的转换速率有关,还与数字量变化的大小有关。输入数字从全 0 变到全 1(或从全 1 变到全 0)时,建立时间最长。一般手册上给出的都是满量程变化建立时间。

由于一般线性差分运算放大器的动态响应速度较低,因此 D/A 转换器内部带有输出运算放大器或者外接输出放大器的电路,其建立时间往往比较长。根据建立时间 t_s 的长短,D/A 转换器分成以下几档:

超高速　　$t_s < 100$ ns

较高速　　$t_s = 1\mu s \sim 100$ ns

高速　　　$t_s = 10 \sim 1\ \mu s$

中速　　　$t_s = 100 \sim 10\ \mu s$

低速　　　$t_s > 100\ \mu s$

2) 尖峰。尖峰是输入数码发生变化时刻产生的瞬时误差,尖峰的持续时间虽然很短(一般在数十纳秒数量级),但幅值可能很大。在有些应用场合下,必须采取措施加以避免。

产生尖峰的原因是由于开关在换向过程中,导通延迟时间与截止延迟时间不相等所致。若模拟开关电路截止延迟时间较短,导通延迟时间较长,而 D/A 转换器的输入数字是逐一增加时,可能出现图 6-45 所示的尖峰波形。例如,当输入数码由

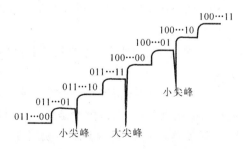

图 6-45 D/A 转换时产生的尖峰波形

011…11 变到 100…00 时,实际上只增加了 1 LSB。由于开关电路对 1 → 0 比 0 → 1 响应要快,

结果在转换的短暂过程中出现过 00…00 状态,使模拟输出向下猛跌,造成一个很大的尖峰误差。当然,实际的尖峰大小还受到电路中各元件的响应速度和寄生参数的影响。但是,凡是有 $1 \rightarrow 0$ 的时刻,都可能产生尖峰,而且发生的位数越高,尖峰的幅值一般也越大。

由于尖峰出现的幅值和出现的时刻不是周期性的,故不能采用简单的滤波办法完全去掉。

图 6-46 是一种外接消尖峰电路,能有效地消除尖峰。电路由一个单稳触发器与一个快速采样/保持器组成。每当输入数据被锁存的同时,单稳态触发器也受触发而产生保持信号,使采样开关 S 断开,采样/保持器处于保持状态,保持状态持续时间 t_H 可以调整到等于 D/A 转换器的建立时间 t_S,这样,尖峰时刻正好落在采样开关 S 断开时间。当 D/A 输出已稳定在新数据所对应的模拟输出时,S 才导通。虽然保持电路本身也要有一段过渡过程 t_a,但输出电压已完全消除了尖峰影响。

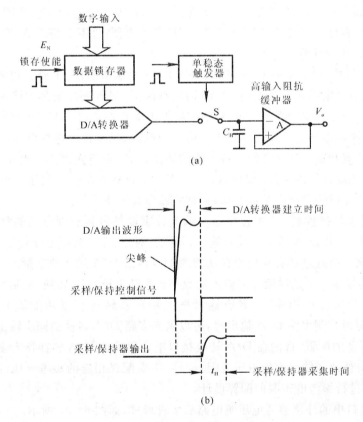

图 6-46 消尖峰电路工作原理

(a) 消峰电路;(b) 电路波形

(3)环境及工作条件影响指标。一般情况下,影响 D/A 转换精度的主要环境和工作条件因素是温度和电源电压变化。

D/A 转换器的工作温度按产品等级分为军级、工业级和普通级。标准军级品可工作于 $-55\sim+125℃$，工业级工作温度为 $-25\sim+85℃$，而普通级工作温度为 $0\sim70℃$，多数器件其静、动态指标均为 25℃ 的环境温度下测得的。环境温度对各项精度指标的影响用温度系数来描述，例如失调温度系数、增益温度系数、微分非线性误差的温度系数等。

D/A 转换器受电源变化影响的指标为电源变化抑制比，它用电源变化 1 V 时所产生的输出误差相对满量程的比值来描述。

3．D/A 转换器接口技术

单片机应用系统中 D/A 转换接口设计主要是选择 D/A 转换集成芯片，配置外围电路及器件，实现数字量至模拟量的线性转换。

（1）D/A 转换器芯片选择。选择 D/A 转换器芯片时，主要考虑芯片的性能、结构及应用特性。在性能上必须满足 D/A 转换的技术要求，且应接口方便，外围电路简单，价格低廉。

（2）接口设计中应注意的问题。

1）模拟输出特性。目前多数 D/A 转换器件均属电流输出器件。手册上通常给出在规定的输入参考电压及参考电阻之下的满码（全 1）输出电流 I_0，另外还给出最大输出短路电流及输出电压允许范围。对于输出特性具有电流源性质的 D/A 转换器（如 DAC—08），用输出电压允许范围来表示由输出电路造成输出端电压的可变动范围。只要输出端的电压小于输出电压允许范围，输出电流就和输入数字之间保持正确的转换关系，而与输出端的电压大小无关。对于输出特性为非电流源特性的 D/A 转换器，如 AD7520，DAC1020 等，无输出电压允许范围指标，电流输出端应保持公共端电位或虚地，否则将破坏其转换关系。

2）锁存特性及转换控制。D/A 转换器对输入数字量是否具有锁存功能将直接影响它与 CPU 的接口设计。如果 D/A 转换器没有输入锁存器，通过 CPU 数据总线传送数字量时，必须外加锁存器，否则只能通过具有输出锁存功能的 I/O 口给 D/A 送入数字量。

有些 D/A 转换器并不是对锁存的输入的数字量立即进行 D/A 转换，而是在外部施加了转换控制信号后才开始转换和输出。具有这种输入锁存及转换控制功能的 D/A 转换器（如 0832），在 CPU 分时控制多路 D/A 输出时，可以做到多路 D/A 转换的同步输出。

3）参考电压源的配置。目前在 D/A 转换接口中常用到的 D/A 转换器大多不带有参考电压源。有时为了方便改变输出模拟电压范围、极性，需要配置相应的参考电压源，故在 D/A 接口设计中经常要进行参考电压源的配置设计。

D/A 转换接口中的外接参考电压源电路有多种形式，如图 6-47 所示。

外接参考电压源可以采用简单稳压电路形式，如图 6-47（a）所示，也可以采用带运算放大器的稳压电路，如图 6-47（b），（c）所示。前者电路简单，但负载电流变化对电压稳定性有一定影响，而且所提供的参考电压为固定值。带运算放大器的参考电压源驱动能力强，负载变化对输出参考电压没有直接影响，所提供的参考电压可以调节。有些厂家已生产出带缓冲运算放大器的集成参考电压源(见图 6-47(d)),其内部电路结构与图 6-47(c) 相似,是一个三端器件,在 $+V_S$ 端加上适当的电源电压,就能从 V_R 端输出$(10.000\pm0.02\%)$ V 的参考电压。

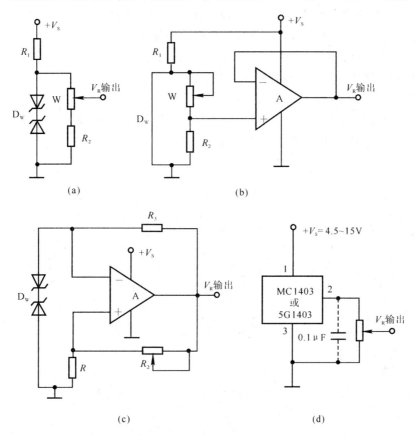

图 6-47　D/A 转换接口中常用的几种参考电压源电路

(a) 简单稳压电路;(b) 带运放的可调稳压电路;

(c) 带运放的稳压电路;(d) 集成电压源

4) 数字输入码与模拟输出电压的变换特性。所有的 D/A 转换器件的输出模拟电压 V_o,都可以表达成为输入数字量 D(数字代码)和模拟参考电压 V_R 的乘积,即

$$V_o = DV_R \tag{6-11}$$

二进制代码 D 可以表示为

$$D = a_1 \times 2^{-1} + a_2 \times 2^{-2} + a_3 \times 2^{-3} + \cdots + a_n \times 2^{-n} \quad (a_i = 0,1) \tag{6-12}$$

式中,a_1 为最高有效位(MSB),a_n 为最低有效位(LSB)。

要注意的是,目前大多数 D/A 输出的模拟量均为电流量,这个电流量要通过一个反相输入运算放大器,才能转换成模拟电压输出。

习　　题

1. 怎样选择检测信号微机处理系统的输入、输出通道结构？

2. 试分析输入通道三种典型结构可能产生的时间偏斜。

3. 如何选用 A/D 转换器？A/D 转换器会产生哪些误差？

4. 简述 D/A 转换器的工作原理及其可能带来的误差。

5. 试分析 D/A 转换时产生尖峰波形的原因。

6. 试设计交流点焊及三相次级整流点焊焊接电流峰值的采样系统。

7. 如何对热电偶检测的温度信号进行 A/D 采样？

第7章 材料加工控制系统的执行机构

材料加工控制系统的执行机构主要有加热系统、加压系统、真空系统及调速系统等。材料加工过程参数的检测与控制对象,主要是上述执行机构。计算机控制系统就是通过对执行机构的相关物理参量进行检测与调整,并准确控制其动作过程来满足加工过程的工艺要求的。因此,必须对执行机构有较全面的了解。

7.1 电加热系统

一、电加热的主要方式及用途

在材料加工过程中,尤其是锻造、铸造、热处理及焊接等热加工过程中,常使用的电加热方式主要有以下几种。

(1) 电阻加热。依靠电流通过导体时产生的电阻热对工件进行加热,主要用于各种直接加热或间接加热式热处理炉及各种电阻焊机(点焊机、缝焊机、对焊机和电渣焊机等),对金属材料构件进行热处理及焊接。加热可在空气中进行,亦可在控制气氛或真空条件下进行。

(2) 电弧加热。通过气体电弧放电产生的热量对金属材料进行加热,主要用于直接加热式电弧炉、自耗电极及非自耗电极真空电弧炉、手弧焊机、埋弧焊机及气保护弧焊机等设备,对金属材料进行熔炼及焊接。

(3) 感应加热。利用高频或中频感应电流来进行加热,主要用于无心感应熔炼炉(高频、中频及工频)、有心感应熔炼炉、感应透热炉、感应热处理设备、高频缝焊机及高频(中频)焊机等,进行合金钢、铸铁、有色金属的熔炼,金属构件锻压前的加热,各种热处理和粉末冶金,制取高纯度材料和单晶及进行金属材料的焊接。

(4) 电子束加热。在真空条件下,利用高速、高能电子束流对金属材料及其构件进行加热。例如,活泼、难熔金属、特殊钢的熔炼与焊接,某些特殊零件的热处理等。主要设备有电子束熔炼炉、电子束加热炉、电子束气相沉积设备及电子束焊机。

(5) 等离子加热。利用等离子电弧或焰流对金属进行加热。例如活泼金属、难熔金属及特殊钢的熔炼、焊接、喷焊(涂)和切割。主要设备有等离子电弧炉、等离子感应炉、真空等离子炉及等离子弧焊机等。

(6) 光能加热。利用激光高能束流对材料进行加热,例如激光焊接及激光表面淬火等。主要设备有激光焊机及激光加热设备等。

此外,还有用来加热非金属材料的微波加热及红外加热等方法。

二、电加热电源的主要类型及控制特点

加热电源主要有交流调压、整流、逆变、脉冲四种类型。

1. 交流调压电源

典型的交流调压电路如图 7-1 所示。交流电压 u 通过反向并联的晶闸管 VT_1,VT_2,加在负载 Z_f 两端,通过对 VT_1,VT_2 的控制,达到对负载电压及电功率控制的目的。

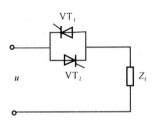

图 7-1 交流调压电路

晶闸管对交流调压电源的控制通常有如下两种方式:

(1) 通断周波数的控制。通过控制晶闸管的导通和关断时间,即通过改变导通周波数及关断周波数的比值来达到调节平均输出电压的目的。

(2) 相位控制。通过改变晶闸管触发脉冲的相位,即控制角的相位,来达到输出电压的目的。

交流调压电源主要用在以电阻方式加热的设备上,例如各种热处理电阻炉及电阻焊机。对于电阻炉来说,Z_f 可看做纯电阻负载,在这种情况下,常用改变晶闸管导通及关断时间的方法来调节输出电压。晶闸管的导通及关断均在网路电压的零点,电流及电压波形为同相位的连续正弦波(见图 7-2)。对于电阻焊机来说,Z_f 为阻感性负载。在这种情况下,常用改变晶闸管的导通时间及控制角相位的方法来调节输出电压,晶闸管的导通及关断时刻均不在网络电压的零点,电流波形为滞后电压波形的非正弦波(见图 7-3)。必须注意,当 Z_f 为阻感负载时,晶闸管的控制角 α 必须大于负载的功率因数角 φ,否则电路将会处于故障工作状态。

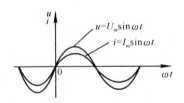

图 7-2 电阻负载时,电压与电流波形

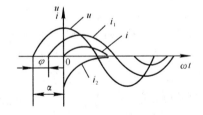

图 7-3 阻感负载时,电压与电流波形

u— 网压;i_1— 稳态电流;

i_2— 过渡电流;i— 总电流

当电阻炉的功率大于 15 kW 时,一般要用三相交流调压电路,典型的三相交流调压电路如图 7-4 所示。从图可见,每相的工作过程及电流、电压波形与单相交流调压电路是完全相同的。

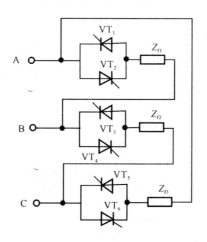

图7－4　三相交流调压电路

2. 整流电源

整流电源,尤其是三相全波桥式(半控和全控)整流电源是各种气保护弧焊机(包括等离子弧焊)广泛采用的电源。这类电源的输入功率一般不超过 100 kW,输出电压不超过 100 V。弧焊电源的负载是焊接电弧。为使电弧稳定燃烧且能适应一定范围的焊接规范,弧焊电源应可调节,并使之具有合适的外特性曲线。

弧焊电源的输出特性主要是静特性(又称外特性)和动特性。

静特性表示弧焊电源在不同负载时,稳态负载电流与输出端电压之间的关系。在正常的焊接范围内,电流增加时电压下降率大于 7 V/100 A 的静特性叫下降特性;电压下降率小于 7 V/100 A 或上升率小于 10 V/100 A 的叫平特性。下降特性中,电流稍有增加,电压即急骤下降的叫陡降特性或恒流特性。不同种类的电弧焊对电源的静特性有不同要求,如表 7－1 所示。

动态特性是指当负载状态发生突然变化时,输出电流及端电压对时间的关系,用来表征弧焊电源对负载瞬态变化的反应能力。

直流弧焊电源与焊件和电极的连接有正接和反接之分。焊件接电源正极,电极接电源负极叫正接;反之,称反接。焊接时应根据焊接方法、金属种类、接头形式和焊接位置等,选择合适的极性。

一般晶闸管弧焊整流器的组成如图 7－5 所示。主要电路由主变压器 T、晶闸管整流器 UR 和输出电感 L 组成。AT 为晶闸管的触发电路。当要求得到下降特性时,触发脉冲的相位由给定电压 U_{gi} 和电流反馈信号 U_{fi} 确定;当要求得到平外特性时,触发脉冲的相位则由给定电压 U_{gu} 和电压反馈信号 U_{fu} 确定。此外,还有操纵、保护电路 CB。

表 7-1　各种电弧焊适用的弧焊电源静态特性

电弧焊名称	弧焊电源的静态特性		
	交流	直流	
	下降特性	下降特性	平特性
手弧焊	适用		不适用
埋弧焊	适用		
TIG 焊*	不适用	可用	适用
MIG 焊*	不适用	可用	适用
MAG 焊*	不适用	可用	适用
药芯焊丝焊*	不适用	可用	适用
等离子弧焊*	适用应为陡降特性		不适用

* 见气体保护电弧焊。

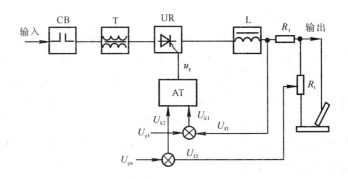

图 7-5　晶闸管弧焊电源框图

晶闸管弧焊整流器是通过改变晶闸管的导通角来调节电弧电压和电弧电流的,因而电流电压波形的脉动比硅弧焊整流器大。特别是在具有下降外特性的情况下,空载电压要比工作电压高得多,要求的电压变化范围很大。空载时,晶闸管需全导通以输出高电压;而在工作时,则要求其导通角变得很小以输出低电压。当导通角较小时,整流波形脉动加剧,甚至出现波形不连续,这将使电弧不稳。解决的主要办法如下:

(1)并联高压引弧电源。其基本电路如图 7-6 所示。由变压器次级绕组 T_{12},三相半控整流器 UR₂ 组成的基本电源和由变压器次级另一绕组 T₁₃、硅整流器 UR₁ 组成的引弧电源并联而成。前者在焊接时提供电弧功率,空载电压低而电流大;后者提供引弧所需能量,空载电压高而电流小,电路中串接了电阻 R 以得到陡降外特性。引弧时电流小,由引弧电源提供电压。由于引弧电源输出的电压高于基本电源的空载电压,UR₂ 被反向截止而无电流输出。焊接时,电弧电压小于基本电源的空载电压,故主要由 UR₂ 提供电流。两电源并联,其外特性曲线如图 7-7 所示。由于基本电源的空载电压不必满足引弧的要求,而只需略高于电弧电压,因此晶闸管的导通角不需调得很小,这样就避免了整流波形的不连续。

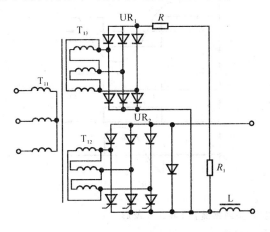

图 7-6　并联高压引弧电路

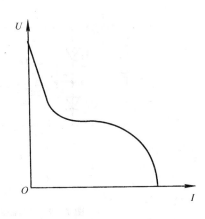

图 7-7　并联高压引弧电源外特性

（2）在每个晶闸管上并联维弧电路。维弧电路由硅二极管和限流电阻组成(见图 7-8),在晶闸管 VT 不导通期间,维弧电路仍能提供维持电弧燃烧的电流。

（3）在整流器的输出电路中串接输出电抗器。电抗器 L 的滤波作用可使输出电流波形连续(见图 7-5)。

（4）选择适当的整流电路。适当的电路可避免输出电流波形的不连续及减小脉动,例如六相半波整流电路。

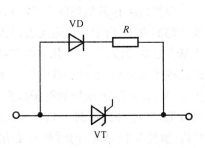

图 7-8　并联维弧电路

3. 逆变电源

逆变电源是焊接及感应加热领域应用最广泛的电源之一,因为负载对逆变电源的要求不同,其逆变频率也是不同的。

感应加热:几十赫至几百千赫;

高频逆变式整流焊机:几十千赫;

激光电源:几十千赫。

逆变器基本上分为单相和三相两大类,单相逆变器适用于中、小功率设备;三相逆变器适

187

用于大、中功率设备。

按输入电源的特点,逆变器还可分电流型与电压型逆变器。

(1)电流型逆变电源。图 7 - 9(a) 为典型的负载换流型逆变电路,四个桥臂均由晶闸管组成。其负载是电阻电感串联后再和电容并联,整个负载工作在接近并联谐振状态,且呈容性。在实际电路中,电容往往是为改善负载功率因数而接入的。在直流侧串接了一个很大的电感 L_d,在工作过程中使 i_d 基本无脉动。

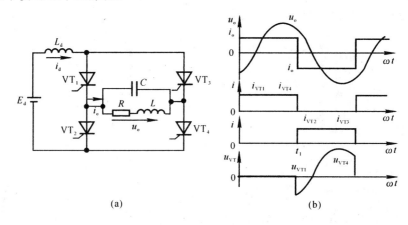

图 7 - 9 电流型逆变电路(负载换流) 及其工作波形

(a) 电路;(b) 波形

电路的工作波形如图 7 - 9(b) 所示。图中 $i_{VT1\sim4}$,$u_{VT1\sim4}$ 分别代表流过晶闸管 $VT_{1\sim4}$ 的电流及两端的电压。由于直流电流近似为恒值,四个臂开关的切换仅使电流流通路径改变,负载电流基本呈矩形波。因为负载工作在对基波电流接近并联谐振的状态,对基波的阻抗很大,而对谐波的阻抗很小,所以负载电压 u_o 的波形接近正弦波。设在 t_1 时刻 VT_1,VT_4 为通态,u_o,i_o 均为正,VT_2,VT_3 上施加的电压即为 u_o。在 t_1 时刻触发 VT_2,VT_3,使其开通,负载电压 u_o 就通过 VT_2,VT_3 分别加到 VT_1,VT_4 上,使其承受反压而关断,电流从 VT_1,VT_4 转移到 VT_2,VT_3。触发 VT_2,VT_3 的时刻 t_1 必须在 u_o 过零前,并留有足够的裕量,才能使换流顺利完成。

(2)电压型逆变电源。图 7-10 为典型的电压型逆变电路,$V_1 \sim V_4$ 为绝缘栅双极型晶体管(IGBT)。

电压型逆变电路有以下主要特点:

1)直流侧为电压源,或并有大电容,相当于电压源。直流侧电压基本无脉动,直流回路呈现低阻抗。

2)由于直流电压源的钳位作用,交流侧输出电压波形为矩形波,并且与负载阻抗角无关。交流侧输出的电流波形和相位因负载阻抗情况的不同而不同。

3)当交流侧为阻感负载时需要提供无功功率,直流侧电容起缓冲无功能量的作用。为了给交流侧向直流侧反馈的无功分量提供通道,逆变桥各臂都并联了反馈二极管。

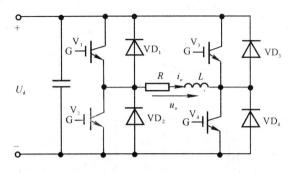

图 7 – 10 电压型逆变电路(全桥逆变电路)

在电流型逆变电源中,常用晶闸管作换流器件。由于晶闸管为电流控制元件,导通及关断时间较长,故电源的工作频率一般为 $1\ 000 \sim 2\ 500\ Hz$,属于中频电源。而电压型逆变电源,若用电压控制的 IGBT 作换流器件,则电源的频率达几十千赫,多用于各种高频加热电源及逆变焊接电源上。

4．脉冲电源

脉冲电源所提供的负载电流是脉冲式的。脉冲电源在焊接领域应用十分广泛,例如脉冲弧焊电源,电容储能点、缝焊电源等。大体可归纳为如下几个方面。

(1)脉冲电源适用于熔化极和不熔化极的气体保护焊接。其中包括熔化极、不熔化极的氩弧焊,混合气体保护焊,等离子及微束等离子弧焊。

(2)脉冲弧焊电源不仅可用于普通金属材料的焊接,也可用于对热输入敏感性大的高合金钢、铝合金及有色金属的焊接。

(3)对于全位置焊,脉冲弧焊电源具有独特优越性。

(4)在单面焊双面成型和封底焊等工艺上,脉冲弧焊电源也具有突出优点,既能保证质量又可提高工作效率。

(5)电容储能点、缝焊,由于能量比较集中,故可焊接导电、导热性好及厚度比较大的金属构件。

脉冲电流的获取方法主要有以下几种。

(1)利用电子开关获得脉冲电流。如图 7 – 11 所示,在直流弧焊电源的交流侧或直流侧接上大功率晶闸管,分别组成晶闸管交流断续器或直流断续器 Q,借助它们作为电子开关,获得脉冲电源。

(2)利用阻抗变换获得脉冲电流。

1)变换交流侧阻抗值。如图 7 – 12(a)所示,设法使阻抗 Z_1,Z_2,Z_3 数值不相等,而获得脉冲电流。

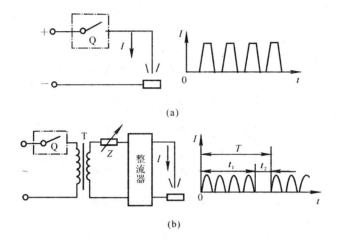

图 7-11　利用开关作用获得脉冲电流示意图

(a) 在直流侧设开关装置；(b) 在交流侧设开关装置

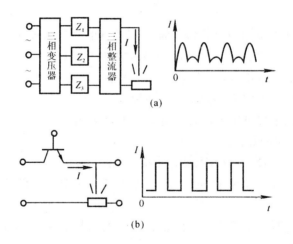

图 7-12　利用阻抗变换获得脉冲电流示意图

(a) 变换交流侧阻抗值；(b) 变换直流侧电阻值

2) 变换直流侧电阻值。如图 7-12(b) 所示,采用大功率晶体管组来获得脉冲电流。在这里,大功率晶体管组既可工作在放大状态,起着变换电阻值的作用,又可工作在开关状态,起开关作用。

3) 利用给定信号变换和电流截止反馈,获得脉冲电流。在晶体管式、晶闸管式弧焊电源的控制电路中,把脉冲信号指令送到给定环节,从而在主电路中可得到脉冲电流(见图 7-13)。

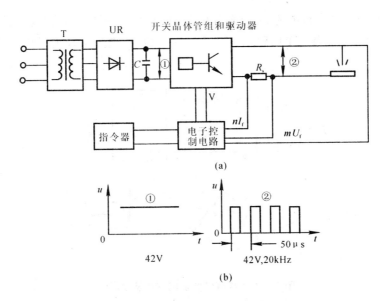

图 7 - 13　开关式晶体管脉冲弧焊电源原理简图之一

(a) 原理图；(b) 波形图

4) 利用硅二极管的整流作用获得脉冲电流。该电源是采用硅二极管单相整流器作为脉冲电源，如图 7 - 14、图 7 - 15 所示。利用图中的这些线路可提供频率为 100 Hz 和 50 Hz 的脉冲电流。

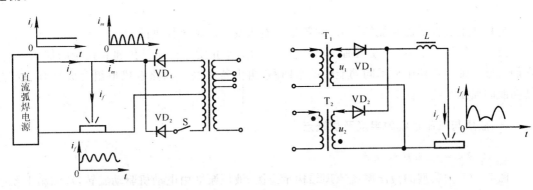

图 7 - 14　并联式单相整流脉冲弧焊
电源原理示意图

图 7 - 15　可调并联式单相整流脉冲弧焊
电源原理示意图

5) 利用电容的充放电过程获得脉冲电流。利用电容充放电过程获得脉冲电流的典型应用为电容储能点、缝焊。图 7-16 为电容储能点焊供电方式示意图。网路交流电经整流装置整流后对电容器组 C 充电。焊接时晶闸管 VT 导通，电容 C 对焊接变压器初级绕组放电，在其次级获得如图7-16(b)所示的焊接电流。K为换向开关,使每次焊接时流过焊接变压器HB的电流改变方向,以防止焊接变压器的单向磁化。VD为续流二极管。电容储能的供电方式,在点焊、缝焊和对焊中均有使用。

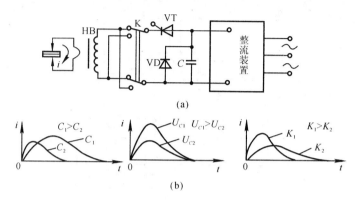

图7-16　电容储能供电方式及波形图

(a)原理图;(b)不同K,C及U_C的电流波形

焊接变压器的变比K、电容容量C及充电电压U_C对焊接电流波形的影响如图7-16(c)所示。

7.2　液压与气压系统

材料加工过程所需施加的压力,一般是由液压及气压系统提供的。

液压与气压是以流体(液压油或压缩空气)为工作介质进行能量传递和控制的加压形式。它们通过各种元器件组成不同功能的基本回路,再由若干基本回路有机地组合成具有一定控制功能的加压系统。

一、液压与气压系统的组成及优缺点

1. 液压与气压系统的组成

图7-17为典型的液压系统原理结构示意图。液压泵3由电动机驱动旋转,从油箱1经过过滤器2吸油。当换向阀5的阀芯处于图示位置时,压力油经过阀4、阀5和管道9进入液压缸7的左腔,推动活塞向右运动。液压缸右腔的油液经管道6、阀5和管道10流回油箱。改变阀5阀芯的工作位置,使之处于左端位置时,液压缸活塞又反向运动。

改变流量控制阀4的开口,可以改变进入液压缸的流量,从而控制液压缸活塞的运动速度。液压泵排出的多余油液经溢流阀11和管道12返回油箱。液压缸的工作压力取决于负载。液压泵的最大工作压力由溢流阀11调定,其调定值应为液压缸的最大工作压力及系统中油液流经阀和管道的压力损失之和。因此,系统的工作压力不会超过溢流阀的调定值。

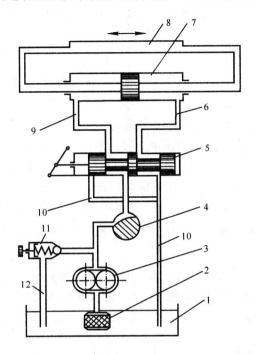

图 7 - 17　典型液压系统原理结构示意图

1— 油箱；2— 过滤器；3— 液压泵；4— 流量控制阀；5— 换向阀；

6,9,10,12— 管道；7— 液压缸；8— 工作台；11— 溢流阀

气压与液压系统相似,只是工作介质不同而已。在气压发生装置与气缸之间,有控制压缩空气的压力、流量和流动方向的各种气动控制元件,以及使空气净化、润滑、消声和传输所需的一些装置。

从上面的例子可以看出,液压与气压系统主要由以下四部分所组成。

(1) 能源装置:把机械能转换成流体压力能的装置。常见的是液压泵或空气压缩机,给系统提供压力油或压缩空气。

(2) 执行元件:把流体的压力能转换成机械能输出的装置。它可以是做直线运动的液压缸或气缸,也可以是做回转运动的液压马达或气压马达。

(3) 控制元件:对系统中流体压力、流量和流动方向进行控制或调节的装置,如溢流阀、流量控制阀、换向阀等。

(4) 辅助元件:保证系统正常工作所需的上述三种以外的装置,如油箱、过滤器、分水过滤器、油雾器、消声器、管件等。

为了简化液压与气动系统的表示方法,通常采用图形符号来绘制系统原理图。图形符号脱离了元件的具体结构,只表示元件的功能及整个系统的工作原理。我国已制定气动与液压图形符号标准 GB/T786—93。

2. 液压与气压系统的优缺点

与机械传动和电力拖动系统相比,液压与气动系统具有以下优点:

(1)液压与气动元件的布局不受严格的空间位置限制,系统各部分用管道连接,安装有很大的灵活性,能构成其他方法难以组成的复杂系统。

(2)可以在运行过程中实现工作范围的无级调节。

(3)操作控制方便、省力,易于实现自动控制及中远程距离控制,还能过载保护。与电气控制和电子控制相结合,易于实现自动工作循环和自动过载保护。

(4)液压传动与液气联动均匀平稳,易于实现快速启动、制动和频繁的换向。

(5)液压与气动元件属机械工业基础件,标准化、系列化和通用化程度较高,有利于缩短机器的设计、制造周期和降低成本。

气压系统突出的优点还有以空气作工作介质,处理方便,不污染环境,不需花费介质费用。但液压系统对温度比较敏感,不能在高温下工作;液压与气动元件制造精度高,系统工作过程发生故障不易诊断。这些都是使用过程应当注意的。

二、液压泵及液压控制阀

1. 液压泵的基本工作原理

液压泵作为液压系统的动力元件,将原动机(电动机、柴油机等)输入的机械能(转矩 T 和角速度 ω)转换为压力能(压力 p 和流量 q)输出,为执行元件提供压力油。液压泵的性能好坏直接影响到液压系统的工作可靠性,在液压系统中占有极其重要的地位。

现以常用的单柱塞泵为例,来说明液压泵的工作原理。

图 7-18 所示的单柱塞泵由偏心轮 1,柱塞 2,弹簧 3,缸体 4 和单向阀 5,6 等组成,柱塞与缸体之间形成密闭容积。当原动机带动偏心轮按顺时针方向旋转时,柱塞在弹簧的作用下向下运动,柱塞与缸体孔组成的密闭容积增大,形成真空,油箱中的油液在大气压的作用下经单向阀 5 进入其内(此时单向阀 6 关闭),这一过程称为吸油。在偏心轮的几何中心转到最下点 O_1' 时,过程停止。吸油过程结束后,偏心轮继续旋转,柱塞随偏心轮而向上运动,柱塞与缸体组成的密闭容积减小,油液受挤压经单阀 6 排出(单向阀 5 关闭),这一过程称为排油。到偏心轮的几何中心转到最上点 O_1'' 时,过程终止。偏心轮连续旋转,柱塞上下往复运动,泵半个周期吸油,半个周期排油。

如果设柱塞直径为 d,偏心轮偏心距为 e,则柱塞向上的最大行程 $s = 2e$,排出的油流体积为

194

$$V = \frac{\pi d^2}{4}s = \frac{\pi d^2}{2}e \qquad\qquad (7-1)$$

对于单柱塞泵,V 为泵每一转所排出的油液体积,我们将其称为泵的排量,它与泵的几何尺寸 d 和 e 有关。

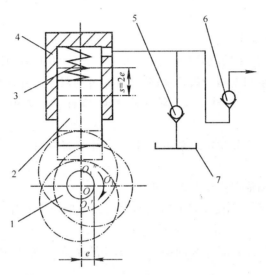

图 7-18 单柱塞泵的工作原理图
1— 偏心轮;2— 柱塞;3— 弹簧;4— 缸体;5,6— 单向阀;7— 油箱

2. 液压泵的主要性能参数

(1) 液压泵的压力。

1) 吸入压力:泵进口处的压力,自吸泵的吸入压力低于大气压力。

2) 工作压力 p:液压泵工作时的出口压力,其大小取决于负载。

3) 额定压力 p_s:在正常工作条件下,按试验标准连续运转的最高压力。

(2) 液压泵的排量和流量。

1) 排量 V:液压泵每转一转理论上应排出的油液体积,称之为泵的排量。

2) 流量:液压泵在单位时间内排出的油液体积,称之为泵的流量,常用的单位为 m^3/s 和 L/min。

(3) 液压泵的功率和效率。

1) 输入功率 P_i:驱动液压泵的机械功率为泵的输入功率,若记输入转矩为 T,角速度为 ω,则 $P_i = T\omega$。

2) 输出功率 P_o:液压泵输出的液压功率,即平均实际流量 q 和工作压力 p 的乘积为输出功率,$P_o = pq$。

3) 总效率 η_p。液压泵的输出功率 P_o 和输入功率 P_i 之比为总效率,即

$$\eta_p = \frac{P_o}{P_i} = \frac{pq}{T\omega} \tag{7-2}$$

(4) 液压泵的额定转速。在额定压力下,能长时间正常运转的最高转速为液压泵的额定转速。

3. 液压泵的分类和选用

液压泵按主要运动构件的形态和运动方式分为齿轮泵、叶片泵、柱塞泵和螺杆泵。其中,齿轮泵又分为外啮合齿轮泵和内啮合齿轮泵;叶片泵又分为双作用叶片泵、单作用叶片泵和凸轮转子叶片泵;柱塞泵又分为径向柱塞泵和轴向柱塞泵;螺杆泵分为单螺杆泵、双螺杆泵和三螺杆泵。

液压泵按排量能否改变分为定量泵和变量泵,其中变量泵可以是单作用叶片泵、径向柱塞泵和轴向柱塞泵。

选用液压泵的原则和依据主要有以下几点:

(1) 是否要求变量。若要求变量,则选用变量泵。其中单作用叶片泵的工作压力较低,仅适用于机床系统。

(2) 工作压力。目前,各类液压泵的额定压力均有所提高,相对而言,柱塞泵的额定压力最高。

(3) 工作环境。齿轮泵的抗污染能力最好,因此,特别适合于工作环境较差的场合。

(4) 噪声指标。属于低噪声的液压泵有内啮合齿轮泵、双作用叶片泵及螺杆泵。后两种泵的瞬时理论流量均匀稳定。

(5) 效率。按结构形式分,轴向柱塞泵的总效率最高;同一结构的液压泵,排量大的总效率高;同一排量的液压泵,在额定工况(额定压力、额定转速、最大排量)时总效率最高。若工作压力低于额定压力或转速低于额定转速、排量小于最大排量,泵的总效率将下降,甚至下降很多。因此,液压泵应在额定工况(额定压力和额定转速)或接近额定工况的条件下工作。

部分液压泵的图形符号如图 7-19 所示。

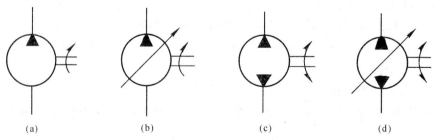

(a)   (b)   (c)   (d)

图 7-19 液压泵的图形符号

(a) 单向定量液压泵;(b) 单向变量液压泵;(c) 双向定量液压泵;(d) 双向变量液压泵

4．液压控制阀

（1）液压阀的基本结构与分类。液压控制阀（简称液压阀）是在液压系统中被用来控制液流的压力、流量和方向，保证执行元件按照负载的需要进行工作。液压阀的品种繁多，即使同一种阀，因应用场合不同，用途也有差异。

液压阀的基本结构主要包括阀芯、阀体和驱动阀芯在阀体内做相对运动的装置。阀芯的主要形式有滑阀、锥阀和球阀。阀体上除有与阀芯配合的阀体孔或阀座孔外，还有外接油管的进出油口。驱动装置可以是手调机构，也可以是弹簧或磁铁，有时还作用有液压力。液压阀正是利用阀芯在阀体内的相对运动来控制阀口的通断及开口的大小，从而实现压力、流量和方向控制的。

根据用途的不同，液压阀主要分以下三类：

1）方向控制阀：用来控制和改变液压系统中液流方向的阀类，如单向阀、换向阀等。

2）流量控制阀：用来控制调节液压系统流量的阀类，如节流阀、溢流节流阀等。

3）压力控制阀：用来控制调节液压系统液流压力的阀类，如减压阀、溢流阀等。

（2）液压阀的性能参数。

1）公称通径。公称通径代表阀的通流能力大小，对应于阀的额定流量，与阀进出油口连接的油管，其规格应与阀的通径相一致。阀工作时的实际流量应小于或等于它的额定流量，最大不得大于额定流量的 1.1 倍。

2）额定压力。它是液压控制阀长期工作所允许的最高压力。对压力控制阀，实际最高压力有时还与阀的调压范围有关；对于换向阀，实际最高压力还可能受其功率极限的限制。

（3）方向控制阀。

1）单向阀。普通单向阀是一种只允许液流沿一个方向通过，而反向液流被截止的方向阀。要求其正向液流通过时的压力损失小，反向截止时密封性能好。

如图7-20所示，普通单向阀由阀体、阀芯和弹簧等零件组成。阀的连接形式为螺纹管式连接。阀体左端油口为进油 p_1，右端油口为出油 p_2。当进口来油时，压力油 p_1 作用在阀芯左端，克服右端弹簧力使阀芯右移，阀芯锥面离开阀座，阀口打开，油液经阀口、阀芯上的径向孔 a 和轴向孔 b，从右端出口流出。若油液反向，由右端油口进入，则压力油 p_2 与弹簧同向作用，将阀芯锥面紧压在阀座孔上，阀口关闭，油液被截止不能通过。弹簧3的力很小，仅起复位作用，因此，正向开启压力只需 $0.03 \sim 0.05$ MPa 的压力；反向截止时，因锥阀阀芯与阀座孔为线密封，且密封压力随压力增高而增大，故密封性能良好。

单向阀常被安装在泵的出口，一方面防止系统压力冲击影响泵的正常工作，另一方面在泵不工作时防止系统的油液经泵倒流回油箱。单向阀还被用来分隔油路以防止干扰，并与其他阀并联组成复合阀，如单向减压阀、单向节流阀。

2）换向阀。换向阀是利用阀芯在阀体孔内做相对运动，使油路通或切断而改变油流方向的阀。按阀体连通的主油路数，换向阀可分为二通、三通、四通等；按阀芯在阀体内的工作位置，可分为二位、三位、四位等；按操作方式，可分为手动、电磁动、液动等。

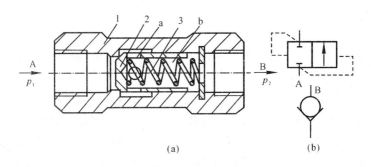

图 7-20 普通单向阀

(a)结构图；(b)图形符号

1—阀体；2—阀芯；3—弹簧

下面介绍在材料加工过程中使用较为广泛的电磁换向阀的结构及工作原理。

图 7-21 为二位三通电磁换向阀,阀体左端安装的电磁铁的电源可以是直流或交流,电压一般为交流 220 V,36 V 或直流 24 V。在电磁铁失电不产生电磁吸力时,阀芯在右端弹簧力的作用下处于左端极限位置(常位),油口 P 与 A 通,B 则不通。若电磁铁通电产生一个向右的电磁吸力,则将通过推杆推动阀芯右移,此时阀左位工作,油口 P 与 B 通,A 不通。

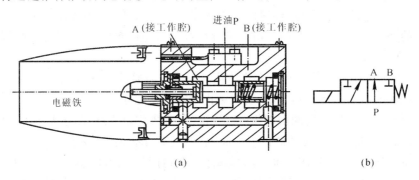

图 7-21 二位三通电磁换向阀

(a)结构图；(b)图形符号

因电磁吸力有限,电磁换向阀的最大通流量小于 100 L/min。对液动较大的大流量阀,则应选用液动换向阀或电液动换向阀。

(4)压力控制阀。普通的压力控制阀包括溢流阀、减压阀、压力继电器及顺序阀。它们用来控制液压系统中的油压或通过压力信号实现控制。

1)溢流阀。溢流阀按结构形式,分为直动型和先导型。它旁接在液压泵的出口,保证系统压力恒定或限制最高压力,有时旁接在执行元件的进口,对执行元件起安全保护作用。

如图 7-22 所示,滑阀式直动型溢流阀由阀心、阀体、弹簧、上盖、调节杆和调节螺母等零件组成。在图 7-22 所示位置,阀芯在上端弹簧力 F_t 的作用下处于最下端位置,阀芯台肩的封油面(长度为 L)将进出油口隔断,阀的进口压力油经阀芯下端径向孔、轴向孔 a 进入阀芯底部油室,油液受压形成一个向上的液压力 F。当液压力 F 等于或大于 F_t 时,阀芯向上运动,上移行程 L 后阀口开启,进口压力油经阀口溢流回油箱。

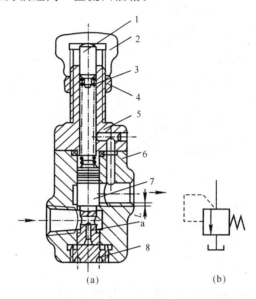

图 7-22　直动型溢流阀

(a) 结构图;(b) 图形符号

1— 调节杆;2— 调节螺帽;3— 调压弹簧;4— 锁紧螺母;

5— 阀盖;6— 阀体;7— 阀芯;8— 底盖

　　2) 减压阀。减压阀是一种利用液流流过缝隙产生压力损失,使出口压力低于进口压力的压力控制阀。

　　如图 7-23 所示,进口压力油(p_1)经主阀阀口(减压缝隙)流至出口,压力变为 p_2。与此同时,出口压力油(p_2)经阀体、端盖上的通道进入主阀芯下腔,然后经主阀芯上的阻尼孔到主阀芯上腔和先导阀的前腔。在负载较小,出口压力 p_2 低于调压弹簧所调定的压力时,先导阀关闭,主阀芯阻尼孔无液流通过,主阀芯上、下两腔压力相等,主阀芯在弹簧作用下处于最下端,阀口全开不起减压作用。若出口压力 p_2 随负载增大超过调压弹簧所调定的压力时,先导阀阀口开启,主阀出口压力油 p_2 经主阀芯阻尼孔到主阀芯上腔、先导阀口,再经泄油口回油箱。因阻尼孔的阻尼作用,主阀的上、下两腔出现压力差($p_2 - p_3$),主阀芯在压力差的作用下,克服上端弹簧力向上运动,主阀阀口减小起减压作用。当出口压力 p_2 下降到调定值时,先导阀芯和主阀芯同时处于受力平衡状态,出口压力稳定不变。调节调压弹簧的预压缩量即可调节阀的出口压力。

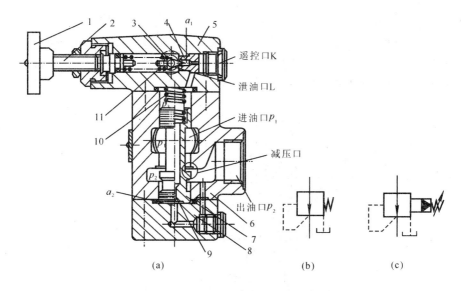

图 7-23 滑阀式减压阀

(a)结构图;(b)图形符号(直动型);(c)图形符号(先导型)

1— 压手轮;2— 调压螺钉;3— 锥阀;4— 锥阀座;5— 阀盖;

6— 阀体;7— 主阀芯;8— 端盖;9— 阻尼孔;10— 主阀弹簧;11— 调压弹簧

3) 压力继电器。压力继电器是一种将液压系统的压力转换为电信号输出的元件。它根据液压系统压力的变化,通过压力继电器内部的微动开关,自动接通或断开电气线路,实现执行元件的顺序控制或安全保护。

压力继电器按其结构特点可分为柱塞式、弹簧管式和膜片式等。

图7-24为单触点柱塞式压力继电器,主要零件包括柱塞1、调节螺母2和微动开关3。压力油作用在塞的下端,直接与弹簧力相互作用。当液压力大于或等于弹簧力时,柱塞向上移动,并顶压微压开关触头以接通或断开电气线路;当液压力小于弹簧力时,微动开关触头复位。

4) 顺序阀。顺序阀是一种利用压力控制阀口通断的压力阀,可用来控制多个执行元件的动作顺序,其工作原理与溢流阀相似,在此不再作介绍。

(5) 流量控制阀。流量控制阀是通过改变阀口的大小,改变液体流动的阻力实现流量调节的阀。普通的流量控制阀包括节流阀、调速阀、溢流阀和分流集流阀。以下仅介绍节流阀的结构及工作原理。

节流阀是一种最简单又最基本的流量控制阀,其实质相当于一个可变节流口,即一种借助于控制机构使阀芯相对于阀体孔的运动,来改变阀口的过流面积。常用在定量泵节流调速回路中,亦可用做负载阻尼及压力缓冲的阀件。

图7-25为一典型的节流阀结构图,主要零件为阀芯、阀体和螺母。阀体右边为进油口,左边为出油口。阀芯的一边开有三角尖槽,另一端加工有螺纹。旋转阀芯即可轴向移动,改变阀口

的过流面积,即阀的开口面积。

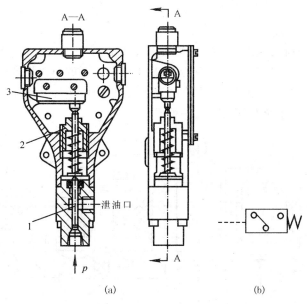

图 7 – 24 单触点柱塞式压力继电器

(a) 结构图;(b) 图形符号

1— 柱塞;2— 调节螺帽;3— 微动开关

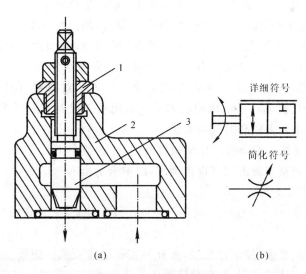

图 7 – 25 节流阀

(a) 结构图;(b) 图形符号

1— 螺母;2— 阀体;3— 阀芯

201

三、气源装置及气动元件

1. 气源装置的基本组成

气源装置为气动系统提供满足一定质量要求的压缩空气,它是气动系统的一个重要的组成部分。气动系统要求压缩空气具有一定的压力、流量及一定的净化程度。

图 7-26 为气源系统组成示意图,主要由气压发生装置、净化及储存压缩空气的装置和设备、传输压缩空气的管道系统及气动三大件组成。

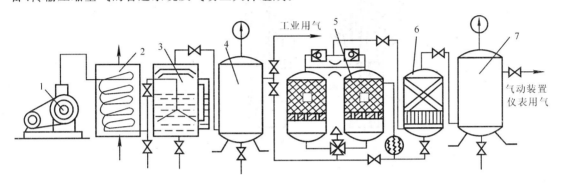

图 7-26　气源系统组成示意图

1— 空气压缩机;2— 后冷却器;3— 油水分离器;4,7— 储气罐;5— 干燥器;6— 过滤器

在图 7-26 中,1 为空气压缩机,一般由电动机带动产生压缩空气。在其吸气口装有空气过滤器,以减少进入空气压缩机的空气杂质;2 为后冷却器,用以冷却压缩空气,使已汽化的水、油凝结出来;3 为油水分离器,用以分离并排出冷却凝结的水滴、油滴、杂质等;4,7 为储气罐,用以储存压缩空气及稳定压缩空气压力,并去除部分油分和水分;5 为干燥器,用以进一步吸收或排除压缩空气中的水分及油分,使之变成干燥空气;6 为过滤器,用以进一步过滤压缩空气中的灰尘、杂质颗粒。储气罐 4 输出的压缩空气可用于一般要求的气压传动系统;储气罐 7 输出的压缩空气可用于要求较高的气动系统。

图 7-26 所示的系统一般布置在压缩空气站内,作为整个工厂或车间的统一气源。

气动三大件的组成及布局由用气设备确定,图中未示出。

2. 气压发生装置

(1)空气压缩机的分类。空气压缩机是一种气压发生装置,它是将机械能转换成气体压力能的转换装置。

空气压缩机的种类很多,按工作原理,可分为容积型压缩机和速度型压缩机。容积型压缩机的工作原理是压缩气体的体积,使单位体积内气体分子的密度增加以提高空气压力。速度型压缩机的工作原理是提高气体分子的运动速度,从而使气体分子的动能转化为压力能以提高压缩空气的压力。

（2）空气压缩机的选用原则。选择空气压缩机的主要依据是气压系统的工作压力和流量。一般空气压缩机为中压空气压缩机，额定排气压力为 1 MPa。另外还有低压空气压缩机，排气压力为 0.2 MPa；高压空气压缩机，排气压力为 10 MPa；超高压空气压缩机，排气压力为 100 MPa。

输出流量的选择，要根据整个气压系统对压缩空气的需要再加一定的备用余量，作为选择空气压缩机流量的依据。空气压缩机铭牌上的流量是自由空气流量。

3. 压缩空气的净化装置和设备

（1）气压系统对压缩空气质量的要求。由空气压缩机排出的压缩空气，虽然能满足一定的压力和流量要求，但不能直接为气动装置使用。因为一般气动设备所使用的空气压缩机都属于工作压力较低（小于 1 MPa）、用油润滑的活塞式空气压缩机。它从大气中吸入含有水分和灰尘的空气，经压缩后空气温度提高到约 140～170℃，这时空气压缩机气缸里的润滑油也部分变成气态。这样油分、水分以及灰尘便形成混合的胶体微雾与杂质混在压缩空气中一同排出。如果不进行净化处理，不除去混在压缩空气中的水分、油分等杂质，就会影响气动装置的工作稳定性及使用寿命。因此，必须设置一些除油、除水、除尘，并使压缩空气干燥的气源净化处理设备。

（2）压缩空气净化设备。压缩空气净化设备一般包括后冷却器、油水分离器、储气罐和干燥器。

后冷却器安装在空气压缩机出口管道上。空气压缩机排出具有 140～170℃ 的压缩空气经过后冷却器，温度降至 40～50℃。这样，就可使压缩空气中油雾和水汽达到饱和，并凝结成滴而析出。后冷却器的结构形式有蛇形管式、列管式、散热片式和套管式等，冷却方式有水冷和气冷两种（见图 7-27）。

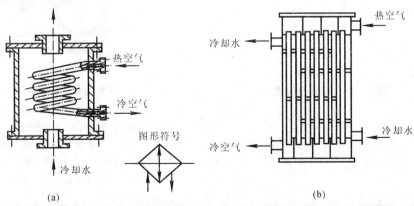

图 7-27　后冷却器
（a）蛇管式；（b）列管式

油水分离器安装在后冷却器后的管道上,作用是分离压缩空气中所含的水分、油分等杂质,使压缩空气得到初步净化。油水分离器的结构形式有环形回转式、撞击折回式、离心旋转式及水浴式等。油水分离器主要利用回转离心、撞击及水浴等方法使水滴、油滴及其他杂质颗粒从压缩空气中分离出来。撞击折回式油水分离器的结构形式如图7-28所示。

　　储气罐的主要作用是储存压缩空气,减少气源输出气流脉动,增加气流的连续性,减弱空气压缩机排出气流脉动所引起的管道振动,进一步分离压缩空气中的水分和油分。

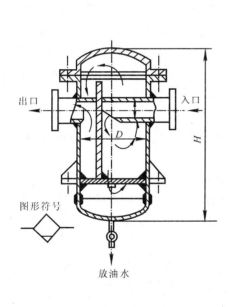

图7-28　油水分离器

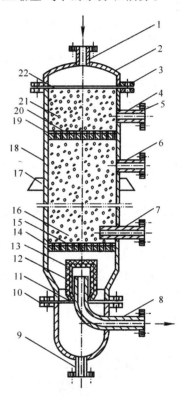

图7-29　干燥器

1— 湿空气进气管;2— 顶盖;3,5,10—法兰;
4,6,7— 再生空气排气管;8— 出气管;9— 排水管;
11,22— 密封垫;12,15,20— 钢丝过滤网;
13— 毛粘;14— 下栅板;16,21— 吸附剂层;
17— 支撑板;18— 筒体;19— 上栅板

　　干燥器的作用是进一步除去压缩空气中含有的水分、油分及杂质颗粒等,使压缩空气干燥。干燥后的压缩空气,主要用于对气源质量要求较高的气动装置及气动仪表等。压缩空气干燥的方法主要采用吸附、离心及冷冻等方法。干燥器的结构如图7-29所示。

4．气动三大件

分水过滤器、减压阀及油雾器(油杯)统称为气动三大件，三大件依次无管化连接而成的组件称为三联件，是多数气动设备中必不可少的气源装置。大多数情况下，三大件组合使用，其安装顺序依进气方向分为分水过滤器、减压阀、油雾器。三大件应安装在用气设备的近处。

压缩空气经过三大件的最后处理，将进入各气动元件及气动系统。因此，三大件是气动元件及气动系统所用压缩空气质量的最后保证。

(1) 分水过滤器。分水过滤器的作用是滤去空气中的灰尘、杂质，并将空气中的水分分离出来。目前，分水过滤器的种类很多，但其工作原理及结构大体相同。

图 7-30 是分水过滤器的结构原理图。当压缩空气从输入口进入后，首先要经过旋风叶子 1。旋风叶子上冲制有很多小缺口，迫使空气沿切线方向产生强烈的旋转。这样，混杂在压缩空气中较大的水滴、油污、灰尘便产生较大的离心力，并与水杯 2 的内壁高速碰撞，最终从气体中分离出来，沉淀于水杯 2 中。然后，气体通过中间的滤芯 4，少量的灰尘、雾状水被拦截而滤去，洁净的空气便从输出口输出。

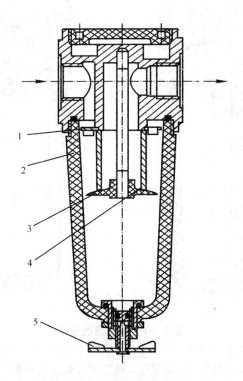

图 7-30　分水过滤器结构

1— 旋风叶片；2— 存水杯；

3— 挡水板；4— 滤芯；5— 手动排水阀

挡水板 3 是为了防止杯中的污水卷起而破坏分水过滤器的过滤作用。分离出的污水及杂质可通过排水阀 5 放掉。

(2) 油雾器。油雾器是一种特殊的注油装置。当压缩空气流过时,它将润滑油喷射成雾状,并随压缩空气一起流进需要润滑的部件,达到润滑的目的。

图 7-31 为普通油雾器的结构图。当压缩空气从输入口进入后,通过喷嘴 1 下端的小孔进入阀座 4 的腔室内,在截止阀的钢球 2 上、下表面形成压差,由于泄漏和弹簧 3 的作用,而使钢球处于中间位置,压缩空气进入存油杯 5 的上腔,油面受压。压力油经吸油管 6 将单向阀 7 的钢球顶起,钢球的上部管道有一方形小孔,钢球不能将上部管道封死,故压力油不断流入视油器 9 内,再滴入喷嘴 1 中,被主管气流从上面小孔引射出来,雾化后从输出口输出。节流阀 8 可以调节油量,使滴油量在 0 ～ 120 滴每分钟内变化。

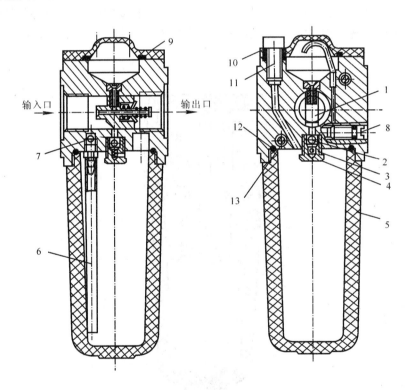

图 7-31　油雾器的结构

1— 喷嘴；2— 钢球；3— 弹簧；4— 阀座；5— 存油杯；6— 吸油管；

7— 单向阀；8— 节流阀；9— 视油器；10,12— 密封垫；11— 油塞；13— 螺母,螺钉

(3) 减压阀。减压阀起减压和稳压作用,其工作原理与液压系统减压阀相同。

5. 气动控制阀

气动控制阀按其作用和功能,仍可分为压力控制阀、流量控制阀和方向控制阀三大类。表7-2列出了三大类气动控制阀的符号及特点。

表7-2 气动控制阀

类别	名称	符　号	特　点
压力控制阀	减压阀	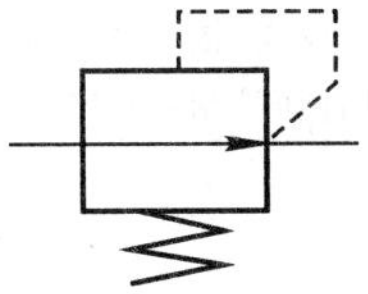	对压缩空气起减压和稳压作用,同时还与分水过滤器、油雾器一起共同组成气动三大件
	溢流阀	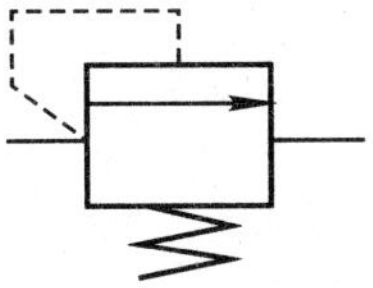	保证气动系统或贮气罐的安全,当压力超过一定值时,实现自动向外排气,使压力回到某一调定值范围内,也称安全阀
	顺序阀	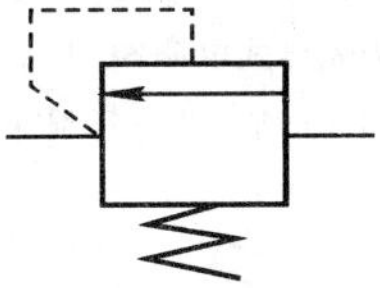	按调定的压力控制执行元件顺序动作或输出压力信号
流量控制阀	节流阀		通过改变节流口的流通面积来实现流量调节
	单向节流阀	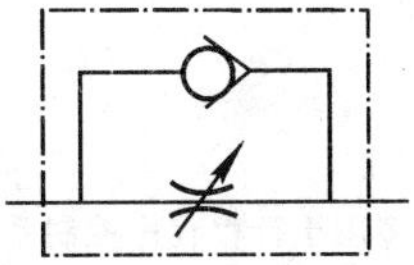	由单向阀和节流阀组成,只对一个方向的气流有节流作用,对另一个方向的气流流动不节流
	排气节流阀	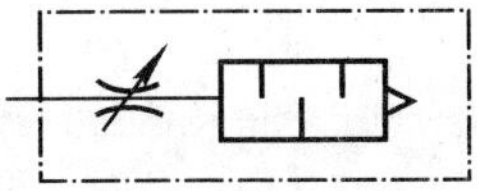	在排气口装有消声器的节流阀,常装在主控阀的排气口上,用以控制执行元件的速度并降低排气噪声

续　表

类别	名称	符　号	特　点
方向控制阀	气压控制换向阀	(a) (b)	以气压为动力切换主阀,操作安全可靠,适用于易燃、易爆、潮湿和多粉尘等场合。图(a)所示为加压或卸压控制,图(b)所示为差压控制
	电磁控制换向阀	(a) (b) (c)	用电磁力来实现阀的切换,通径较大时采用先导式结构。图(a)所示为直动式电磁阀,图(b),(c)所示为先导式电磁阀。其中图(b)所示为气压加压控制,图(c)所示为气压泄压控制
	机械控制换向阀	(a) (b) (c)	多用于行程程序控制系统,作为信号阀使用,也称行程阀。依靠凸轮、撞块或其他机械外力推动阀芯,使阀换向。图(a)所示为直动式机控阀,图(b)所示为滚轮式机控阀,图(c)所示为可通过式机控阀

四、典型的液压及气压系统

1. 3150KN 通用油压机的液压系统

油压机是靠油压产生的静压力,对工件进行变形加工的设备。

图 7-32 为 3150KN 通用油压机的液压系统原理图。系统可完成空程快速下降、慢速下降、工作加压、保压、卸压回程、浮动压边及顶出等动作。

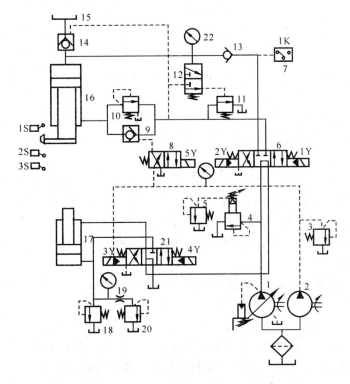

图 7-32　3150KN 通用油压机液压原理图

1— 主泵;2— 辅助泵;3,4,18— 溢流阀;5— 远程调压阀;
6,21— 电液换向阀;7— 压力继电器;8— 电磁换向阀;9— 液控单向阀;
10,20— 背压阀;11— 顺序阀;12— 液控滑阀;13— 单向阀;14— 充液阀;
15— 油箱;16— 上缸;17— 下缸;19— 节流器;22— 压力表

系统有两个泵,主泵 1 是一个高压、大流量恒功率(压力补偿)变量泵,其最高工作压力由溢流阀 4 的远程调压阀 5 调定。辅助泵 2 是一个低压小流量定量泵,用以供应液压阀的控制油,其压力由液压阀 3 调定。

(1)启动。按启动按钮,电磁铁全部处于失电状态,主泵 1 输出的油经二位四通电液换向阀 6 中位及阀 21 中位流回油箱,空载启动。

（2）上缸快速下行。电磁铁1Y，5Y得电，阀6换至右位，控制油经阀8右位使液控单向阀9打开。

进油路：泵1 → 换向阀6右位 → 单向阀13 → 上缸16上腔。

回油路：上缸16下腔 → 液控单向阀9 → 换向阀6右位 → 换向阀21中位 → 油箱。

上缸滑块在自重作用下迅速下降，泵1虽处于最大流量状态，仍不能满足其需要，因而上缸形成负压，上部油箱15的油液经液控单向阀14（充液阀）进入上缸上腔。

（3）上缸慢速接近工件，加压。当上缸滑块降至一定位置触动行程开关2S后，电磁铁5Y失电，阀8处于原位，液控单向阀9关闭。上缸下腔油液经背压阀10、阀6右位、阀21中位回油箱。这时，上缸上腔压力升高，充液阀14关闭。上缸在泵1供给的压力油作用下慢速接近工件。当上缸滑块接触工件后，阻力急剧增加，上腔压力进一步提高，泵1的输出流量自动减小。

（4）保压。当上缸上腔压力达到预定值时，压力继电器7发出信号，使电磁铁1Y失电，阀6回中位，上缸的上、下腔封闭，单向阀13和充液阀14的锥面保证了上缸上腔良好的密封性，使上缸上腔保压，保压时间由压力继电器7控制的时间继电器调整。保压期间，泵1经阀6、阀21的中位卸载。

（5）泄压，上缸回程。保压过程结束，时间继电器发出信号，电磁铁2Y得电，阀6换至左位。由于上缸上腔压力很高，液动滑阀12处于上位，压力油经阀6左位及阀12上位使外控顺序阀11开启。此时泵1输出油液经顺序阀11回油箱。泵1在低压下工作，此压力不足以打开充液阀14的主阀芯，而是先打开阀14中的卸载阀芯，使上缸上腔油液经此卸载阀芯开口泄回上部油箱15，压力逐渐降低。

当上缸上腔压力泄至一定值后，液动滑阀12回到下位，外控顺序阀11关闭，泵1供油压力升高，阀14完全打开，此时油液流动情况为：

进油路：泵1 → 换向阀6左位 → 液控单向阀9 → 上缸下腔。

回油路：上缸上腔 → 充液阀14 → 上部油箱15。实现主缸快速回程。

（6）上缸原位停止。当上缸滑块上升至触动行程开关1S时，电磁铁2Y失电，阀6处于中位。液控单向阀9将主缸下腔封闭，上缸原位停止不动。泵1输出油经阀6、阀21中位回油箱，泵卸载。

（7）下液压缸顶出及退回。电磁铁3Y得电，换向阀21换至左位，此时情况为：

进油路：泵1 → 换向阀6中位 → 换向阀21左位 → 下缸17下腔。

回油路：下缸17上腔 → 换向阀21左位 → 油箱。下液压缸活塞上升，顶出。

电磁铁3Y失电，4Y得电，换向阀21换至右位，下液压缸活塞下行，退回。

（8）浮动压边。作薄板拉伸压边时，要求下缸活塞上升到一定位置后，既保持一定压力，又能随上缸滑块的下降而下降。这时，换向阀21处于中位，上缸滑块下压时下缸活塞被迫随之下行，下缸下腔油液经节流器19和背压阀20流回油箱，使下缸下腔保持所需的压边压力。调节背压阀20即可改变浮动压边力。下缸上腔则经阀21中位从油箱补油。溢流阀18为下缸下腔安全阀。

2. 点焊机的气动加压机构

在点(凸)焊机、点焊钳及点焊机器人上,广泛应用一种快速气压传动加压机构,其气路系统如图7-33所示。

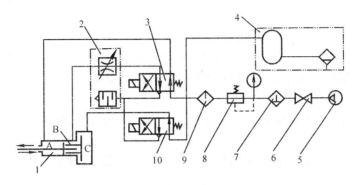

图7-33　点(凸)焊机气路系统图

1—气缸;2—节流阀;3—二位四通电磁阀;

4—储气罐(带排水阀);5—气源;6—截止阀;7—清滤器;

8—减压阀(带压力表);9—油雾器;10—二位四通电磁阀

气压系统主要由气缸、二位四通电磁阀、减压阀、储气筒、分水过滤器(滤清器)、油雾器等器件组成。

气压系统工作时,由气缸带动执行机构(电极臂、电极握杆、电极)对焊件施加电极压力,并能实现工作过程的长、短行程调节。长行程用于安放较大焊件,修整、更换电极及机器人焊接时的跨越障碍。气缸的小活塞与活塞杆刚性连接,大活塞与活塞杆滑动配合,且其凸缘部分始终处在小气缸中。

打开截止阀,接通气源。这时二位四通电磁阀10和3均失电,因此压缩空气进入C气室并推动大活塞前进至气缸中位;B气室与大气连通,另一路压缩空气进入A气室并推动大活塞后退至气缸中位,并与大活塞凸缘贴紧。此时,电极抬起并处于工作行程的起始位置。由于$\frac{\pi}{4}D_1^2 > \frac{\pi}{4}(D_2^2 - d^2)$($D_1$,$D_2$,$d$分别为大活塞、小活塞、活塞杆的直径),活塞处于稳定状态。

当控制电路使二位四通电磁阀3通电时,将切换气路,使A气室与大气连通,压缩空气进入B气室并推动小活塞前进至气缸前位,带动电极向焊件施加力F_w,其值为

$$F_w = p \frac{\pi}{4}(D_2^2 - d_2^2) \tag{7-3}$$

式中,p为减压后的压缩空气压力(焊接压力)。

当控制电路仅使二位四通电磁阀10通电动作时,将切换气路,使C气室与大气连通,大活塞在小活塞的推动下后退至气缸后位。此时,活塞杆带动电极进一步抬起,并到达长行程的起

211

始位置,便于安放较大焊件。

7.3 真空系统

一、真空泵

在材料加工过程中,使用较多的真空泵有油封式旋转机械真空泵、罗茨真空泵、分子泵及油扩散泵等。这些泵抽取真空的工作原理及性能参数是不尽相同的。

1. 油封式旋转机械真空泵

(1) 概述。油封式旋转机械真空泵按结构形式,可分为定片式、旋片式、滑阀式(或柱塞式)和直联式四种。

定片式真空泵抽速较小,双级泵的极限真空可达 10^{-1} Pa。这种泵的特点是结构简单,使用寿命长和检修容易。

旋片式真空泵国内已有定型系列化产品(如 2X 型)。在它适用的真空度范围内,可以单独使用,也可与其他类型的真空泵配套作为预真空抽气设备。其主要用途如下:

1)用于抽除密封容积中的干燥气体或含少量可凝性蒸汽的气体。用于后者时,需使用该泵的气镇装置。

2)用做油扩散泵、油增压泵、罗茨泵的预真空泵。

3)用于中小型真空冶炼、真空焊接、真空处理和真空浇铸等真空排气方面,以及半导体器件、电子束加工、质谱仪器及电子显微镜等现代工业技术方面。

2X 型真空泵只能在环境温度 5 ~ 40℃ 范围内使用。此种泵对抽除含氧量过高的、有爆炸性的、对金属有腐蚀性的、对真空油起化学反应的及含有颗粒尘埃的气体是不适用的;作为把气体从一个容器输送到另一个容器的输送泵使用,也是不合适的。

滑阀式真空泵由于采用严密油封,可靠耐用。其传动部分由于采取了强制润滑,使操作方便且安全可靠。它的使用范围除与 2X 型真空泵相同外,还可用于真空浸渍、真空蒸馏、真空模拟装置以及其他真空作业中,多数用做高真空泵的前级泵。

滑阀式真空泵同样不适用于抽除含氧过高的、有爆炸性的、对黑色金属有腐蚀性的和对真空油起化学反应的气体,亦不适于做气体输送泵。

直联高速旋片式真空泵是在旋片式真空泵的基础上,经过结构、材料和制造工艺的重大革新后研制的一种新泵种。直联泵具有体积小、质量轻、振动小及噪声低等特点,适于安装在精密仪器设备上使用。

直联泵采用三相或单相交流电动机直联驱动。该泵可单独使用,亦可作为各类真空系统的前级泵。直联泵附有气镇装置,可以抽除含有一定数量可凝性蒸汽的气体,但直联泵不能应用于排除尘埃及腐蚀性、易爆性气体,不适应于长期在高于 1×10^{-3} Pa 的压力下工作,不得作压缩泵和输送泵使用。

（2）工作原理。

1）定片式真空泵的工作原理。定片式真空泵的工作原理如图7-34所示。在圆柱缸体1内有旋转的偏心转子2，缸体上有滑片3，借助于弹簧4的作用压向转子，把缸体分隔成两个空间。随着转子旋转的角度不同，两个空间体积交替增大或缩小而进行吸气与排气。

在工作过程中，滑片做垂直往复运动，并在转子表面上滑动。弹簧通过一直角形杠杆5与滑片发生作用。泵内的一切运动表面都覆盖着油层，形成吸气腔和排气腔之间的油封。油还充满了泵腔内的一切有害空间，消除了它们对极限真空的影响。

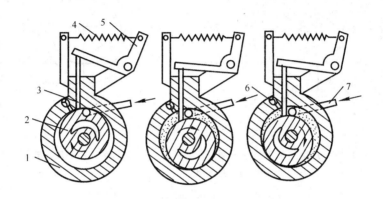

图7-34　定片式真空泵工作原理图

1—圆柱型泵体；2—偏心转子；3—滑片；
4—弹簧；5—直角杠杆；6—排气阀；7—进气口

2）旋片式真空泵的工作原理。旋片式真空泵有单级旋片式和双级旋片式两种类型。

单级旋片式真空泵只有一个工作室。泵主要由定子、旋片和转子组成（见图7-35）。在定子缸内偏心地装有转子，转子槽内装有两块旋片，由于弹簧力的作用而紧贴于缸壁。定子上的进排气口被转子和旋片分为两部分。

当转子在定子缸内旋转时，周期性地将进气口方面的容积逐渐扩大而吸入气体，同时逐渐缩小排气口方面的容积，将吸入的气体压缩，并从排气阀排出。

排气阀浸在油里以防止大气流入泵中。油通过泵体上的缝隙、油孔及排气阀进入泵腔，使泵腔内的所有运动表面被油复盖，形成了吸气腔和排气腔之间的密封。同时，油还充满了泵腔内的一切有害空腔，以消除它们对极限真空度的影响。

双级旋片式真空泵由两个工作室组成（见图7-36）。两室前后串联，同向等速旋转，Ⅰ室是Ⅱ室的前级，Ⅰ室是低真空级，Ⅱ室是较高真空级。被抽气体由进气管道进入Ⅱ室。当进入气体压力较高时，气体经Ⅱ室压缩，压强激增。被压缩的气体除经通道2进入Ⅰ室外，还能推开排气阀3，并由此排出。

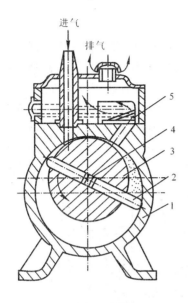

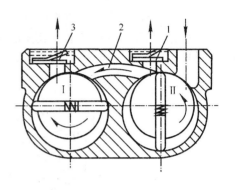

图 7-35　单级旋片式真空泵工作原理图　　　图 7-36　双级旋片式真空泵工作原理图

1—定子；2—旋片；3—转子；4—弹簧；5—排气阀　　　1—排气阀；2—通道；3—排气阀

当进入Ⅱ室的气体压力较低时，气体虽经Ⅱ室压缩，也推不开排气阀 1，只能全部经通道 2 进入Ⅰ室，经Ⅰ室再压缩后，由排气阀 3 排出。因此，双级旋片式真空泵比单级旋片式真空泵的极限真空度高。

3）滑阀式真空泵的工作原理。滑阀式真空泵主要由泵体、排气阀、轴、半圆形的柱塞导轨及内部做偏心转动的柱塞部件组成（见图 7-37）。泵体中装有柱塞环 4，柱环内装有偏心轮 3，偏心轮固定在轴 2 上，轴与泵体中心线相重合。在柱塞环上装有长方形的柱塞杆 5，它能在半圆形的柱塞导轨 7 中上下滑动及左右摆动，因此，泵体被柱塞环和柱塞杆分隔为 A，B 两室。泵在运转过程中，由于 A，B 两室的容积周期性地变化，使气体不断进入逐渐增大容积的吸气腔，同时，随着排气腔容积的缩小，气体受到压缩，并通过排气阀排出。

4）直联式真空泵的工作原理。直联泵是利用转子在缸内的高速旋转和滑片在转子槽内的往复运动，从而改变工作室的容积进行抽气的。该泵的主要结构如图 7-38 所示。

直联泵为双级结构，两级前后串联。被抽气体逐渐被压缩后，推开排气阀排至泵外。泵的工作室用泵油密封，使抽气室、压缩室和排气室相互隔绝，并对运动表面进行润滑。

直联泵装有气镇阀，用以对压缩室掺入一定量气体，降低该压缩室中可凝性蒸气的压缩比，使可凝性蒸汽排至泵外，不致凝入泵油中。

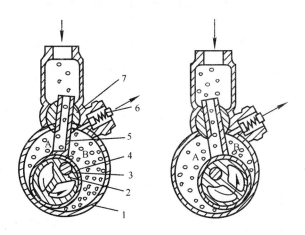

图 7 - 37 滑阀式真空泵工作原理图

1— 泵体；2— 轴；3— 偏心轮；4— 柱塞环；

5— 滑阀杆；6— 排气阀；7— 滑阀导轨

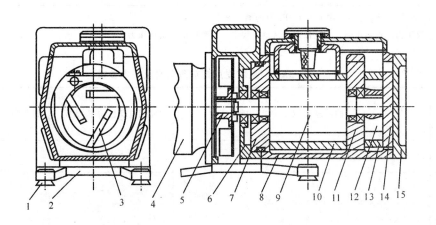

图 7 - 38 直联高速旋片式真空泵

1— 胶垫；2— 支架；3— 旋片；4— 电机；5— 联轴器；

6— 支座；7— 前盖；8— 箱体；9— 高级转子；10— 高级缸；

11— 隔板；12— 低级转子；13— 低级缸；14— 后盖；15— 法兰

（3）油封式旋转机械真空泵型式及其基本参数。国产油封式旋转机械真空泵系列型式及
基本参数如表7-3、表7-4及表7-5所示。

215

表 7-3　2X 型旋片真空泵型式及基本参数

序号	型号	抽气速率 /(L/s)	极限压力 /Pa	配用电机功率 /kW	进气口内径 /mm
1	2X—0.5	0.5		≤ 0.18	16
2	2X—1	1		≤ 0.25	16
3	2X—2	2		≤ 0.37	25
4	2X—4	4	6×10^{-2}	≤ 0.55	25
5	2X—8	8		≤ 1.1	40
6	2X—15	15		≤ 2.2	50
7	2X—30	30		≤ 3	63
8	2X—70	70		≤ 5.5	80

注:1. 抽气速率系指泵进口压力为 101 kPa 时的抽气速率。

　　2. 极限压力系指用压缩式真空计在测试罩上规定位置测得的极限分压力。

表 7-4　2XZ 型直联旋片真空泵型式及基本参数

序号	型号	抽气速率 /(L/s)	极限压力 /Pa	配用电动机功率 /kW	进气口内径 /mm
1	2XZ—0.5	0.5		≤ 0.12	16
2	2XZ—1	1		≤ 0.25	16
3	2XZ—2	2		≤ 0.37	25
4	2XZ—4	4	6×10^{-2}	≤ 0.55	25
5	2XZ—8	8		≤ 1.1	40
6	2XZ—15	15		≤ 2.2	50
7	2XZ—30	30		≤ 4	63

表 7 - 5　H 型滑阀式真空泵型式及基本参数

序号	型号	抽气速率 /(L/s)	极限压力 /Pa	电机功率 /kW	泵法兰内径 /mm	
					进口	出口
1	H—8	8	6×10^{-1}	1.1	50	25
2	2H—8		6×10^{-2}			
3	H—15	15	6×10^{-1}	2.2		
4	2H—15		6×10^{-2}			
5	H—30	30	6×10^{-1}	4	63	40
6	2H—30		6×10^{-2}			
7	H—70	70	1.3	7.5	80	63
8	2H—70		6×10^{-2}			
9	H—150	150	1.3	15	100	80
10	2H—150		6×10^{-2}			
11	H—300	300	1.3	30	160	100
12	H—500	500	1.3	55	200	160

2. 罗茨真空泵

(1) 概述。罗茨真空泵(见图7-39)是利用两个"8"字形的转子在泵壳中旋转,从而进行吸气与排气的。由于它在低压力范围内工作,气体分子的自由程较大,气体漏过微小缝隙的阻力较大,因而能获得较高的压缩比,可以作为增压真空泵使用,但它不能单独将气体直接排到大气中去,需要和前级真空泵串联使用,使被抽气体通过前级真空泵排到大气中去。

罗茨泵的特点是:① 转子与泵腔、转子与转子之间有一定间隙,互不接触,无需油润滑;② 转子具有良好的几何对称性,可以提高转速,从而能够制造出结构紧凑的大抽速泵来;③ 泵工作时振动小,容积大;④ 在泵腔内并不发生像机械真空泵那样的压缩现象,无需排气阀,故可抽除可凝性蒸气;⑤ 启动快,能在短时内达到极限真空,而且功率小,运转维护费用低;⑥ 在很宽的压力范围内($1 \sim 1 \times 10^{-3}$ Pa)有很大的抽速,能迅速排出突然放出的气体,弥补了扩散泵和油封机械泵在上述压力范围内抽速很小的缺陷,因此,它最适合作增压泵用。

217

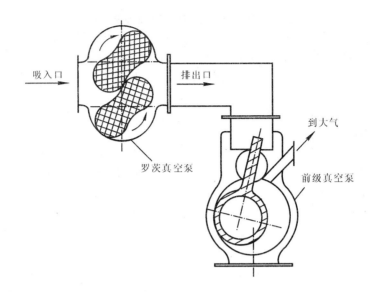

图 7-39　罗茨真空泵示意图

罗茨泵的缺点是泵的转子制造较难,抽除氢气的效果不如油增压泵高。

罗茨泵广泛应用于冶金工业的真空脱气、真空熔炼、钢水真空处理,以及在空间模拟、低密度风洞等装置中用于抽除非腐蚀性气体。

(2)工作原理。罗茨泵的工作原理如图 7-40 所示。当两个"8"字形转子以等角速度做方向相反的旋转时,被抽气体由进气口进入转子与泵体之间,这时,其中一个转子和泵体把气体与进气口隔开。被隔开的气体(见图 7-40 中的阴影部分)在转子连续不断的旋转过程中,被送到排气口。

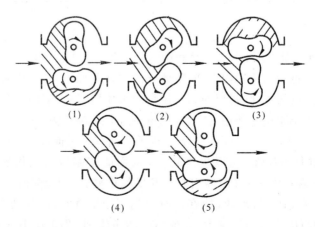

(1)　　　(2)　　　(3)

(4)　　　(5)

图 7-40　罗茨真空泵工作原理示意图

罗茨泵在入口压力很低的情况下工作时,由于转子转速很高(1 000 ~ 3 000 r/min),转子表面的线速度接近分子的热运动速度,这时碰撞在转子上的气体分子被转子携带到压力较高的排气口,再被预真空泵排除。这就是罗茨泵的分子作用原理。

　　(3)ZJ 型罗茨真空泵的型式和基本参数。ZJ 型罗茨真空泵的形式和基本参数如表 7 - 6 所示。

表 7 - 6　ZJ 型罗茨式真空泵型式及基本参数

序号	型号	几何轴气速率 L/s	极限压力 Pa	最大允许压差 Pa	进气口通径 mm	出气口通径 mm	零流量最大压缩比	噪声 dB	推荐配用电机功率 kW	推荐泵转速 r/min	推荐配用前级泵
1	ZJ—30	30	5×10^{-2}	8×10^3	50	40	25	76	0.75	2 950	2X—4,2X—3
2	ZJ—70	70	5×10^{-2}	6×10^3	80	50	25	78	1.1	2 950	2X—8,2X—15
3	ZJ—150	150	5×10^{-2}	6×10^3	100	80	30	82	2.2	2 950	2X—15,2X—30
4	ZJ—300	300	5×10^{-2}	5×10^3	160	100	30	83	4	2 950	2X—30,2X—70
5	ZJ—600	600	5×10^{-2}	4×10^3	200	160	35	84	7.5	2 950	2X—70,ZJ—150,2X—30
6	ZJ—1 200	1 200	5×10^{-2}	3×10^3	250	200	35	85	11	2 950	ZJ—150,2X—30 ZJ—300,2X—70
7	ZJ—2 500	2 500	5×10^{-2}	3×10^3	320	250	40	88	18.5	2 950	ZJ—300,2X—70 ZJ—600,H—150
8	ZJ—5 000	5 000	5×10^{-2}	3×10^3	400	320	40	93	37	1 450	ZJ—600,H—150 ZJ—1 200,H—300
9	ZJ—10 000	10 000	5×10^{-2}	2.5×10^3	500	400	45	93	55	1 450	ZJ—1 200,H—300 ZJ—2 500,ZJ—600,H—150
10	ZJ—20 000	20 000	5×10^{-2}	2×10^3	630	500	45	94	75	1 450	ZJ—2 500,ZJ—600,H—150 ZJ—5 000,ZJ—1 200,2XH—150

　　3. 涡轮分子泵

　　(1) 概述。涡轮分子泵是靠高速转动的转子携带气体分子,获得超高真空的一种机械真空泵。其工作压力范围为 1 ~ 10^{-8} Pa,抽气速率一般在 5 000 L/s 以下,先进的泵可获得 10^{-9} Pa 的极限压力。泵的转速为 10 000 ~ 50 000 r/min,其抽速范围很宽,在 9 个数量级间具有恒定的抽速。分子泵主要用作超高真空泵或高真空泵,但它不能直接对大气排气,需要配置前级泵,且其主要性能(如极限真空和抽速)都和所配置的前级泵的容量、转速及被抽气体的种类有关。分子泵对较轻气体的抽速较大,对氢气的抽速比对空气的抽速大 20%。

我国在涡轮分子泵的研究和生产方面发展很快。在 20 世纪 60 年代研制成功的卧式涡轮分子泵的基础上,很快发展了铣制和扭制叶片的两种立式涡轮分子泵的系列产品,并将磁悬浮式轴承用于涡轮分子泵中。近 10 年来,由于高速轴承及数控加工技术的不断发展,国外涡轮分子泵的研制有了长足进步,抽速从 50 L/s 已发展到 25 000 L/s(日本),甚至高达 40 000 L/s(俄罗斯)。目前,悬浮式涡轮分子泵已达到实用化程度,使涡轮分子泵向更高流量及出口压力的方向发展。

分子泵由置于泵体内的中频电机直接驱动。涡轮转子为整体式结构,对于大相对分子质量的气体,有较高的压缩比,且中频电机置于前级空间,能获得清洁的高真空和超高真空。工作压力范围宽,在 $10^{-1} \sim 10^{-7}$ Pa 范围内具有稳定的抽速,工作平稳。由于采用了精密轴承,严格的动平衡工艺和一系列减振措施,使泵振动、噪声小;启动时间短,一般在 $4 \sim 15$ min 内能达到满抽速;标准化的法兰连接尺寸,垂直结构,使其便于与真空系统连接。

分子泵适用于要求清洁的高真空和超高真空的仪器设备上,如高能加速器、宇航模拟、真空镀膜、真空冶炼、半导体提纯及大型电子管排气等。在某些应用领域有取代油扩散泵的趋势。

(2)涡轮分子泵结构原理。图 7 - 41、图 7 - 42 分别为涡轮叶片展开图和涡轮分子泵的结构示意图。

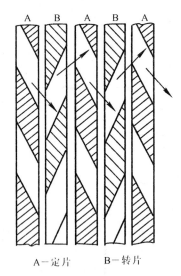

图 7 - 41　涡轮叶片展开图

分子泵的转子和定子都装有多层涡轮叶片,转子与定子叶片的倾斜面方向相反,每一个转子叶片处于两个定子叶片之间。分子泵工作时,转子高速旋转,迫使气体分子通过叶片从泵的上部流向出口,从而产生抽气作用。排出的气体经排气管道由前级泵抽走。

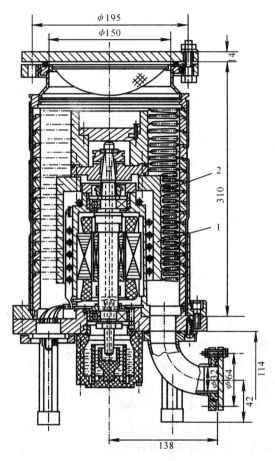

图 7-42　涡轮分子泵结构示意图

1—转子;2—定子

(3)涡轮分子泵的型式及基本参数。涡轮分子泵的型式及基本参数如表7-7所示。

表 7-7　涡轮分子泵基本参数

型　　号		F—100/110	F—100/220	F—160/450	F—250/1 400	F—320/2 000	F—400/3 500
几何抽气速率 /(L/s)		110	220	450	1 400	2 000	3 500
极限压力 /Pa		$< 10^{-8}$					
压缩比	对 N_2	10^8	10^8	3×10^8	9×10^8	10^9	10^{10}
	对 H_2	5×10^2	2.5×10^3	0.3×10^2	4×10^4	10^4	10^4

续　表

型　号	F—100/110	F—100/220	F—160/450	F—250/1 400	F—320/2 000	F—400/3 500
启动时间 /min	< 3		< 5	< 10	< 20	< 30
振动 /μm	< 0.5					
噪声 /dB	< 70				< 72	
进口通径 /mm	100	100	160	250	320	400
出气口通径 /mm	25	25	40	63		100
电源输入电压 /V	220±10%(50 Hz)					
电源消耗功率 /W	220		440		500	
电源启动功率 /W	< 500		< 2 000			

注：电源有三种类型：①电子模拟式自动变频电源；②微机程控式自动变频电源；③电机变频式电源。

4. 油扩散泵

(1) 概述。油扩散泵是用来获得高真空或超高真空的主要设备。工作压力范围为 10^{-2} ～ 10^{-6} Pa，抽速大，抽速范围宽(从每秒几升到十几万升)，对各种气体无选择性，结构简单，无机械运动部分，操作方便，便于维护，使用寿命长，可靠性高，故在材料加工领域有广泛应用。

(2) 结构原理。油扩散泵的结构如图 7-43 所示，主要由泵体、冷却帽、喷嘴、蒸气导流管及加热器组成。

扩散泵油锅中的泵油在真空中加热到沸腾温度(约200℃)时会产生大量的油蒸气。油蒸气经导流管由各级喷嘴定向高速喷出。由于扩散泵进气口附近被抽气体的分压力高于蒸气流中该气体的分压力，所以被抽气体分子就不断地扩散到蒸气流中。油蒸气撞击被抽气体分子，使被抽气体分子沿蒸气流束的方向高速运动。气体分子碰到泵壁又反射回来，再受到蒸气流的碰撞后，气体分子被压缩到低真空端，再由下几级喷嘴喷出的蒸气流进行多级压缩，最后由前级真空泵抽走。而油蒸气在冷却的泵壁上被冷却后，又返回到油锅中重新被加热，如此循环工作。

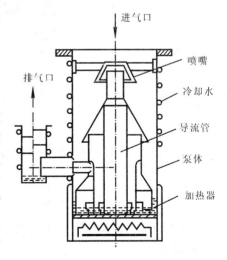

图 7-43　油扩散泵结构示意图

泵油对油扩散泵极限压力的影响很大。例如使用 3 号扩散泵油，其极限压力只能达到 10^{-5} Pa；而改用275 号硅油，其极限压力能达到 10^{-7} Pa。为此，必须选择性能好的扩散泵油。对扩散泵油的要求是：泵油的分子量要大，常温下的蒸气压要低，热稳定性和抗氧化性要好，凝固点和低温黏度要低，要无毒、耐腐蚀、成本低。

用油扩散泵获得超高真空系统都要进行高温烘烤，以减少材料的出气速率。材料在大气下都能吸收和吸附一些气体，当处在真空中时，会产生解吸，使气体缓慢释放出来。为了加速解吸，采用烘烤。

材料不同，选择的烘烤温度也不同。通常不锈钢等金属材料烘烤温度为 $250 \sim 450℃$；非金属材料烘烤温度为 $80 \sim 100℃$，烘烤时间为 $4 \sim 8$ h；极高真空的烘烤时间应在 24 h 以上。

（3）防止泵油返流和反迁移的方法。泵油通过泵的入口流到被抽容器的现象叫做返流。油分子沿着器壁移动进入被抽容器的现象叫做反迁移。返流或反迁移，都影响真空系统的极限压力。

冷阱广泛应用于超高真空系统。冷阱是利用低温壁来捕集气体的一种装置，它装在泵的入口和真空室之间，不仅能有效捕集扩散泵的返流蒸气及部分裂解物，而且可抽除来自真空室的蒸气。装有冷阱的高真空系统，经过彻底的高温烘烤去气后，可获得 $10^{-8} \sim 10^{-10}$ Pa 的超高真空度。常用的冷阱是液氮冷阱，因为在液氮温度下，泵油的蒸气压力大大低于超高真空度的要求。设计液氮冷阱必须保证通过阱的分子都碰到冷面上，同时结构要合理。装上液氮冷阱后，油扩散泵的抽速降低不高于 40%。

（4）油扩散泵的性能参数和技术参数。油扩散泵的性能参数及技术参数如表 7-8 所示。

表 7-8　油扩散泵技术参数

进气口通径 /mm	参数名称					
	加热功率 /kW	加热器电源电压 V	泵油牌号	泵油用量 L	冷却水 (20±5℃) 用量 L/h	推荐前级泵几何抽气速率 /(L/s)
80	0.5 ~ 0.8			0.08 ~ 0.10	70	2.5
100	0.8 ~ 1.2			0.10 ~ 0.15	150	4
160	1.2 ~ 2.0	220	三号扩散泵油	0.4 ~ 0.5	250	9.5
200	1.5 ~ 2.5			0.5 ~ 0.8	300	15
320	2.5 ~ 4.0			1.4 ~ 1.8	500	45
400	4.0 ~ 6.0			3.0 ~ 4.0	600	60
630	6.3 ~ 12	380		6.3 ~ 7.3	850	150
800	10 ~ 16			12 ~ 14	1 200	240
1 000	14 ~ 22			14 ~ 16	1 500	350

5. 干式真空泵

(1) 干式真空泵的应用特征及定义。在近二三十年来，由高真空扩散泵作为前级泵的油封式机械泵组成的真空系统，在各工业部门中得到了广泛应用。在这样的真空系统中，有时会发生油蒸气返流使真空容器遭到污染的现象，而且真空容器中的工艺气体会在油中溶解，工艺过程中反应生成的颗粒状副产物也会在油中积聚，使油本身变质劣化。

近年来，主要是半导体材料及相关产业提出的要求，作为高真空泵不要有油蒸气存在，这使得人们不得不再去研制专门用途的干式泵。

干式泵较早就出现了，但没明确的定义。就代替油封机械泵来说，一般通用的说法是：能在大气压到 10^{-2} Pa 的压力范围内工作；在泵的气流道（如泵腔）中，不能使用任何油类和液体；排气口与大气相通，能连续向大气中排气的泵则称为干式真空泵（也称无油真空泵）。

(2) 干式真空泵的分类。干式真空泵，按其基本原理可分如下两类：

1) 容积式的无油真空泵，如多级罗茨泵、爪型泵、往复式活塞泵、螺杆式泵和涡旋泵等。这种干式泵的极限压力一般为 0.1～10 Pa，抽速为 0.01～0.04 m³/s。

2) 动量传输式无油真空泵，如涡流式无油泵。其排气侧与大气相接，在连续流状态下压缩比较高。它是一种粗抽泵，可从大气压抽到 10^{-2} Pa。在结构上采用径向流和周向流泵的复合式结构，多级串联抽气。这种涡轮泵的极限压力约为 10^{-2} Pa，抽速为 0.02～0.15 m³/s。牵引型干式泵也属于动量传输式的干式泵。

这些干式泵和油封式机械泵相比，当达到同样的极限压力时，其残余气体成分则全然不同。分析结果表明，油封泵的残余气体中，碳氢化合物为其主要成分，而干式泵的残余气体为空气的组成成分。这就证实了干式泵不再有油的污染。

有些干式泵在结构设计上，如泵的传动齿轮和轴承等的设计上，仍在使用润滑油（也有用合成油），如 PFPE 油和其油脂等，并采取一定的措施使油蒸气在泵腔内不存在。严格来说这种泵不是全无油泵，但经分析，这种合成油的成分在泵入口处是微乎其微的，并无明显影响。

(3) 各种干式真空泵的主要性能指标及结构特点。各种干式真空泵的主要参数与结构特点如表 7－9 所示。

表 7－9　各种干式真空泵的主要参数与结构特点

型　式	极限压力 /Pa	一台泵内的级数	特　点
多级罗茨泵	0.53	2～3	5～6 级串联，气冷式
多级螺杆泵	0.66		高速 10 000 r/min，小间隙 0.1 mm
涡旋泵	0.133		小间隙 0.2 mm
多级活塞泵	1.33		非常清洁

续 表

型 式	极限压力/Pa	一台泵内的级数	特 点
螺杆泵＋碳旋片泵	0.066		有碳旋片的脱落
罗茨＋爪型泵	0.93		1级罗茨＋2～3级爪型
爪型泵	0.53	2～4	2～4级爪型泵
分子牵引泵＋膜片泵	1.33×10^{-3}		高压时流量低
膜片泵	665	2	不耐腐蚀,寿命低
涡轮泵	0.133	9～12	高速30 000 r/min

二、真空阀门

真空阀门是真空系统中用来调节气流量、切断或接通管路的元件。

真空阀门的种类繁多,下面仅介绍其中的主要几种。

(1)DS—30A型低真空三通阀。该阀主要是与以口径 $\phi200$ mm的高真空油扩散泵为主的真空机组配套使用。机械泵通过此阀直接对容器预抽,或经此阀转接扩散泵。也可以作为 $\phi30$ mm的低真空管道阀使用。阀的活动密封采用碗状密封圈,静密封采用圆截面"O"形圈,结构简单,操作方便。

(2)DDC—JQ系列电磁真空带充气阀。该阀是安装在旋片式真空泵上的专用阀门。阀门与泵接在同一电源上,泵的开启与停止直接控制了阀的开启与关闭。当泵停止工作或是电源突然中断时,阀能自动将真空系统封闭,并将大气通过泵的进口充入泵腔,避免泵油返流污染真空系统。

(3)DF型电磁真空阀。DF型电磁阀的功能是在真空系统中起隔断作用。DFQ型为隔断带放气电磁阀,在隔断后向机械泵放气。DF型和DFQ型电磁阀适用于从大气压至 10^{-6} Pa的真空系统。

(4)DDCY型电磁压差阀。真空电磁压差阀是真空系统中必备的控制元件,它装于油封机械泵的进气口处。当泵因工作需要或突然停电、停止运转时,该泵利用大气压力使阀芯自动落下,截止和真空系统相连的通道,同时向泵内放大气,防止机械泵油返向真空系统,有利于机械泵再启动。

7.4　电机调速系统

一、直流电机调速电路

直流电机调速系统在材料加工过程中有着广泛应用,例如,熔化极氩弧焊的送丝机构、焊接小车行走机构及缝焊滚盘的转动机构等,都配有直流电机调速系统。

用晶闸管整流电路为他激式、永磁式直流电动机转子提供可调电压,即可方便地调整直流电动机的转速。为了补偿由于网路电压及负载阻力矩的波动而造成的转速波动,常用的调节方法有电枢电压负反馈、电势正反馈及测速电压负反馈等。测速电压负反馈是一种理想的恒速反馈调节方法,其调节速度及调节范围都较高,但系统的成本也高,故在 1 kW 以下的小功率晶闸管驱动电路中用的较少。

1. 调速电路的工作原理

带有电压负反馈及电流正反馈的晶闸管直流调速电路如图7-44所示。调速系统主要由晶闸管驱动电路及晶闸管触发电路两部分组成。

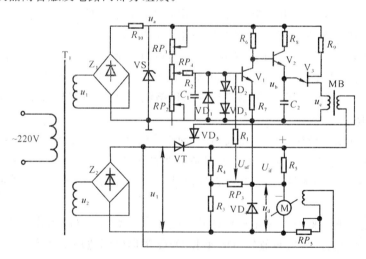

图 7-44　带电压负反馈和电流正反馈的调速电路

220 V 的网路电压,经过变压器 T_1 降压后,分别输入整流桥 Z_1,Z_2 整流。整流桥 Z_2 输出的直流电压,经过晶闸管 VT 及取样电阻 R_5 加在电枢两端,同时通过电位器 RP_5 加在激磁绕组两端。改变触发 VT 的脉冲相位即可改变电枢电压,达到调速的目的。

触发脉冲电路由稳压管 VS,三极管 V_1,V_2,双基极二极管 V_3 及电容 C_2 等元件组成。由 Z_1 输出的整流电压经过 R_{10} 及 VS 稳压后,变成如图7-45所示的梯形波电压,加在触发脉冲电路上。梯形波电压经$RP_{1,2,4}$分压后，输入V_1的基极，经过由V_1、V_2组成的放大电路两级放大，对电容C_2进行充电。当充电到双基极二极管V_3的峰点电压时，电容C_2通过V_3快速放电，同时可在脉冲变压器MB的副边感应出相应的尖脉冲信号。此脉冲信号经过二极管VD_5触发VT。调节RP_4，即可改变电容C_2的充电电流，亦即改变了触发脉冲的相位。由于在网压的半周内，电容C_2的充放电过程可进行多次，故触发可控硅VT的信号为脉冲列。

图7-44电路的各点波形如图7-45所示。从图中可以看出，由于电容C_2的充电都是从网压零点开始的，因此，严格保证了触发晶闸管VT的脉冲列与网压同步。由于电枢两端反电势的存在，使u_d变成连续波形。

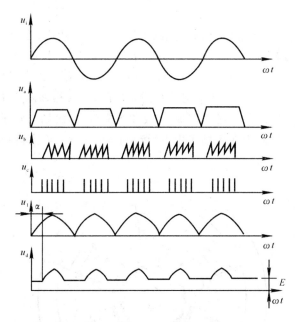

图 7-45　晶闸管驱动电路各点波形

2. 电枢电压负反馈和电枢电流正反馈

在带电枢电压负反馈的调节器中附加电枢电流正反馈，可使直流电机的调速精度进一步提高。在图7-44中，电枢电压负反馈信号U_{uf}取自R_4两端；电枢电流正反馈信号U_{if}从电枢串联电阻R_5上取出，R_5的数值为$1\,\Omega$左右（取决于电机功率）。在$R_4 \rightarrow RP_3 \rightarrow R_5$构成的回路中，从$RP_3$中点取出加到$V_1$基极回路的反馈信号为包括电枢电流正反馈的组合信号，即$U_f = (U_{if} - U_{uf})/m$，式中$m$为$RP_3$调定之分压比。这个信号加入后，当电动机负载阻力矩增加时，U_{if}和U_f之增加，使电动机转速因负载增加所造成的下降得以补偿。当网路电压增加时，U_{if}和U_f随之减少，晶闸管导通角减小，使转速的变化同样得以补偿。

值得注意的是：① 在这一电路中，从RP_4点取出的给定控制信号U_c是与U_f并联叠加在

V_1 基极回路中,在其他电路中它们也可能是串联叠加的;② 电枢电流正反馈只能与电枢电压负反馈同时采用,且其反馈量,即 R_5 的数值不能太大,否则极易引起振荡;③ 电机功率或电枢电流较大时,可用电流互感器、霍尔元件作电流反馈检测,以免 R_5 功率过大,发热严重,并附加不稳定因素。

二、步进电机及其驱动系统

步进电机是一种将电脉冲转换为角位移的执行机构,常用在开环控制系统中,如多工位自动点焊、步进式缝焊机等。

1. 步进电机的工作原理

目前常用的是反应式步进电机,根据绕组数多少有三相、四相、五相步进电机等。图 7-46 给出了三相步进电机结构示意图。从图中可以看出,电机的定子上有 6 个等间隔的磁极,相邻两个磁极之间的夹角为 60°,相对两个磁极(AA,BB,CC)组成一相。每个磁极上有五个均匀分布的矩形小齿,电机的转子上有 40 个均匀分布的矩形小齿,相邻两个小齿间夹角为 9°。当某一相绕组通电时,与之对应的两个磁极形成 N 极和 S 极,产生磁场与转子形成磁路。此时若定子小齿和转子小齿没有对齐,则在磁场作用下,转子将转动一个角度,使小齿对齐。因此,错齿是促使步进电机旋转的原因。

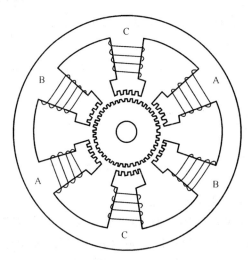

图 7-46 三相步进电机结构示意图

若 A 相通电,B,C 相不通电,并以 A 相小齿对齐定子上小齿作为初态,并设与 A 相磁极中心线对齐的定子上的齿为 0 号齿。由于 B 相磁极与 A 相磁极相差 120°,它不是 9° 的整数倍($120/9 = 13\frac{1}{3}$),故 B 相的定子上齿没有和转子上齿对齐,其中 13 号齿靠近 B 相中心线,与中心线相差 3°。如果此时突然变为 B 相通电，A，C 相不通电，则 B 相磁极产生的磁场使定子上 13 号齿与之对齐，转子转动 3°，即走了一步。若按 A→B→C→A 顺序轮流通电一次，转子则正好转三步；而以 A→C→B→A 顺序通电，则电机反转。从一相通电转到另一相通电，称为一拍。上述为三相三拍运行方式。若按 A→AB→B→BC→C→CA 顺序通电，称之为三相六拍的运行方式。步进电机的主要特征参数如下：

（1）步距角 θ。步进电机每走一步能转过的角度，称为步距角 θ，$\theta = 360°/(NZ)$，其中 N 为拍数，Z 为转子齿数。

（2）启动频率。步进电机能够不失步地由静止启动，并进入正常运行的最高步进频率称为启动频率。

（3）连续运行频率。步进电机启动以后，不失步的最高运行频率称为连续运行频率。

（4）最大静转矩。当步进电机通电状态不变，在转轴上加一负载转矩，使转子正好不转时，能保持稳定的最大值称为最大静转矩。

（5）静态步距角误差。步进电机的实际步距角与理论步距角之差称为静态步距角误差。

2．步进电机的驱动方法

图 7-47 给出了一个控制系统中 X 向、Y 向两个步进电机和 MCS—51 单片机的一种接口方法。若以三相六拍方式工作，在以 A→AB→B→BC→C→CA→A 顺序通电时正转，以 A→AC→C→CB→B→BA→A 顺序通电时反转。表 7-10 给出了 X 向步进电机状态、转换方向和输出口的工作状态。用一个工作单元记录步进马达当前状态，则可以直接编写出正反转的子程序。

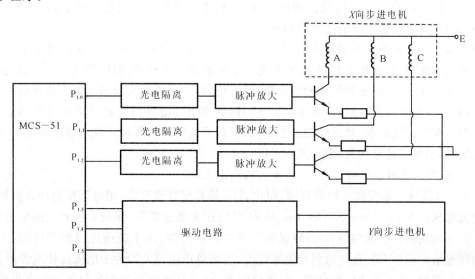

图 7-47　步进电机和 MCS—51 单片机的接口

229

表 7 - 10   **X 向步进电机状态和转换**

状态	C(P$_{1.2}$)	B(P$_{1.1}$)	A(P$_{1.0}$)	正转(＋X)		反转(－X)	
				下一状态	操作	下一状态	操作
0	0	0	1	1	1 → P$_{1.1}$	5	1 → P$_{1.2}$
1	0	1	1	2	0 → P$_{1.0}$	0	1 → P$_{1.1}$
2	0	1	0	3	1 → P$_{1.2}$	1	1 → P$_{1.0}$
3	1	1	0	4	0 → P$_{1.1}$	2	0 → P$_{1.1}$
4	1	0	0	5	1 → P$_{1.0}$	3	1 → P$_{1.1}$
5	1	0	1	0	0 → P$_{1.2}$	4	0 → P$_{1.0}$

三、交流电机调速系统

交流电机与直流电机相比,具有结构简单、成本低廉、工作可靠、维护方便、转动惯量小以及效率高等优点,因此,如果用交流调速传动,显然能够带来更为明显的效益。电机的容量愈大,转速愈高,交流调速系统的优势愈明显。

由变压变频装置给鼠笼型异步电动机供电所组成的调速系统叫变压变频调速系统。和直流电机调速系统相似,在调速时,机械特性基本上平行地上下移动,而转差功率不变。在各种异步电机调速系统中,变压变频调速的效率最高,性能最好,是当前交流调速的主要发展方向。

采用电压-频率协调控制时,异步电机在不同频率下都能获得较硬的机械特性。如果材料加工过程对调速系统的静、动态性能要求不高,可以采用转速开环恒压频比带低频电压补偿的控制方案。其控制系统结构最简单,成本最低。

1. 电压源型晶闸管变频器 —— 异步电机调速系统

图 7 - 48 是这一系统的结构原理图。图中,UR 是晶闸管整流器,用电压控制环节控制它的输出直流电压;VSI(Voltage Source Inverter) 是电压源型逆变器,用频率控制它的输出频率;电压和频率采用同一控制信号 U_{abs},以保证二者之间的协调。由于转速控制是开环的,不能让阶跃的转速给定信号 U_n^* 直接加到控制系统上,否则将产生很大的冲击电流而使电源跳闸。为了解决这个问题,设置了给定积分器 GI,将阶跃信号 U_{gi} 转变成按设定的斜率逐渐变化的斜坡信号 U_{gi},从而使电压 U_{gi} 和转速都能平缓地升高和降低。其次,由于 U_{gi} 是可逆的,而电机的旋

转方向只取决于变频电压的相序,并不需要在电压和频率的控制信号上反映极性。因此,在 GI 后面再设置绝对值变换器 GAB,将 U_{gi} 变换成只输出绝对值的信号 U_{abs}。

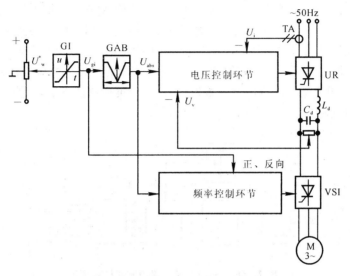

图 7-48 转速开环的交-直-交电压源型变频器

UR— 晶闸管整流器;GI— 给定积分器;

GAB— 绝对值变换器;VSI— 电压源型逆变器

采用模拟控制时,GI 和 GAB 都可用运算放大器构成。采用数字控制时则容易用软件实现。电压控制环节一般采用电压、电流双闭环的控制结构,如图 7-49 所示。内环设电流调节器 ACR,用以限制动态电流,兼起保护作用。外环设电压调节器 AVR,用以控制变频器输出电压。简单的小容量系统也可用电压环控制。电压-频率控制信号加到 AVR 以前,应先通过函数发生器 GF,把电压给定信号 U_v^* 相对提高一些,以补偿定子阻抗压降,改善调速时(特别是低速时)的机械特性,提高带载能力。

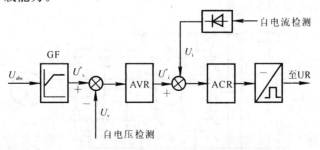

图 7-49 电压源型变频调速系统的电压控制环节

ACR— 电流调节器;AVR— 电压调节器;GF— 函数发生器;UR— 晶闸管整流器

频率控制环节主要由压频变换器 GVF、环形分配器 DRC 和脉冲放大器 AP 三部分组成（见图 7-50）。将电压——频率控制信号 U_{abs}——转变成具有所需频率的脉冲列，再按 6 个脉冲一组依次分配给逆变器，分别触发桥臂上相应的 6 个晶闸管。压频变换器 GVF 是一个由电压控制的振荡器，将电压信号转变为一系列脉冲信号，脉冲列的频率与控制电压的大小成正比，从而得到恒压频比的控制作用。其频率值是输出频率的 6 倍，以便在逆变器的一个工作周期内发出 6 个脉冲，经过环形分配 DRC（具有 6 分频作用的环形计数器），将脉冲列分成 6 个一组相互间隔 60° 的具有适当宽度的脉冲触发信号。对于可逆调速系统，需要改变晶闸管触发的顺序，以改变电机的转向。

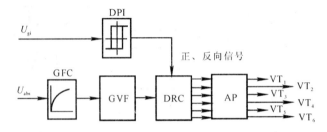

图 7-50　晶闸管逆变器的频率控制环节

GVF— 压频变换器；DRC— 环型分配器；AP— 脉冲放大器；

DPI— 极性鉴别器；GFC— 频率给定动态校正器

在交-直-交电压源型变频调速系统中（见图 7-48），由于中间直流回路有大电容 C_d 滤波，电压的实际变化很缓慢，而频率控制环节的响应是很快的，因而在动态过程中电压与频率就难以协调一致。在压频变换器的前面加设一个频率给定的动态校正器 GFC，用以延缓频率的变化，希望频率和电压的变化步调一致起来。GFC 的具体参数可在调试中确定。

三相六拍电压源型逆变器带异步电机的主电路如图 7-51 所示。图中，C_d 是滤波电容器，在它前面设置一个小电感 L_d 起限流作用。分别与晶闸管 $VT_1 \sim VT_6$ 反并联的六个续流二极管为感性负载的回馈电流提供通道。

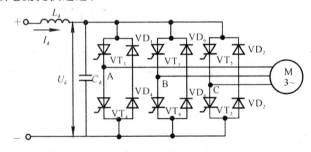

图 7-51　电压源型逆变器-异步电机主电路

2. 电流源型晶闸管变频器 —— 异步电机调速系统

电流源型晶闸管变频器和电压源型变频器调速系统的主要区别在于采用了由大电感滤波的电流源型逆变器(见图7-52)。但在控制系统上,两类系统基本相同,都是采用电压频率协调控制。无论是电压源型还是电流源型变频调速系统,都要用电压-频率协调控制,因此,都需采用电压控制系统,只是电压反馈环节有所不同。电压源型变频器直流电压的极性是不变的,而电流源型变频器在回馈制动时直流电压要反向,因此后者的电压反馈不能从直流电压引出,而改从三相逆变器的输出端引出。

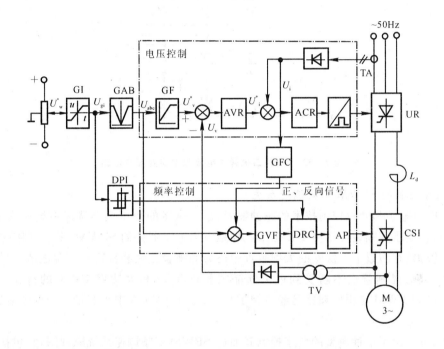

图7-52　转速开环的交-直-交电流源型变频器-异步电机调速系统

GI— 给定积分器；GAB— 绝对值积分器；GF— 函数发生器；

AVR— 电压调节器；ACR— 电流调节器；GVF— 压频变换器；

DRC— 环型分配器；AP— 脉冲放大器；TV— 电压互感器；DPI— 极性鉴别器；

GFC— 频率给定动态校正器；CSI— 三相逆变器；TA— 电流互感器

图7-52中的各控制环节基本上与电压源型变频器调速系统类似,但是调节器的参数会有较大差别。此外,电压与频率控制过程的动态校正环节是完全不同的。在这里,由于没有电容滤波,实际电压的变化会快得多,所以要用电流微分信号通过GFC来加快频率调制使它赶上电压变化的步调,而不像电压源型变频调速系统那样去延缓频率控制。

电流源型变频器一般采用120°导通型逆变器,图7-53是常用的串联二极管式电流源型逆变器。图中 C_{13},C_{35},C_{51},C_{46},C_{62},C_{24} 是换流电容器,每个电容器承担与之相连两个晶闸管之间的强迫换流作用。二极管 VD_1 ～ VD_6 在换流过程中起电压隔离作用,使电机绕组的感应电动势不致影响换流电容的放电过程。

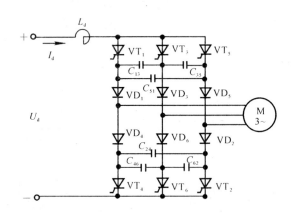

图 7 - 53   串联二极管式电流源型逆变器主电路

3. 数字控制的 SPWM 变频调速系统

随着电力电子和微机控制技术的蓬勃发展,越来越多的变压变频调速系统采用了数字控制。而晶闸管变压变频装置已逐步让位给全控型电力电子器件的 SPWM(正弦波脉宽调制)变压变频系统,只有在数千千伏安的大型装置中还为晶闸管变频装置留有一席之地。但即使在这个领域中,普通晶闸管也不断受到可关断晶闸管(GTO)和大功率 IGBT 的排挤。目前,由 IGBT 组成的 SPWM 通用变频器已经占领了 $0.5 \sim 500$ kV·A 中小容量变频调速装置的绝大部分市场。

图 7-54 绘出了一种典型的数字控制 IGBT-SPWM 变频调速系统原理图,它包括主电路、驱动电路、控制电路、保护信号采集与综合电路(图中未绘出吸收电路和其他辅助电路)。

SPWM 变频调速系统的主电路由不可控整流器 UR,SPWM 逆变器 UI 和中间直流电路三部分组成,一般都是电压源型的,采用大电容 C 滤波,同时对感性负载电流衰减时起储能作用。由于电容量较大,电源合闸时势必产生很大的冲击电流,在整流器和滤波电容之间串入限流电阻(或电抗)R_0。合上电源以后,用延时开关将 R_0 短路,以免造成附加损耗。

由于二极管整流器不能为异步电机的再生制动提供反向电流的途径,所以除特殊情况外,通常变频器一般都用电阻(图 7-54 中的 R_b)吸收制动能量。制动时,异步电机进入发电状态,首先通过逆变器的续流二极管向电容 C 充电,当中间直流回路电压(通称泵升电压)升高到一定限制值时,泵升限制电路使开关器件 V_b 导通,将电机释放的动能消耗到制动电阻 R_b 上。

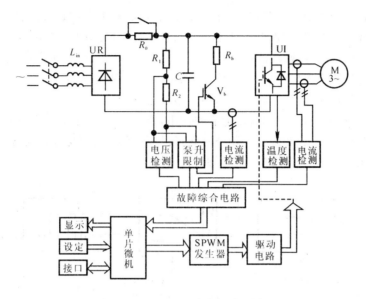

图7-54 IGBT-SPWM变频调速系统原理图

　　二极管整流器虽然是全波整流装置,但由于其输出端滤波电容的存在,只有当交流电压峰值超过电容电压时,整流电路才有充电电流流过;交流电压低于电容电压时,电流便立即中止。因此,输入电流呈脉动波形(见图7-55)。这样的电流波形会有较大的谐波分量,使电源受到污染。为了抑制谐波电流,对于容量较大的SPWM变频器,都应在输入端接上电感L_{in}(见图7-54),有时也可以在整流器和电容器之间串接直流电抗器。L_{in}也可用来抑制电源电压不平衡的影响。

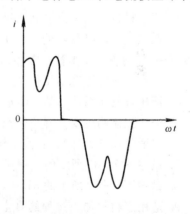

图7-55 SPWM变频器输入电流波形图

　　目前,新型的SPWM变频器的控制电路基本上是用8位或16位的单片机作为控制核心的数字电路。单片机通过I/O口接受各种设定指令和反馈信息,再发出驱动逆变器工作的SPWM信号。SPWM信号可以由微机用软件实时计算或用查表法生成,也可采用专用的SPWM集成电路芯片输出控制信号。现代微处理器本身能力很强,常把SPWM生成功能包括在内,由SPWM端口直接输出。例如DSP(Digital Signal Processor)数字信号处理器。

　　SPWM变频器需要设定的信息主要有U/f曲线、工作频率、频率上升时间和频率下降时间等,还可以有一系列特殊功能的设定。由于通用的SPWM变频器是频率或转速开环系统,低频时或负载的性质和大小不同时,都得靠改变 U/f 函数发生器的特性来补偿,在通用产品中称作电压补偿或转矩补偿。实现电压补偿的方法主要有两种:一种是在微机中存储多条不同折线段和不同斜率的 U/f 函数,由用户根据需要选择最佳特性;另一种办法是采用电流霍尔传感器检测定子电流或直流回路电流,然后按电流大小自动补偿定子电压。但无论如何,都存在过补偿或欠补偿的可能,这是开环控制系统的不足之处。

由于系统本身没有自动限制起动电流的作用,因此,频率设定信号必须通过给定积分算法产生平缓的控制作用,升速和降速的积分时间可以根据负载需要由操作人员分别选择。

SPWM 变压频器的基本控制过程如图 7－56 所示。

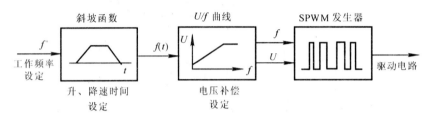

图 7－56　SPWM 变频器的基本控制过程图

习　　题

1. 简述材料加工过程中电加热的主要方式及用途。

2. 在交流点焊机及热处理电阻炉的交流调压电路中,晶闸管的控制方式有何不同?在交流点焊中,如何确定晶闸管正常移相范围?

3. 逆变加热电源有哪几种?它们的主要特点是什么?

4. 液压及气压系统的基本组成及其优缺点是什么?

5. 液压控制阀主要有哪几种?它们的主要作用是什么?

6. 何谓气动三大件?它们的工作原理及作用是什么?

7. 试述图 7－33 所示的点焊机气动加压系统的工作过程。

8. 试述图 7－32 所示的 3150KN 通用油压机液压系统的工作过程。

9. 适用于材料加工过程的真空泵主要有哪几种?它们各有什么特点?使用过程中应注意什么问题?

10. 真空阀门主要有哪几种?它们的主要作用是什么?

11. 造成直流电机转速变化的主要因素是什么?如何保证直流电机工作过程的转速稳定?

12. 简述步进电机及其驱动系统的工作原理。

13. 异步电机调速系统主要有哪几种?它们主要由哪几部分电路组成?各部分的作用是什么?

第8章　材料加工过程的单片机控制

单片机的问世时间不长,从1975年美国TEXAS公司研制出TMS1000系列4位单片机开始,到现在只不过30多年。但单片机的发展很快,种类很多,从1位、4位、8位发展到16位、32位,集成度愈来愈高,功能愈来愈强。目前,在材料加工过程中应用较多的是INTEL公司生产的MCS—51系列的单片机系统。例如,交流点焊机的自动控制系统、热处理炉的温度控制以及温度检测智能仪表,其核心部件大部分采用51系列的单片机。

8.1　单片机结构与控制系统组成

一、MCS—51系列单片机的结构

1. 8051单片机的内部结构

MCS—51系列单片机采用模块式结构,其内部结构框图如图8-1所示。它主要由以下几个部分组成:1个8位的中央处理器(CPU),4K字节程序存储器(ROM),128字节数据存储器(RAM),32位可编程并行I/O口(四个8位口P0,P1,P2,P3),1个可编程全双工串行口,2个16位定时器/计数器,1个特殊功能寄存器(SFR),5个中断源,2个优先级嵌套中断结构,1个片内振荡器和时钟电路,这些部件都是通过片内总线连接而成的。8051还可寻址外部程序存储器和数据存储器,并具有位寻址和较强的布尔(位)处理功能。

图8-1中的程序存储器部分,对于8051芯片而言,有4KB的程序存储器(ROM);若是8751芯片,则为4 KB EPROM。8031芯片内没有程序存储器,使用时必须在片外扩展程序存储器。

(1)微处理器。微处理器是单片机的核心部件,它决定了单片机的主要功能特性。微处理器主要由运算器部件和控制部件组成。运算器部件包含算术/逻辑ALU、布尔处理器、累加器Acc、寄存器B、程序状态字寄存器PSW及十进制调整电路等。运算部件实现数据的算术逻辑运算、位变量处理和数据传递操作。它不仅可对8位变量进行逻辑操作,还可以进行加、减、乘、除等基本运算。为了乘、除运算的需要,设置了B寄存器。在执行乘法运算指令时,用来存放一个乘数或被乘数,乘法运算后用于存放乘积的高8位;在执行除法运算指令时,B寄存器存放除数,除法运算后B中存放余数。

单板机指令系统中的布尔指令集、存储器中的位地址空间与CPU中的位操作构成了片内的布尔功能系统,它可对位变量进行布尔处理,如置位、清零、求补、测试转移及逻辑"与"、"或"

等操作。在实现位操作时,借用了程序状态字(PSW)中的进位标志位 Cy 作为位操作的累加器。

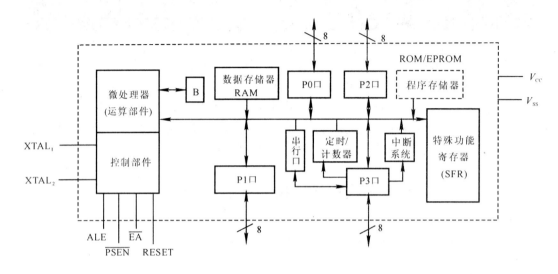

图 8-1　8051 内部结构框图

运算部件中的累加器 Acc 是一个 8 位的累加器(Acc 也可简写为 A)。从功能上看,它与一般微机的累加器没有什么不同之处。

(2) 控制部件。控制部件包含时钟电路、复位电路、指令寄存器、译码器及信息传送控制部件。它以主振频率为基准发出 CPU 的时序信号,对指令进行译码,然后发出各种控制信号,完成一系列定时控制的操作,控制单片机各部分的运行。其中有一些控制信号线能简化应用系统的外围控制逻辑,例如控制地址锁存信号 ALE,控制片外程序存储器运行的片内外存储器选片信号 $\overline{EA}$ 以及片外取指令信号 $\overline{PSEN}$。

2. 振荡器、时钟电路及时序

振荡电路和单片机内部的时钟电路一起构成了单片机的时钟方式,根据硬件电路的不同,连接方式分为内部时钟方式和外部时钟方式。同时,振荡周期和时钟周期又决定了 CPU 的时序。

(1) 振荡电路和时钟电路。单片机的内部有一个高增益反相放大器构成振荡电路,图 8-1 及图 8-2 中 XTAL₁ 和 XTAL₂ 引脚分别是放大器的输入和输出端。在两脚之间跨接晶体振荡器,就构成稳定的自激振荡器。这种连接方法为内部时钟方式。图 8-2(a) 中 C_1 和 C_2 通常取 30 pF 左右的电容,振荡器频率范围为 1.2～12 MHz,常取 6 MHz。

8051 也可使用外部时钟脉冲,也就是单片机的外部时钟方式。外部时钟信号由 XTAL₂ 端输入,如图 8-2(b) 所示。要求外部时钟的频率一般低于 12 MHz。

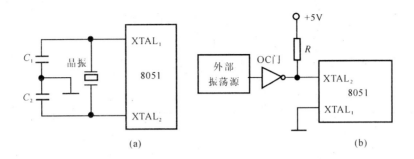

图 8-2 时钟电路

(a) 内部震荡源;(b) 外部震荡源

(2)CPU 时序及有关概念。一条指令可以分解为若干基本的微操作,而这些微操作所对应的脉冲信号,在时间上有严格的先后次序,这些次序就是计算机的时序。时序是非常重要的概念,它指明单片机内部以及内部与外部相互联系所遵守的规律。

8051 单片机的振荡周期、时钟周期、机器周期如图 8-3 所示。若单片机的外接晶振为 12 MHz,则振荡周期为 $1/12~\mu s$,时钟周期为 $1/6~\mu s$,机器周期为 $1~\mu s$,指令周期为 $1 \sim 4~\mu s$。

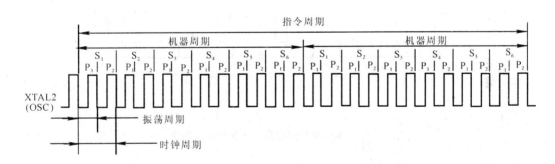

图 8-3 单片机各种周期的相互关系

S— 时钟周期;P— 振荡周期

图 8-4 列出了几种典型指令的 CPU 取指令和执行指令的时序。图 8-4(a) 和(b) 分别表示单字节单周期和双字节单周期指令时序,在任何情况下,这两条指令都会在 S_6P_2 结束时完成操作。图 8-4(c) 表示单字节双周期指令的时序,在两个机器周期内发生 4 次读操作码的操作,但由于是单字节指令,因此后 3 次操作都是无效的。图 8-4(d) 表示访问外部数据存储器的时序,这是一条多字节双周期指令。一般情况下,2 个指令码字节在一个机器周期内从程序存储器中取出,而在执行"MOVX"指令(片外数据存储器间接传送指令)期间,少执行两次取指操作。

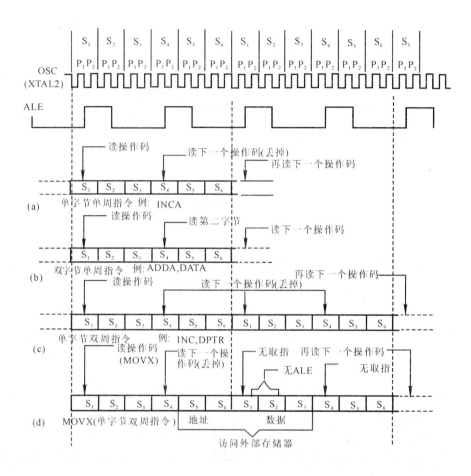

图 8 - 4 8051 单片机取指令 / 执行指令时序

3. 存储器与特殊功能寄存器

8051 单片机中的存储器包含程序存储器、数据存储器。

(1) 程序存储器。8051 单片机内有 4 KB 的程序存储器 ROM,片外可以扩展 64 KB 的 ROM,片内外统一编址。用 $\overline{EA}$ 引脚控制内外寻址。当 $\overline{EA}$ = 1(引脚为高电平) 时,片内外统一编址,片内 ROM 地址范围为 0000H ~ 0FFFH,片外 ROM 从 1000H ~ FFFFH;当 $\overline{EA}$ = 0(引脚为低电平) 时,只能片外寻址。如 8031 芯片,无内部 ROM,只能用片外扩展的 ROM,地址范围为 0000H ~ FFFFH。需要注意的是,程序存储器中有 6 个地址单元具有特殊功能,用于复位和中断入口地址,如表 8 - 1 所示。

表 8 – 1 8051 单片机复位、中断入口地址

地址单元	功能说明
0000H	程序的起始地址,即系统程序从 0000H 开始执行
0003H	外部中断 0 入口地址
000BH	定时器 0 溢出中断入口地址
0013H	外部中断 1 入口地址
001BH	定时器 1 溢出中断入口地址
0023H	串行口入口地址

(2) 数据存储器。8051 片内有 256 个字节的数据存储器 RAM。数据存储器采用 8 位地址,最大可寻址 256 个单元。8051 单片机将 256 个单元分为两部分,低 128 个单元(00H ～ 7FH) 为通用工作寄存器区、位寻址区和用户堆栈区,高 128 个单元为特殊功能寄存器(SFR) 区。

1) 片内 RAM 低 128 字节各区的地址分配如图 8 - 5 所示,其中工作寄存器共四组(0 ～ 3 组),每组有 8 个寄存器,共有 32 个寄存器,所占 32 个地址单元为 00H ～ 1FH。组号由程序状态字 PSW 中的 RS1,RS0 两位状态决定,表 8 - 2 给出了工作寄存器地址及组号分配情况。

7FH 30H	用户 RAM 区 (堆栈、数据缓冲)
2FH 20H	位寻址区
1FH 18H	第 3 组工作寄存器
17H 10H	第 2 组工作寄存器
0FH 08H	第 1 组工作寄存器
07H 00H	第 0 组工作寄存器

图 8 - 5 片内 RAM 地址分配

表 8 - 2 工作寄存器地址与组号分布

组	RS1	RS0	R_0	R_1	R_2	R_3	R_4	R_5	R_6	R_7
0	0	0	00H	01H	02H	03H	04H	05H	06H	07H
1	0	1	08H	09H	0AH	0BH	0CH	0DH	0EH	0FH
2	1	0	10H	11H	12H	13H	14H	15H	16H	17H
3	1	1	18H	19H	1AH	1BH	1CH	1DH	1EH	1FH

位寻址区共有 16 个单元(字节),单元地址占用为 20H～2FH。每个单元分成 8 个位地址,共有 128 个位地址,它们中每一个均可位寻址。

2) 特殊功能寄存器(SFR)。8051 单片机共有 21 个特殊功能寄存器,分布在片内 RAM 的 80H～FFH 地址范围内,这些寄存器的功能与地址见表 8-3。

表 8-3　特殊功能寄存器地址映像

标识符	名称	地址	标识符	名称	地址
ACC	累加器	0E0H	IE	允许中断控制	0A8H
B	B 寄存器	0F0H	TMOD	定时器/计数器方式控制	89H
PSW	程序状态字	0D0H	TCON	定时器/计数器控制	88H
SP	堆栈指针	81H	TH_0	定时器/计数器 0 初值高字节	8CH
DPTR	数据指针(DPH 和 DPL)	83H 和 82H	TL_0	定时器/计数器 0 初值低字节	8AH
P0	输入/输出 0 口	80H	TH_1	定时器/计数器 1 初值高字节	8DH
P1	输入/输出 1 口	90H	TL_1	定时器/计数器 1 初值低字节	8BH
P2	输入/输出 2 口	0A0H	SCON	串口控制	98H
P3	输入/输出 3 口	0B0H	SBUF	串行数据缓存器	99H
IP	中断优先级控制	0B8H	PCON	电源控制	97H

注:表中未列出程序计数器 PC;表中字节地址能被 8 整除的寄存器均具有位寻址能力。

4. 8051 引脚及功能

MCS—51 系列单片机有 40 个引脚,采用双列直插(DIP)封装形式,使用方便。8051 引脚如图 8-6 所示。

(1) 电源引脚。V_{CC}(40 脚),供电电源,+5 V;V_{SS}(20 脚),接地线。

(2) 时钟电路引脚。$XTAL_1$(19 脚)和 $XTAL_2$(18 脚),使用和连接方法见图 8-2。

(3) 控制信号引脚。

1)RST/VPD(9 脚)。在该脚上输入 2 个时钟周期宽度以上的高电平,可实现复位。单片机的复位方式有上电复位和手动复位。该引脚还有复用功能,若将 VPD 接+5 V 备用电源,当芯片在使用中而 V_{CC} 电压突然下降或断电(掉电或失电)时,能保护片内 RAM 中的信息不丢失。

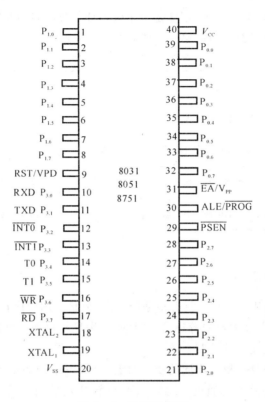

图 8 - 6 8051 引脚图

2)ALE/ $\overline{\text{PROG}}$(30 脚)。访问片外存储器时,ALE 作为锁存扩展地址的低字节的控制信号。另外,对 8751 片内 EPROM 编程(固化)时,此引脚用于输入编程脉冲。

3)$\overline{\text{PSEN}}$(29 脚)。在访问片外程序存储器时,此脚输出负脉冲作为存储器的读选通信号。一般可根据$\overline{\text{PSEN}}$,ALE 和 XTAL$_2$ 输出端有无信号输出来判断 8051 是否在工作。

4)$\overline{\text{EA}}$/V$_{PP}$(31 脚)。当$\overline{\text{EA}}$端输入高电平时,CPU 执行低 4KB 地址范围内的片内程序存储器中的程序;若超出 4 KB 地址时,自动执行片外程序存储器的程序。当$\overline{\text{EA}}$输入低电平时,CPU 只能访问片外程序存储器。由此可见,8031 的$\overline{\text{EA}}$端应接低电平。

(4) 输入 / 输出引脚 P0,P1,P2,P3 口。

P0(P$_{0.0}$ ~ P$_{0.7}$) 口(32 ~ 39 脚)。P0 是一个 8 位漏极开路型准双向 I/O 端口,在访问片外存储器时,它作为低 8 位地址线和 8 位双向数据总线。

P1(P$_{1.0}$ ~ P$_{1.7}$) 口(1 ~ 8 脚)。P1 是一个带内部上拉电阻的 8 位准双向 I/O 端口,在 EPROM 编程和验证程序时,它输出高 8 位地址。一般专供用户使用。

P2(P$_{2.0}$ ~ P$_{2.7}$) 口(21 ~ 28 脚)。P2 是一个带内部上拉电阻的 8 位准双向 I/O 端口,在访问片外存储器时,它作为高 8 位地址线。

P3(P$_{3.0}$ ～ P$_{3.7}$)口(10 ～ 17 脚)。P3 是一个带内部上拉电阻的 8 位准双向 I/O 端口,在整个系统中,这 8 个引脚还具有专门的第二功能,如表 8 - 4 所示。

表 8 - 4 P3 口专用功能

口线	专用功能	口线	专用功能
P$_{3.0}$	RXD(串行口输入端)	P$_{3.4}$	T0(定时器 0 外部输入端)
P$_{3.1}$	TXD(串行口输出端)	P$_{3.5}$	T1(定时器 1 外部输入端)
P$_{3.2}$	$\overline{INT0}$(外部中断 0 输入端)	P$_{3.6}$	$\overline{WR}$(片外数据存储器写控制端)
P$_{3.3}$	$\overline{INT1}$(外部中断 1 输入端)	P$_{3.7}$	$\overline{RD}$(片外数据存储器读控制端)

二、单片机的应用系统

MCS—51 系列的单片机虽然已具有很强的功能,但是片内程序存储器和数据存储器的容量、并行 I/O 端口、定时器及中断源等还是有限的。要满足材料加工过程控制的需要,必须对单片机进行扩展,才能组成完整的控制系统。

目前在材料加工工程中,根据不同的受控对象,可开发不同的单片机应用系统。通常情况下,单片机应用系统主要由前向通道(传感器、A/D 转换)、后向通道(D/A 转换、执行机构)、I/O 接口(8155、8255 等)、通道配置与外设(键盘、显示、打印)等部分组成,如图 8 - 7 所示。

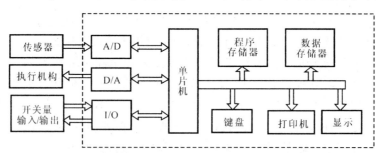

图 8 - 7 单片机控制系统结构框图

8051 单片机片外程序存储器和数据存储器的扩展电路如图 8 - 8 所示,P0 口分时提供低 8 位地址(A$_7$ ～ A$_0$)和数据(D$_7$ ～ D$_0$)信息。地址锁存允许信号 ALE 在 P0 口出现地址信息时输出高电平,锁存器输入端和输出端数据相同,此时 P0 口输出为低 8 位地址;当 P0 口出现数据信息时,ALE 输出低电平,锁存器输出端数据被锁存,输入输出端不进行数据交换,P0 口输出数据信息。在每个机器周期中,P0 口发送二次地址、数据信息,ALE 也二次有效,即在每个机器周期内 ALE 二次地址锁存。

程序存储器的芯片选用 EPROM(紫外线可擦除型)2764(8KB×8),数据存储器芯片选用 6264(8KB×8)。两芯片与单片机之间连接如图 8-8 所示。2764 为只读存储器,程序的读取由 $\overline{PSEN}$ 选通信号控制,而数据存储器读、写信号分别由单片机的 $\overline{WR}$,$\overline{RD}$ 控制。选片信号采用译码寻址方式,由 P2 口的高三位线经 74LS138 译码器进行编码,形成不同的地址空间。程序存储器和数据存储器的地址范围分别为 0000H ～ 1FFFH 和 2000H ～ 3FFFH。

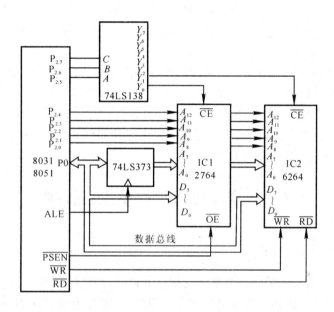

图 8-8 存储器的扩展电路

信号的输入、输出通道在第 6 章已作过论述,在此不再赘述。

三、单片机应用系统软件设计的基本方法

单片机应用系统软件设计一般有两种方法:一种是自上而下,逐步细化;另一种是自下而上,即先设计出每一个功能模块(子程序),然后再连接一起组成一个系统。单片机的应用软件的编写一般采用汇编语言,与其他高级语言一样,要根据工作要求确定计算方法,定出运算步骤和顺序,合理分配资源。所设计的程序结构要合理、易读、易调试。常用的程序结构有以下几种:

(1)顺序结构。顺序结构是最简单的一种程序结构,编程容易;程序中无转移和调转命令,程序执行时按编写顺序,其流向不变。

(2)分支结构。根据要求利用转移命令改变程序的流向,即可采用条件或无条件转移的方

法改变程序的流向,又可利用散转指令实现多分支的转移以改变程序的流向。

(3) 循环结构。将需要多次重复的程序段,利用循环语句实现多次运算,使程序结构优化,清晰易读,并使程序大大缩短,减少占用程序空间。

(4) 模块结构。根据应用系统功能要求,将相对独立的内容划分成功能模块,分别编写成子程序,便于程序多次调用。

(5) 查表结构。查表法主要解决某些复杂函数和一些非线性参数的计算问题,即一般计算程序无法解决的问题,而这些问题用查表法很方便。查表法还可以进行代码转换、键盘搜索等工作。程序设计时,将函数计算结果或测量所得数据按一定规律制成表格,放在程序区内,程序运行时可用查表指令实现查表。

单片机由于本身没有开发能力,故编程均在各种类型的开发系统上进行。DVCC-51-CH是一台功能齐全的普及型开发机,既能独立开发单片机应用系统,又可与个人计算机联机构成单片机开发系统。用户设计的单片机应用系统和应用程序均可在开发系统中进行调试,直至满意后可将应用程序代码写入单片机应用系统的程序存储器(EPROM)中,然后将此程序芯片插入单片机应用系统中,单片机应用系统才能工作。

8.2　交流电阻点焊单片机控制

一、电阻点焊及其工艺过程

交流电阻点焊是将搭接的待焊件压紧在焊机的两个电极之间,并在两电极之间通入交流电流,利用工件自身的电阻热局部加热熔化金属,断电后在压力继续作用下,形成牢固接头的一种压焊方法,其工作原理如图 8-9(a) 所示。图中由焊接变压器的次级、上、下电极及焊件构成焊接的负载回路,焊接热量取决于负载回路电流的大小和持续时间。由于焊接负载回路的电阻仅为几十至几百微欧,要求焊接变压器的次级电压仅为几伏至十几伏,电流可达几千至几万安培。焊接电流大小和通断时间,可通过焊接变压器原边交流调压电路来控制。

交流调压电路中两个晶闸管 VT_1 和 VT_2 反向并联,通过控制晶闸管的导通角 θ 和通断时间,就可实现焊接电流和通电时间的控制。

1. 电路的功率因数角控制方法

焊接主电路的等效电路如图 8-9(b) 所示。图中 L 为电路的等效电感,R 为电路的等效电阻,K 为模拟开关。当开关 K 闭合,即晶闸管导通时,电路的微分方程为

$$L \frac{di}{dt} + Ri = U_m \sin(\omega t + \alpha) \tag{8-1}$$

式中,α 为晶闸管的控制角;U_m 为输入交流电压的峰值。对式(8-1)进行求解,可得

$$i = \frac{\sqrt{2}}{z}U\Big[\sin(\omega t + \alpha - \varphi) - \sin(\alpha - \varphi)\mathrm{e}^{-\frac{\omega t}{\tan\varphi}}\Big] \qquad (8-2)$$

式中

$$z = \sqrt{R^2 + (\omega L)^2} \qquad (8-3)$$

$$\varphi = \arctan\frac{\omega L}{R} \qquad (8-4)$$

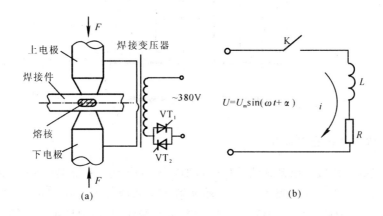

图 8-9　交流点焊示意图

(a) 点焊原理；(b) 等效电路

由式(8-2)可看出,回路的电流 i 由稳态电流 i_1 和暂态电流 i_2 两部分组成,由于电路为电感负载,故电流 i_1 滞后电压 U。电流滞后电压的相位角为 φ,φ 也称为电路的功率因数角。

对于回路的总电流 i,当 $\omega t = \theta$(θ 为晶闸管的导通角)时,$i = 0$,故由式(8-2)可得

$$\sin(\theta + \alpha - \varphi) = \sin(\alpha - \varphi)\mathrm{e}^{-\frac{\theta}{\tan\varphi}} \qquad (8-5)$$

式(8-5)经过三角函数运算整理后得

$$\tan\alpha = \frac{\sin(\theta - \varphi) + \sin\varphi\,\mathrm{e}^{-\frac{\theta}{\tan\varphi}}}{\cos(\theta - \varphi) + \cos\varphi\,\mathrm{e}^{-\frac{\theta}{\tan\varphi}}} \qquad (8-6)$$

式(8-6)给出了感性负载下,晶闸管的控制角 α、导通角 θ 和电路的功率因数角 φ 之间的关系。功率因数角 φ 为晶闸管的控制角 α 和导通角 θ 的函数,即可表示为 $\varphi = f(\theta, \alpha)$。在工作过程中,控制电路发出一个控制角 α 的触发脉冲,并测得随后的晶闸管导通角 θ,就可计算出电路的功率因数角 φ。

2. 点焊过程循环

电阻点焊的工艺过程是一个循环过程,过程循环图如图 8-10 所示。由图中可见,一个循环过程一般分为七个阶段,即预压(t_1)、电流递增(t_2)、第一次通电(t_3)、通电间隔(t_4)、第二次通

电(t_5)、维持(t_6)和休止(t_7)阶段。七个阶段的时间及通电电流的大小可根据焊接工艺要求,进行设定。用单片机来实现点焊过程的自动控制,是目前大部分点、缝焊设备所采用的主要方法。

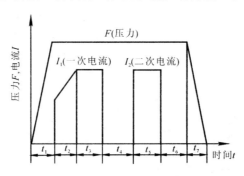

图 8-10　点焊过程循环图

二、电阻点焊单片机应用系统

交流电阻点焊单片机应用系统的硬件电路如图 8-11 所示。系统选用 8031 单片机芯片,扩展了程序存储器 U_7,数据存储器 U_8、A/D 转换器 U_{10} 和两片并行接口电路 8255(U_9、U_{12})。图 8-11 中,P0 口作为地址总线的低 8 位和 8 位数据总线使用,由地址锁存信号 ALE 通过锁存器 74LS373 分时控制。P2 口的低 5 位为地址总线的高 5 位,与 P0 口构成 13 位地址线,使得片外 ROM 和 RAM 的寻址空间为 8K 字节,满足 2764 EPROM 和 6264 RAM 芯片的要求。P2 口的高 3 位通过 74LS138 译码器进行编码后,作为 8031 单片机外围芯片的选片信号,构成各芯片不同的地址空间。

U_{10} 为 8 位 A/D 转换器(ADC0809),分辨率为 0.39％。ADC0809 共有 8 个输入通道,选 0 通道(IN0)为焊接电流信号采样通道,将采集的焊接电流值输入 8031 进行焊接电流有效值运算。选 1 通道(IN1)为网路电压采样通道。主要用于网路电压补偿运算。同步脉冲信号产生的网路电压零点信号,从 8031 外部中断 0 口(INT0)输入。方波电路产生晶闸管导通角的方波信号,从 8031 外部中断 1 口(INT1)输入。

U_{12} 主要用于人机对话、工艺参数的输入和工作状态的显示。系统的键盘接口由 PC 口承担。显示的扩展包括两部分,一是由 PA 口扩展的数码显示电路,用于焊接电流有效值及通电时间的显示;另一个是由 PB 口扩展的发光二极管显示电路,用于系统工作状态的显示。U_9 是系统扩展的另一片 8255 芯片,它是单片机系统向外输出控制指令的接口电路。U_9 的 PA 口输出晶闸管触发信号,信号经光电隔离后输入晶闸管触发电路,控制晶闸管的导通,实现对焊接电流的大小和通电时间的控制。PB 口用于交流电阻点焊机中开关信号的控制,如控制压力的电磁阀等。

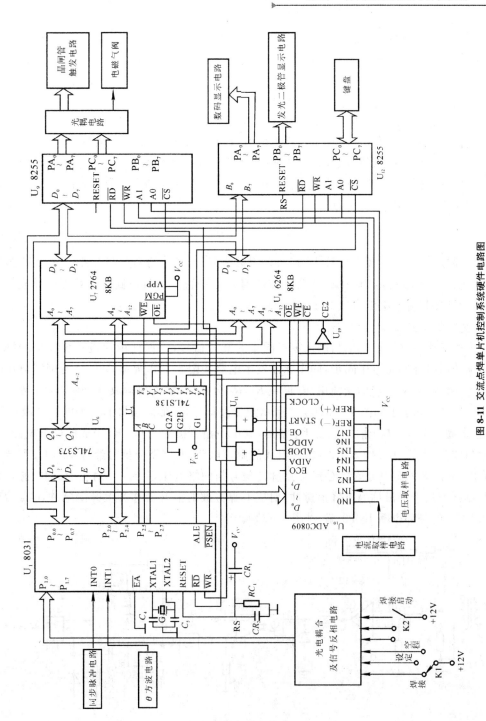

图 8-11 交流点焊单片机控制系统硬件电路图

1. 焊接电流有效值的计算

交流点焊电流有效值可用下式进行计算

$$I = \sqrt{\frac{2}{T} \int_{\alpha}^{\alpha+\theta} i^2 \mathrm{d}(\omega t)} \qquad (8-7)$$

式中，T 为工频电压波形的周期；i 为瞬时焊接电流，其表达式如式（8-2）所示。

在实际控制过程中，用式（8-7）来计算电流有效值在时序上是有一定难度的，一般采用工程简化的方法计算电流有效值。试验结果表明，电阻焊机实际使用于 $\varphi = 30° \sim 80°$ 条件下。在微机处理精度的范围内，电流有效值 I 与电流峰值 I_m 的比值 K 与功率因数角 φ 的关系，仅是晶闸管导通角 θ 的函数，即

$$K = \frac{I}{I_m} = f(\theta) \qquad (8-8)$$

在实际控制中，可以将预先计算出的 K 值，以数表 $K = f(\theta)$ 的形式存入微机。在点焊过程中，单片机通过 A/D 转换器 IN0 通道采集电流峰值 I_m，并通过 θ 方波电路获得可控硅导通角 θ，通过查表，计算出相应的电流有效值 I，输入显示器显示。

2. 同步信号发生电路

同步信号发生电路用以产生与网压零点同步的脉冲信号，以保证单片机系统发出的触发晶闸管的脉冲信号与网路电压同步。同步脉冲发生电路如图 8-12 所示，380 V 的网路电压经过变压器 B_1 降为 10 V 左右的交流电压，再经 R_1，R_2 分压后，输入由运放 A_1 和 R_3，R_4 等组成的比较器。A_1 的 6 脚输出如图 8-13（b 点）所示矩形波信号，矩形波信号的负半周被二极管 D_1 短路，其正半周经 GD_1 耦合输出，再经 U_1 整形，其中一路直接输入 C_1，R_9 组成的微分电路，另一路经过与非门 U_2 反相后输入由 C_2，R_{10} 组成的微分电路。两路微分信号经过或门 U_3 混合后从 e 点输出。从图 8-13 中可清楚看到，e 点脉冲信号与网络电压零点一一对应。我们把脉冲信号对应 b 点方波的下降沿称为下降沿脉冲，对应 b 点方波的上升沿称为上升沿脉冲，e 点信号直接输入 8031 的外部中断 INT0 端（见图 8-11）。

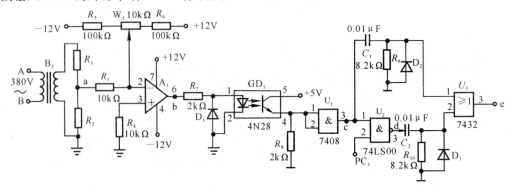

图 8-12 同步脉冲发生电路

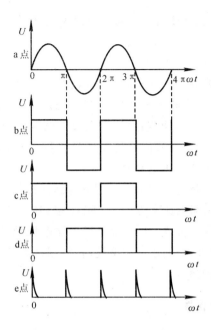

图8-13 同步信号发生电路各点波形

单片机将上升沿作为正半周晶闸管控制角 α 的计数零点,下降沿作为下半周 α 角的计数零点。

3. 晶闸管触发电路

触发电路如图8-14所示。由8255(U_9)PA_0口输出的、宽度为0.5 ms的脉冲经过光电耦合器隔离放大后,再经过 T_2 组成的射极追随器输入 T_3 的基极。T_3 在脉冲信号的作用下饱和导通,使得脉冲变压器 MB 原边同时有脉冲电流流过,在其负边两个绕组同时产生触发脉冲信号。触发脉冲信号直接触发交流调压电路的晶闸管 VT_1 和 VT_2(见图8-9)。

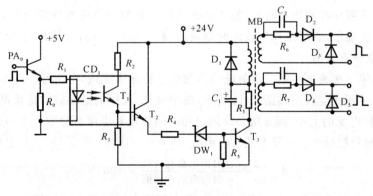

图8-14 晶闸管触发电路

251

在交流电压的半周内,触发脉冲信号会同时加到 VT_1 和 VT_2 的触发极,只有承受正向电压的晶闸管才能导通。

4. 单片机应用系统的其他外围电路

在单片机应用系统的外围电路中,除以上所叙述的电路外,还有电流取样电路、θ 方波电路和网路电压取样电路等等。电流取样及 θ 方波电路通过电流互感器取得电流信号,再将此信号经过放大、整流后,从 A/D 通道 IN0 输入计算机。θ 方波电路则将焊接电流信号经过整形处理后,将宽度代表晶闸管导通角的方波信号输入 8031 外部中断 INT1 口,采用中断计时的方式测得晶闸管导通角 θ,用于电流有效值的计算。

网路电压取样电路是将网路电压波形经过积分电路使其相位滞后 90°,再经整流、反相后,使采样电压峰值点正好位于网路电压零点处。当 8031 接到同步信号中断时,立刻启动 A/D 进行采样即可获得网路电压信号峰值点,大大缩短了采样电压峰值的时间。根据采集到的网压值,再进行相关的热量补偿运算。当网压发生变化时,根据计算得到的补偿量,自动修正晶闸管的控制角,从而保证焊接电流的稳定。

三、电阻点焊单片机控制软件

软件系统是由主程序和不同功能的子程序模块组成。其中主程序根据图 8-10 所示的点焊循环工艺过程进行编写。控制软件按设计要求,自动转入主程序入口执行主程序。主程序首先要进行初始化,主要包括各个存储器及标志单元的清零,I/O 接口的设定等。对于电阻点焊主程序,初始化后计算机自动检测图 8-11 中开关 K1 所处的位置,若处于设定位置,计算机自动转入焊接工艺参数设定程序,通过键盘分别设定并修改焊接循环过程七个程序段的参数;若 K1 处在空程位置,只执行七个程序段的时间循环,不产生触发晶闸管的脉冲信号;若 K1 处于焊接位置,则根据点焊循环过程依次执行加压、电流递增、第一次通电、间隙、第二次通电、维持和休止等七个子程序。加压、间隙、维持、休止四个子程序,主要用来实现焊接过程的加压和去压,并通过延时子程序控制加压时间。加压过程由计算机控制电磁气阀的动作,通过点焊机的上、下电极对焊件加压,直至维持阶段延时结束后,断开电磁气阀,去掉焊接压力,并在休止程序段显示焊接电流有效值。

电流递增、第一次通电和第二次通电均由加热子程序来完成,由主程序在不同的工艺阶段分别调用。加热子程序流程图如图 8-15 所示,图中可见,程序的最终目的是获得晶闸管的控制角 α,来控制焊接电流的大小。而 α 角必须通过功率因数角和电流百分数 $I(\%)$ 查表获得。功率因数角 φ 是晶闸管控制角 α 和导通角 θ 的函数,即 $\varphi = f(\theta, \alpha)$,见式(8-6)。电流百分数为

$$I = \frac{\alpha > \varphi \text{ 时的电流有效值}}{\alpha = \varphi \text{ 时的电流有效值}} \times 100\%$$

电流百分数 I 作为焊接参数可通过按键设定,并在网路电压补偿中进行修正。

考虑到开始通电时刻,尚未采到 θ 角而无法获得功率因数角 φ,同样也无法在表 $\alpha = f(I, \varphi)$

中查出可控硅控制角 α，所以在程序的开始将 φ 角设定为 $53°$（一般点焊机的功率因数角）。然后判断主程序调用阶段是电流递增、一次电流还是二次电流，并将相应的加热程序段的周波数送入时间控制单元（TIM），电流百分数送入运算单元（CUR）；若为电流递增程序，则要求计算电流增量 ΔI，并存入增量单元（INC）中。

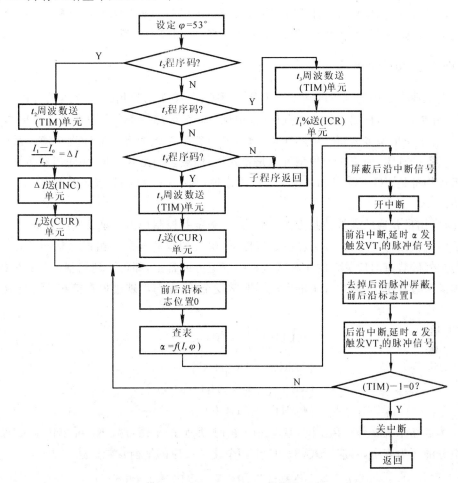

图 8 - 15　焊点加热子程序流程图

将相应的参数送入固定的单元以后，首先将同步信号上升沿和下降沿标志位置 0（0 表示上升沿，1 表示下降沿），然后查表 $\alpha = f(I,\varphi)$，以确定第一周通电的晶闸管控制角 α，并且用图 8 - 12 中的 PC_1 端，屏蔽掉同步信号的下降沿脉冲，以确保第一次中断为上升沿中断。然后，接收后沿中断，分别发触发晶闸管 VT_1，VT_2 的脉冲信号，并循环访问（TIM）单元中的通电周数是否减为零。若为零中断返回，否则继续循环等待下一次中断。

8.3 气体渗碳炉的单片机控制

渗碳是将钢置于具有足够碳势的介质中加热到奥氏体状态并保温,在表面形成一个碳浓度梯度层的处理工艺。根据所使用介质的物理状态,可以将渗碳分为气体渗碳、液体渗碳和固体渗碳三类。气体渗碳具有碳势可控性,生产效率高,应用较为广泛。

一、可控渗碳的基本原理

当前在工业中使用的气体渗碳方法可分为两类:一类使用吸热式或放热式可控气氛作为载体气,另外再加入某种碳氢化合物气体(如甲烷、丙烷、天然气等)作为富化气以提高或调节碳势的气氛,采用炉型多为箱式炉和连续式炉;另一类是含碳的有机液体直接滴入渗碳炉,在其中产生所需的气氛,所采用的炉型可以是箱式炉,但更多的是井式炉。无论哪种方法,气氛中的主要组成物都是 CO,CO_2,CH_4,H_2,H_2O 等五种,其中 CO 和 CH_4 是起增碳作用,其余的起脱碳作用。

目前,应用最普遍的碳势控制方法,仍是通过测定并控制炉内气氛某些组分的含量而间接地控制炉内气氛碳势的方法。因为在一定温度下,炉气的碳势与炉气组成密切相关,通过测定并控制与炉气碳势有对应关系的一种或数种炉气组分的含量,即可达到控制炉气碳势的目的。

气体渗碳过程中,实际炉气中的反应是非常复杂的,而与渗碳过程直接相关的反应主要有四个:

$$\left.\begin{aligned}
&(1)CO = \frac{1}{2}O_2 + C_{Fe}\\
&(2)2CO = CO_2 + C_{Fe}\\
&(3)CO + H_2 = H_2O + C_{Fe}\\
&(4)CH_4 = 2H_2 + C_{Fe}
\end{aligned}\right\} \tag{8-9}$$

式中,C_{Fe} 为固熔于奥氏体中碳。当反应达到平衡时,反应的平衡常数 K_P 可用化学反应式中的各气体组分的压力表示,对应于式(8-9)中四个化学反应的平衡常数表达式为

$$\left.\begin{aligned}
&(1)K_{P1} = \frac{p_{CO}}{a_C p_{O_2}^2}, \quad \lg K_{P1} = \frac{5\,549.2}{T} + 4.92\\
&(2)K_{P2} = \frac{p_{CO}^2}{a_C p_{CO}}, \quad \lg K_{P2} = \frac{-8\,750}{T} + 9.022\\
&(3)K_{P3} = \frac{p_{CO}\,p_{H_2}}{a_C p_{H_2O}}, \quad \lg K_{P3} = \frac{-7\,008}{T} + 7.457\\
&(4)K_{P4} = \frac{p_{CH_4}}{a_C p_{H_2}^2}, \quad \lg K_{P4} = \frac{4\,765}{T} + 5.766
\end{aligned}\right\} \tag{8-10}$$

式中，T 为温度；a_C 为钢在奥氏体状态下碳的活度，一般把石墨作为奥氏体中的碳活度的标准态。在某一温度下，当奥氏体溶碳达到饱和时，即有石墨析出，此时 $a_C = 1$。活度 a_C 可以理解为奥氏体中碳的有效浓度。在标准态确定后，活度 a_C 是温度和碳浓度的函数，一般用经验公式计算。设 w_C 为钢中实际含碳质量分数，$w_{C,A}$ 为在某一温度下奥氏体的饱和含碳质量分数（由 Fe-C 平衡图中 ES 线决定），则计算 a_C 的公式为

$$\lg a_C = \frac{2\,300}{T} - 2.19 + 0.15 w_C + \lg w_C \tag{8-11}$$

或

$$\lg a_C = \lg \frac{w_C}{w_{C,A}} - 0.26\left(1 - \frac{w_C}{w_{C,A}}\right) \tag{8-12}$$

当炉气碳势在 $0.8\% \sim 1.3\%$ 时，碳钢的 a_C 可简化表示为

$$a_C = \frac{w_C}{w_{C,A}} \tag{8-13}$$

其中

$$w_{C,A} = 0.003T - 2.289 \tag{8-14}$$

或

$$w_{C,A} = 1.666\,7 \times 10^{-10} T^3 + 6.134\,5 \times 10^{-7} T^2 + 7.211 \times 10^{-4} T - 0.706 \tag{8-15}$$

式中，T 的单位为绝对温度（K）；w_C，$w_{C,A}$ 为各自的质量分数。

合金元素影响碳在奥氏体中的饱和含量。因此，合金钢的饱和含碳质量分数 $w'_{C,A}$ 应按碳钢的 $w_{C,A}$ 进行修正，即

$$\lg w'_{C,A} = \lg w_{C,A} - w_{Si} + w_{Mn} + w_{Cr} - w_{Ni} + w_{Mo} =$$
$$\lg w_{C,A} - 0.055 + 0.013 + 0.040 - 0.014 + 0.013 \tag{8-16}$$

由于奥氏体中的碳活度是温度和碳浓度的函数，即 $a_C = f(T, w_C)$；反应的平衡常数是温度的函数，即 $K_P = f(T)$。所以在温度恒定时，$a_C = f(w_C)$，K_P 为常数。因此，在恒温条件下，炉气的碳势与各组分的关系可以写成

$$w_C = K_1 \frac{p_{CO}}{p_{O_2}^{1/2}} = K_2 \frac{p_{CO}^2}{p_{CO_2}} = K_3 \frac{p_{CO} p_{H_2}}{p_{H_2O}} = K_4 \frac{p_{CH_4}}{p_{H_2}^2} \tag{8-17}$$

式中，K_1，K_2，K_3，K_4 为常数。由于多数渗碳炉气中 CO 和 H_2 的含量都较为稳定，可以近似看做常数，故炉气碳势分别与炉气组分中的压力 p_{O_2}，p_{CO_2}，p_{H_2O}，p_{CH_4} 有一一对应关系。这就是单参数控制碳势的原理。

二、井式渗碳炉单片机控制系统的组成

井式渗碳炉单片机控制系统的结构如图 8-16 所示。

对于井式渗碳炉，加热温区一般分为上、下两个温区，要保证上、下温区的温度趋于一致，必须对上、下两个温区的温度分别进行控制。因此，渗碳炉的上、下温区设有独立的温度闭环控

制回路。热电偶采集的温度信号,经 A/D 转换器将模拟信号转换成数字信号输入单片机进行运算后,获得的控制信号经 D/A 转换器将数字信号转换成模拟信号输入到调功器中,由调功器调整电炉的输入功率达到控制该温区的温度。由于上、下温区的温度设定相同,使得渗碳炉的温度趋于一致。考虑到控温的精度,常采用 12 位 A/D 转换芯片(AD574),分辨率可达0.024%,完全满足温度和气氛参数的识别精度的要求。

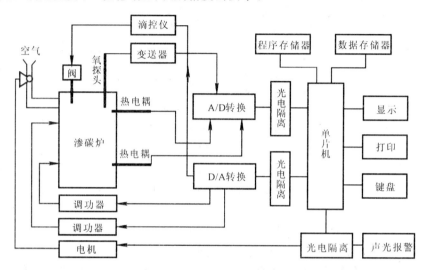

图 8-16　井式渗碳炉单片机控制系统框图

气氛信号的采集是通过氧探头(或红外仪)直接采集炉内气氛,再经变送器变成模拟电压信号输入 A/D 转换器。计算机通过运算获得控制信号,并通过 D/A 输入到滴控仪,控制炉内渗剂的注入量。如果炉内碳势过高,可控制气泵,稀释炉内气氛,降低炉内碳势。

单片机控制系统是多输入、输出的系统,输入信号的种类较复杂,信号的幅值和量程范围不同,因此,要将输入信号转换为统一的电压信号。同时,为了提高采样精度,还将采样信号的满量程值尽可能放大到模数转换器的满量程。

单片机外围芯片与单片机的接口电路中增加了光电隔离,使得单片机与外围电路间采用独立的电源,大大提高了控制系统的可靠性和抗干扰能力。键盘、显示等电路的扩展方式与前面介绍的相同,这里不再赘述。

三、温度与碳势计算

单片机使用的操作指令一般不具有系统微机那样的初等函数运算指令和复杂的运算数学库,所以用单片机的汇编语言编写数学运算是比较复杂的。复杂软件占用大的程序空间和运行机时,是系统和控制周期所不能允许的。为此,复杂的运算总是想办法转化为简单的四则运算来完成。另外参数的计算方法也是控制中一个比较重要的问题。

1. 温度值的计算

钢的气体渗碳温度不高于 950℃,属于中温范围,渗碳炉炉温的测量一般选用镍铬-镍硅(或镍铬-镍铝)热电偶作为温度传感器。使用的温度范围为 $0 \sim 1\,372℃$。这种热电偶的热电势 E 与温度 t 的关系为

$$E = \sum_{i=0}^{8} b_i t^i + 125\exp\left[-\frac{1}{2}\left(\frac{t-127}{65}\right)^2\right] \quad (\mu V) \tag{8-18}$$

式中,b_i 为多项式系数,其数值分别为 $b_0 = -1.853\,7 \times 10$,$b_1 = 3.891\,8 \times 10$,$b_2 = 1.664\,5 \times 10^{-2}$,$b_3 = -7.87 \times 10^{-5}$,$b_4 = 2.283\,5 \times 10^{-7}$,$b_5 = -3.57 \times 10^{-10}$,$b_6 = 2.993 \times 10^{-13}$,$b_7 = -1.285 \times 10^{-16}$,$b_8 = 2.224 \times 10^{-20}$。

由式(8-18)可以看出,在测量范围小,精度要求不高时,b_2 比 b_1 小了两个数量级,b_2 之后的系数更小,因此,可以粗略按线性处理。但是,当温度的测量范围较大,且测量精度要求较高时,线性计算难以满足要求。对于这种非线性问题,在单片机控制过程中常采用以下方法解决。

(1)级数展开求解。对于已有的数学表达式(见式(8-18))进行级数展开求解,将复杂的指数运算化解为四则运算。然后编写专用运算子程序,以便在控制过程中调用。

(2)分段拟合。首先根据所选热电偶的特性曲线,分为若干个区间,每个区间用一个多项式来拟合。通常使用直线和抛物线段来拟合。

1)分段直线拟合。分段直线拟合是用一条折线来拟合热电偶特性曲线,如图8-17所示。图8-17中 y 为被测温度,x 为测量的热电势。拟合时,先将热电偶特性曲线分成若干曲线段,每段分别进行线性拟合。在进行线性拟合时,若误差大于规定的误差,可缩小曲线段重新进行拟合,直至满意为止。由此可见,线段分得越多,误差越小。

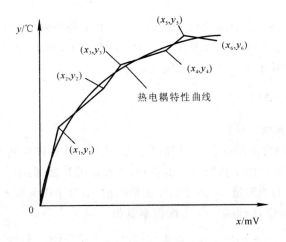

图 8-17 折线拟合示意图

将拟合的若干个直线方程存入内存,并求出每个直线的端点坐标(x_1,y_1),(x_2,y_2),(x_3,y_3),…,取 x_1,x_2,x_3,x_4,… 作为线段的判断值依次存入内存。实际应用时,将计算机测得的热电偶的热电势与线段判断值进行比较。当测量值 $x \leqslant x_1$ 时,用第一段线性方程进行计算;当 $x_1 < x \leqslant x_2$ 时,用第二段的线性方程进行计算,依此类推。

2)分段抛物线拟合。分段抛物线拟合是用多段抛物线来拟合非线性曲线,每段找出三点求抛物线方程

$$y = a_i x^2 + b_i x + c_i \tag{8-19}$$

求得系数 a_i,b_i,c_i 和 x_1,x_2,x_3,x_4,…,一起存入内存。在实际计算时,先确定 x 所在的曲线段,然后调用相应的抛物线方程进行计算。

3)查表和插值法。先将校准数据点(x_0,y_0),(x_1,y_1),(x_2,y_2),…,(x_n,y_n) 建立表格,存入存储器内。使用时,先根据测量值 x 进行查表,查值 $x_{i-1} < x < x_i$,得两点(x_{i-1},y_{i-1}),(x_i,y_i),再用插值法求较精确的 y 值。常用的线性插值公式为

$$y = y_{i-1} + \frac{y_i - y_{i-1}}{x_i - x_{i-1}}(x - x_{i-1}) \tag{8-20}$$

2. 碳势的计算

渗碳控制中,主要以控制炉气中的碳势为目的,其气氛传感器可以是氧浓差电势 E(探头)及红外仪信号(CO_2,CO)等,因此,碳势[C]可以表示为

$$[C] = f(E, CO, T) \tag{8-21}$$

式中,E 为氧探头输出的氧浓差电势;T 为温度。式(8-21)的具体形式可以是多项式形式,也可以是非线性函数。处理方法可用拟合、查表,或采用级数展开等方法。例如,式(8-21)的具体形式为

$$[C] = AC_A \exp\left(\frac{BE - C}{T} - D\right) p_{CO} + F \tag{8-22}$$

式中,p_{CO} 为炉内一氧化碳分压(来自红外仪信号);E 为氧探头输出的电势值(mV);C_A 为给定温度下,钢在奥氏体状态下碳饱和浓度,$C_A = f(T)$;A,B,C,D,F 为计算常数。式中的指数项可用泰勒级数展开,根据计算精度求有限项之和。

四、温度和碳势的控制方法

1. 温度和碳势的控制方法

碳势(或温度)控制常采用的是 PID 控制方法。适用于计算机控制的控制算法实际上是一种位置式 PID 算法。它提供的是执行机构的位置,如阀门的开度、晶闸管的控制角等。若在控制中,则无需考虑控制量的绝对值,只需考虑控制量的增量。对于位置式 PID 算法可进行变换。

在控制的运算过程中,所得第 $n-1$ 次控制量为

$$U(n-1) = K_P\left[e(n-1) + \frac{1}{T_i}\sum_{i=0}^{n-1}e(i)T + T_d\frac{e(n-1) - e(n-2)}{T}\right] \tag{8-23}$$

第 n 次的控制量为

$$U(n) = K_P \left[e(n) + \frac{1}{T_i} \sum_{i=0}^{n} e(i)T + T_d \frac{e(n) - e(n-1)}{T} \right] \qquad (8-24)$$

将式(8-24)减去式(8-23),得

$$\Delta U(n) = U(n) - U(n-1) =$$

$$K_P[e(n) - e(n-1)] + \frac{K_P T}{T_i} e(n) + \frac{K_P T_d}{T}[e(n) - 2e(n-1) + e(n-2)] =$$

$$K_P[e(n) - e(n-1)] + K_I' e(n) + K_D'[e(n) - 2e(n-1) + e(n-2)] \qquad (8-25)$$

式中, T_i 为积分时间; T_d 为微分时间; T 为采样周期; n 为采样次数; K_P 为比例系数; K_I' 为积分系数, $K_I' = \dfrac{K_P T}{T_i}$; K_D' 为微分系数, $K_D' = \dfrac{K_P T_d}{T}$; U 为控制量; e 为给定值与实测值之差。式(8-25)称为增量式数字 PID 算法,也可进一步改写为

$$\Delta U = Ae(n) + Be(n-1) + Ce(n-2) \qquad (8-26)$$

式中, $A = K_P + K_I' + K_D'$; $B = -(K_P + 2K_D')$; $C = K_D'$; A, B, C 均为系数,通常在现场调试中确定。

增量式数字 PID 算法与位置式数字 PID 算法相比,有下列优点:

(1)增量式 PID 算法只需保留以前 3 个时刻的偏差值,能节省大量内存单元。

(2)位置式 PID 算法每次输出与整个过去的状态有关,计算式中要用到过去偏差的累加值容易产生较大的累积计算误差。而增量式 PID 只需计算增量,计算误差或精度不足时对控制量的计算影响较小。

(3)增量式 PID 算法比较容易实现从手动到自动控制的无扰动切换。

虽然如此,增量式 PID 算法和位置式 PID 算法并无本质区别。因为 $\Delta U(n) = U(n) - U(n-1)$, $U(n) = U(n-1) + \Delta U(n)$,故控制过程中只要记忆前一次的控制量,又可变成位置式 PID 算法。

渗碳过程中,温度和碳势的控制均使用增量式 PID 算法,编写统一的运算子程序。对于碳势的控制,控制的是渗剂注入阀的开度,控制输出量为 $\Delta U(n)$。而对于温度的控制,控制的是调功器晶闸管的控制角,控制输出量为 $U(n)$。只需记忆上一次的控制量 $U(n-1)$,求出本次的控制增量,就可计算本次输出的控制量。

2. PID 控制软件

温度和碳势 PID 控制算法程序框图如图 8-18 所示。对于温度和碳势两种不同的控制量计算,程序的开始就有一个分支判定。若本次计算为碳势控制量的计算,则取碳势的控制参数参与运算;否则取温度的控制参数参与运算。运算的开始是判定偏差值是否超出规定的范围,若已超出,则转入上、下限幅处理程序,进行上、下限幅运算处理。此程序主要是为了防止大的干扰造成一次采样值偏差过大而产生误调节。或者因偏差值过大,控制输出量过大而引起控制调

节不平稳。如果偏差在允许的范围内,则程序正常向下运行。根据式(8-26)计算出本次控制输出的增量 $\Delta U(n)$,若本次计算为温度控制量,则转入温度控制量运算,求出本次温度调节的控制量 $U(n)$。无论是温度控制量还是碳势控制量,在输出前期都必须进行输出控制幅限制。最后的运算结果送入控制输出单元,为下次运算作准备。

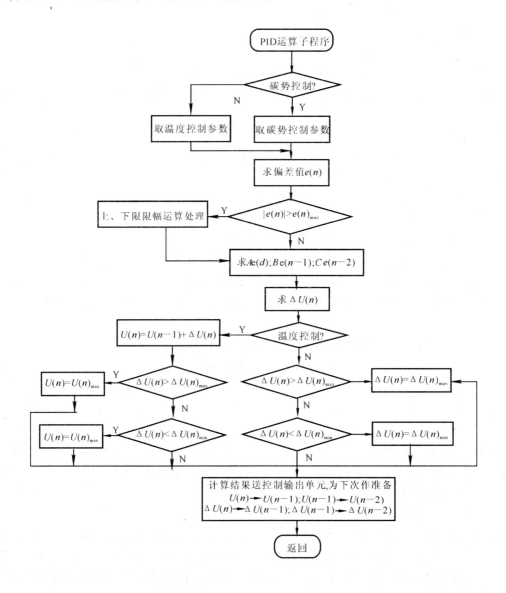

图 8-18 PID 运算程序框图

8.4　燃气加热炉温度的单片机控制

　　燃料炉是热处理和锻造的主要加热设备之一。特别是一些大型机械工厂,当建有煤气发生站时,铸件、锻件或其他构件的热处理加热,一般都采用煤气加热的燃料炉。

　　煤气易与空气混合,燃料燃烧完全,容易控制其燃烧过程,便于保持炉内温度均匀,并可以适当调节炉内气氛,抑制工件加热的氧化与脱碳。煤气加热炉的温度控制,不只是控制单一的温度物理量,而且还要考虑煤气与空气的混合比例,控制燃烧过程,使燃料燃烧充分,在温度控制的同时,尽可能节约能源。

一、煤气的燃烧

　　煤气要正常燃烧,需要具备三个条件:一是可燃混合物加热至一定温度,即着火温度;二是煤气与空气混合物中,煤气的浓度在一定范围内,即在着火的浓度极限范围内;三是煤气或可燃混合物的喷出速度与火焰传播速度相适应。

　　1. 着火温度

　　将煤气和空气的混合物进行加热,并逐渐提高它的温度,可燃物的氧化速度也随之加快,放出的热量 Q 成指数关系增加。热量 Q 的一部分加热可燃混合物本身,另一部分向四周散失。在低温范围内,可燃混合物散失的热量 q 与它的温度 t 成正比。当 $Q < q$ 时,如把热源撤去,可燃混合物很快变冷,氧化速度减慢;当 $Q \geqslant q$ 时,即使把热源撤去,可燃混合物也不变冷,反而加速氧化,使可燃混合物温度继续提高。当 $Q = q$ 时,可燃混合物温度就称为它的着火温度 t_z。一旦可燃混合物达到着火温度,就会自动加速氧化,即开始燃烧。煤气的着火温度为 $640 \sim 650℃$。对于煤气加热炉,在开炉时,为了使煤气与空气混合物燃烧,总是要用外热源进行点火。

　　2. 着火的浓度

　　当煤气和空气混合物局部加热至着火温度以上时,可能会正常燃烧,也可能很快熄灭,这取决于煤气与空气混合物中煤气含量的多少。只有当混合物中煤气含量在煤气的着火浓度极限(范围)以内时,混合物局部加热至着火温度以上,煤气才能正常燃烧。煤气的着火浓度极限为 $20.7\% \sim 73.8\%$。

　　必须指出,当煤气与空气的混合物全部加热到着火温度以上时,不管煤气与空气的混合物中煤气含量是否在煤气的着火浓度极限范围内,可燃物都会立即燃烧,直至燃烧完为止。但是,如果既要获得较高的热效率,又要节能,必须控制煤气和空气的混合比例。

　　3. 火焰传播速度

　　可燃混合物的喷出速度和燃烧速度相适应时,呈现稳定的燃烧。当两者速度不适应时,要么火焰脱火被吹灭,要么火焰进入管道内,产生回火现象。设可燃混合物的喷出速度为 v_c,火焰传播速度为 v_f,喷出的可燃混合物的温度为 t_c(见图 8-19)。当其向前(图中为向左)运动时,由

加热至高温 t_p 的燃烧产物和燃烧反应带的热量,通过辐射、对流、传导等方式把可燃混合物加热至着火温度 t_z,并立即进行燃烧。燃烧是在一定厚度层的一个区域里进行,这个区域称为燃烧反应带。燃烧反应带在空间的传播(移动)速度,称为火焰传播速度。当 $v_c = v_f$ 时,呈现稳定的燃烧。在其他条件相同时,火焰传播速度的值可以在一定范围内变化,也就是说,可燃混合物的喷出速度在一定范围内变化时,火焰传播速度也随之而变化,使 $v_c = v_f$,呈稳定燃烧。

当煤气或煤气与空气混合物以低速喷出燃烧时,主要靠燃烧反应带(火焰)的高温,借传导把刚喷射出的冷态可燃混合物加热至着火温度以上,保持正常燃烧和火焰稳定。当速度较高时,靠高温燃烧产物回流,把刚喷出的冷态可燃混合物加热至着火温度以上,从而保持火焰稳定。

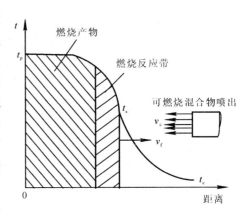

图 8 - 19 可燃混合物喷出速度与火焰传播速度的示意图

二、锻造煤气加热炉及技术要求

锻造加热炉是根据航空大锻件的技术要求进行设计的。由于锻件的尺寸较大,加热炉的炉膛面积为 $3.5 \times 2.8 \text{ m}^2$,并要求控温精度为 $\pm 6℃$,炉温均匀性为 $\pm 10℃$,炉子的最高工作温度为 $1\,300℃$。由于航空锻件的技术要求较高,锻件的加热温度范围窄,故温度要进行严格控制。温度过高会引起锻件的晶粒粗大,甚至产生过热或过烧。加热温度过低,锻造时变形阻力加大,达不到变形度的要求,而且容易开裂。为此,要求加热炉具有高的测温精度和控温精度,高的炉温均匀性,并且做到节能和减少加热过程中的氧化。对于炉膛面积接近 10 m^2 的锻造加热炉,要达到高的炉温均匀性,必须从各方面采取措施。

1. 采用平焰烧嘴

一般的烧嘴火焰呈直线形,而平焰烧嘴的火焰,则呈圆盘形,并且火焰紧贴在炉墙或炉顶表面,如图 8 - 20 所示。由于平焰烧嘴的火焰是附壁的,因而炉顶温度较一般燃烧方法要高出几十度甚至 $200℃$,这对燃烧低发热值煤气的锻造炉特别有利。由于增强了辐射传热,可缩短升温时间近 50%,节能 30% 左右,还可提高炉温的均匀性。

2. 提高炉温均匀性的基本措施

(1)多烧嘴的炉顶布置。为保证炉温的均匀性,采用多烧嘴炉顶布置方式。沿炉子的长度方向对称布置 6 个烧嘴,使整个炉顶被火焰铺展。由于炉顶是拱形的,火焰沿炉壁流动形成

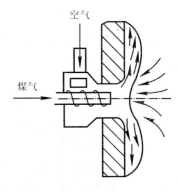

图 8 - 20 平焰形成示意图

钟罩形状,有利于提高炉温均匀性。图8-21为炉顶烧嘴位置图,六个烧嘴分三列分布。靠近炉门处,由于温度损失较大,选大功率的平焰烧嘴,而中间和烟道处的温度损失较小,选功率相对小一些的平焰烧嘴。

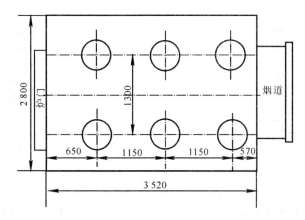

图 8-21 炉顶烧嘴位置图

(2) 独立的三个温区。炉子的前、中、后划分三个温区,每个温区都有独立的控制系统,即控制热电偶、记录热电偶和报警热电偶独立设置。一旦某一系统出现故障,另一系统还能监视炉子的工况,炉子可照常运行。

3. 煤气与空气燃烧比例控制

在每一个控温区的煤气支管和空气支管上,均安装有蝶阀,控制蝶阀的开度可控制煤气和空气的流量。同时,在支路中还安装有流量孔板及差压变送器,以便获得差压信号进行流量的计算、显示与记录。

为了实时准确测出炉气含氧量,特在炉子后端的上升烟道处安装了烟气取样管,并在相应处安装有氧探测器、变送器及数显氧量仪。

计算机采集差压和压力信号,并通过计算求得煤气流量和空气流量,根据炉内气氛分析结果进行空气流量/煤气流量的比例控制。这有利于正确组织燃烧火焰和火焰的还原性控制,并可节约能源和减少工件氧化烧损。

在空气总管、煤气总管上安装了取压管及其相应的压力变送器,以便单片机对煤气、空气总管压力的采集、控制与显示。

4. 节能与除尘

除了上述节能措施外,还在烟道处设计安装了辐射换热器,用回收烟气热量来预热助燃空气。空气预热管路如图8-22所示。为了运行可靠,空气换热器的管路中设计了旁通管路。在正常操作中,旁通管路的截止阀 G_3 关闭,G_1,G_2 截止阀打开。只有当换热器损坏时,才关闭 G_1,G_2,打开 G_3。

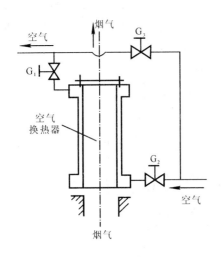

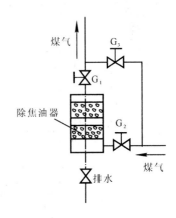

图 8 - 22　换热器示意图　　　　　　图 8 - 23　过滤器示意图

在煤气含有较多的焦油和灰尘的情况下,为了减少孔阀和调剂阀的堵塞,特设计了过滤器,如图 8-23 所示。过滤器内有二层吸附剂(焦炭),起净化煤气的作用。图 8-23 中的 G_1,G_2 和 G_3 截止阀的作用与图 8-22 中 G_1,G_2 和 G_3 相同。

三、煤气加热炉温度控制系统

图 8-24 为煤气加热炉一个温区的控制框图,其他温区控制系统组成与之完全相同。在图 8-24 控制系统中,对于温度的控制,设计了自动、手操器操作和手动三种控制方式。

自动控制方式是将热电偶采集的炉膛温度,经温度变送器输入单片机系统。经单片机运算后,输出两个控制量。其一为煤气支管蝶阀开度控制量,此控制量经伺服系统、手操器、电机(M_3)控制煤气蝶阀的开度;其二是空气支管蝶阀开度控制量,此控制量经伺服系统、手操器和电机(M_4)控制空气蝶阀的开度,从而控制燃气的流量,实现对该区温度的控制。为了使煤气燃烧时的空气 / 煤气的比例较为恒定,首先要知道煤气流量和空气流量。因此,在煤气支管和空气支管上安装有流量孔板以及相应的差压变送器,以便获得差压 Δp。系统的流量 θ_m,θ_K 的计算公式为

煤气 $$\theta_m = 25.15 \sqrt{\frac{\Delta p_m}{\rho_m}} \quad (\mathrm{m^3/h}) \tag{8-27}$$

空气 $$\theta_K = 50.64 \sqrt{\frac{\Delta p_K}{\rho_K}} \quad (\mathrm{m^3/h}) \tag{8-28}$$

以上两式中,Δp_m,Δp_K 分别为煤气和空气的压差(Pa);ρ_m,ρ_K 分别为煤气与空气的密度(kg/m³)。流体的密度与压力和温度有关。

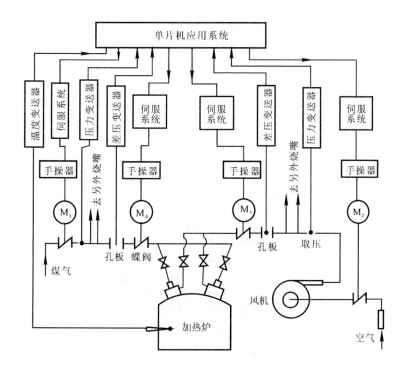

图 8 - 24 煤气加热炉温度控制框图(一个温区)

煤气和空气的压力,经压力变送器后变为所希望的压力信号。煤气不预热,其初始温度一般为20℃。空气需要预热,它的温度可进行实际测量。流量确定后,控制空气流量/煤气流量之比就很容易实现了。

加热炉工作过程中,控制煤气和空气的压力稳定,对于提高控温精度极为重要。

图 8 - 24 中的手操器(电动操作器)、电机和蝶阀构成系统的手操控制方式。手操器上有自动/手动转换开关。置于手动时,操作手操器上的按钮,可直接调节蝶阀的开度,实现对炉子温度的控制。当由手动切换到自动时,计算机可从手操器中获得蝶阀开度,做到无扰动切换。

烧嘴上方的煤气和空气管道上安装有手动截止阀。调节手动截止阀也可以调整煤气和空气的流量,进行手动方式控制。

四、煤气加热炉的控温模式

平焰烧嘴是一种节能型烧嘴,其结构如图 8 - 25 所示。它是由风管、风套、煤气喷管及烧嘴砖等构成。风管内部呈螺线形,烧嘴砖呈喇叭形。煤气平焰烧嘴是根据流体的旋转与附壁特性,将风从风壳切向输入烧嘴,并形成旋转气流,然后通过喇叭形的烧嘴砖。由于流体的附壁效应,将煤气吸入旋流,使煤气与空气很好地混合,提高燃烧效率。但是,在实时控制中,煤气和空气压力的波动,必然引起流量的变化,故对于大型的燃气加热炉进行实时温度自动控制时,增设空气流量/煤气流量的比例调节是非常需要的。目前,燃气炉的比例调节温度控制模式多种多样,如燃料先行比例控制模式、空气先行比例控制模式和串级并联单交叉限幅控制模式等。控制效果较好的属温度串级并联双交叉限幅控制模式,其结构原理如图8-26所示。它是以炉温控制回路为主环,煤气流量和空气流量控制回路为副环,构成的串级并联双交叉限幅控制。图中,β为空气流量与煤气流量之比值,简称为空/燃比。在控制过程中,可根据炉内的燃烧状态进行设定,也可根据实测炉气的含氧量对其进行修定。

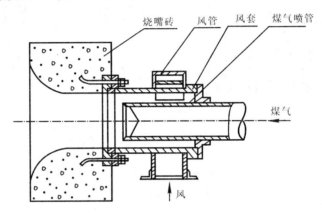

图 8-25　煤气平焰烧嘴结构

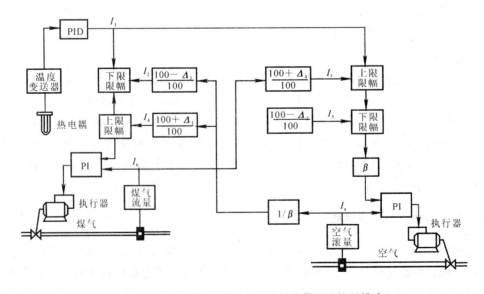

图 8-26　温度串级并联双交叉限幅流量配比控制模式

在煤气加热炉温度控制过程中,当炉内温度发生变化时,热电偶采集的温度信号,经温度变送器送入计算机中的 PID 运算单元,经过 PID 运算后获得调节量。随后将这一调节量换算成为煤气流量 I_1,分别送入煤气控制回路和空气控制回路。对于煤气控制回路,I_1 与下限限幅值 I_2 和上限限幅值 I_4 进行比较,比较后的输出量不得超过上下限幅值,即 $I_2 \geqslant I_1 \geqslant I_4$。比较后的 I_1 值作为煤气流量的给定值,输入 PI 运算单元,与煤气流量的实测值 I_g 进行 PI 运算(比例和积分运算),运算结果送煤气调节执行器,调节煤气的流量。对于空气控制回路,温度计算值 I_1,经过上、下限比较后,再与 β 相乘,得空气流量,并作为空气流量的给定值输入空气的 PI 运算单元,与实测的空气流量 I_a 进行 PI 运算,运算后的输出量送入空气调节执行器,调节空气的流量。

系统的限幅是根据上一个控制周期内实测的空气流量除以 β,得到相应的煤气流量,在该煤气流量值上加上百分比偏差量 Δ_1,作为上限限幅值 I_4;减去百分比偏差量 Δ_3,作为下限限幅值 I_2,以此对煤气流量进行上、下限幅。空气流量计的上、下限幅是根据上一个控制周期内实测的煤气流量加上百分比偏差量 Δ_4,作为上限限幅值 I_3;减去百分比偏差量 Δ_2,作为下限限幅值 I_5。对本控制周期温度 PID 运算后的煤气流量进行上、下限幅后乘以 β,得空气流量。由此可见,在负荷增加时,煤气流量和空气流量相互制约交替增加;而当负荷减少时,空气流量和煤气流量相互制约交替减少,即使在动态情况下,系统也能保持理想的空燃比,控制煤气炉的燃烧。

为了进一步节省能源,减少工件的氧化损失,可在控制过程中,对炉气的氧含量进行测定,并对空燃比进行修正。可对锻件不同的加热段(预热段、加热段和均热段),分别进行空燃比的设定,进行独立的空燃比调节,实现有氧量校正的双交叉限幅燃烧控制。

五、煤气压力和空气压力的控制

煤气压力和空气压力的稳定与否,直接影响到温度控制精度。煤气和空气总管的压力又受温度控制过程中支管煤气流量调节的影响,因此,对总管压力的控制必须采用调节速度快、手动/自动随机无扰动切换的控制模式。由图 8-24 中可见,煤气总管压力和空气总管压力控制回路的硬件组成相同,控制方法完全相同,控制软件框图如图 8-27 所示。

在煤气炉点火初期,为了防止爆炸,总是先用软手操系统逐渐调节煤气和空气的压力,当燃烧正常后才转为自动控制。如果采用常用的自适应 PID 调节模式,在手动/自动切换瞬间,计算机输出量和软手操的输出量有可能不相等,从而造成切换时较大的扰动,影响炉内燃气的正常燃烧。为解决切换扰动问题,采用的控制方程为

$$Q = B + I_i \sum_{i=D}^{n} \Delta p_i \qquad (8-29)$$

式中,Q 为输出的控制量;B 为手动/自动切换基数;I_i 为积分系数;Δp_i 为给定压力值与实测压力值之差,即 $\Delta p_i = p_{给定} - p_{实测}$。

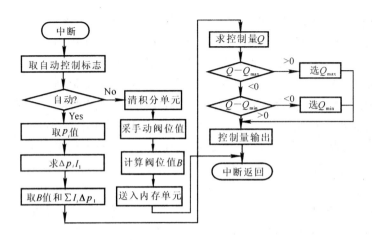

图 8-27　压力控制软件框图

式(8-29)中的 B 是克服手动／自动切换扰动的关键参数。当系统处于软手操控制时,计算机定时采集煤气或空气蝶阀的阀位信号,并转换成相应的阀位控制量,存入内存单元,同时积分值存放单元清零。当系统从软手操控制切换到自动控制时,积分项从零开始积分,计算机输出的第一个控制量为 B 值,即手操器控制时的阀位控制量。

六、电动蝶阀的限幅

燃气炉控制不同于电炉控制。对于电炉多温区的温度控制,由于各个温区温度之间的相互影响,在某个瞬间某个温区的电功率输入可以为零。但是,对于燃气来讲,决不允许某个烧嘴关闭或熄火。因此,在软件设计中,给各电动蝶阀设定下限值,即蝶阀总开度的 10%,保证各个蝶阀无关闭状态。

对电动蝶阀的开度还设计了上限值。上限值的设定,一方面避免了电动执行机构单向旋转达到最大时不停机而烧坏;另一方面,加热炉在全功率升温时由于三温区的相互影响,升温速度相差较大,而造成加热不均匀。采用上限限幅方式,对不同的温区上限限幅,可以不同,可随时进行调整,尽可能减少三个温区的升温速度的差别。调整得当,可使三温区的升温速度基本一致。

习　　题

1. MCS—51 单片机片内 256B 的数据存储器可分为哪几个区?作用如何?

2. 单片机应用系统中,程序存储器和数据存储器公用 13 位地址线和 8 位数据线,为什么两个存储空间不会发生冲突?

3. MCS—51 单片机的时钟周期与振荡周期之间有什么关系?

4. 在煤气炉的温度控制过程中,为什么采用交叉限幅控制方法?

5. 如何简便地判定 8051 是否在运行?

6. 根据交流点焊机单片机控制系统硬件电路图(见图 8-11),试判断两片 8255 芯片(U_9 和 U_{12})的片选地址为何值。

7. 同步脉冲发生电路(见图 8-12)中,b 点的方波是如何产生的?根据电路图简单叙述 b 点方波的产生过程。

8. 若渗碳炉的最高温度为 1 300 ℃,选 12 位 A/D 转换芯片。试问:单片机温度控制系统的温度分辨率为多少?

9. 在煤气加热炉的控制过程中,为什么要对煤气和空气的压力实施控制,还要对煤气和空气阀门的开度进行限幅?

第 9 章　材料加工过程的可编程控制器控制

在工业控制系统中常用接触器和继电器来实现材料加工过程的逻辑控制,基于继电器的逻辑控制电路简称为 RLC。随着科学技术的进步和微电子技术的发展,20 世纪 60 年代末,美国 DEC 公司研制出了第一台可编程逻辑控制器(PLC),它主要针对数字量进行逻辑控制。70 年代后期,将微机技术运用于 PLC 就产生了可编程控制器。它是一种崭新的工业控制器,其控制功能已经远远超出了逻辑控制的范畴,具有了运算、数据传递与处理等功能,其应用范围也拓宽到了开关量的逻辑控制、闭环控制、位置控制(步进电机和伺服电机)、监控系统(生产过程)和分布式控制(分级控制)等,但其仍简称为 PLC。现在,可编程控制器已成为一种最普及、应用场合最广泛的工业控制器。它不仅是一种比继电器和接触器更可靠、功能更齐全和响应速度更快的新一代工业控制器,而且是一种指令直接面向用户、编程方便、适用于恶劣环境(粉尘、腐蚀性气体等)中的新型工业控制计算机。

9.1　可编程控制器概述

按照国际电工委员会(IEC)于 1987 年颁布的国际标准草案,可编程控制器定义为一种专为在工业环境下应用而设计的、进行数字运算操作的电子系统。它采用可编程序的存储器,用以存储执行逻辑运算、顺序控制、定时、计数和算术运算等操作的指令,并通过数字式、模拟式的输入和输出接口,控制各种类型的机械设备和生产过程。

一、可编程控制器的结构及分类

可编程控制器的结构包括硬件和软件两大部分。图 9-1 是一种通用型的可编程控制器的结构框图。它主要由中央处理单元 CPU、内存储器 RAM 和系统程序存储器 EPROM、用户程序存储器 EPROM、输入 / 输出模块(I/O)、电源和编程器等组成,其各部分均采用总线结构连接。

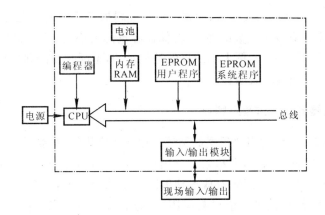

图 9-1　通用型可编程控制器结构框图

1. 中央处理单元 CPU

CPU 是 PLC 的控制核心,它按系统程序赋予的功能,接收并存储从编程器键入的用户程序和数据,用扫描的方式查询现场输入的各种信号状态或数据,并存入输入状态寄存器或数据寄存器中。在诊断了电源、PLC 内部电路及编程语句无误后,PLC 进入运行状态。CPU 作为指挥中枢,控制 PLC 内部各功能部件,完成用户程序所规定的各种控制任务,再经输出状态寄存器或数据寄存器输出控制信号及进行数据通信等。

2. 存储器

PLC 存储器一般有随机存储器 RAM 和只读存储器 ROM 两种类型。在 RAM 存储器内,主要存放 PLC 的参数设定值、定时器/计数器设定值、数据表的数据、保持存储器的数据以及必须保存的输入/输出状态。PLC 的只读存储器采用 EPROM,用来存放 PLC 的系统程序和用户程序。系统程序主要有检查程序、键盘输入处理程序、编译程序、信息程序、信息传递程序及监控程序等,由 PLC 制造厂家固化到 EPROM 中。用户程序是指 PLC 用户根据被控对象的各种动作顺序和逻辑控制的要求,按规定指令编制的控制程序。它由用户固化到 EPROM 中。

3. 输入/输出(I/O)模块

I/O 模块是 PLC 与现场 I/O 装置或其他外部设备的连接部件。通常现场输入的信号是各种开关、按钮等开关量信号或各种传感器输出的开关量或模拟量。这些信号经接口电路接入 PLC,通过对信号进行一定处理后送到 PLC 的输入数据寄存器中。PLC 的输出形式通常有继电器、双向晶闸管和晶体管等。因此,PLC 提供了各种操作电平、驱动能力以及不同功能的 I/O 模块供用户选用。

4. 编程器

它是 PLC 的主要附件。用户程序的编辑、调试、监视、修改及输入 PLC 等都要经过编程器来完成,同时还可以通过编程器的键盘去调用和显示 PLC 内部状态和参数。简易的编程器只能通过与 PLC 接口连接进行在线编辑,而智能图形编辑器则可实现在线或离线编程。

可编程控制器按其 I/O 接点数的多少、存储器容量的大小、指令多少与其功能的强弱,大致可分为微、小、中、大等几类。所谓大小的界限是相对的,不同时期的划分标准也不一样。按照结构形式可分为整体式和模块式两种。

二、可编程控制器的工作过程及特点

PLC 的基本工作方式是对用户程序的循环扫描并顺序执行。只要 PLC 接通电源,CPU 就会对用户存储器的程序进行扫描,即从第一条用户程序开始,顺序执行,直到用户程序的最后一条,形成一个扫描周期,周而复始。对应于梯形图就是从上到下,从左至右,逐行扫描执行梯形图所描述的逻辑功能。每扫描一个周期,CPU 就进行输入点状态采集、用户程序逻辑解算、相应输出状态的更新和 I/O 执行等。当有编程器接入 PLC 时,CPU 还要对编程器的在线输入信号进行响应,并更新显示。此外,CPU 还要对自身的硬件进行快速的自检,并对监视扫描用的定时器复位。完成自检后,CPU 又从首地址重新开始扫描运行。

PLC 对用户程序的扫描执行过程分为三个阶段:输入采样、程序执行和输出刷新。在输入采样阶段,PLC 以扫描的方式,顺序读入所有输入端的开关状态,并存入输入映像寄存器中。接着转入程序执行阶段,即按梯形图逻辑自左至右,自上至下,对每条指令进行扫描,并从输入映像区读入相应的输入状态,进行逻辑运算。

由于 PLC 采用循环扫描和顺序执行程序的方式进行工作,致使 PLC 在处理某些电路时,有时会出现不同的运行结果。这在梯形图设计时要特别注意。此外,由于 PLC 要求有很强的抗干扰措施,所以其输入/输出电路中通常都接入了多种抗干扰或滤波电路,这样就会引起执行程序的时滞现象。同时,考虑到 PLC 的执行程序是按工作周期顺序执行等原因,也使得输入输出间的响应发生了时滞现象。对于一般的工业控制,这种时滞是允许的,但某些控制设备对信号有快速响应要求时,就应该采用高速响应的输入/输出模块,或将用户的顺序程序分为快速响应的高级程序和一般响应的低级程序两类来处理。

三、可编程控制器的选型及系统设计

在 PLC 的实际应用中,是以 PLC 为控制核心组成电气控制系统,来实现对生产及工业过程控制的,可编程控制器控制系统的设计大体包括可编程控制器的选型及控制系统设计两方面的内容。首先应全面了解被控对象的机构、运行过程等,并明确动作的逻辑关系。而后根据系统功能要求来选择 PLC 的型号及各种附加配置,并有规则、有目的的分配输入、输出点。在选定 PLC 型号及配置后,应根据控制及流程的要求,对应各输入、输出点,开发相应的程序,并连接 PLC 与外部设备的连线。最后,将编制完成的程序写入 PLC 中,模拟工况运行,进行调试及修改,在模拟调试成功后,接入现场的实际控制系统中进行再次调试并运行。

1．可编程控制器的选型

在选用可编程控制器时，应根据控制对象的要求，来考虑 PLC 相应的性能指标。通常情况下要考虑的主要性能指标如下：

（1）输入／输出(I/O)接点数。选用时应根据控制对象检测输入信息的特点（开关量或模拟量）和接点总数，以及执行输出的控制特点（开关量或模拟量）和接点总数来考虑。

（2）CPU 及处理速度。选用的 CPU 位数和频率越高，其对程序的处理速度也就越快。对程序的处理速度是指 PLC 每执行一条程序指令所需要的时间。

（3）存储器类型和容量。它主要指供用户固化控制指令程序的可擦除只读存储器 EPROM，其容量直接决定了可存放的控制指令程序的容量。

（4）指令与功能。PLC 的编程指令主要包括基本指令和功能指令。基本指令是指进行逻辑运算和执行一位操作的指令等；功能指令是指针对被控对象的某一功能要求而设计的一个专用子程序。PLC 的功能从其性能指标上看，实际上反映了可执行的各种指令数和内部具有的各种继电器、定时器及计数器数量的多少。

（5）编程语言。即指编程方式，常用的编程语言有梯形图、语句表、逻辑符号图、顺序功能图和高级语言等。其中，梯形图编程比较直观，它沿用了传统的继电器接点展开图的方式来描述控制过程。

2．可编程控制系统的设计

一般情况下，一个 PLC 控制系统的设计应包括以下几部分。

（1）被控过程的描述。过程控制系统的设计应根据被控过程的工艺流程特点及要求，选用适当的控制装置来组成满足特定应用场合需求的控制系统，以实现对实际生产过程的实时控制。因此，首先必须熟悉工艺流程的特点和明确控制任务的要求，在此基础上，应详细列出该控制系统的全部功能和要求，包括系统方框图组成的描述，PLC 及其 I/O 口与被控对象及上位计算机的关系描述等。

（2）I/O 特性的确定。PLC 控制系统设计的第二步应确定控制过程中各 I/O 的特性，所有 I/O 点必需按照以下内容进行分类。

形式：开关量或模拟量；

功用：输入或输出；

信号电平：直流或交流，小信号或大信号；

设置地点：远程或当地。

按所需 I/O 点多少预选 PLC 机型，并按预选 PLC 机型编制 I/O 分配表，包括框架号、框架内的 I/O 插板槽号、每个 I/O 点的操作数分配和寄存器的选用安排等。

（3）用户存储器容量的估算。针对典型的继电器逻辑控制的场合，可以认为所需 I/O 点的比例为 6：4。每个内部继电器所需存储器容量可以这样估算：一个继电器为一个 I/O 点，每个继电器的接点操作数在编程中平均引用 8 次。由于一个接点操作数要占用一个存储字，所以一个继电器就需要 8 个字和一个 I/O 点。由于 I/O 显示装置是过程控制中通用的人-机对话装置，它所需显示的内容及其功能的复杂性各不相同，因此所需的存储容量就必须根据具体情况进行估算。针对特殊的 PLC 功能，应根据实际使用的 PLC 的类型及所希望达到的特定功能来估算用户存储器容量，如 PID、模拟量 I/O 和机器诊断等特殊的 PLC 功能所需的存储器容量。此外，存储器的使用效率也影响到用户存储器的容量，通常定义用户存储器的使用效率为接点操作数与包含这些操作数的逻辑梯级所需的存储器字数的比率。存储器的使用效率越高，对于等效程序来讲所需的存储器容量就越小，相应的扫描时间就越短，控制性能就越高。

（4）控制功能的设计。在用 PLC 取代继电器控制系统的场合，可用有效并易于理解的各种基本功能来编程，完成这些功能只需要选用中小型 PLC 即可。当 I/O 点较多时，则应选用大中型的 PLC。当控制功能超出常规的继电器逻辑控制时，应选用具有扩展或增强功能的 PLC。使用扩展功能 PLC 所提供的 I/O 子程序执行功能可以减少扫描时间，并能完成矩阵、子程序、机器诊断、制表和表格传送等附加功能。因此，不但可以提高编程效率，而且还可以减少所需的存储器容量，并对响应时间有严格要求的输入提供快速的响应中断服务。

（5）响应时间的要求。PLC 处理一个输入信号并产生相应的输出信号所需的时间称为吞吐时间。通常，吞吐时间是输入滤波时间、等待 I/O 更新、逻辑解释时间及输出滤波时间之和。在进行系统设计、I/O 分配和编程技巧等方面可以采取一些措施，用以缩短扫描时间来达到减少吞吐时间的目的。同时，采用中断控制的办法也可以将吞吐时间大大缩短。

（6）所需寄存器数量的估算。PLC 中可供调用的寄存器数量是一个恒定数，但也可以用空闲的计时器/计数器、移位寄存器、内部继电器或空闲的用户存储器，以每组 16 位为单位来扩充寄存器的可使用量。特别是采用查表法来进行数值的比较和运算时，更应充分估计寄存器的数量是否满足计算的要求。

（7）编制资料。首先绘制工艺流程图，包括寄存器的数据流程和程序逻辑流程图，高速功能的定时图及用户程序的梯形图等。而后编制各类表格，如用来分析复杂逻辑关系用的真值表、I/O 分配表、寄存器的数据结构表和接线表等。最后编制注释说明，主要是将图形和表格综合在一起加以解释说明。

（8）编制用户程序。根据编制的图形和表格资料，编写用户程序。用户程序应合理、完整、简洁和明了。编写中应尽量使用子程序功能，以节省存储器的容量，并易于理解。程序的启动/停止执行等条件应仔细考虑。特别是在电源通/断操作时，不要因编程元素使用不当而出现不该出现的联锁解除、停电保护功能解除等误动作。

（9）程序的测试和调整。在使用新编的用户程序运行系统之前，应进行以下的检查和调试工作。

1）离线测试各分段程序的功能，直到各部分的逻辑功能都能正常执行，并能协调一致地完成全部的过程控制为止；

2）用巡检每个输入点和强迫每个输出点通/断的办法，逐一检查每个 I/O 点的接线，以保证每个现场装置与 PLC 之间的接线正确；

3）初始化和复位功能的检查；

4）电源通／断操作检查；

5）所有安全特性操作检查；

6）在线调试整个系统的控制功能。

在 PLC 控制系统设计时，应特别注意：① 充分合理地利用软、硬件资源，对于不参与控制循环或在循环前已经投入的指令可以不接入 PLC；② 对于多重指令控制一个任务的情况，可以先在 PLC 外部将它们并联后再接入同一个输入点；③ 尽量利用 PLC 内部的功能软件，充分调用中间状态，使程序具有完整连贯性，同时也减少了硬件的投入，降低了成本；④ 在条件允许的情况下，最好使每一路独立输出，从而便于控制和检查，也利于保护其他输出回路，这样当一个输出点出现故障时只会导致相应的输出回路失控；⑤ 输出如果是正／反向控制的负载，在系统设计时就不仅要从 PLC 内部程序上联锁，而且还要在 PLC 外部采取措施，以防止负载在两方向动作；⑥PLC 紧急停止时，应使用外部开关切断，以确保安全。

在 PLC 控制系统使用时，还应特别注意：① 不要错将交流电源线接到输入端子上，以免烧坏 PLC。接地端子应独立接地，且不要与其他设备接地端串联，接地线的截面要足够。② 辅助电源功率往往较小，只能带动小功率的设备。③ 一般情况下，PLC 都有一定数量的占有点数（空地址接线端子），不要将线接在这些端子上。④PLC 的输出电路中没有保护，因此应在外部电路中串接熔断器等保护装置，以防止负载短路造成 PLC 损坏。⑤ 输入、输出信号线应尽量分开走线，不要与动力线铺设在同一个管路中，更不能捆扎在一起，以免出现干扰信号，产生误动作；同时信号传输线一定要采用屏蔽线，并要将屏蔽线正确接地。⑥ 为了保证信号可靠传输，输入、输出线的长度应严格控制；扩展电缆易受噪声电干扰，应远离动力线、高压设备等。⑦ 输入开关的动作时间要大于 PLC 的扫描时间，对于 PLC 存在的 I/O 响应延迟问题，在快速响应设备中应用时要特别注意。

调试或使用过程中出现故障时，应参照故障显示的信息进行分析、检查和排除。对于常见的输入、输出故障，一般情况下可以从故障信息指示灯中做出判断。不论在模拟调试还是在实际应用中，如果系统中某回路不能按照要求动作，就应首先检查 PLC 输入开关电接触点是否可靠。如果输入信号未能传到 PLC，则应去检查输入所对应的外部回路；如果输入信号已经采集到，则再看 PLC 是否有相应的输出指示。若没有，则是内部程序问题；如果输出信号已确信发出，则应去检查外部输出回路。

9.2　钣金成形中的 PLC 控制

现以冰柜内胆半成品件为例来介绍钣金加工生产线的 PLC 控制系统。

一、钣金加工工艺流程及其对控制的要求

如图9-2所示,内胆半成品件的原材料为成卷的金属板材。加工前,首先放料,即将成卷的金属板材固定到开卷机上,启动开卷机,将金属板材输送给压平机。压平机带动金属板材前进,同时进行纵剪,即将板材的端部剪齐,余下的部分继续前进,进入横剪机,并开始长度计数。当到达设定长度时,压平机停止工作,进行横剪。从放料到横剪结束这段工序,要求以压平机为主机,开卷机和回收机与之同步运行。横剪下来的钣件经输送带1输送到冲切处冲切成形,然后由输送带2输送至输送带3,最后到达堆料处,完成一块钣金件的加工过程。连续运行时,上述过程重复进行。

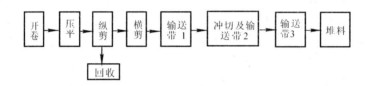

图9-2　钣金加工生产线工艺流程示意图

冰柜内胆半成品成形工艺提出的控制要求主要是具有手动、自动两种工作状态。手动状态下,各单元机可以单独运行;自动状态下,整机一起运行,能够加工六种不同规格的钣金件,加工精度为±0.2 mm,各单元机的速度可以调节。钣金件的预设长度、实际测量值和加工件数能够显示出来。

二、PLC控制系统的硬件设计

由于钣金加工生产线属于周期性的流水作业,其中包含有大量的定位、限位和检测等开关量,并兼有少量的模拟量信号。因此,适合采用周期性程序处理生产过程的PLC控制,即以PLC为中心,协调全线运行。PLC控制系统的硬件主要由PLC主控器、长度控制与显示器和各单元机的速度控制等三部分组成。

图9-3是钣金加工生产线PLC控制系统的示意图。图中,M为交流电机;U为变频器;DF为电磁阀;BM为旋转编码器;GK为光电开关;SL为限位开关;W为电位器;CK为长度控制及显示器。

PLC控制系统的输入量全部为开关量,输出量为开关量和一路模拟量。为此,选用日立公司生产的EM系列小型模块式PLC,它的主机有五个槽,扩展三个槽。所选模块有两块电源模块和一块CPU模块,三块16点开关量输入模块,三块16点开关量输出模块和一块2点模拟量输出模块。模拟单元可以输出两路0～10 V的电压信号,将其中一路用做压平机变频器的给定电压,控制压平机的速度。PLC控制系统的输入输出配置及接线简图如图9-4所示。

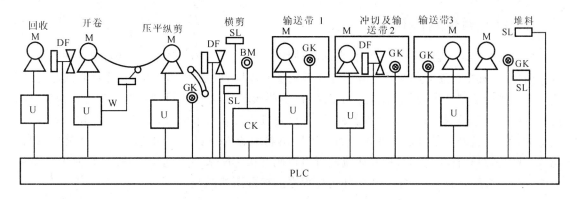

图 9-3　钣金加工生产线 PLC 控制系统示意图

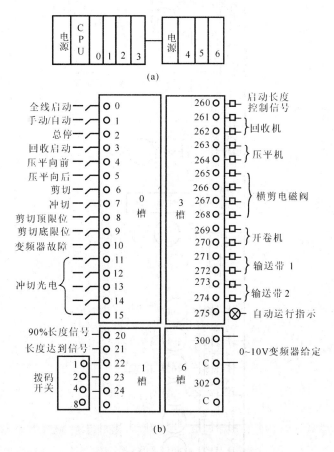

图 9-4　PLC 输入输出配置及接线简图

(a) 模块配置图；(b) 输入输出配置及接线图

三、PLC 控制系统的软件设计

按照工艺要求,程序设计为手动、自动两种状态,并设有六种选择程序,以实现六种规格钣金件的加工。其中程序 0 的流程与程序 1～5 的流程不同,区别在于前者剪切完后半成品件经输送带直接运达堆料处,而不经过冲切工序。在手动状态下,各单元机构可以单独进行操作,以便对设备进行调整、检修和故障诊断。此外,程序在进入自动状态前,还必须保证冲切台处没有钣金件,若有,就必须单独运行冲切机和输送带 3,将钣金件冲切完并输送出去后,才能进入自动状态(即全线运行状态)。六种程序流程可由拨码开关 BK 来实现选择(编程时只使用了 BK 中的 3 位)。全线运行开始、停止和六种选择程序的梯形图如图 9-5 所示。

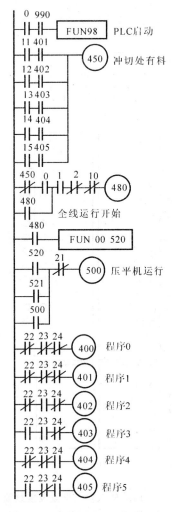

图 9-5 PLC 控制系统程序梯形图

PLC控制系统程序流程框图如图9-6所示。

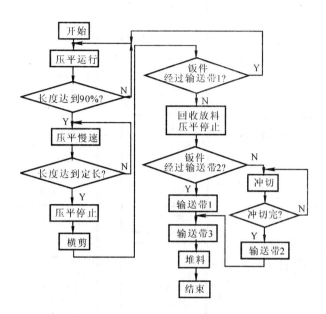

图9-6　PLC控制系统程序方框图

在整个循环程序中,压平机的速度控制程序是最重要的,因为它关系到钣金件的加工精度,从工艺角度要求压平机按图9-7所示的速度进行工作。即全线运行开始后,压平机升到高速,以 v_1 运行。当钣金件的长度达到定长 L 的90%时,速度降至 v_2, v_2 约为 v_1 的10%,压平机慢速运行;当钣金件的长度达到实际定长 L 时,压平机停止运行,同时夹紧装置将钣金件夹住,确保剪切时钣金件的定位,然后进行剪切。

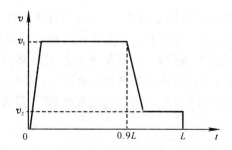

图9-7　压平机速度控制图

实现压平机速度控制的程序梯形图如图9-8所示,共包括4段程序。前3段都由两部分组成,第一部分为开关量控制部分,第二部分为模拟量输出控制部分。

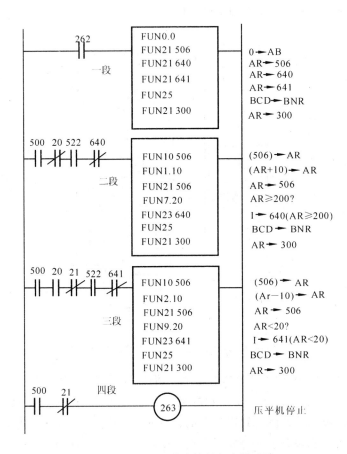

图 9 - 8　压平机速度控制程序梯形图

第 1 段为清零程序,目的是使模拟量输出口 300 在通电开始时输出为 0,使压平机从 0 开始升速,同时使内部输出点 506、640、641 清零,为再次运行程序作好准备;第 2 段为升速阶段程序,全线运行开始后,模拟量输出条件满足,开始进行加法运算,达到高速值后,内部输出点 640 断开,停止加法运算,将 BCD 码转换为二进制后通过 300 输出电压信号;第 3 段为减速阶段程序,同升速阶段程序类似,区别在于执行的是减法程序;第 4 段为停止阶段程序,它使 263 输出口断电,压平机停止运转。

9.3　锻压成形中的 PLC 控制

四柱万能液压机在锻压成形工艺中有着非常广泛的应用,其传统的控制系统均采用继电器接触器逻辑控制。由于继电器触点易打弧、寿命短,因此系统工作可靠性差、易损坏、维护困难,且无法满足加工中的某些特殊功能要求。为此,新一代产品大都采用可编程控制器来实现对工作过程的控制。

一、成形工艺特点及其对控制要求

四柱万能液压机由机械、液压、电气等三大部分组成,其外型示意图如图9-9所示。

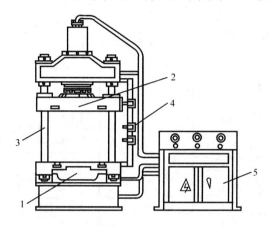

图9-9　四柱万能液压机外观示意图
1— 模具及锻件安装位置;2— 液压驱动的活动横梁;
3— 立柱;4— 行程开关;5— 泵站及PLC等电器控制系统

该类设备可以用于锻压件的压制、保压、成形等加工过程。液压驱动的活动横梁的运动,由电气系统控制七个电磁插装阀(YV1～YV7)来实现。压制工件时的电磁阀动作及其对应的基本操作功能见表9-1。

表9-1　电磁阀动作及基本操作功能表

动作名称	半自动方式下的发讯	YV1	YV2	YV3	YV4	YV5	YV6	YV7
压制	人指令	+	+	+				
减速加压	XK2	+	+					
保压	压力到保压值SP							
卸压	保压时间到						+	+
回程	延时2s到	+		+				+
下平台顶出	按钮或回程到位信号	+			+			
下平台退回	按钮或顶出到位信号	+				+		

注:表中"+"表示阀接通。

281

二、PLC 控制系统的硬件设计

依据四柱万能液压机的工艺特点和控制要求,选用三菱公司的 F1—40MR 可编程控制器,其中包括 24 点输入继电器 X400～X407,X410～X413,X500～X507,X510～X513;16 点输出继电器 Y430～Y437,Y530～Y537。另外,还具有 16 个定时器 T450～T457,T550～T557,以及 192 个内部辅助继电器 M100～M177,M200～M277,M300～M377 等。设计的四柱万能液压机 PLC 控制系统的硬件电路如图 9-10 所示。

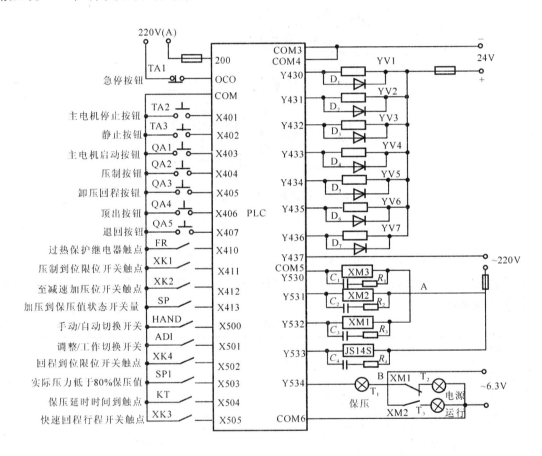

图 9-10　四柱万能液压机 PLC 控制系统输入、输出接线图

图中,输入端接控制按钮及限位开关,输出端 Y430～Y436 分别控制七个插装阀 YV1～YV7;Y530～Y533 分别控制液压泵站电机 Y/△ 启动主电路中的三个交流触发器和一个延时时间继电器;Y534 用于保压状态指示。根据工艺要求,系统设置有半自动／手动两种工作方式切换开关以及工作／点动调整切换开关等。

三、PLC 控制系统的软件设计

根据液压机锻造成形时的工艺过程要求及 PLC 控制系统输入、输出元件号的分配，设计的 PLC 控制系统梯形图如图 9－11 所示。

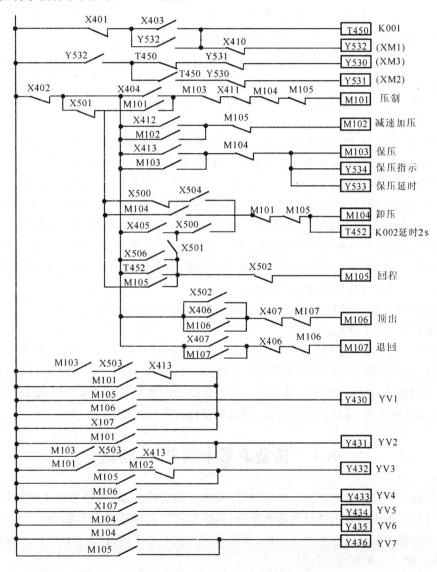

图 9－11　锻造成形 PLC 控制系统梯形图

根据梯形图,并结合工件成形时的工艺流程,对四柱万能液压机各电液插装阀的动作过程做如下简单介绍。

(1) 按下主电机启动按钮后,PLC 程序自动控制液压泵站电机启动。

(2) 按"压制按钮",则 X404 输入继电器得电,中间继电器 M101 得电,进而有 Y430,Y431,Y432 输出继电器得电,接通 YV1,YV2,YV3 进行压制过程操作。

(3) 活动横梁至减速加压位置时,行程开关 XK2 接通,X412 得电,并使 M102 得电,Y432 失电,YV3 关闭,仅有 YV1,YV2 接通,实现减速压制,同时油压增加。

(4) 加压到保压值(根据被锻工件的材质确定,在控制柜操作面板上设定)时,输入开关量 SP 接通,X413 得电,M103 得电,且由 Y534 指示保压状态,由 Y533 输出控制保压延时时间继电器开始计时。由于 M103 得电,则使 M101 失电,从而 Y430,Y431 失电,阀 YV1,YV2 均关闭,开始保压过程。

(5) 在保压过程中,如果实际压力由于液压系统中元件的渗漏而低于保压值时,X503 就得电。由梯形图 Y430,Y431 输出支路可见,YV1,YV2 将被接通,继续升压,直至重新到达保压值,X413 得电,使 YV1,YV2 关闭为止,以保证实际油压恒定在保压值附近的允许范围之内。

(6) 保压延时时间到,则 X504 得电,M104 得电,且使 M103 失电,进而 Y435,Y436 得电,YV6,YV7 接通,开始卸压过程,并由内部定时器 T452 开始计时,按工艺要求延时 2 s。

(7) 卸压过程进行 2 秒即卸压完成后,则 M105 得电,且使 M104 失电,从而 Y430,Y432,Y436 得电,YV1,YV3,YV7 接通,设备活动横梁回程。回程到位后,X502 得电,使 M105 失电,YV1,YV3,YV7 断开,活动横梁停止运动。

(8) 按"顶出按钮"(或根据回程到位信号),则 M106 得电,从而 Y430,Y433 得电,YV1,YV4 接通,下平台将工件顶出。

(9) 下平台上工件取走后,按下平台退回按钮,则 M107 得电,Y430,Y434 得电,YV1,YV5 接通,下平台自动退回。另外,顶出与退回操作可相互切换,可由静止按钮(X402)进行控制。

由该控制系统的梯形图可见,从压制到下平台退回的整个工作过程中,只要按一下静止按钮,则所有动作将停止;重新按压制按钮,则压制过程将重新开始。

9.4　铸造成形中的 PLC 控制

垂直分型无箱射压造型机是一种质量好、效率高的铸造设备。该造型机采用脱箱造型,并通过射砂及高压压实的方法进行填砂和紧砂,可以节省大量的砂箱及运输费用。另外,由于该工艺造型的全部过程都在造型机上完成,在流水线上就不需要翻箱机、合箱机以及套箱和压铁等机构,从而便于实现自动化控制。

以往该类造型机的控制器主要采用与非门、R-S 触发器等电子逻辑元器件及继电器组成的步进式顺序控制器控制,因而控制系统易受环境的干扰,可靠性低,维修困难,工艺适应性也较差。针对上述问题,可采用 PLC 控制技术,对上述铸造生产线进行技术改造。

一、造型生产线工艺流程及其对控制要求

造型生产线主要由风力输送料装置、带式输送机、混砂机、垂直分箱射压造型机(简称造型机)和托送式砂型输送机等部分组成。

造型机的造型循环由射砂、压实、起模1、推出合型、起模2和关闭造型室等六个工序组成。这六个工序自动循环工作,其控制系统由电、气、液系统联合构成。液压部分主要采用甲、乙、丙、丁四个凸轮阀分别控制主油缸和增速油缸的五个进排油孔 A,B,C,D,E 的开闭,其动作顺序见表 9-2。为了便于控制,将甲、乙、丙、丁四个凸轮阀组合在一起,装在同一根轴上。控制电机经减速机构带动凸轮轴转动,每转动 60° 后停止,当完成一个工序动作后控制电机又被重新起动带动凸轮轴转动 60°,然后再循环进行。凸轮转动的角度由数字角码器检测。

表 9-2　组合阀动作顺序

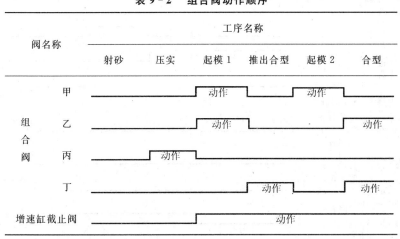

气路部分主要按照六个工序对射砂阀、排气阀等进行控制,其动作顺序见表 9-3。

每一工序结束时相应的控制器元件为:射砂工序由时间继电器定时控制;压实工序由电接点压力继电器KP定压控制;其余四个工序皆由限位开关ST1～ST5进行限位控制。其中,ST1在关闭造型室工序结束时发讯;ST2在起模2工序结束时发讯;ST4在起模1工序结束时发讯;ST5在推出合型工序结束时发讯;ST3起安全保护作用,即造型室砂量不足时,使压实板在此处停止前进。

托送式砂型输送机主要由两组与造型室底板位于同一水平线上的栅格做升降运动,输送栅格既做升降运动又做水平往复运动。当造型机推出合型工序结束时,砂型输出机动作。具体过程如下:输送栅格前进 → 升降栅格上升 → 输送栅格下降 → 输送栅格退回 → 输送栅格上升 → 升降栅格下降。上述动作间的转换分别由位置接近开关 JJK1,JJK2 发讯。

表 9-3　气动元件动作顺序

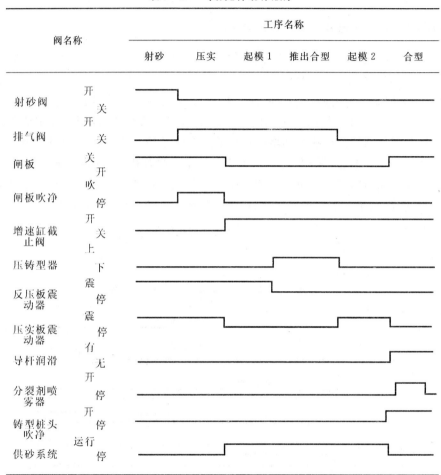

阀名称	工序名称					
	射砂	压实	起模1	推出合型	起模2	合型
射砂阀 开/关						
排气阀 开/关						
闸板 关/开						
闸板吹净 吹/停						
增速缸截止阀 开/关						
压铸型器 上/下						
反压板震动器 震/停						
压实板震动器 震/停						
导杆润滑 有/无						
分裂剂喷雾器 开/停						
铸型桩头吹净 开/停						
供砂系统 运行/停						

二、PLC 控制系统的硬件设计

上述造型生产线工艺过程的所有控制量均为开关量。针对铸造车间生产环境较为恶劣的特点,选用抗干扰性强、可靠性高、适用面广、编程方便的 PLC 作为控制核心。PLC 控制部分设计成手动、单循环和自动循环等操作方式,手动和单循环控制方式主要供系统调试和设备维修时使用。此外,为了显示各工序运行的现状,控制台上设计了各工序运行状态指示灯及故障报警指示器等。

整个系统的输入信号均为数字量,分为位置检测信号和控制命令信号两部分。输出负载信号也为数字量,分负载驱动信号和指示信号两部分。

依据以上分析,选用日本三菱公司生产的F1—60MR可编程控制器为控制核心,其输入点为36点,输出点为24点,输出类型为继电器输出,可满足通断交流或直流负载的要求。其电阻性负载为2A/点,感性负载在80 V·A以下,触点寿命为100万次。对一般电磁阀、指示灯和报警器等类型的负载,可由PLC直接驱动;但对较大负载(如电机),则要增加一级接触器作为功率驱动。PLC控制系统输入、输出接口分配见表9−4和表9−5。

表9−4　PLC控制系统输入接口分配表

接口	说明	接口	说明	接口	说明
Y030	砂处理停工指示	Y430	主控阀	Y530	压实板震动
Y031	浇注停工指示	Y431	截止阀	Y531	导杆润滑
Y032	总线故障指示	Y432	射砂	Y532	分型喷雾
Y033	造型自动循环指示	Y433	排气	Y533	铸型桩头吹砂
Y034	单循环指示	Y434	砂闸板	Y534	组合阀电机
Y035	手动指示	Y435	闸板吹砂	Y535	升降栅格升/降
Y036	停机指示	Y436	压砂型	Y536	输送栅格升/降
Y037	砂箱缺砂	Y437	反压板震动	Y537	输送栅格进/退

表9−5　PLC控制系统输出接口分配表

接口	说明	接口	说明	接口	说明
X000	造型线停车	X400	转角脉冲	X500	吹砂
X001	手动/自动转换	X401	计数器复位	X501	压砂型
X002	单循环	X402	SN_2	X502	反压板震动
X003	自动循环	X403	SN_3	X503	压实板震动
X004	总线故障	X404	SN_4	X504	分型喷雾
X005	压力继电器KP	X405	SN_5	X505	导杆润滑
X006	ST_1	X406	SN_6	X506	组合阀电机
X007	ST_2	X407	砂处理浇注停机	X507	主控阀
X010	ST_3	X410	砂箱料位计	X510	截止阀
X011	ST_4	X411	射砂	X511	升降栅格升/降
X012	ST_5	X412	排气	X512	输送栅格升/降
X013	SN_1	X413	砂闸板	X513	输送栅格进/退

三、PLC 控制系统的软件设计

针对造型机和输送机的工作过程和工艺特点,采用步进式控制方式对整个铸造造型线进行控制,结合步进指令采用状态转移图等编程方法进行 PLC 控制系统的软件设计。程序设计时,整个工作过程分为六个程序步序。在每个步序中,要分别对造型机中的组合阀、气路元件和输送机中的升降栅格、输送栅格等进行控制,因此采用并行分支/联结的编程形式。在编程中,组合阀电机和增速油缸截止阀简称为 ZZF;控制元件简称为 KR;升降栅格简称为 SJ;输送栅格简称为 SS。系统的程序过程如下:

(1)射砂。ZZF 按照组合阀动作顺序表中的要求到位后再进行控制,KR 按照气动元件动作顺序表中的要求进行动作,与此同时控制托送式砂型输送机的 SS 前进。待上述动作完成后,转入压实工序。

(2)压实。ZZF 和 KR 动作,分别按照组合阀动作顺序表和气动元件动作顺序表中的规定进行,与此同时,输送机的 SJ 上升。待上述动作完成后,转入起模 1 工序。

(3)起模 1。ZZF 和 KR 动作要求分别按照组合阀动作顺序表和气动元件动作顺序表中的规定进行,与此同时,输送机的 SS 下降。待上述动作完成后,转入推出合型工序。

(4)推出合型。ZZF 和 KR 动作要求分别按照组合阀动作顺序表和气动元件动作顺序表中的规定进行,与此同时,输送机 SS 后退。待上述动作完成后,转入起模 2 工序。

(5)起模 2。ZZF 和 KR 动作,分别按照组合阀动作顺序表和气动元件动作顺序表中的规定进行,与此同时,输送机 SS 上升。待上述动作完成后,转入合型工序。

(6)合型。输送机的 SJ 下降后,驱动 ZZF 按组合阀动作顺序表中的要求动作,到位后再驱动 KR 按气动元件动作顺序表中的要求进行动作。待上述动作完成后,就转到下一个循环控制工作中去。

9.5 粉末成型中的 PLC 控制

粉末成型工艺是粉末冶金技术与材料成型技术的有机结合,它利用设备和模具使粉末材料内部的空洞烧结,提高其致密性和使用性能,并成型出一定形状的产品。粉末成型技术既保持了粉末冶金材料成型性能好的优点,又充分发挥了材料加工工艺过程对成型材料组织和性能改善的特点。用可编程控制器可实现粉末成型过程的自动控制。

一、粉末成型生产线及其控制要求

粉末成型生产线由压机、送料器、料仓、卸料机构、电子天平、转盘、刮平机构、模具(安放在转盘上)、取成品机械手、脱模机构、复位机构和计算机控制系统等组成。粉末成型生产线的生产过程大致如下:

将细粉末经送料器送至料仓,并用电子天平称量。将称重的料经卸料机构卸入模具中,转盘转动再将模具送至刮平机构刮平,从而使细粉末非常均匀地分布在模具的底部。转盘将已刮平粉末的模具送至压机中的工作位置,并启动压机,使粉末在一定的压力下成型。转盘转动,将装有压制成型产品的模具送至脱模工位进行脱模,压制成型的产品再经机械手取出。

为了提高生产效率和产品精度,粉末成型生产线的控制系统以 PLC 为核心,并使用电子天平称量细粉末的重量。实际生产过程中通过 PLC 控制六台步进电机自动完成细粉末的配料、卸料、工位转动、粉料刮平、压制和取成品等工序,并通过监视器和控制面板来完成系统的动态显示和控制参数的在线设置。

二、PLC 控制系统的硬件设计

系统选用西门子 S7—266 型 PLC 作为控制主机,采用美国西特传感器技术公司生产的 EL—410S 型电子天平组成粉末称重系统。称量、刮平、压制定位、取成品等执行机构均采用步进电机,从而能够保证整个系统的机械定位精度和称量精度。图 9－12 为粉末成型生产线 PLC 控制系统的组成框图。

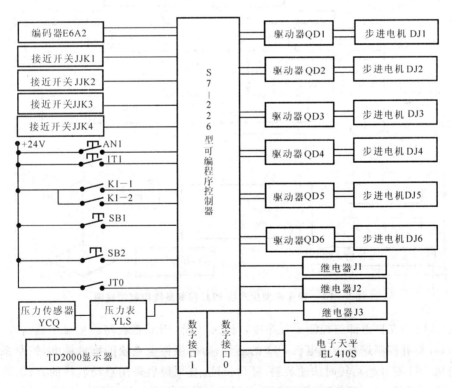

图 9－12 粉末成型生产线 PLC 控制系统组成框图

图中,步进电机驱动器的工作状态主要通过四个输入点来完成,即公共端接地,脉冲信号输入,方向信号输入和脱机信号输入等。六个步进电机分别用于送料控制、卸料控制、刮平机构升降、刮平机构刮平、自动取成品和转盘的转动控制等。压力传感器 YCQ 和压力表 YLS 用于粉末成型过程中的保压控制。

三、PLC 控制系统的软件设计

PLC 控制系统的程序采用 PLC 专用语言 STL 编制,它能完成自动、手动、调试三种运行方式的控制,软件流程框图如图 9-13 所示。在自动方式下,称重、卸料、刮平、压制以及取成品工序等都在相应的子程序控制下依次完成。在手动方式下,每按一次 AN1 按钮,加工完成一件产品后转盘转动一次停下,从而便于操作人员观察和调试参数。在调试方式下,可以完成不同产品的控制参数设置。

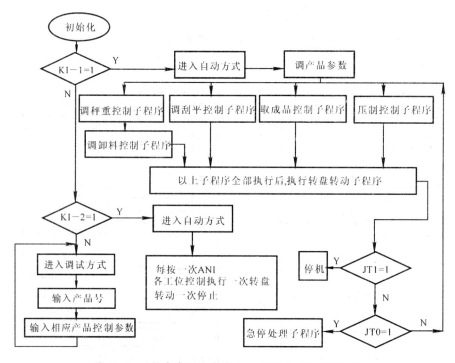

图 9-13　粉末成型生产线 PLC 控制系统控制流程图

图 9-13 中,在称重卸料控制子程序中,每次称量前 PLC 都会将称重显示器清零,并做相应的分析、计算并控制送料步进电机 DJ1 的运转。为确保称重系统的称量精度,控制系统通常使步进电机 DJ1 刚开始运转时快速装料,随后慢速,直至最后采用点动装料的方式。称量结束后,PLC 发出控制信号,控制步进电机 DJ2 作正方向转动完成卸料过程,接近开关 JJK1 和 JJK2

用于控制步进电机 DJ2 的转动角度。卸料结束后，步进电机 DJ2 反向慢慢转动，秤盘利用自重恢复到原位，准备下一次称量。

在刮平压制控制子程序中，刮平机构由升降步进电机 DJ3 和刮平步进电机 DJ4 组成。PLC通过控制步进电机 DJ3 在模具中的不同高度进行刮平运动，步进电机 DJ4 则由 PLC 控制作正反转动用于刮平，接近开关 JJK3 用于检测刮平步进电机 DJ4 的起始位置。对于压制子系统，主要由旋转编码器 BAQ，步进电机 DJ6，接近开关 JJK4，JT0 和齿轮幅组成。在系统设计时，为了满足定位精度要求，采取如下措施：

(1)旋转编码器选用 E6A2 型，分辨率为 2 000 个脉冲／转，用于检测步进电机 DJ6 带动转盘的转动角度。

(2)在设计时，转盘设计成 6 个工位(六只模具)，并采用 1：12 齿轮幅，步进电机 DJ6 每转动 720°(两转)，转盘转动 60°，行进一个工位，这样步进电机转动一周会自动消除累积误差。

(3)转盘只向一个方向转动，这样就不会产生齿轮间隙的误差，所以转盘的定位精度就得到了可靠的保证。

(4)旋转编码器为每次开机提供了转盘的起始定位。接近开关 JJK3 和 JJK4 的设置出于安全目的，即在刮杆处于模具模腔的外部或压机处于开模状态时，转盘才能转动，JJK3 和 JJK4通过继电器 J2 和 J3 连锁，以防转盘产生误转动。

(5)JT0 安在转盘的下面，防止压机误动作时压坏转盘下部的设备，实现压机急停。

9.6　自动点焊的 PLC 控制

钽电容器阳极自动点焊是钽电容器生产线上的重要工序。在工业生产中，当钽电容器阳极芯块成型、烧结后，必须将散乱的芯块(钽块)等间距整齐有序地固定在某一种金属片上(载板)，以利于下道工序的进行。钽电容器阳极自动点焊机就是将圆形或方形的芯块自动点焊在一片不锈钢上的一种精密电子专用设备。

一、自动点焊机的结构及工艺过程

图 9-14 是一种钽电容器阳极自动点焊机的结构示意图。点焊工艺流程如图 9-15 所示。钽电容器阳极自动点焊工艺主要包括载板装卸、钽块定位和自动点焊三部分。

(1)载板的装卸。在载板的储运圆盘上等间隔安装了若干个载板承装架，每个承装架中可以插装一片不锈钢板(载板)。由气缸、棘轮和棘爪装置间断动作，经链轮和圆盘底部的滚子链条带动载板承载架间隙移动，从而使载板依次达到或离开载板装卸工位。然后由升降汽缸上下动作，把待点焊的空载板装到可横向做前进运动的运板器上，由载板上的工艺孔精确定位，这样就完成了载板的装夹。同样将运板器上已点焊完成的满载板卸下，返还到储运圆盘的承装架上，就完成了载板的卸下工序。

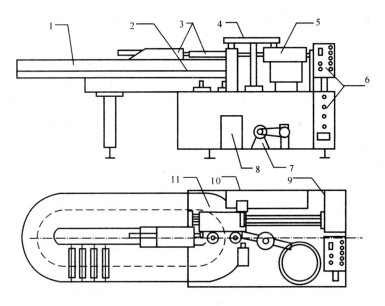

图 9-14　JZH 自动点焊机结构示意图

1—载板储运圆盘；2—载板装卸机构；3—步进运板器；4—钽块送焊机械手；

5—钽块电磁振动上料斗；6—电器控制系统(包括操作控制箱)；7—电机驱动系统；

8—点焊气动控制系统；9—自动点焊控制系统；10—点焊机构；11—工作台架

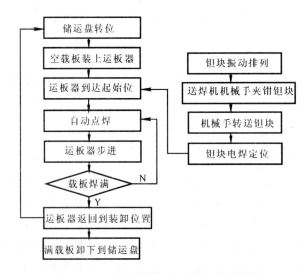

图 9-15　钽电容器阳极点焊工艺流程图

　　(2) 钽块的定位。钽块由电磁振动料斗振动排列成一条弧线,送焊机械手经由凸轮驱动,顺次完成夹持、上升、转位、下降、钽块定位、钽块点焊等工序。机械手上部间隔 180°对称分布有两个同样的夹钳,一个夹钳处于电磁振动料斗的上部时,另一个夹钳则正好处于载板前的点焊位置上,两个夹钳交替循环工作,可使点焊工效提高。

(3)自动点焊。通过安装在工作台面上的凸轮,并经摇杆、连杆和连杆关节轴承来带动前后点焊电极,并将钽块引线压紧在载板前的点焊位置上,经点焊自动控制系统控制通电、延时、断电,完成钽块的点焊。

二、PLC 控制系统的硬件设计

传统的自动点焊机控制系统采用机电式继电器控制,它由分步控制器的小凸轮压合、放开开关来传递点焊控制信号,并由电气箱内几十只继电器完成信号的转换和时序控制。鉴于以上设计结构复杂,继电器使用寿命短,且故障率高,而钽阳极的原材料价格又昂贵,因而就要求点焊设备应有较高的可靠性及成品率,为此采用 PLC 控制系统来实现对点焊工艺过程的控制。

钽电容器阳极自动点焊机的主控器选用三菱公司的 F1—60MR 小型 PLC,其控制系统的输入、输出分配及主要接线如图 9 - 16 所示。

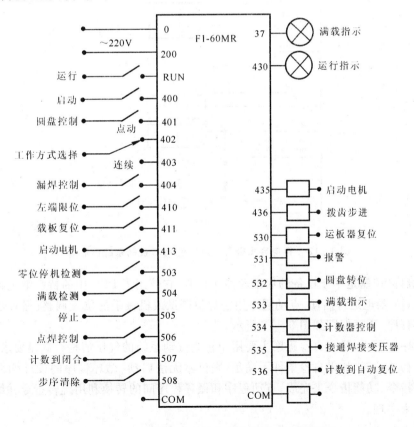

图 9 - 16 点焊机 PLC 控制系统输入、输出接线图

三、PLC 控制系统的软件设计

根据点焊工艺流程及操作要求,设计出的 PLC 控制系统梯形图如图 9-17 所示。

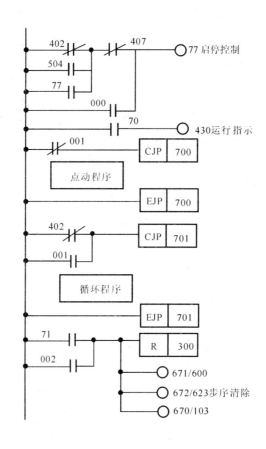

图 9-17 钽电容阳极自动点焊机 PLC 控制系统梯形图

图中的启停控制是用于设备的启动和停止控制。它使用了 PLC 中的特殊继电器 77,77 通电运行停止;77 断电运行启动。点动程序用于焊机调试或机械手的位置调整。循环程序是控制系统的主要程序,程序框图如图 9-18 所示。

循环程序框图中,状态自检程序主要用于检查气动系统的气压值是否满足要求,各行程开关是否处于初始位置,如果自检条件不满足,则机器无法启动。循环程序的设计均采用步进指令配合基本指令、功能指令来完成,点动程序和循环程序间的转换利用跳转指令并结合控制面板上的开关来实现。

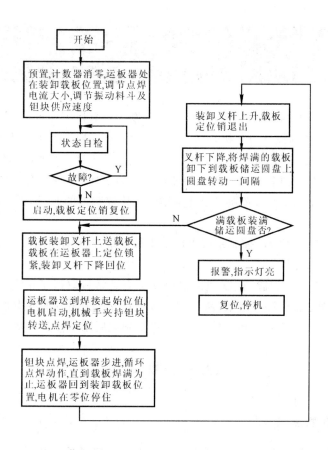

图 9 - 18 PLC 控制循环程序框图

习　　题

1. 简述可编程控制器的技术特点及选型依据。

2. 简述基于可编程控制器控制系统的设计步骤。

3. 简述钣金生产线 PLC 控制中压平机速度的控制流程及其实现方式。

4. 依据四柱万能液压机 PLC 控制系统的梯形图,分析压制过程中各电液插装阀的动作过程。

5. 依据书中给出的铸造造型生产线 PLC 控制系统的程序结构框架,编制对应的梯形图。

6. 简述钽电容器阳极自动点焊工艺流程及其对 PLC 控制系统设计的要求。

第10章　材料加工过程的智能控制

在材料加工过程中,传统的控制理论面临的难题主要有以下几点:

(1)传统控制系统的设计与分析是建立在已知系统的精确数学模型基础上的,而材料加工控制系统由于存在复杂性、非线性、时变性、不确定性和不完全性等,一般无法获得精确的数学模型,即对于材料加工过程中某些复杂的和包含不确定性的对象,无法解决建模问题。

(2)研究这类控制系统时,必须提出并遵循一些比较苛刻的假设,而这些假设在应用中往往与实际不完全吻合。

(3)为了提高性能,传统的控制系统可能变得很复杂,从而增加了设备的初始投资和维修费用,降低了系统的可靠性。

近30年来,由于人工智能、控制理论和计算机交叉学科取得了很大发展,新一代控制理论——智能控制理论正在逐步形成。从不同的认识及方法论出发的各类智能控制理论竞相发展,克服了传统控制方法的上述局限性,在材料加工领域展示了极其广阔的应用前景。

10.1　概　述

一、智能控制的特点

智能控制的基本特点是不依赖于或不完全依赖于被控对象的数学模型,主要是利用人的操作经验、知识、推论以及控制系统的某些信息和性能得出相应的控制动作。

目前人们认为智能控制主要有三种途径:作为控制系统自适应环节的专家系统;作为控制系统决策环节的模糊控制(FC);作为控制系统补偿环节的神经网络(ANN)。通过这三种途径,对控制系统进行控制的方法分别称为专家系统、模糊控制及神经网络控制。

专家系统利用被控对象领域的专业知识和经验,采用人工智能专家系统的知识进行推理并做出相应的控制动作。一个好的专家系统首先应具有充分的专业知识及被控过程的有关数据,这是进行控制的基础;另外,还必须有一个有效利用知识的推理机。因此,从某种意义上来说,专家系统是一个知识获得和利用的系统。专家系统存在的主要问题是学习比较慢,难以满足快速时变系统实时控制的要求。

模糊控制吸取了人的思维具有模糊性的特点,使用模糊数学中的隶属函数、模糊关系、模糊推理和决策等方法得出控制动作。根据控制规则、误差及误差变化率的模糊子集,生成控制决策表。通过对控制决策表的直接查询,可得到每一时刻控制动作的系统参量。基本模糊控制系统的控制决策表及相应规则是根据经验预先总结出来的,在控制过程中没有对规则的修改功能,不具有学习能力,因而对较复杂的不确定系统的控制精度较低。

神经网络控制是仿照大脑的基本组分建立的神经元模型,对系统的逻辑操作规程进行控制。智能控制器具有实时识别和分离出变化的模式,并且能从经验中"学习"到模式的变化。甚至在数据不完备的情况下,仍能做到这些。随着模式识别的自组织能力、映射及决策能力的日益增强,神经网络在智能控制领域将表现出日益明显的技术优势。

二、专家系统与专家控制系统

1. 专家系统的特点

与常规的计算机程序系统比较,专家系统具有下列特点:

(1)启发性。专家系统要解决的问题,不仅包括理论知识和常识,而且包括专家本人的启发知识。这些启发知识可能是不完全的和不十分准确的,但是能够执行高级分析与推理,解决复杂、困难的问题。在问题求解过程中,专家们应用组合启发知识(甚至是多种经验),模仿专家的思维和认知过程。因此专家系统具有启发性,并能够高效和准确地做出推论、判断、决策和结论。

(2)透明性。专家系统能够解释本身的推论过程和回答用户提出的问题,以便让用户了解推论过程,增大对专家系统的信任感。

(3)灵活性。专家系统的灵活性是指它的扩展和丰富知识库的能力,以及改善非编程状态下系统的性能,即自学能力。由于专家系统中的知识库和推理机是相对独立的,知识库内的知识表示是明显的,因此,专家系统知识库的扩展和修正是比较灵活的。这样,专家系统能够不断增加新的知识,并修改和更新原有的知识。在专家系统建立之后,推理机能够从知识库内选择各种相关知识,并根据具体求解问题的特点构造出问题的求解序列。

(4)符号操作。与常规程序进行数据处理和数字计算不同,专家系统强调符号处理和符号操作(运算),使用符号表示知识,用符号集合表示问题的概念。

(5)不确定性推理。专家求解问题的方法大多是经验性的,经验知识一般用于表示不精确性并存在一定概率的问题。此外,所提到的有关问题的信息往往是不确定的。专家系统能够综合应用模糊和不确定的信息与知识,进行推理。

2. 专家系统的结构

专家系统的结构是指专家系统各组成部分的构造方法和组织形式。

图10-1表示专家系统的简化结构图。图10-2则为理想专家系统的结构图,主要包括知识库、数据库(黑板)、推理机、解释器及知识获取五个部分。由于每个专家系统所需完成的任务和特点不同,其系统结构也不尽相同,一般只有图中部分模块。

接口(界面)是人与专家系统交流的媒介,它为用户提供了直观方便的交互作用手段。接口的功能是识别与解释用户向系统提供的命令、问题和数据等信息,并把这些信息转化为系统内部的表示形式。另一方面,接口也将系统对用户提出的问题、得出的结果做出解释,以用户易于理解的形式提供给用户。

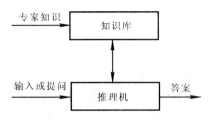

黑板是用来记录系统推理过程中用到的控制信息、中间假设和中间结果的数据库。它包括计划、议程和中间解三部分。计划记录了当前问题总的处理计划、目标、问题的当前状态和问题背景。议程记录了一些待执行的动作,这些动作大多是由黑板中已有结果与知识库中的规则作用而得到的。中间解区域存放当前系统已产生的结果和侯选假设。

图 10 - 1　专家系统简化示意图

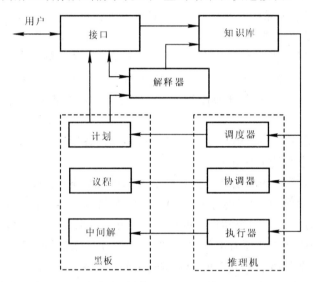

图 10 - 2　理想专家系统结构图

知识库包括两部分内容。一部分是已知的同当前问题有关的数据信息,另一部分是进行推理时要用到的一般知识和领域知识。这些知识大多以规则、网络和过程等形式表示。

推理机包括调度器、协调器及执行器三部分。

协调器按照系统建造者所给出的控制知识,从议程中选择一个项作为系统下一步要执行的动作。执行器应用知识库及黑板中记录的信息,执行调度器所选定的动作。协调器的主要作用是,当得到新数据和新假设时,对已得到的结果进行修正,以保持结果前后的一致性。

解释器的功能是向用户解释系统的行为,包括解释结论的正确性及系统输出其他侯选解的原因。为完成这一功能,通常要利用黑板中记录的中间结果、中间假设和知识库中的知识。

3. 专家控制系统

专家系统与专家控制系统之间有一些重要的差别。

专家系统只对专门领域的问题完成咨询作用,协助用户进行工作。专家系统的推理是以知识为基础的,其推理结果为知识项、新知识项或对原知识项变更的知识项。然而,专家控制系统需要独立和自主地对控制作用做出对策,其推理结果可为变更的知识项,或者为执行某些解析算法。

专家系统通常以离线方式工作,而专家控制系统需要获取在线动态信息并对系统进行实时控制。

(1) 专家控制系统的控制要求与设计原则。

1) 专家控制系统的控制要求。一般对专家控制系统没有统一和固定的要求,这种要求是由具体应用决定的。但我们可以对专家控制系统提出一些综合要求。

i) 运行可靠性高。尤其在关键性的材料加工及成形生产线上,必须对专家控制器提出较高的运行可靠性要求。

ii) 决策能力强。决策是基于知识控制系统的关键能力之一。大多数专家控制系统要求具有较强的不同水平的决策能力。

iii) 应用通用性好。应用的通用性包括易于开发、示例多样性、基本硬件的机动性、多种推理机制(如假想推理、非单调推理和近似推理)以及开放式的可扩充结构等。

iv) 控制与处理的灵活性。这个原则包括控制策略的灵活性、经验表示的灵活性、数据管理的灵活性、解释说明的灵活性以及过程连接的灵活性等。

v) 拟人能力。专家控制系统的控制水平必须达到人类专家的水平。

2) 专家控制器的设计原则。根据以上讨论,可以进一步提出专家控制器的设计原则。

i) 模型描述的多样性。所谓模型描述的多样性原则是指在设计过程中,对被控对象和控制器的模型应采用多样性的描述方式,不应仅限于单纯的解析模型。

ii) 在线处理的灵活性。智能控制系统的重要特征之一就是能够以有用的方式来划分和构造信息。在设计专家式控制器时,应十分注意对过程在线信息的处理与利用。在信息储存方面,应对那些做出控制决策有意义的特征信息进行记忆,对于过时的信息则应加以遗忘。在信息的处理方面,应把数值计算与符号运算结合起来;在信息利用方面,应对各种反映过程特性的特征信息加以抽取和利用。灵活地处理与利用在线信息将提高系统的信息处理水平和决策水平。

iii) 控制策略的灵活性。控制策略的灵活性是设计专家控制器所应遵循的一条重要原则。工业对象本身的时变性与不确定性以及现场干扰的随机性,要求控制器采用不同形式的开环与闭环控制策略,并能通过在线获取的信息灵活修改。此外,专家控制器中还应设计异常情况处理的适应性策略,以增强系统的应变能力。

iv) 决策机构的递阶性。人的神经系统是由大脑、小脑、脑干、脊髓组成的一个分层递阶决策系统。以仿智为核心的智能控制,其控制器的设计必然要体现分层递阶的原则,即根据智能水平的不同层次构成分级递阶的决策机构。

v) 推理与决策的实时性。对于设计用于检测与控制过程的专家控制器,这一原则必不可少。这就要求知识库的规模不宜过大,推理机构应尽可能简单,以满足控制过程的实时性要求。

(2)专家控制系统的结构。专家控制系统由于应用场合和控制要求的不同,故其结构也可能不一样。然而,几乎所有的专家控制系统都包含知识库、推理机、控制规则集和控制算法等。

图 10-3 为专家控制系统的基本结构。从性能指标的观点来看,专家控制系统应当为控制目标提供与专家操作时一样或十分相似的性能指标。

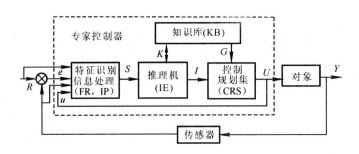

图 10-3 专家控制器的典型结构

此外,专家控制系统应当执行下列任务:

1)监控该装置或过程的操作运行;

2)检查系统部件可能出现的失效或故障,替换有关故障部件或修改控制算法,以便维持系统的应有性能;

3)在特殊情况下,选择合适的控制算法来适应系统或环境的变化。

下面讨论两种专家控制器的具体结构。

1)工业专家控制器(见图 10-3)。工业专家控制器(EC)的基础是知识库(KB)。知识库存放工业过程控制的领域知识,由经验数据库(DB)和学习与适应装置(LA)组成。经验数据库主要存储经验和事实。学习与适应装置的功能就是根据在线获取的信息,补充和维修知识库的内容,改进系统性能,以提高问题的求解能力。

建立知识库的主要问题是如何表达已获取的知识。EC 的知识库用产生式规则来建立。这种表达方式具有较高的灵活性,每条产生式规则都可以独立的增删、修改,使知识库的内容便于更新。

控制规则集(CRS)是对受控过程的各种控制模式和经验的归纳与总结。由于规则条数不多,搜索空间很小,推理机构(IE)就十分简单。采用向前推理方法逐次判别各种规则的条件,满足则执行,否则继续搜索。

特征识别(FR)与信息处理(IP)部分的作用是实现对信息的提取与加工,为控制决策和学习适应提供依据。它主要包括抽取动态过程的特征信息,识别系统的特征状态,并对特征信息作必要的加工。

2）黑板专家控制系统。图 10-4 为黑板专家控制系统的结构。

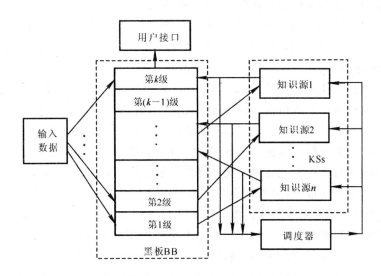

图 10-4　黑板专家控制系统的结构

　　黑板结构是一种强功能的专家系统结构和求解模式，它能够处理大量的、不完全的和包含错误的知识，以求解问题。基本黑板结构是由一块黑板（BB）、一套独立的知识源（KSs）和一个调度器组成。黑板为一共享数据区；知识源存储各种相关知识；调度器起控制作用。黑板系统提供了一种用于组织知识应用和知识源之间合作的工具。

　　黑板系统的最大优点在于，它能够提供控制的灵活性，并具有综合和表示各种不同知识与推理技术的能力。

　　黑板的控制结构，使得系统能够对那些与当前挑选的中心问题相匹配的知识源，给予较多的优先权，同时控制黑板上的变化。因此，该系统能够探索和决定各种问题的求解策略，并把注意力集中到最后有希望的可能解答上。

三、模糊控制系统

1. 基本模糊控制系统及结构

　　在材料加工过程中，许多复杂的过程控制对象的操作特征或输入／输出特征，难以用简明实用的物理规律或数学关系给出，而且有些过程甚至没有可靠的检测手段对过程状态的变化做准确的检测，以至无法用经典的数学建模方法获取目前控制系统理论可采用的可控模型。

　　但是，对于这类复杂的控制对象，在人工手动操作下却常常能正常运行，并能达到一定的性能指标要求。这些人工手动操作的策略一般是指操作者长期的经验积累，通常可以用自然语言的形式表述。自然语言通常具有模糊性，如电炉炉温控制过程中的"若炉温偏高，则降低电流"，焊工操作中的"若熔透偏小，则加大电流或减小焊速"等，均属于自然语言规则控制。这些自然语言规则，集合采用模糊数学逻辑系统化，则成为模糊控制（Fuzzy Control）规则。

模糊控制可以被认为是在总结采用人类自然语言概念操作经验的基础上，经过升华而发展起来的模仿人类智能行为的一类控制方法。这类控制系统的核心是模糊控制器，其作用是将控制误差等精确量"模糊化"为模糊量，然后根据基于语言控制规则或操作经验提取的模糊控制规则，推理得到控制作用的模糊量，最后采用一定的"清晰化"（去模糊）算法将模糊控制量换算为精确控制量，输出到执行机构以完成系统的模糊控制调节过程。这个过程比较接近人类进行手工操作时的行为方式：人通过感知（直接或间接）被控变量的变化，由精确的数字量产生语言变量的概念，再利用已掌握的操作经验推理语言变量的因果结论，依此产生语言变量的控制作用，最终在执行机构的运行中实现精确的控制。这个控制实质上包含了精确集合与模糊集合的变换，语言变量的推理，即模糊推理过程。

一般模糊控制系统的基本组成如图 10-5 所示。图中的虚线内表示模糊控制器，包括控制器输入量的模糊化、模糊控制算法和控制器输出量的模糊判决。D 为系统的设定值（精确量）；$e,\dot{e}$ 分别为系统误差与误差变化率（精确量）；$\underset{\sim}{E},\underset{\sim}{EC}$ 分别为系统误差与误差变化语言变量的模糊集；$\underset{\sim}{U}$ 为模糊推理算法给出的控制作用语言变量的模糊集合（模糊量）；U 为模糊控制器输出的控制量（精确量）；y 为系统的输出量（精确量）。

图 10-5 所示的模糊控制器是以误差 e 和误差变化率 $\dot{e}$ 双变量为输入、控制量 U 为单变量输出的双入/单出控制器。常见的模糊控制器结构还有以误差输出 e、误差变化率 $\dot{e}$ 和误差变化速度三变量为输入，控制量 U 为单变量输出的三入/单出模糊控制器，以及多变量输入/多变量输出的模糊控制器。按照不同的控制对象，确定不同的模糊控制器结构。

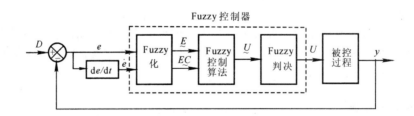

图 10-5　基本 Fuzzy 控制系统结构

2. 基本模糊控制器设计

基本模糊控制器设计，包括以下几个主要步骤：

（1）确定模糊控制器的结构，即输入、输出变量；

（2）确定输入/输出变量的模糊论域及模糊量与精确量之间的变换参数；

（3）将输入变量模糊化；

（4）设计模糊推理规则；

（5）完成模糊决策并将输出模糊量清晰化；

（6）形成控制器的查询表并编制计算机语言执行程序；

（7）仿真并结合控制对象进行调整控制器的参数设计。

下面以双输入／单输出模糊控制器为例，论述模糊控制器的基本设计方法。

（1）精确量的模糊化。在模糊控制器的设计中，将其输入精确量转化为模糊量的过程称为精确量的模糊化。具体方法如下：

在以误差 e 和误差变化率 $\dot{e}$ 双变量为输入，控制量 U 单变量输出的双入／单出模糊控制器中，称 e 和 $\dot{e}$ 的实际变化范围为语言变量的基本论域，在不至于产生混乱情况下，仍分别记为 $[-e,e]$ 和 $[-\dot{e},\dot{e}]$。设其对应的模糊集合的论域分别为

$$X = -n, -(n-1), \cdots, 0, \cdots, n-1, n$$
$$Y = -m, -(m-1), \cdots, 0, \cdots, m-1, m$$

n 和 m 为将在 $-e \sim e$ 和 $-\dot{e} \sim \dot{e}$ 范围内连续变化的误差离散化（或整量化）后分成的档数，它构成论域 X 和 Y 的元素，一般 n 和 m 常取为 6 和 7。一般 $e \neq n, \dot{e} \neq m$。需要通过所谓量化因子进行论域变换。这里对 e 和 $\dot{e}$ 的量化因子 k_e 的定义为

$$k_e = n/e \quad \text{和} \quad k_{\dot{e}} = m/\dot{e} \tag{10-1}$$

一旦量化因子 k_e 选定后，系统的任何误差 e 和误差变化率 $\dot{e}$ 总可以化为论域 X 和 Y 的某一元素（按四舍五入的方法取整数）。

从量化因子 k_e 取值，可使基本论域 $[-e,e]$ 或 $[-\dot{e},\dot{e}]$ 缩小或放大。当 k_e 大时，基本论域缩小，有增大误差控制灵敏度的作用；而当 k_e 小时，基本论域放大，则会降低误差控制的灵敏度。

基于量化因子的概念，对于模糊控制器的输出量 U，定义从其模糊量 $\underset{\sim}{U}$ 到精确量变换的比例因子如下：

$$k_u = U/n \tag{10-2}$$

其中 $[-U,U]$ 为控制量变化的基本论域；n 为其量化档数。比例因子与量化档数之积便是控制量变化的精确量。k_u 大，则使被控过程的阻尼下降；相反 k_u 小，则使过程的响应迟缓。

在模糊控制系统的设计中，模糊量化因子和比例因子的选择是很重要的。常常对于具体的控制对象，需要确定不同的因子，使之能够适应过程的变化，以获得满意的控制效果。

（2）语言变量的赋值。语言变量是以自然语言形式而不是数值形式给出的变量。在模糊语言中，利用自然语言比较同类事物的抽象概念"大、中、小"和"正、反"的分类等级，如对控制误差、控制作用等变量的模糊语言描述，通常选用"正大 ——PB"，"正中 ——PM"，"正小 ——PS"，"零 ——0"，"负小 ——NS"，"负中 ——NM"，"负大 ——NB"等七种语言变量值来描述。当然，也可以在这七种变量值中再加入更细致的分级，如"较""偏"等概念，使基本论域

的量化分档以及模糊控制规则细化,但会使控制规则变的较复杂。

语言变量论域上的 Fuzzy 子集用隶属函数 $\mu(x)$ 描述。对于通常采用的论域 $-6,-5,\cdots,-1,0,+1,\cdots+5,+6$,定义的七种语言变量值 NM,NB,$\cdots$,PB,PM 的 Fuzzy 子集中,具有最大隶属度"1"的元素习惯上取为

$$\mu PB(x) = 1 \qquad \cdots x = +6 \qquad \mu NB(x) = 1 \qquad \cdots x = -6$$
$$\mu PM(x) = 1 \qquad \cdots x = +4 \qquad \mu NM(x) = 1 \qquad \cdots x = -4$$
$$\mu PS(x) = 1 \qquad \cdots x = +2 \qquad \mu NS(x) = 1 \qquad \cdots x = -2$$
$$\mu 0(x) = 1 \qquad \cdots x = 0$$

模糊数学把集合的特征函数的取值范围扩大为 $[0,1]$ 闭区间内任意值的连续逻辑,并称为模糊集合的隶属函数(隶属度),也就是说,隶属函数表示论域元素属于模糊子集的程度或等级。

根据人类通常运用正态分布的思维判断规则,可采用正态函数

$$\mu_A(x) = \exp[-((x-a)/b)^2] \tag{10-3}$$

来确定 Fuzzy 集合 A 的隶属函数 $\mu_A(x)$,其中参数 a 对于 Fuzzy 集合 PB,PM,PS,0,NS,NM,NB 分别取 $+6,+4,+2,0,-2,-4,-6$。参数 b 的取值则决定正态曲线的宽窄程度,对控制系统的分辨率与灵敏度影响极大。在应用设计时,b 的选取有一定的技巧性,详细内容可参阅有关专著。

如果在实际工作中,精确量 x 的变化范围不在 $[-6,+6]$ 之间,而在 $[c,d]$ 之间,则我们可通过变换式

$$y = \frac{12}{d-c}\left(x - \frac{c+d}{2}\right) \tag{10-4}$$

把在 $[c,d]$ 之间变化的量 x 转化为 $[-6,+6]$ 之间的变化量 y。

上述查表法模糊化的特点是计算较方便,且由于输入为有限的离散值,可加快模糊控制的速度。但其缺点是,在把输入值离散化(四舍五入)时,使信息量损失较大,降低了分辨率,影响系统性能。因此,在单片机性能明显提高的情况下,可采用梯形或三角形公式的算法。

(3)模糊控制算法的设计。模糊控制算法,或称为模糊控制规则,也即模糊逻辑推理规则,实质上是将人工手动操作的控制策略或经验加以总结而得到的若干条模糊条件语句。模糊控制算法是模糊控制器的核心,其算法设计和实现也是模糊控制器设计的核心内容。

在以误差 e 和误差变化率 $\dot{e}$ 双变量为输入,控制作用 u 为单变量输出的双入/单出模糊控制器结构中,控制作用 u 以模糊集合的 U 表示,则这类模糊控制器的规则通常由如下模糊条件语句

$$\text{if} \quad E \quad \text{and} \quad CE \quad \text{then} \quad U$$

来表达。一般每一条模糊语句只代表一种特定情况下的一个对策。例如,下面给出由某控制过

程的手动控制策略总结出的一组模糊条件语句：

(1)if　E＝PB　and　CE＝PB or PM or PS or 0

　　　then　U＝NB

(2) 或 if　E＝PB　and　CE＝NS

　　　　then　U＝0

　　　……

(28) 或　if　E＝NB　and　CE＝NB or NM or NS or 0

　　　　then　U＝PB

这28条语句构成了一个完整的模糊控制策略集，其模糊控制状态表形式如表10-1所示。

表 10 - 1　　模糊控制状态表

E \ U \ CE	NB	NM	NS	0	PS	PM	PB
NB	PB	PB	PB	PB	0	0	0
NM	PB	PB	PM	PM	PS	0	0
NS	PB	PM	PS	PS	0	0	0
NO	PM	PS	0	0	0	0	0
PO	0	0	0	0	0	NS	NM
PS	0	0	0	NS	NS	NM	NB
PM	0	0	NS	NM	NM	NB	NB
PB	0	0	0	NB	NB	NB	NB

对于有多个前提的规则，则可按模糊逻辑"与"的算法，取所有前提的最小值为该规则的值，称为该规则的力量。所谓前提的值即是该命题的模糊逻辑值，也就是输入变量隶属于指定模糊子集的程度，其由前面的模糊化操作得出，即为模糊输入。

对于有多个结论的规则，每个结论的取值均等于该规则的力量。该结论的值即为该结论命题中输出变量隶属于指定模糊子集的程度。

若有多条规则都含有同样的结论 $y＝B$，这里 y 为一个输出变量，B 为一个模糊子集标号，则取各规则力量的最大值为 $y＝B$ 的值。这就是模糊逻辑"或"的操作。

上面介绍的模糊推理方法称为最小-最大值（Min-Max）方法。除此之外，还有其他各种模糊推理方法。但最小-最大值方法运算简单，实现方便，计算速度快，控制效果好，对计算机容量要求低，故应用较为广泛。

（4）模糊量的清晰化。模糊控制推理算法给出的输出 $\underset{\sim}{U}$ 是模糊量，需要从其模糊子集中判决出一个精确量作为模糊控制器的精确输出量以供给执行机构。也即设计一个由模糊集合到普通集合的数学映射，这个映射称为模糊判决。运用模糊判决完成模糊量到精确量的变换过程称为模糊量的清晰化或去模糊。清晰化实现的方法，即模糊判决算法有很多，常用的有以下几种：

1）最大隶属度法。最大隶属度法是在输出模糊集合中选取隶属度最大的论域元素作为判决结果。如果在多个论域元素上同时出现隶属度最大值，则取它们的平均值作为判决结果。

最大隶属度法的优点是简单易行，缺点是包含的信息量较少，因为判决过程中忽略了其他隶属度较小的论域元素的作用。

2）取中位法。取中位法是将输出模糊集合的隶属函数 $\mu(x)$ 曲线与横坐标围成的区域面积的均分点对应的论域元素作为判决结果。

取中位法判决的优点在于比较充分地利用了模糊集合所包含的信息量进行判决。

3）加权平均法。加权平均法是将论域中的元素 $x_i(i = 1, 2, \cdots, n)$ 作为其对应的隶属度 $\mu_{U1}(x_1)$ 的加权系数，取其乘积和与其隶属的商，即加权平均值作为判决结果。即

$$X_0 = \Big[\sum_{i=1}^{n} X_i \mu_{U1}(x_1) \Big] / \Big[\sum_{i=1}^{n} \mu_{U1}(x_i) \Big] \qquad (10-5)$$

加权平均法相当于隶属函数围成面积的重心，故有时也称重心法。

上述三种方法在实际应用中可依控制对象具体要求而选择。

（5）模糊控制器查询表建立。总结模糊量化，推理合成及模糊判决，即由控制系统误差 e 论域 $X = -6, -5, \cdots, 5, 6$ 中的元素 x_i，误差变化率 $\dot{e}$ 论域 $Y = -6, -5, \cdots, 5, 6$ 中的元素 y_j，通过 Fuzzy 关系的推理合成得到控制量变化的模糊集合 $\underset{\sim}{U}$，经模糊判决得到其论域 $Z = -6, -5, \cdots, 5, 6$ 中的元素 z_k，最终得到实际控制量变化的精确量 u_{ij}。对论域 X, Y 中全部元素的所有组合，算出对应的以论域 Z 中元素表示的控制量变化值，并写成 $n \times m$ 矩阵形式 (u_{ij})。由该矩阵构成的相应表格称为模糊控制器的查询表，表 10 - 2 是一个典型的模糊控制查询表。

查询表是体现模糊控制算法的最终结果。一般情况下，查询表是事先算出并存入计算机的。在实际控制过程中，计算机直接根据采样和论域变换得到的论域元素 $e_i, \dot{e}_i$，由查询表得到对应的论域元素的控制量 u，再乘以比例因子，即得到精确控制变化量输出给执行机构以完成对过程的调节。在实时控制过程中，模糊控制的实现便转化为数据采样变换和查询表的查询过程，因此模糊控制的实时性一般比较好。

表 10-2　模糊控制器的查询表

$Z(z_k)$ $e(x_i)$ ＼ $\dot{e}(y_j)$	-6	-5	-4	-3	-2	-1	0	1	2	3	4	5	6
-6	6	5	6	5	6	6	6	3	3	1	0	0	0
-5	5	5	5	5	5	5	5	3	3	1	0	0	0
-4	6	5	6	5	6	6	6	3	3	1	0	0	0
-3	5	5	5	5	5	5	2	1	0	-1	-1	-1	
-2	3	3	3	4	3	3	0	0	0	-1	-1	-1	
-1	3	3	3	4	3	3	1	0	0	-2	-2	-1	
-0	3	3	4	1	1	0	0	-1	-1	-3	-3	-3	
+0	3	3	3	4	0	0	-1	-1	-1	-3	-3	-3	
1	2	2	2	2	0	0	-1	-3	-3	-3	-3	-3	
2	1	1	1	-1	-2	-3	-3	-3	-2	-3	-3	-3	
3	0	0	0		-1	-2	-2	-5	-5	-5	-5	-5	-5
4	0	0	0			-3	-3	-6	-6	-6		-5	-5
5	0	0	0		-1	-3	-3	-6	-5	-5	-5	-5	
6	0	0	0		-1	-3	-3	-6	-5	-5	-5	-6	

　　模糊控制器的整个算法通常由计算机程序实现。这种控制器程序一般包括两个部分:一个是计算机离线计算查询表的程序,属于模糊矩阵运算;另一个是计算机在模糊控制过程中在线计算输出变量(误差,误差变化率),并将其模糊量化处理,由查询表获得输出并做相应变换。图10-6给出了双输入/单输出模糊控制器的查表算法程序流程图。

　　模糊控制器具有良好控制效果的关键是有一个完善的控制规则。然而,通常需要模糊控制的实际对象一般都具有高阶、分布参数、非线性、大时滞、时变以及大量随机不确定性扰动的复杂过程特性。仅依靠对有限操作经验和实验的归纳总结,很难得到完全适合于被控全过程的所有不同运行状态的模糊控制规则。因此,在基本模糊控制器设计思想的基础上,近年来国内外学者提出了各种具有对复杂过程变化适应能力的模糊控制器设计方案,原理上都是使模糊控制规则具有实时修正的功能以适应过程的变化。

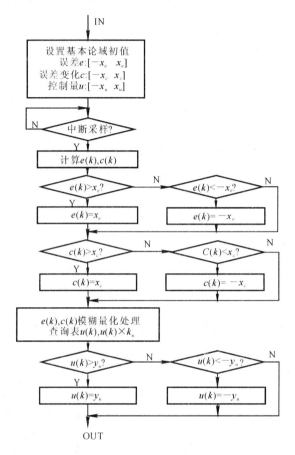

图 10-6 双输入／单输出 Fuzzy 控制程序流程图

四、人工神经网络控制系统

人工神经网络控制系统是一种似脑的系统,这种系统可由基于生物神经元特征的互连模型来构成。这种由人类大脑基本组分构成的神经元模型系统,对逻辑操作系统表现出通用性。随着对人脑认识的加深和计算机研究的进展,其研究目标已从似脑系统变为学习系统。

近年来,人工神经网络在材料加工领域的应用日益广泛。

1. 人工神经网络的基本特征

人工神经网络的下列特征对控制是至关重要的。

(1)并行分布处理。神经网络具有高度的并行结构和并行实现能力,因而有较好的耐故障能力和较快的总体处理能力,这特别适于实时控制和动态控制。

（2）非线性映射。神经网络具有固有的非线性特征。这源于其具有近似任意非线性映射（变换）能力，这一特征给非线性控制问题带来新的希望。

（3）通过训练进行学习。神经网络是通过所研究系统过去的数据记录进行训练的。一个经过适当训练的神经网络具有归纳全部数据的能力，因此神经网络能够解决那些数学模型或描述规则难以处理的控制过程问题。

（4）适应与集成。神经网络能够适应在线进行，并能同时进行定量和定性操作。神经网络的强适应信息融合能力使得网络过程可以同时输出大量不同的控制信号，解决输入信息间的互补和冗余规模，并实现信息集成和融合处理。这些特征特别适用于复杂、大规模和多变量系统的控制。

（5）硬件实现。神经网络不仅能够通过软件而且可借助硬件实现并行处理。近年来，由一些超大规模集成电路实现的硬件已经问世，而且可从市场上购到。这使得神经网络成为具有快速和大规模处理能力的网络。

很明显，神经网络由于其学习和适应、自组织、函数逼近和大规模并行处理等能力，因而具有智能控制的较大潜力。

神经网络在模式识别、信号处理、系统辨识和优化等方面的应用，已有广泛研究。在控制领域，已经做出许多努力，把神经网络用于控制系统，处理控制系统的非线性和不确定性以及逼近系统的辨识函数等。

2. 人工神经网络的结构

神经网络的结构是由基本处理单元及其互连方式决定的。

（1）神经元及其特征。连接结构的基本处理单元与神经生理学类比往往称为神经元。每个构造网络的神经元模型模拟一个生物神经元，如图 10 - 7 所示。该神经元单元由多个输入 $x_i(i = 1, 2, \cdots, n)$ 和一个输出 y 组成。中间状态由输入信号的权和表示，而输出为

$$y_j(t) = f(\sum_{i=1}^{n} \omega_{ji} x_i - \theta_j) \tag{10-6}$$

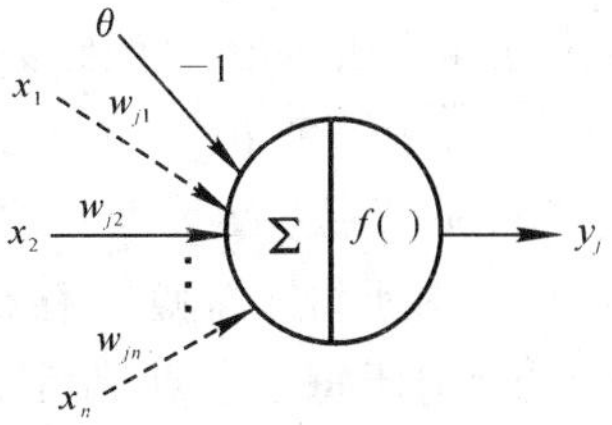

图 10 - 7　神经元模型示意图

式中，θ_j 为神经元单位的偏置（阈值）；ω_{ji} 为连接权系数（对于激发状态，ω_{ji} 取正值；对于抑制状态，ω_{ji} 取负值）；n 为输入信号数目；y 为神经元输出；t 为时间；$f(\_)$ 为输出变换函数，有时叫做激发或激励函数，往往采用 0 和 1 二值函数、S 形函数或双曲正切函数，如图 10 - 8 所示。这 3 种函数都是非线性的。一种二值函数可表示为

$$f(x) = \begin{cases} 1, & x \geqslant x_0 \\ 0, & x < x_0 \end{cases} \tag{10-7}$$

二值函数如图 10 - 8(a) 所示。一种常规的 S 形函数如图 10 - 8(b) 所示，其函数关系可表示为

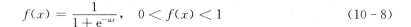

$$f(x) = \frac{1}{1+e^{-ax}}, \quad 0 < f(x) < 1 \tag{10-8}$$

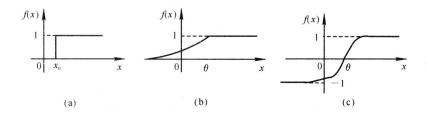

图 10 - 8　神经元中的变换(激发)函数

(a) 二值函数；(b)S 形函数；(c) 双曲正切函数

常用双曲正切函数(见图 10-8(c))来取代常规 S 形函数，因为 S 形函数的输出均为正值，而双曲正切函数的输出值可为正或负。双曲正切函数为

$$f(x) = \frac{1-e^{-ax}}{1+e^{-ax}}, \quad -1 < f(x) < 1 \tag{10-9}$$

(2) 人工神经网络的基本类型。

1) 人工神经网络的基本特征和结构。人脑内含有极其庞大的神经元(有人估计约为一千几百亿个)，它们互连组成神经网络，并执行高级的问题以求解智能活动。

人工神经网络由神经元模型构成。这种由许多神经元组成的信息处理网络具有并行分布结构。每个神经元具有单一输出，并且能够与其他神经元连接。有许多(多重)输出连接方法，每个连接方法对应一个连接权系数。严格地说，人工神经网络是一种具有下列特性的有向图。

i) 对于每个节点 i 存在一个状态变量 x_i。

ii) 从节点 j 至节点 i，存在一个连接权系数 ω_{ij}。

iii) 对于每个节点 i，存在一个阈值 θ_i。

iv) 对于每个节点 i，定义一个变换函数 $f_i(x_i, \omega_{ji}, \theta_i)$，$i \neq j$。对于一般情况，此函数取 $f_i(\sum_j \omega_{ij} x_j - \theta_i)$ 形式。

人工神经网络的结构基本上分为两类，即递归(反馈)网络和前馈网络。简介如下：

i) 递归网络。在递归网络中，多个神经元互连以组成一个互连神经网络，如图 10-9 所示。有些神经元的输出被反馈至同层或前层神经元，因此信号能够从正向和反向流通。Hopfield 网络、Elmman 网络和 Jordan 网络是递归网络有代表性的例子。递归网络又叫反馈网络。在图 10-9 中，V_i 表示节点的状态；x_i 为节点的输入(初始)值；x_i' 为收敛后的输出值，$i=1,2,\cdots,n$。

ii) 前馈网络。前馈网络具有递解分层结构，由一些同层神经元间不存在互连的层级组成。从输入层到输出层的信号通过单向连接流通，神经元从一层连接至下一层，不存在同层神经元间的连接，如图 10-10 所示。图中，实线指明实际信号流通，而虚线表示反向传播。前馈网络的例子有 BP 网络、学习矢量量化(LVQ)网络、小脑模型连接控制(CMAC)网络和数据处理方法(GMDH)网络等。

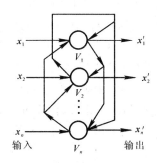

图 10-9　递归(反馈)网络

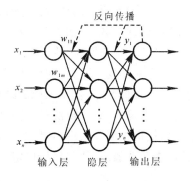

图 10-10　前馈(多层)网络

2) 人工神经网络的主要学习算法。神经网络主要通过两种学习算法进行训练,即指导式(有师)学习算法和非指导式(无师)学习算法。此外,还存在第三种学习算法,即强化学习算法,可把它看做有师学习的一种特例。

i) 有师学习。有师学习算法能够根据期望的和实际的网络输出(对应于给定输入)间的差,来调整神经元间连接的强度或权。因此,有师学习需要有个老师或导师来提供期望或目标输出信号。有师学习算法的例子包括 δ 规则、广义 δ 规则或反向传播算法以及 LVQ 算法等。

ii) 无师学习。无师学习算法不需要知道期望输出。在训练过程中,只要向神经网络提供输入模式,神经网络就能够自动地适应连接权,以便按相似特征把输入模式分组聚集。无师学习算法的例子包括 Kohonen 算法和 Carpenter – Grossberg 自适应谐振理论(ART)等。

iii) 强化学习。如前所述,强化学习是有师学习的特例,它不需要老师给出目标输出。强化学习算法采用一个"评论员"来评价与给定输入相对应的神经网络输出的优度(质量因数)。强化学习算法的一个例子是遗传算法(GA)。

10.2　焊接过程的智能控制

一、脉冲 MIG 焊接模糊控制器的优化设计

对于脉冲 MIG(熔化极脉冲氩弧焊)来说,为了获得良好的焊缝成型和稳定的焊接过程,首先要保证脉冲参数之间的合理匹配;其次是保持焊接过程中的参数稳定,尤其是要控制弧长稳定。当弧长(弧压)波动时,要求控制系统能够快速反应,且使稳态误差小。

1. 模糊控制器的设计

(1)控制系统的结构。对于模糊控制(FC)而言,其系统的稳态精度并不高,但快速性较

好。在适当选定 FC 的各量化因子之后,系统特性可以做到近似于二阶系统临界阻尼的调节特性,其动态响应快且不产生振荡和超调。对于作用于系统的各种干扰,包括系统参数改变引起的时变效应。FC 均有很强的适应性,因而非常适合于焊接过程这一干扰因素多的控制环境。

为了适应脉冲 MIG 焊的工艺过程,可在不同阶段采用不同的控制方法,为此可以设置一个阈值,或一个"软开关"K。当弧压瞬时波动较大时,触发"软开关",采用 FC 控制,以使弧压快速恢复。当弧压恢复到一定程度时,为提高稳态精度,闭合"软开关",通过电弧自身的调节作用,使稳态误差近似为零。控制系统的结构框图如图 10-11 所示。由弧压传感器检测电弧电压,通过整流滤波后输入 A/D 转换器,经转换后的数字量输入控制计算机。计算机将其与给定的规范值比较,根据控制算法得出晶闸管的触发角 α,再根据 α 值发出触发调速电路的晶闸管,改变送丝速度来调节弧压,使其保持稳定。

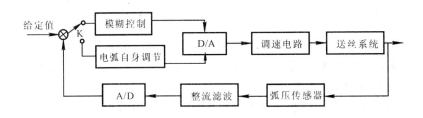

图 10-11　FC 控制系统的结构框图

(2) 模糊控制表的求取。在 FC 系统中,一般把被控对象的误差 e 作为输入量,误差变化率 $\dot{e}$ 是由计算得到的,模糊控制器的输出量为 u,微机模糊控制器将按照条件语句进行控制。由于模糊条件语句可以归纳为模糊关系 R,然后再根据模糊合成算法,由微机计算出各种输入变量下的控制变化量,从而对过程进行实时控制,因此,为了提高运算速度,节省内存单元,故将各种控制量事先算好,列成表格(控制表)以备查询。

为了满足脉冲 MIG 焊弧压控制的要求,模糊控制器的控制模式采用二维模糊控制,即双入单输出形式,其结构框图如图 10-12 所示。

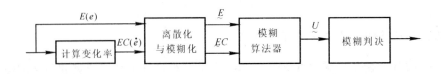

图 10-12　二维模糊控制框图

1) 精确量的模糊化。系统中的误差和误差变化率的实际范围称为这些量的基本论域。在控制系统中,弧压的基本论域实际上可以认为就是电弧电压允许波动的范围,如电弧电压波动2 V,则取误差的基本论域为[−2,+2]。误差变化率的基本论域可取为[−4,+4]。当采用微机控制时,误差和误差变化率基本论域的数字量可分别表示为[−10,+10]和[−20,+20]。

通常,误差 Δe 所对应的语言变量 E 分为七档:负大(NL),负中(NM),负小(NS),零(0),正小(PS),正中(PM),正大(PL)。与此对应,将误差 Δe 分为13级,即−6,−5,−4,−3,−2,−1,0,1,2,3,4,5,6。将 Δe 的变化范围做适当划分,通过下列转换公式

$$e = [12/(b-a)][\Delta e - (a+b)/2] \tag{10-10}$$

将在[a,b]间变化的误差 Δe,转化为在[−6,+6]间变化的变量 E。本系列误差 Δe 的变化范围为[−10,+10],所以量化因子 $k_1 = 6/10 = 0.6$。

根据人类的思维特点,对事物的判断往往沿用正态分布,所以对误差 $E(e)$ 的隶属函数可以采用式(10-3)所示的正态函数表示。

各档、级的隶属度变化如表10-3所示。

表 10-3 变量 e 的隶属度

$E(e)$	−6	−5	−4	−3	−2	−1	0	1	2	3	4	5	6
NL	1.0	0.8	0.4	0.1	0.0	0.0	0.0	0.0	0.0	0.0	0.0	0.0	0.0
NM	0.2	0.7	1.0	0.7	0.2	0.0	0.0	0.0	0.0	0.0	0.0	0.0	0.0
NS	0.0	0.0	0.1	0.5	1.0	0.8	0.3	0.0	0.0	0.0	0.0	0.0	0.0
0	0.0	0.0	0.0	0.0	0.1	0.6	1.0	0.6	0.1	0.0	0.0	0.0	0.0
PS	0.0	0.0	0.0	0.0	0.0	0.0	0.3	0.8	1.0	0.5	0.1	0.0	0.0
PM	0.0	0.0	0.0	0.0	0.0	0.0	0.0	0.0	0.2	0.7	1.0	0.7	0.2
PL	0.0	0.0	0.0	0.0	0.0	0.0	0.0	0.0	0.0	0.1	0.4	0.8	1.0

同理,误差变化率 $\Delta \dot{e}$ 所对应的语言变量 EC 也可分为七档,与此对应地将误差变化率 $\dot{e}$ 也分为13级。系统的 $\dot{\Delta e}$ 的变化范围为[−20,+20],故量化因子 $k_2 = 6/20 = 0.3$。采用正态函数作为隶属函数,则亦可得 $\dot{e}$ 的各档、级隶属度表。

2)FC规则的构成。总结焊工的操作经验,可以得到如下以语言推理形式给出的控制规则:

IF E = (NL) AND EC = (PL) THEN U = (NL)

IF E = (NM) AND EC = (PM) THEN U = (NM)

IF E = (PL) AND EC = (NL) THEN U = (PL)

……

将这样的若干条控制规则归纳后,可得到表 10 - 4 所示的模糊控制规则表。根据总结出来的这些控制规则,可求出模糊关系 R。

表 10 - 4   控制规则表

EC＼U／E	NL	NM	NS	0	PS	PM	PL
NL	X	X	NL	NL	NL	PM	PL
NM	NM	NS	NS	NM	NM	PM	PL
NS	NL	NM	NS	NS	NS	PM	PL
0	NL	NM	NS	0	PS	PM	PL
PS	NL	NM	PS	PS	PS	PM	PL
PM	NL	NM	PM	PM	PS	PS	PM
PL	NL	NM	PL	PL	PL	X	X

3) 输出信息的模糊判决和控制表的求取。控制量 u 所对应的语言变量 U 亦可分为七档,与此对应,将控制量 u 亦分为 13 级,并通过转换公式将在$[a,b]$区间变化的控制量转化为在$[-6,+6]$区间变化的变化量 u。这样也就确定了 U 各档、级的隶属度的变化。由于该控制系统控制量的变化范围为$[-3,+3]$,故输出控制量的量化因子 $k = 3/6 = 0.5$。

在取得模糊关系 R 之后,对于误差、误差变化率分别取 $\underset{\sim}{E}$ 和 $\underset{\sim}{EC}$,根据模糊推理合成规则,输出的控制量应当是模糊集合 $\underset{\sim}{U}$,且 $\underset{\sim}{U}$ 为

$$\underset{\sim}{U} = (\underset{\sim}{E} \times \underset{\sim}{EC}) \circ R \tag{10-11}$$

式(10-11)中,模糊子集的直积 $\underset{\sim}{E} \times \underset{\sim}{EC}$ 的隶属函数 $\mu_{E \times EC} = \min\{\mu_E, \mu_{EC}\}$;$(\underset{\sim}{E} \times \underset{\sim}{EC}) \circ R$ 复合的隶属函数 $\mu_{(E \times EC) \circ R} = \vee \{\mu_{E \times EC}\} \wedge \mu_R\}$。其中,"$\wedge$"表示取小运算;"$\vee$"表示取大运算。

显然,FC 的输出是一个模糊子集,它反映控制语言不同取值的一种组合。但是被控对象只能接受一个控制量,这就需要从输出的模糊子集中判决出一个控制量。这里选用了加权平均法来判决。

由于以上控制算法过程复杂而繁琐,是不能用于现场实时控制的,所以对该计算过程做离线模糊算法,将离线计算所得到的结果做成表格形式(称为控制表),以用于实时控制。与控制规则表 10 - 4 对应的控制表见表 10 - 5。

在线控制中,只要在每一控制周期中将 A/D 送来的实测值与给定值相比较,便得出误差

Δe,再经计算得到误差变化率 $\Delta\dot{e}$。Δe 与 $\Delta\dot{e}$ 经过量化转换后,变成查询控制表所要求的 e 和 $\dot{e}$,再从控制表中取出控制量 u,将 u 乘以量化因子 k 即为实际控制量。

表 10 - 5 控制表

$\dot{e}$ \ e (u)	−6	−5	−4	−3	−2	−1	0	1	2	3	4	5	6
−6	−6	−5	−6	−5	−6	−6	−6	−3	−3	−1	0	0	0
−5	−5	−5	−5	−5	−5	−5	−3	−3	−3	−1	0	0	0
−4	−6	−5	−6	−5	−6	−6	−3	−3	−3	−1	0	0	0
−3	−6	−5	−5	−5	−5	−5	−5	−2	−1	0	1	1	1
−2	−3	−3	−3	−4	−3	−3	−1	0	0	1	1	1	1
−1	−3	−3	−3	−4	−3	−3	−1	0	0	2	1	1	1
0	−3	−3	−3	−4	−1	−1	0	1	1	1	3	3	3
1	−1	−1	−1	−1	0	0	1	3	3	3	3	3	3
2	−1	−1	−1	−1	0	2	3	3	3	2	3	3	3
3	0	0	0	0	2	2	5	5	5	5	5	5	5
4	0	0	0	1	3	3	6	6	6	5	6	5	6
5	0	0	0	1	3	3	5	5	5	5	5	5	5
6	0	0	0	1	3	3	6	6	6	5	6	5	6

（3）控制表的修正。从表 10 - 5 可以看出,当误差或误差变化率一定时,输出控制量随着误差变化率(或误差)的变化并不是单调的。这是由于隶属函数确认的人为因素以及合成规则不尽合理造成的。为解决这个问题,对表 10 - 5 必须进行修正,修正规则如下:

$$\text{IF} \quad [f(E,EC) > f(E,EC+1) \quad \text{AND} \quad f(E,EC) < f(E,EC+2)$$

$$\text{OR} \quad [f(E,EC) < f(E,EC+1) \quad \text{AND} \quad f(E,EC+1) > f(E,EC+2)]$$

$$\text{THEN} \quad f(E,EC+1) = \text{INT}\{\frac{1}{2}[f(E,EC) + f(E,EC+2)]\}$$

式中,INT 表示取整运算。

按上述规则对表 10 - 5 进行修正,得控制表 10 - 6。该表即为实时控制中所采用的控制表。

（4）控制表的优选。由于语言变量的模糊状态划分,对控制器的控制性能有重要影响,因此,以五档划分策略,建立了不同形式的控制表,如表 10 - 7(E 为五档,EC,U 为七档)和表 10 - 8(EC 为五档,E,U 为七档)所示,以便与常规七档划分时建立的控制表 10 - 6 的控制效果相比较,并通过计算机仿真予以优选。

表 10-6 控制表(修正后)

$\dot{e}$ \ u \ e	−6	−5	−4	−3	−2	−1	0	1	2	3	4	5	6
−6	−6	−6	−6	−6	−6	−6	−6	−3	−3	−1	0	0	0
−5	−6	−6	−6	−6	−6	−6	−6	−3	−3	−1	0	0	0
−4	−6	−6	−6	−6	−6	−6	−6	−3	−3	−1	0	0	0
−3	−5	−5	−5	−5	−5	−5	−5	−3	−3	−1	0	0	0
−2	−3	−3	−3	−3	−3	−3	−3	0	0	1	1	1	1
−1	−3	−3	−3	−3	−3	−3	−3	0	0	1	2	2	2
0	−3	−3	−3	−2	−1	−1	0	1	1	2	3	3	3
1	−2	−2	−2	−1	0	0	3	3	3	3	3	3	3
2	−1	−1	−1	−1	0	3	3	3	3	3	3	3	3
3	0	0	0	1	3	3	5	5	5	5	5	5	5
4	0	0	0	1	3	3	6	6	6	6	6	6	6
5	0	0	0	1	3	3	6	6	6	6	6	6	6
6	0	0	0	1	3	3	6	6	6	6	6	6	6

表 10-7 控制表(修正后)

$\dot{e}$ \ u \ e	−6	−5	−4	−3	−2	−1	0	1	2	3	4	5	6
−6	−6	−6	−6	−6	−6	−5	−5	−3	−3	−2	0	0	0
−5	−6	−6	−6	−5	−5	−5	−4	−3	−2	−2	0	0	0
−4	−6	−6	−6	−5	−5	−5	−4	−3	−2	−2	0	0	0
−3	−6	−6	−6	−5	−5	−4	−3	−2	−1	−1	0	0	0
−2	−6	−6	−5	−5	−5	−4	−3	−3	0	0	3	3	4
−1	−5	−4	−4	−4	−2	−2	0	0	1	2	4	4	5
0	−5	−4	−4	−3	−2	−1	0	1	2	3	4	4	5
1	−5	−4	−4	−2	−1	0	0	2	2	4	4	4	5
2	−4	−3	−3	0	0	2	3	4	5	5	5	6	6
3	0	0	0	1	1	2	3	4	5	5	6	6	6
4	0	0	0	2	2	3	4	5	5	5	6	6	6
5	0	0	0	2	2	3	4	5	5	5	6	6	6
6	0	0	0	2	3	3	5	5	6	6	6	6	6

表 10-8　控制表(修正后)

$\dot{e}$ \ u \ e	-6	-5	-4	-3	-2	-1	0	1	2	3	4	5	6
-6	-6	-6	-6	-6	-5	-5	-5	-5	-3	-3	-3	0	0
-5	-6	-5	-5	-5	-5	-4	-4	-4	-3	-2	-2	0	0
-4	-5	-5	-5	-5	-4	-4	-4	-4	-3	-2	-2	0	0
-3	-5	-4	-4	-4	-4	-4	-3	-3	-2	-2	-1	0	0
-2	-5	-4	-4	-4	-4	-3	-2	-2	-2	-1	-1	1	1
-1	-4	-4	-3	-2	-2	-2	-1	0	0	1	2	2	2
0	-3	-3	-2	-2	-1	0	0	0	1	2	2	3	3
1	-2	-2	-2	-1	0	0	1	2	2	2	3	4	4
2	-1	-1	1	1	2	2	2	3	4	4	4	4	5
3	0	0	1	2	2	3	3	4	4	4	4	4	5
4	0	0	2	2	2	4	4	4	4	4	5	5	5
5	0	0	2	2	3	4	4	5	5	5	5	5	6
6	0	0	3	3	3	5	5	5	5	6	6	6	6

2. 仿真结果及工艺试验

图 10-13(a),(b),(c) 分别为用表 10-6、表 10-7 及表 10-8 控制数据进行离线计算机仿真的结果。从图可以看出,当把误差变化率的模糊集 EC 分为五档,其他均分为七档时,所对应的数据具有良好的动态性能,上升速度快,无超调,不振荡。

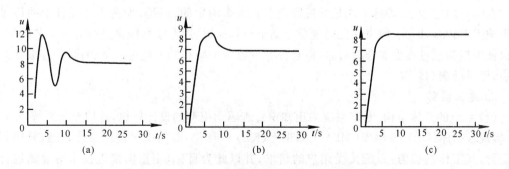

图 10-13　模糊控制器的仿真结果曲线

(a) 表 10-6 数据;(b) 表 10-7 数据;(c) 表 10-8 数据

将优选出的控制表 10-8 用于脉冲 MIG 焊模糊控制器,进行焊接工艺试验。焊件为直径 72 mm,壁厚 8 mm 的钢管;焊丝为 $\phi1.6$ mm 的 H08Mn2SiA;保护气为 Ar+CO$_2$,其流量分别为 1 850 L/h,140 L/h。

试验结果如图 10-14 所示。图中的纵坐标每一格代表 10 个数字量,横坐标每一格代表 2 个控制周期(约 600 ms)。从图可见,当弧压 v_h 波动时,送丝速度 v_s 能作相应调整,且有较快的响应速度。弧压波动范围为 12 个数字量,对应模拟量的变化范围为 1.2 V。焊接过程中电弧稳定,飞溅少,焊缝成型良好。

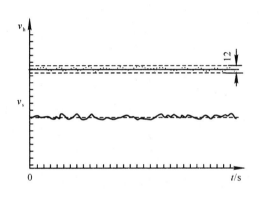

图 10-14　模糊控制时电弧电压的变化

二、基于知识库的焊接工艺设计专家系统

1. 焊接工艺的特点

弧焊过程是一种受多参数制约,并受许多随机干扰因素影响的复杂的工艺过程。弧焊质量的最终体现是焊接接头的质量应满足产品的使用要求。

在实际的生产中,焊接工艺是通过焊接工艺卡来确定的。但是,焊接工艺设计中的许多问题影响因素较多,因此,解决这类问题要借助于经验知识。用专家系统来进行焊接工艺的制定,可以使焊接工艺过程更加合理可靠,而且工艺专家的经验和知识经过归纳和提炼,存放在知识库中,便于增删和修改。

2. 建立模型

(1)系统的总体结构。专家系统采用知识管理驱动模型的设计思想,运用专家系统(ES)技术,实现数据库(DB)、模型库(MB)及知识库(KB)一体化,由知识库进行系统管理,并协调模型运行。其工作过程为:系统接受用户的请求,并以此为目标,用正向推理技术对规则进行推理。根据模型输入/输出的依赖关系,形成数据输入和输出的模型链,调用模型链中的各规则解决实际问题。系统总体结构示意图如图 10-15 所示。

(2)对象模型。在焊接工艺的制定中,根据焊接方法来分,主要有手工电弧焊、埋弧焊及

CO_2 气保护焊等;根据焊接位置来分,主要包括立焊、仰焊、平焊及角焊等;根据坡口形式来分,主要有不对称 X 型、对称 X 型和 Y 型坡口等。每类焊接工艺之间,既有大量相同的工艺步骤及选项,又有各自独特的工艺特点,因此,在系统中采用框架结构的知识表达方法。共同的属性在上层框架中定义,特殊的属性在下层框架中定义,其基本结构如图 10-16 所示。

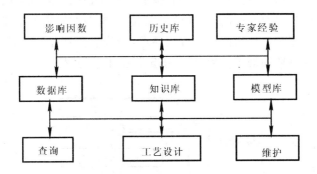

图 10-15　系统总体结构示意图

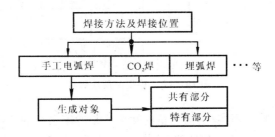

图 10-16　面向对象的模型

为规范起见,分别以每种焊接方法的标准作为一个子类,并由此确定专家系统的对象。对象的特有部分属性不能被继承,如部件的名称、材料型号、工件厚度以及一些独特的焊接工艺选项等。对象的共有部分主要是一些工艺选项,如焊接材料、焊接电源、焊接速度等。

3. 系统设计

根据生产中提出的焊接要求,参照各种相关标准及现有的技术条件,进行焊接工艺设计,同时进行有效的焊接工艺信息管理。建立知识库是设计专家系统的关键步骤,在构建知识库时,应以现有的、成熟的工艺卡为依据,以质量、性能、成本等为评判标准,综合考虑专家的经验。知识库系统不是封闭的,允许人员通过人机交互进行修正。

(1)数据库的设计。在数据库的数据采集过程中,首先应保持数据的科学性、准确性及各项技术指标的完整性,并对各数据的量及量纲进行规范化统一处理。

数据库包括特有部分数据库、共有部分数据库、专家经验库及历史库等部分。

专家经验库、历史库存放的是历史中积累下来的经验,属于启发性知识,其条理性一般较差,适用范围较窄,但工程实用效果显著。

另外,还要建立工艺参数对焊接过程产生影响的权重参数库。

(2)模型库的设计。模型库存储了预先经过分析比较而建立的评价模型和相应程序。所有模型和程序均以数据库语言编写。模型库中各模型间有互相依赖的主从关系,即某一模型的操作或功能完全取决于另一模型的操作或功能的完成。各模型的层次关系如图10-17所示。从图可以看出,系统首先根据用户提出的产品焊接要求,初步选择产品的焊接方法,然后再依据所选择的焊接方法,选择具体的规范参数,最后确定焊接工艺规程。

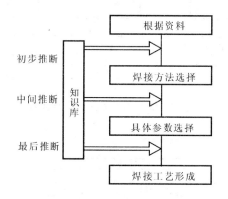

图 10 - 17 模型库层次结构

(3)知识库的设计。知识翔实、结构完整的知识库是专家系统的核心部分。

在焊接工艺设计过程中,母材的性能及尺寸、焊缝的性能和等级、焊缝的位置及尺寸等均是已知的(由用户提出),焊接工艺专家系统需要确定具体的工艺方法及工艺参数,例如焊接电流、焊接速度、焊接方向、坡口形式、焊前预热及焊后热处理等。由于焊接参数之间的影响是相互的,每一种参数的改变都会不同程度地影响其他多个工艺参数的选择,故要利用知识库进行优化设计,以便得到最佳的工艺参数的匹配组合。

知识库的规则模型如下:

RULE 〈规则名〉 [(〈参数〉,…)]

WHEN 〈焊接方法〉

IF 〈条件1〉 THEN 〈专家权重1〉;

…   …   …

IF 〈条件n〉 THEN 〈专家权重n〉;

(n > 1)

END RULE [〈规则名〉]

多因素综合分析法如下：

IF　（影响因数 1）　THEN　（专家权重×1）

IF　（影响因数 2）　THEN　（专家权重×2）

IF　（影响因数 3）　THEN　（专家权重×3）

……

模型运行到参评结束后，用下式进行多因数综合分析计算：

$$F_j = \sum_{i=1}^{n} W_{ji} f_{ji} \qquad (10-12)$$

式中，F_j 为第 j 评价模型的综合作用分值；W_{ji} 为第 j 评价模型中第 i 种因素的权重；f_{ji} 为第 j 评价模型中第 i 种因素的作用分值。

F 取 $\{F_1, F_2, \cdots, F_n\}$ 中的最优值。

在运行时，由用户输入因素值或区间，系统可通过这些信息由数据库调动适当的模型，并进行综合分析评价，最后向用户输出最优配置方案。

系统的程序流程如图 10-18 所示。在软件编程中，推理机采用 VisualC++ 构造，用 Visual Foxpro 建立数据库，通过 ODBC 接口访问和处理数据库，用 ADO 接口对数据库进行访问。

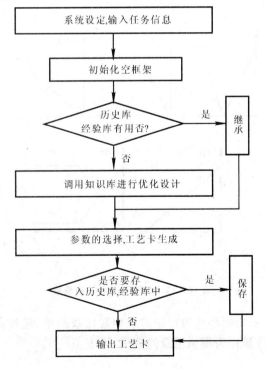

图 10-18　程序流程图

10.3　塑性成形及铸造过程的智能控制

一、利用神经网络及数值模拟获取变压边力控制曲线

1. 圆筒件和方盒件变压边力控制曲线的形式及模拟数据

在塑性成形过程中，对于圆筒形拉深件，我们可以建立全面考虑拉深成型涉及的各项参数（工艺、模具、基本力学参数、材料等）的数学模型，在推导出的公式基础上得到压边力同拉深深度 $h(x)$ 等参数之间关系的曲线（BHF $-x$）。从 BHF $-x$ 曲线（1）中（见图 10-19），可以看出压边力在整个拉深过程中不是一个常量，而是变化的。对于方盒件而言，由于其形状相对较为复杂，压边力公式的推导较为困难，故可采用人工智能理论和数值模拟技术获取压边力优化控制曲线。

试验选取的金属板坯的材料为 st14，板厚为 0.7 mm，凹模是尺寸为 40 mm×40 mm 的方盒模具，凸凹模间隙取板厚的 20%，凸凹模圆角半径及转角半径取 5 mm，凸模最大行程为 40 mm，圆形坯料直径取 96 mm，采用的压边力控制曲线如图 10-19 所示。

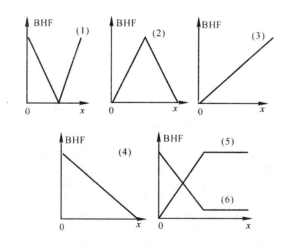

图 10-19　6 种压边力控制曲线

为数据处理方便，所采用的压边力控制曲线相对比较简单。选择曲线上 3 个典型坐标点，及对应拉深坯料壁厚减薄量作为模拟记录的数据，见表 10-9。

表 10 - 9　直径 96 mm 圆形坯料拉深成型方盒件数值模拟数据

6 种曲线形状	3 点坐标 /(s,N)			减薄 /(%)
(1) ∨ 形压边力曲线	(0,24 371)	(0.006,19 040)	(0.011,24 371)	21.51
(2) ∧ 形压边力曲线	(0,19 040)	(0.006,24 371)	(0.011,19 040)	74.45(破)
(3) ↗ 形压边力曲线	(0,19 040)	(0.006,24 371)	(0.011,24 371)	18.98
(4) ↘ 形压边力曲线	(0,24 371)	(0.006,19 040)	(0.011,19 040)	73.48(破)
(5) ┏ 形压边力曲线	(0,19 040)	(0.006,24 371)	(0.011,24 371)	75.45(破)
(6) ┗ 形压边力曲线	(0,24 371)	(0.006,19 040)	(0.011,19 040)	21.38

2. 最优压边力控制曲线的获得

按照 6 种形式组合,通过数值模拟计算出 20 个神经网络训练样本。初步分析结果表明,六种压边力取五档(0.23 kg/mm^2,0.25 kg/mm^2,0.27 kg/mm^2,0.30 kg/mm^2,0.32 kg/mm^2)时,压边力控制曲线对制品成形的影响程度有一定差异。定性的分析需通过数值模拟计算大量算例,但由于数值模拟所需的时间比较长,因此,采用结合神经网络的方法来辅助分析。

理论分析表明,一个 3 层的 BP 网络可按任意精度逼近任何非线性连续函数。由于传统的 BP 算法具有收敛速度慢、局部出现极值、难以确定隐含层和隐节点数的缺点,故在实际运用中,出现了许多改进的 BP 算法。BP 算法的改进主要有两种途径:一种是采用启发式学习方法;另一种则是采用更有效的优化算法。

用神经网络方法获得压边力优化控制曲线的计算模型如图 10 - 20 所示。

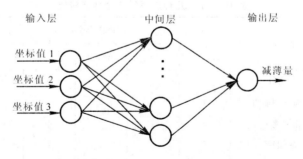

图 10 - 20　求 BHF 最优控制曲线的 3 层 ANN 模型

网络样本包括 3 组输入量(坐标值 1,2,3)和一个输出量。一个输出量就是在此工艺条件下可行的板坯减薄数值。减薄量在 1% ～ 25% 之间的对应曲线作为可以采用的压边力优化控制曲线,将其中不但可以成功拉深而且减薄量最小的一组坐标点绘制成压边力最优控制曲线。

用 Matlab 神经网络工具箱,计算确定出方盒件最优压边力控制曲线(见图 10-19 中第(1)种形式曲线),此时工件可成功拉深,且减薄量最小(12.31%)。根据对应的坐标数据,得到的变压边力曲线如图 10-21 所示。其中,整个拉深过程匀速,最大拉深深度设定为 25 mm,并由压力机拉深速度得知整个成形时间为 1.25 s。

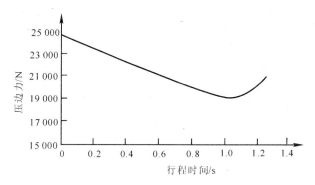

图 10-21　方盒件变压边力控制曲线

二、基于神经网络的压铸镁合金选材专家系统

1. 压铸镁合金性能评价

在某种程度上,材料性能的优劣是个模糊的概念,除了要求材料具有良好的使用性能外,还要求有良好的工艺性和经济性,这些性能要求也具有模糊性。

选取 5 种应用最为广泛的镁合金(见表 10-10),依据经验和手册资料,按性能优劣分为 5 个等级进行对比。即:5 表示最好;4 表示好;3 表示较好;2 表示中等;1 表示一般。

表 10-10　几种牌号镁合金性能对比

性　　能	压铸镁合金				
	AZ91D	AM60	AM20	AE42	AS41B
气密性	4	5	5	5	5
表面处理能力	4	5	5	5	5
充型能力	5	4	2	4	4
耐蚀性	5	5	4	5	4
抛光性	4	4	2	3	3
化学氧化薄膜强度	4	5	5	5	5
高温强度	2	3	1	5	4
经济性	5	4	3	2	3

2. 系统结构

采用神经网络与专家系统相结合的技术方案(见图 10-22),运用 C 语言编程对压铸镁合金进行评价。系统的核心是神经网络模块。

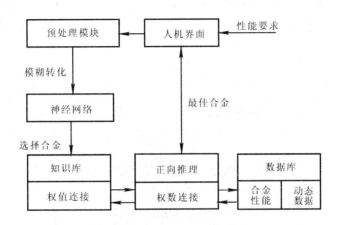

图 10-22　选材专家系统结构图

知识的存储与问题求解的推理均在神经网络模块中进行。通过对规范化处理的选材样本进行学习训练、联想记忆及模式匹配等过程,获得连接权值,形成知识库。专家系统包括预处理模块、数据库、推理机,可对选材过程进行解释。专家系统主要承担知识表达的规范化及表达方式的转换,是神经网络与外界的接口。数据库分为存储各种压铸镁合金性能的静态数据库和存储神经网络中间运算结果的动态数据库。用户通过预处理模块输入对材料的性能要求,经过正向推理和判断,推荐适宜的压铸镁合金,并由用户最后做出选择。

(1)规则表示。对专家系统部分知识采用相应的规则表示,例如,对 A291D 合金的选择规则可定义为

IF	气密性	好
AND	表面处理能力	好
AND	充型能力	很好
AND	腐蚀性	很好
AND	抛光性	好
AND	化学氧化薄膜强度	好
AND	高温强度	中等
AND	经济性	很好
THEN	A291D 合金	

（2）预处理模块。通过预处理模块，对合金的模糊要求进行处理，转换为一定等级。例如，如果要求合金具有很好的充型能力，则根据等级评定标准，可转化为等级5。

3. 神经网络的建立

系统中采用3层动量化修正BP神经网络（见图10-23）进行镁合金材料的选择。选取压铸合金的物理化学性能、机械性能及铸造性能等8个性能项目作为选材要求，即网络含有8个输入节点。

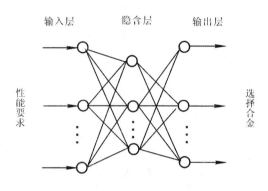

图 10-23　BP 神经网络结构

以表10-10和已有的选择合金的经验性能数据作为学习样本进行训练。考虑到训练样本数目并不是很充足，可将性能要求通过分段函数模糊量化到相应分段区间，再送到神经网络输入层的方法来增加训练样本。通过这种方法，在一定程度上增强了神经网络的容错性和稳定性，完善了训练样本集。

首先选取模糊化函数 F，将性能比值分别转化为相应区间的随机值。其中模糊化分段函数 $Y = F(x)$ 如下：

$$Y = \begin{cases} 0.85 \sim 1.00 & x = 5 \quad \text{（很好）} \\ 0.70 \sim 0.84 & x = 4 \quad \text{（好）} \\ 0.60 \sim 0.69 & x = 3 \quad \text{（较好）} \\ 0.40 \sim 0.59 & x = 2 \quad \text{（中等）} \\ 0.00 \sim 0.39 & x = 1 \quad \text{（一般）} \end{cases}$$

在输出层中最为常用的压铸镁合金构成选材集，网络的输出层节点数为5，输出模式用取值为0.1或0.9的5维向量来表示，这样可以避免因函数的输出趋向饱和而使学习无法收敛。在训练学习结束，输入合金的具体要求后，由网络内部的前向计算进行匹配，初步选择镁合金牌号。隐含层节点数根据实验取为15。

4. 推理机制

专家系统采用正向推理方法。首先,调入神经网络学习阶段由各权值形成的知识库,然后将合金的具体要求规范到相应区间,形成输入值。其次,在此基础上,系统自动计算隐含层和输出层神经元输出,并依据预先设定的阈值判断合金类型。最后,由用户对推荐的合金加以选择,再根据实际情况最后决定所采用的压铸镁合金牌号。

5. 应用实例

某企业要求为压铸的薄壁外壳零件选择一种镁合金,其性能及工艺要求如表10-11所示。

表 10 - 11　材料的性能及工艺要求

序号	性能项目	要求	序号	性能项目	要求
1	气密性	一般	2	表面处理能力	好
3	充型能力	极好	4	耐蚀性	好
5	抛光性	好	6	化学氧化薄膜强度	较好
7	高温强度	较好	8	经济性	极好

根据神经网络训练和计算,输出结果为{0.92,0.09,0.11,0.14,0.07},而相应的期望输出为{0.9,0.1,0.1,0.1,0.1}。通过专家系统的正向推理判断,确定的合金类型为 A291D,经压铸生产,获得了满意的合格产品。

三、用神经网络法预测角铸钢件的力学性能

在一定的热处理工艺下,铸钢力学性能与其合金元素含量之间的关系通常较复杂,且受到成分测试误差、冷却温度变化、微量杂质元素、铸造工艺参数波动和铸造缺陷等随机因素的影响,难以用多元回归的方法来建模。为了找出两者之间的关系,以便在生产中预测铸件力学性能,可运用神经网络法。

1. 对角铸钢件的质量要求

角铸钢件是集装箱上最重要的受力件,其服役条件恶劣,性能要求较高。

铸造角钢件所用的主要生产设备为容量500 kg中频感应熔炼炉及5 t电弧炉,主要原料为废钢铁、硅铁、锰铁、工业纯铝、荧石及石灰石。其生产工艺流程为熔炼、浇铸、切割、铸件清理、热处理(淬火温度为930℃,回火温度为680℃或930℃空冷正火)和机械加工,材料为15Mn。

2. 建模方法

从大量生产数据中随机抽取了数百炉产品的数据,利用其中的一部分数据拟合出含有二个隐层的BP网络模型。模型输入的节点数为5,分别是C,Si,Mn元素的含量,热处理冷却因子

T 以及碳当量 CE,忽略了 P,S 含量和其他次要因素的影响。这是因为一定牌号的碳钢,在特定热处理制度下的力学性能,尤其是强度,主要取决于 C,Mn,Si 的含量。通常认为当合金元素在较小范围变化时,性能与成分之间呈线性关系。实际上由于元素间存在相互作用,各元素对性能的影响不是简单的叠加。就神经网络方法而言,输入节点只能考虑主要的影响因素,网络才具有较强的泛化能力。如果输出节点中次要因素太多,反而使网络在学习训练过程中学习了次要因素特征,引起网络泛化能力下降。在此没有考虑温度随季节的渐变化,也没有考虑化学成分测试误差、微量元素及热处理加热温度误差所造成的影响,这是因为神经网络模型系统能适应数据噪声干扰、非线性甚至数据残缺的情况。

网络输出节点有 4 个,分别为抗拉强度 σ_b、屈服强度 σ_s、短标距试样伸长率 δ_5 和 $-20\,^\circ\mathrm{C}$ 低温下 Charpy V 型缺口冲击试样的冲击韧性 a_k。

对于采集到的数据,采用 Matlab 工具箱中的 BP(反向传播)网络设计工具编程设计。根据神经网络的特点和适用范围,选择了三层 BP 网,各层间的权值为全连接,隐层激活函数为带偏差的双曲正切 S 型激活函数,即

$$f(x) = (1 - \mathrm{e}^{-ax})/(1 + \mathrm{e}^{-ax}) \tag{10-13}$$

输出层为带有偏差的线性激活函数,即

$$f(u) = ku + b \tag{10-14}$$

第一层中第 i 个神经元的输出为

$$\boldsymbol{a}1_i = f_1(\sum_{j=1}^{5} \boldsymbol{W}1_{ji}\boldsymbol{P}_j + \boldsymbol{b}1_i) \quad i = 1,2,\cdots,m \tag{10-15}$$

第二层中第 i 个神经元的输出为

$$\boldsymbol{a}2_i = f_2(\sum_{j=1}^{m} \boldsymbol{W}2_{ji}\boldsymbol{a}1_j + \boldsymbol{b}2_i) \quad i = 1,2,\cdots,n \tag{10-16}$$

输出层第 k 个神经元的输出为

$$\boldsymbol{a}3_k = f_3(\sum_{j=1}^{n} \boldsymbol{W}3_{kj}\boldsymbol{a}2_j + \boldsymbol{b}3_k) \quad k = 1,2,\cdots,s(4) \tag{10-17}$$

定义误差函数为

$$E = 0.5(\sum_{k=1}^{s} (\boldsymbol{t}_k - \boldsymbol{a}3_k)^2) \tag{10-18}$$

式(10-15)～式(10-18)中,$\boldsymbol{W}1,\boldsymbol{W}2,\boldsymbol{W}3$ 为各层间连接权矩阵;$\boldsymbol{b}1,\boldsymbol{b}2,\boldsymbol{b}3$ 分别为第一、二隐层和输出层的节点偏移向量;$\boldsymbol{P}$ 为输入向量;$\boldsymbol{t}$ 为输出向量;m,n,s 为各层节点数。

隐层节点数目的确定尚无固定的方法。在研究中发现,隐层节点数过多,网络学习过程有可能不收敛,隐层节点数太少显然不足以拟合输入输出关系,参考有关的经验公式,最终确定两隐层节点数 $m = n = 11$。网络模型如图 10-24 所示。

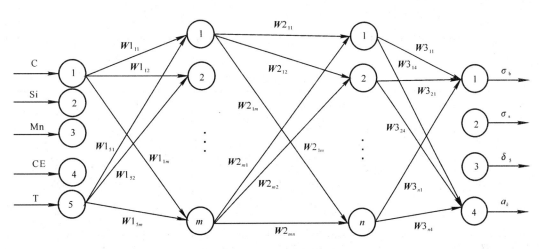

图 10－24　BP 网络模型

3. 网络学习训练

首先输入原始数据共 1000 组,其中 800 组用来拟合网络模型,200 组回代检验。为了适应生产上在线快速调整的要求,采用改进的 BP 算法——附加动量法,以防止学习误差落入局部最小点。针对学习后期误差下降梯度过缓的特点,综合采用自适应学习速率调整法,即根据误差下降速度自动调整学习速率,而不是采用固定的学习速率。这样使学习次数及时间都大大减少,完成一轮训练仅需 30 s 左右(计算机主频为 233 MHz),完成一次预报仅需 4～6 s,能够与生产线上的快速化学成分分析相协调。

学习误差和学习速率的变化曲线如图 10－25 所示。

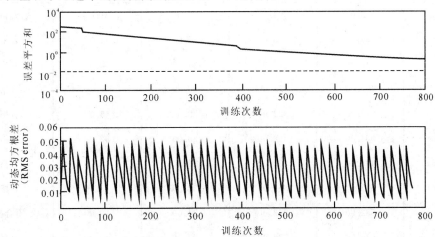

图 10－25　学习误差和学习速率变化曲线

4．实际预测结果

部分炉号的角钢件力学性能预测值与实测值及相对误差分别列于表10－12、表10－13和表10－14中。

表 10－12　力学性能预测值

炉号	抗拉强度/MPa	屈服强度/MPa	伸长率/(%)	－20℃ 冲击功/J	品质
50647	536.37	363.25	25.18	37.08	合格
50649	523.84	362.00	24.95	38.13	合格
50651	526.31	364.00	25.02	38.05	合格
50653	535.43	368.12	25.43	37.10	合格
50655	529.52	364.78	25.23	37.54	合格
50657	541.70	367.99	25.46	36.68	合格
50659	550.18	373.06	25.99	35.65	合格
50661	535.58	366.79	25.50	36.84	合格
50662	591.56	397.48	25.59	17.00	不合格
50663	542.30	368.24	25.52	36.56	合格

表 10－13　力学性能实测值

炉号	抗拉强度/MPa	屈服强度/MPa	伸长率/(%)	－20℃ 冲击功/J	品质
50647	573.00	304.00	24.00	31.00	合格
50649	586.00	403.00	27.00	31.00	合格
50651	566.00	375.00	24.00	32.00	合格
50653	497.00	322.00	29.00	29.00	合格
50655	512.00	322.00	29.00	45.00	合格
50657	564.00	398.00	23.00	32.00	合格
50659	498.00	330.00	26.00	30.00	合格
50661	527.00	355.00	30.00	43.00	合格
50662	582.00	273.00	24.00	15.00	不合格
50663	516.00	336.00	28.00	36.00	合格

表 10 - 14   预测结果与实测值相对误差   单位:%

炉号	抗拉强度	屈服强度	伸长率	-20℃ 冲击功
50647	6.39	-19.49	-4.92	-19.63
50469	10.61	10.17	7.58	-22.98
50651	7.01	2.93	-4.24	-18.90
50653	-7.73	-14.32	12.31	-27.95
50655	-3.42	-13.29	13.02	16.58
50657	3.95	7.54	-10.69	-14.62
50659	-10.48	-13.05	0.04	-18.82
50661	-1.63	-3.32	14.98	14.33
50662	-1.06	-8.82	6.30	13.14
50663	-6.26	-9.50	8.50	0.05

注:相对误差 = $\dfrac{实测值 - 预测值}{实测值} \times 100\%$

结果表明,抗拉强度与屈服强度的回报数值比较满意,但伸长率与冲击韧性的预报误差较大。误差产生的原因,一方面是由于同一炉号钢在一定的热处理工艺下,其强度指标与化学成分相关性能较强,而韧性指标是金属材料强度与塑性的综合反映,且受到宏观和微观缺陷的影响;另一方面由于铸造生产上随机影响因素十分复杂,仅根据某一样本得出的模型预报误差虽然在生产上可以接受,用于判别产品合格与不合格率的准确率可达 98%,但数值相对误差较大。若随生产过程进行滚动输入数据,使权值得以在线调整,可获更高的预报准确率。

10.4   热处理过程的智能控制

一、热处理电炉的模糊控制

1. 电阻炉的基本特性

热处理电阻炉是热处理生产中应用最广的加热设备。电阻炉是利用电流通过电热元件产生热量,借助辐射和对流的传递方式将热量传递给工件,使工件加热到所要求的温度。对于普通的电阻炉,其数学模型可用一阶微分方程表示,即

$$T \frac{\mathrm{d}x}{\mathrm{d}t} + x = KV^2 (t - t_0) \tag{10-19}$$

式中,x 为电阻炉内温升(指炉内温度与室温温差);T 为时间常数;K 为放大因数;V 为控制电

压；t_0 为纯滞后时间；t 为加热时间。

实际表明，当温升变化范围较大时，上述数学模型偏离实际情况相当严重，因 K,T 均为 x 的函数，故无法按照线性定常数的理论进行控制。

电阻炉温度控制中，常用位式控制、PID 控制等方法。电阻炉温控具有升温单向性、大时滞性和时变的特点，如升温靠电阻丝加热，降温依靠自然冷却，温度超调后调整慢。因此，用传统的控制方法难以得到更好的控制效果。此外，对于 PID 控制，若条件稍有变化，则控制参数也需调整，还要对控制对象进行线性处理。因此，要实现炉温控制，尚有一定的局限性。采用模糊控制控制电阻炉炉温，可有效解决炉温控制中存在的上述问题。

2. 炉温模糊控制系统设计

（1）系统构成。图 10-26 为控制系统结构原理图。系统的被控对象是电阻炉，被控参数为炉内温度，用热电偶检测炉温。模糊控制器根据设定温度与实际温度的差值及温度的变化率，利用模糊控制算法求出输出控制量。该输出量送到晶闸管调压器的输入端，使其导通角发生相应变化。导通角越大，输送到电炉两端的交流电压就会越高，电阻炉的输入功率也就越大，炉温上升；反之导通角减小，电阻炉输出功率减小。炉温偏差为零时，晶闸管保持一定的导通角，电阻炉输入一定的功率，使炉温稳定在给定的范围内。

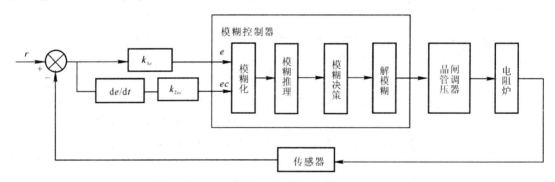

图 10-26　炉温控制系统原理图

图 10-26 中的 k_{1e}，k_{2ec} 为量化因子。

（2）模糊控制算法。

1）精确量的模糊化。在模糊控制中，输入、输出数据是精确量。由于模糊控制对数据进行处理是基于模糊集合的方法，因此要对精确化数据进行模糊化。炉温控制系统的算法为二维模糊控制算法，确定的模糊变量为

e—— 炉温温度误差；

ec—— 炉温温度误差变化率；

u—— 控制器输出电压。

将模糊量 e,ec 与 u 的变化范围划分为 13 个等级，即变化范围在 $[-6,+6]$ 之间。输入变量

的等级划分如表 10-15 所示。各模糊变量可用"正大(PB),正中(PM),正小(PS),一致(ZE),负小(NS),负中(NM),负大(NB)"来表示,并确定相关隶属度,如表 10-16 所示。

表 10-15　输入变量的等级划分

变量 等级	e	ec
-6	$(-\infty, -40]$	$(-\infty, -10]$
-5	$(-40, -20]$	$(-10, -5]$
-4	$(-20, -10]$	$(-5, -2]$
-3	$(-10, -5]$	$(-2, -1]$
-2	$(-5, -2.5]$	$(-1, -0.5]$
-1	$(-2.5, -0.5]$	$(-0.5, -0.25]$
0	$(-0.5, 0.5]$	$(-0.25, 0.25]$
1	$(0.5, 0.25]$	$(0.25, 0.5]$
2	$(2.5, 5]$	$(0.5, 1]$
3	$(5, 10]$	$(1, 2]$
4	$(10, 20]$	$(2, 5]$
5	$(20, 40]$	$(5, 10]$
6	$(40, +\infty]$	$(10, +\infty]$

表 10-16　模糊变量的隶属度(e, ec, u)

	6	5	4	3	2	1	0	-1	-2	-3	-4	-5	-6
PB	1	0.5	0	0	0	0	0	0	0	0	0	0	0
PM	0	0.5	1	0.5	0	0	0	0	0	0	0	0	0
PS	0	0	0	0.5	1	0.5	0	0	0	0	0	0	0
ZE	0	0	0	0	0	0.5	1	0.5	0	0	0	0	0
NS	0	0	0	0	0	0	0	0.5	1	0.5	0	0	0
NM	0	0	0	0	0	0	0	0	0	0.5	1	0.5	0
NB	0	0	0	0	0	0	0	0	0	0	0	0.5	1

2) 模糊推论。模糊控制规则实质上是把操作人员长期的控制经验和该领域专家的有关知识加以总结,并将由经验得到的相应措施归纳成一条条控制规则。对于双输入单输出的模糊系统,采用 if A_i and B_i then C_i 为表达模式。其中,A_i 为误差模糊子集;B_i 为误差变化率模糊子集;C_i 为输出模糊子集。模糊关系采用 $R = \bigvee\limits_{i=1}^{49} A_i \times B_i \times C_i$;模糊推理采用 $C_i = (A_i \times B_i) \circ R$。

利用模糊关系及模糊推理公式可求出模糊控制规则。模糊规则推理是按照模糊规则来完成的,最后形成输出变量的隶属度。可以看出,对于每一对 (e, ec) 要得到控制量需要大量计算,为了便于定时控制,制成模糊控制规则表(见表 10-17)。

表 10-17　模糊控制规则表

ec ＼ e	NB	NM	NS	ZE	PS	PM	PB
NB	PB	PB	PB	PB	PM	ZE	ZE
NM	PB	PB	PB	PM	PS	ZE	ZE
NS	PM	PM	PM	PS	ZE	NS	NS
ZE	PM	PM	PS	ZE	NS	NM	NM
PS	PS	PS	ZE	NS	NM	NM	NM
PM	ZE	ZE	NS	NS	NM	NB	NB
PB	ZE	ZE	NS	NM	NB	NB	NB

3) 模糊判决与解模糊。若已知 e 和 ec,即可划分等级,并由表 10-17 确定模糊变量。但常存在对应的模糊变量不止一个的情况,为此可以设定若干个控制规则。每个控制规则都可得到模糊输出量,各模糊输出量采用最大隶属度来确定总的模糊子集,该子集再按加权平均法求出模糊输出量。输出量最后进行解模糊,变成精确量。由于作用在晶闸管交流调压器控制电路上的信号为 $0 \sim 10\,\text{V}$ 的直流信号,则利用下式进行解模糊:

$$u = \text{INT}(\underset{\sim}{u} + 0.5)/K + 5 \qquad (10-20)$$

式中,u 为精确输出量;INT 表示取整运算;$\underset{\sim}{u}$ 为模糊输出量;K 为比例因数($K = 1.2$)。

3. 模糊算法举例与仿真

以某时刻测得的数值为例,进一步说明模糊运算的具体过程。

若 $e = 7\,℃$,$ec = -0.8\,℃/s$,根据表 10-15,可确定其输入变量的等级为 $A_i = 3$,$B_i = -2$。表 10-16 中 $A_i = 3$ 的一例中,隶属度不为零的项有 PM 与 PS,其隶属度分别为 0.5 和 0.5。同

理,可确定 $B_i = -2$ 项有 NS,其隶属度为 1。模糊控制规则为

if　　PM　　and　　NS　　then　　NS

if　　PS　　and　　NS　　then　　ZE

$C_1 = 0.5$　AND$\{0\ 0\ 0\ 0\ 0\ 0\ 0\ 0.5\ 1\ 0.5\ 0\ 0\ 0\} =$

　　　　$\{0\ 0\ 0\ 0\ 0\ 0\ 0\ 0.5\ 0.5\ 0.5\ 0\ 0\ 0\}$

　　　　$C_2 = \{0\ 0\ 0\ 0\ 0\ 0.5\ 0.5\ 0.5\ 0\ 0\ 0\ 0\ 0\}$

C_1 与 C_2 按列进行最大隶属度模糊决策,得

　　　　$\underset{\sim}{C^1} = \{0\ 0\ 0\ 0\ 0\ 0\ 0.5\ 0.5\ 0.5\ 0.5\ 0.5\ 0\ 0\ 0\}$

最后用加权平均法求出模糊输出量

$$\underset{\sim}{u} = -1$$

利用式(10-20),得 $u = 4.17$ V。

　　在 Matlab 环境下通过 Fuzzy Logic Tool Box 工具箱设计的二维模糊控制器,在交互式图形界面下完成输入、输出变量论域及隶属度的确定。在模糊规则编辑器中确定"if … then"形式的模糊控制规则。最后将设计好的模糊控制系统软件存入 * · fis 的数据文件,然后在 SIMULINK 环境中进行仿真。图 10-27 为 PID 算法(已做了优化)和模糊控制算法的仿真曲线。从图可以看出,模糊控制在上升时间、过渡时间等方面,均优于传统的 PID 控制。

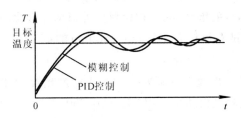

图 10-27　模糊控制与 PID 控制仿真曲线

二、基于神经网络的激光淬火性能预报

　　目前,在激光淬火过程中,主要凭借实践经验进行性能预报和工艺参数设计。但是,由于激光淬火技术本身的复杂性,同时由于激光淬火技术不断发展和加工零件的日益复杂,现有性能预报及工艺参数设计的方式,其局限性日益明显。将人工神经网络技术应用于激光淬火性能预报及工艺设计是解决上述问题的有效途径。

　　1. 性能预报神经网络系统的建立

　　(1) 神经网络拓扑结构。建立的三层 BP 神经网络结构如图 10-28 所示。

　　性能预报神经网络模型输入与输出层分别对应激光淬火工艺参数与性能指标。输入层节点数取 3,分别对应激光功率 P、扫描速度 v 和光斑直径 d 等 3 个可调工艺参数;输出层节点数

取 2,分别对应淬硬层硬度、硬化深度 2 个表面性能指标。

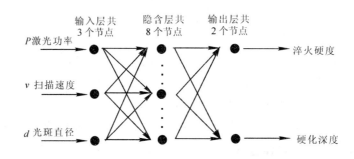

图 10-28   性能预报神经网络拓扑结构

隐层节点数(H)一般依据经验选取。H 过大,将导致网络训练速度缓慢及预测精度下降;H 过小,则可能导致训练误差太大,甚至出现不收敛的情况。在网络建立的过程中,预先试用不同的 H 值,通过网络试训,建立拟合标准差(SEC)-H 关系,然后据此分析,确定 H 取 8。神经元特征函数选用双曲线正切函数。

权值初始化对最后结果以及收敛速度都有很大影响,一般都赋以随机数。权的初始值应较小,以免刚开始工作就在函数的饱和部分。初始权值可根据标准化的输入参数获得。

(2)试验材料和方法。试验材料为 $\phi18$ mm $\times 60$ mm 的 45 钢棒,调质态,硬度为 27HRC。试件的尺寸为 10 mm $\times$ 10 mm $\times$ 50 mm。

激光处理机选取用 GJ—II 型 1.5 kW 的 CO_2 工业激光器。工作过程中,由 CO_2 激光器配用 TY—20 型数控多用机。激光束功率选用 550,600,650,850,900 W;光束扫描速度选用 700,800,900,1 000,1 200 mm/min;光斑直径选用 2.5,3 及 3.5 mm。试样表面进行黑化处理,以提高激光吸收率。

试验结果如表 10-18 所示。

(3)神经网络学习训练。为了提高 BP 网络的学习速度和增加算法的可靠性,采用动量法与学习率自适应调整的策略。动量法降低了网络对误差曲面局部细节的敏感性,有效地抑制网络陷于局部极小。这种方法所加入的动量项实质上相当于阻尼项,它减少了学习过程的振荡趋势,从而改善了收敛性。网络动量常数取 0.9。自适应学习速率先给定一个初值,然后利用乘法使之增加和减少,以保持学习速度快而且稳定,网络初值选 0.5。

对所有数据采取标准化处理,从而将网络输入、输出数据限制在 0～1 之间。

以表 10-18 所示的工艺参数和性能指标为学习样本,按 BP 算法对神经网络进行训练,直至网络各连接权值趋于稳定,从而建立激光淬火性能预报的神经网络模型。

表 10 - 18　45 钢表面激光淬火试验结果

序号	工艺参数			性能指标	
	激光功率 / W	扫描速度 / mm·min⁻¹	光斑直径 / mm	硬度 / HRC	硬化深度 / mm
1	550	1 000	3	49.9	0.3
2	650	800	2.5	54.5	0.385
3	550	900	3.5	49.5	0.26
4	600	1 200	2.5	52.5	0.37
5	550	1 200	3.5	27.7	0.05
6	850	800	3	57.5	0.45
7	650	1 000	2.5	55	0.395
8	900	700	2.5	59	0.55

图 10 - 29 为神经网络的误差平方随训练步数的变化曲线。

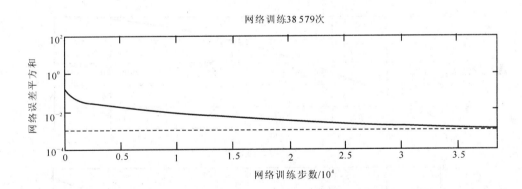

图 10 - 29　网络误差平方随训练步数的变化曲线

2. 性能预报系统的应用

（1）性能预测值与实验值的对比。设定一组工艺参数（激光功率、扫描速度、光斑直径），输入已建立的性能预报网络模型，即可获得一组激光淬火性能预报值。同时，按设定工艺参数进行激光淬火实验，并测定表面硬度以验证预报的准确程度。7 组验证实验的性能预报值与实测值见表 10 - 19。

表 10 - 19　性能预报值与实验测定结果对比

序号	工艺参数			预测性能		实测性能	
	激光功率 W	扫描速度 mm·min⁻¹	光斑直径 mm	硬度 HRC	硬化深度 mm	硬度 HRC	硬化深度 mm
1	600	1 000	3.5	42.633 2	0.248 27	42.5	0.25
2	650	1 200	3	49.382	0.267 46	49.7	0.26
3	650	1 100	3	51.753 2	0.353 65	52	0.35
4	800	1 200	3	54.016 1	0.379 61	54	0.38
5	600	800	3	53.993 3	0.398 85	54.7	0.39
6	550	800	2.5	55.418 3	0.413 665	55.1	0.41
7	650	900	2.5	57.025 7	0.422 235	56	0.43

从表 10 - 19 可见,在试验的工艺参数范围内,各项性能预报值与实验测定值相比,偏差均在 5% 以内,表明建立的性能预报神经网络系统是可靠的。

(2)预测性能随工艺参数的变化规律。扫描速度固定为 1 000 mm/min,光斑直径固定为 2.5 mm。改变激光功率,预测淬火变化结果如图 10 - 30 所示。从图中可以看出,在其他工艺参数不变的情况下,随着激光功率的增加,淬火硬度升高,硬化深度增加。在激光功率与硬化深度的关系中,曲线出现一些小波动,这是由于实验误差及网络误差所造成的。

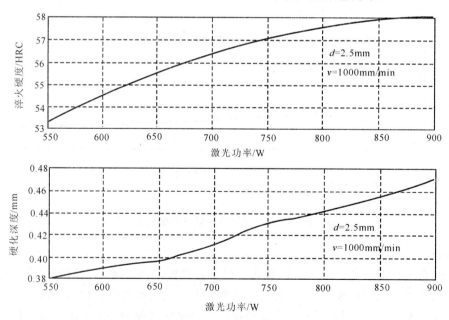

图 10 - 30　激光功率与预测性能指标的关系

从理论上分析,激光功率增加,过热度随之增加。此时,奥氏体晶核不仅在铁素体-碳化物相界面上形成,而且也可能在铁素体的亚晶界上形成,因此使奥氏体的成核率增加。又由于加热时间极短,奥氏体晶粒来不及长大,最终获得的超细晶粒增加,从而导致淬火硬度增加。另一方面,随淬火功率的增加,使得表面温度进一步提高,经过金属基体的快速热传递,金属表层处于相变温度 A_{c1} 以上的区域增大,从而导致硬化层深度加大。

同样,利用此系统,还可预测扫描速度等工艺参数对性能指标的影响规律。

习　题

1. 何谓智能控制?智能控制与传统控制方法相比有哪些明显的优点?
2. 专家系统的主要特点是什么?
3. 画出专家系统的结构图,并简述各部分的作用。
4. 专家控制系统与专家系统的主要差别是什么?
5. 何谓模糊控制?举例说明模糊控制在材料加工过程中的典型应用。
6. 简述基本模糊控制器设计过程的主要步骤。
7. 如何进行输入变量的模糊化及输出模糊量的清晰化?
8. 人工神经网络系统的基本特征是什么?
9. 何谓神经元输出的变换函数?常用的变换函数有几种?各有什么优缺点?
10. 何谓递归网络及前馈网络?
11. 简述 MIG 焊模糊控制器的优化设计过程。
12. 如何用神经网络法预测铸件的力学性能?
13. 炉温的模糊控制与传统的 PID 控制相比有哪些显著优点?
14. 如何建立铸镁合金选材的专家系统?
15. 试建立基于神经网络的激光淬火工艺设计应用系统。

第 11 章 材料加工过程的仿真与 CAD/CAM 技术

材料加工过程的仿真是将系统的数学模型在计算机上进行模拟试验的一种技术。模拟试验可以通过物理系统模型进行，也可用计算机中生成的几何模型，再经仿真软件，进行仿真试验。前者效率低，成本高；后者速度快，且安全、经济。随着计算机性能的提高，仿真技术在材料加工过程中的应用也越来越广泛。对于复杂的机械结构及其材料加工过程，有限元数值模拟方法是一种应用最广泛的理论建模方法。

计算机辅助设计与制造，即 CAD/CAM 技术，在机械加工领域已经获得了广泛的成功应用，同时也引起了锻造、铸造、焊接及热处理等材料加工工程领域的广泛重视，并已在模具设计与制造、钣金件成形以及快速成形等材料加工领域获得了应用。

11.1　材料加工过程的数值模拟与仿真

一、计算机仿真技术与方法

仿真技术的研究与应用具有很长的历史。现代仿真技术与计算机的发展密切相关。20 世纪 50 年代的模拟计算机、20 世纪 60 年代的混合计算机以及数学仿真语言的出现，使得仿真技术日趋成熟，并广泛应用于航空、机电、钢铁、土木建筑等各领域。

仿真是在模型上进行反复试验研究的过程，一个完整的仿真过程如图 11 - 1 所示。因为模型有物理模型与数学模型，所以仿真也有物理仿真与数学仿真之分。由于物理模型与系统之间具有相似的物理属性，因此物理仿真能观测到难以用数学来描述的系统特征，但要花费较大的代价。数学仿真又称为计算机仿真，是以实际系统和模型之间数学方程式的相似性为基础的。与物理仿真相比，这种仿真系统的通用性强，可作为各种不同物理本质的实际系统的模型，故其应用范围广。

数学仿真应先建立系统或过程的仿真模型，再放到计算机上进行仿真试验，仿真模型就是数学模型。仿真模型的建立，反应了系统模型和计算机间的关系，实际上就是设计一个算法，以便使系统模型能为计算机接受，并能在计算机上运行。有限元法是一种采用高速计算机求解数学物理问题的近似数值方法。它的优点是精度高、适应性强、计算格式规范统一。因此，应用范围广泛，是现代产品设计、工艺分析、辅助试验与过程控制的一种非常重要的计算与仿真工具。

有限元法的基本思想就是，假想将一个连续的结构分割成数目有限的小区间，称为有限单元体（区别于微分单元体）；而各单元体之间仅在有限个指定的结合点处相连接，单元假想的结合点称为节点。从而，就可以用单元的集合体近似地代替原来的结构。如果在节点上引入等效节点载荷来代替实际作用在单元上的外载荷，并对每个单元进行分析，选取一个具有代表性的简单函数来近似地表达单元内的场变量分布，如位移分量的分布规律，并按照一定的原理（常用的有虚功原理、加权余量法和变分原理等）建立单元节点载荷与单元节点位移（速度、加速度等量）间的关系，最后把所有单元的这种关系集合起来，就可以得到以节点位移为基本未知量的有限元求解方程。给定初始条件和边界条件，就可以计算求出所有节点的位移值。以此为基础，并根据设定的单元内的场变量分布模式，就能获得相应的计算结果。现以结构分析为例，阐述有限元数值模拟的具体过程。

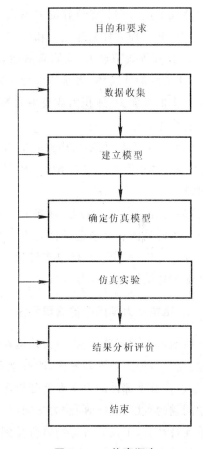

图11-1　仿真顺序

（1）物体离散化。将某个工程结构离散为由各种单元组成的计算模型，离散后单元与单元之间利用单元的节点相互连接起来，单元节点的设置、性质、数目等应视问题的性质、描述变形形态的需要和计算精度而定。

（2）单元特性分析。在单元特性分析中，主要包括以下三方面的内容：

1）选择位移模式。在结构有限元法中，选择节点位移作为基本未知量时，称为位移法；选择节点力作为基本未知量时，称为力法；取一部分节点力和一部分节点位移作为基本未知量时，称为混合法。由于位移法易于实现计算自动化，所以在有限单元法中，位移法应用范围最广。当采用位移法时，物体或结构离散化后，就可以把单元中的一些物理量，如位移、应变和应力等，由节点位移来表示。这时，可以对单元中的位移分布采用一些能逼近原函数的近似函数予以描述。

2）分析单元的力学性质。根据单元的材料性质、形状、尺寸、节点数目、位置及其含义等，找出单元节点力和节点位移的关系式，这是单元分析中的关键一步。此时，需要应用力学中的几何方程和物理方程来建立力和位移的方程式，从而导出单元刚度矩阵。

3）计算等效节点力。物体离散后，假定力是通过节点从一个单元传递到另一个单元，但是，对于实际的连续体，力是从单元的公共边界传递到另一个单元中去的。因而，这种作用在单元边界上的表面力、体积力或集中力等都要等效地转移到节点上去，也就是用等效节点力来代替所有作用在单元上的力。

（3）单元组集。利用结构力的平衡条件和边界条件，把各个单元按原来的结构重新连接起来，形成整体的有限元方程 $KU = P$。其中 K 是整体结构的刚度矩阵，U 是节点位移列阵，P 是载荷列阵。

（4）求解未知节点位移。求解建立的有限元方程，就可以得出节点的位移。求解时可以根据方程组的具体特点来选择合适的计算方法。

综上分析，有限元法的基本思想可以概括为"一分一合"，分是为了进行单元分析，合则是为了对整体结构进行综合分析。

二、结构动力学问题的有限元法

所谓动力学问题，是指分析结构在动载荷作用下的应力、应变和变形等场变量变化规律的问题。在材料加工技术领域内，所有承受冲击、振动或随时间变化比较剧烈的载荷作用时，如冲压、锻造设备零部件的力学性能分析等都可以采用结构动力学有限元方法来分析求解。结构动力学问题的有限元法如同静力学问题一样，要把物体离散成有限个数的单元体。不过此时在考虑单元特性时，不仅要考虑物体所受到的载荷，还要考虑单元的惯性力和阻尼力的作用。此时，结构的动力学方程可以表示为

$$M\ddot{U} + C\dot{U} + KU = P \qquad (11-1)$$

式中，M 为结构的质量矩阵；C 为结构的阻尼矩阵；K 为结构的刚度矩阵；P 为结构的外载荷列阵；$\ddot{U}, \dot{U}, U$ 分别代表节点的加速度列阵、速度列阵和位移列阵。

事实上，随着有限元理论研究的不断深入和有限元技术的不断提高，有限元程序处理功能在不断地加强，从而使得有限元建模和求解变得越来越简单。操作者只需要给出结构的计算模型，计算机就可以很好地划分出有限单元。在指定初始条件和边界条件后，系统就可以自动进行分析计算，并输出多种形式的计算结果。因此，可以将有限元数值模拟方法应用到结构的动态设计和分析过程中，图11-2为有限元方法在结构动态设计中应用时的一般过程。由图可知，在有了有限元数值模拟模型后，采用计算机仿真的方法，就可以对设备结构进行动态特性分析、设计以及对具体结构细节进行修改和优化。

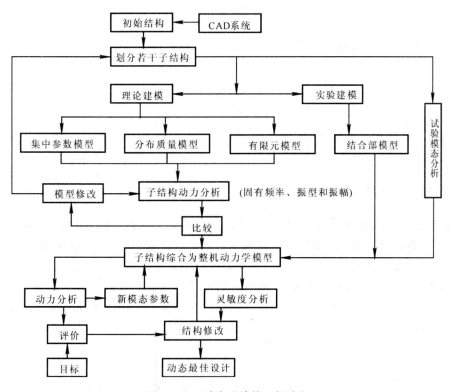

图 11-2 动态设计的一般过程

三、瞬态温度场问题的有限元法

材料的热加工过程是在热和力的共同作用下,获得一定形状、尺寸和组织性能的热加工工件的过程。在加工过程中,变形材料温度场的分布与变化规律对成形过程及成形件质量有着非常重要的作用。

瞬态温度场求解时,首先将求解的区域 Ω 离散成由 m 个单元体和 n 个节点组成的有限元求解模型,在每个单元内的温度分布函数 $T(x,y,z,t)$ 可以近似地用单元节点的温度 $T_i(t)$ 来描述,即

$$T(x,y,z,t) = \sum_{i=1}^{n_e} N_i(x,y,z) T_i(t) \qquad (11-2)$$

式中, $N_i(x,y,z)$ 为单元的温度形状函数; n_e 为单元的节点数。

基于热传导问题的基本方程,并考虑到传热问题的三类边界条件,利用加权余量法中的伽辽金法建立瞬态温度场的有限元求解方程如下:

$$C \frac{\partial T}{\partial t} + KT = P \tag{11-3}$$

式中，C 为热容矩阵；K 为热传导矩阵；P 为温度载荷列阵。

取时间步长为 Δt，假定 $\frac{\partial T}{\partial t}$ 随时间 t 线性变化，得

$$\left(K + \frac{2}{\Delta t}C\right)T_t = -\left(K - \frac{2}{\Delta t}C\right)T_{t-\Delta t} + P_{t-\Delta t} + P_t \tag{11-4}$$

在初始瞬时 $t = 0$，T_0 是已知的初始温度，把它作为 $T_{t-\Delta t}$ 的初始值代入式(11-4)，可求出第一个时间步长的 T_1，然后逐步计算下去，就可以算出任意时刻的温度场分布。

四、材料变形过程的有限元法

材料的热塑性成形过程，是外加能量在材料内部的重新再分配过程。它涉及热能和机械能，其中大量的机械能会通过塑性变形能转换成热能，而热能的分布又影响到机械能的转变和再分配。只有将变形过程与热分析耦合，才能更加合理地模拟热成形过程。

对于非线性问题的材料变形过程，可将求解的材料变形区域 Ω 离散成由 m 个单元体和 n 个节点组成的有限元求解模型，在每个单元内的位移函数 $u(x,y,z,t)$ 近似地用单元节点处的位移 $u_i(t)$ 来描述，即

$$u(x,y,z,t) = \sum_{i=1}^{n_e} N_i(x,y,z)u_i(t) \tag{11-5}$$

式中，$N_i(x,y,z)$ 为选定单元的位移形状函数；n_e 为每个单元的节点数。

基于变形体的力的平衡条件和能量方程，并考虑到变形体的边界条件，得到热成形过程中变形体的有限元求解方程

$$KU = P \tag{11-6}$$

式中，K 为材料变形刚度矩阵；U 为节点的位移列阵；P 为施加的外载荷列阵。

采取增量逐步解法，取时间步长为 Δt，在 $t + \Delta t$ 时刻，有

$$P^{t+\Delta t} - F^{t+\Delta t} = 0 \tag{11-7}$$

式中，$P^{t+\Delta t}$ 为 t 到 $t + \Delta t$ 时间间隔内，外载荷引起的节点力增量列阵；$F^{t+\Delta t}$ 为 t 到 $t + \Delta t$ 时间间隔内，由单元内应力增量所引起的节点力增量列阵。

$$F^{t+\Delta t} = K^t \Delta U \tag{11-8}$$

式中，K^t 为 t 到 $t + \Delta t$ 时刻与材料及几何条件相关的切向刚度矩阵；ΔU 为 Δt 时间间隔内的节点位移增量，则

$$K^t \Delta U = P^{t+\Delta t} \tag{11-9}$$

解出位移增量 ΔU，即可算出 $t + \Delta t$ 时的位移

$$U^{t+\Delta t} = U^t + \Delta U \tag{11-10}$$

由于材料变形过程中温度的变化会引起材料力学性能的改变，材料力学性能的改变又会

影响到材料变形过程的分析,因此,材料的变形过程在很大程度上影响了材料的温度分布。在变形过程分析中,温度场通过改变材料的本构关系以及热应变来实现与传热过程的耦合。在传热过程分析中,变形场通过改变传热空间、边界条件和能量转化来实现和变形过程的耦合。

当考虑温度场作用时,变形体受热膨胀而发生热变形,对各向同性材料的热应变可以表述为

$$\varepsilon_{ij}^{T} = \begin{cases} \alpha\Delta T(i=j) \\ 0(i \neq j) \end{cases} \quad (i,j=x,y,z) \qquad (11-11)$$

式中,ε_{ij}^{T} 为热应变分量;α 为材料的线性膨胀系数;ΔT 为温度的变化值,其中 $\Delta T = T - T_r$,T_r 为参考温度。

当考虑变形场作用时,在热传导分析中应考虑塑性应变能和摩擦功转化的热能,即

$$\omega_p = \alpha_p \bar{\sigma} \dot{\bar{\varepsilon}} \qquad (11-12)$$

式中,ω_p 为塑性应变能转化成的热源密度;α_p 为热转化效率,通常取 $\alpha_p = 0.9 \sim 0.95$;$\bar{\sigma}$ 为等效应力;$\dot{\bar{\varepsilon}}$ 为等效塑性应变速率。

摩擦功转化成的热流密度 q_f 为

$$q_f = \beta_f \mid \tau_f \mid \mid v_r \mid \qquad (11-13)$$

式中,β_f 为热分配系数,通常取 $\beta_f = 0.5$;τ_f 为变形材料与模具接触面间的摩擦应力;v_r 为摩擦接触面间的相对滑动速度。

针对变形与传热的耦合问题,有多种方法可以求解,大致可分为直接法和间接法。在直接法中,单元选用同时具有温度和速度自由度的耦合单元。在间接法中,变形和热分析过程交替计算,直到两个解都收敛为止。

五、铸造凝固过程的有限元法

采用有限元法对铸造凝固过程的场变量进行数值模拟,能够帮助铸造工作者预测和分析铸件裂纹、形变及残余应力,并且能够为控制应力/应变造成的缺陷,优化铸造工艺,以及提高铸件尺寸精度和尺寸稳定性提供科学的依据。在进行模拟时,由应力变形做功所引起的热效应及铸件凝固潜热的释放的热效应忽略不计。因此,铸件的温度场、应力场可以分别计算。在计算应力场时,可将已获得的温度场作为温度载荷添加。

一般铸造的热过程和应力过程是非耦合的,故描述过程的动量平衡方程为

$$\rho(\partial v/\partial t + v \cdot \nabla v) = -\nabla p + \nabla S + F \qquad (11-14)$$

式中,ρ 为密度;v 为速度矢量;∇ 为微分算子矩阵;S 为应力张量;F 为外力矢量;p 为压力。

外力通常可分解为体积力、表面力和集中载荷。对于铸造过程,由于其应力应变过程非常缓慢,式(11-14)可以简化为

$$0 = -\nabla p + \nabla S + F \qquad (11-15)$$

并满足方程
$$\iiint_v N^T (-\nabla p + \nabla S + F) dv = 0 \qquad (11-16)$$

式中,N^T 为形状函数的转置矩阵。根据上述方程,并参照变形场有限元问题的求解方法,铸造凝固过程的应力场有限元求解方程可表示为

$$KU = P \qquad (11-17)$$

式中,K 为由单元刚度矩阵组装成的整体刚度矩阵;U 为划分出的节点处的位移列阵;P 为外载荷列阵。由于铸件在整体凝固过程中产生的总应变为

$$\varepsilon_{ij} = \varepsilon_{ij}^e + \varepsilon_{ij}^p + \varepsilon_{ij}^t + \varepsilon_{ij}^c \qquad (11-18)$$

式中,ε_{ij}^e 为弹性应变;ε_{ij}^p 为塑性应变;ε_{ij}^t 为热应变;ε_{ij}^c 为蠕变应变。每一项都可根据适当的本构关系来表达。对上述应变的处理方法是将应变转化为等效的节点载荷,在应力解析中,铸件从固相线温度到室温的应力发展过程中,蠕变应变项 ε_{ij}^c 可以忽略。通常情况下,载荷列阵可表示为

$$P = P_e + P_p + P_t \qquad (11-19)$$

式中,P_e, P_p, P_t 分别为弹性应变、塑性应变和热应变对载荷列阵的贡献。

11.2 CAD/CAM 系统的基本组成及编程方法

一、CAD/CAM 集成的基本概念

CAD 和 CAM 是 20 世纪 60 年代以来迅速发展起来的一门新兴的综合性计算机应用技术。它是以计算机作为主要技术手段,处理各种数字信息与图形信息,并辅助完成从产品设计到加工制造整个过程中的各项工作。图 11-3 给出了一种用于数控加工的 CAD/CAM 集成系统的总体结构图。将 CAD/CAM 技术应用于锻造、铸造、热处理和焊接等领域是材料加工领域今后发展的主要方向之一。

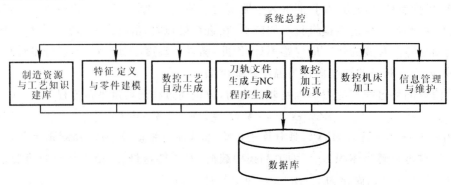

图 11-3 CAD/CAM 集成系统的总体结构

1. CAD

计算机辅助设计是人和计算机相结合的新型设计方法。总的来看，设计过程包含分析和综合两个方面的内容。人可以进行创造性的思维活动，将设计方法经过综合、分析，转换成计算机可以处理的数学模型和解析这些模型的程序。在程序运行过程中，人可以评价设计结果，控制设计过程。计算机则可以发挥其分析问题、计算和存储信息的能力，完成信息管理、绘图、模拟、优化和其他数值分析任务。人和计算机相结合，有利于获得最优设计结果，缩短设计周期。CAD就其功能来讲，主要是指利用计算机完成整个产品设计的过程，产品设计过程是指从接受产品功能定义开始到设计完成产品的材料信息、结构形状和技术要求等，并最终以图形信息（零件图、装配图）的形式表达出来。

CAD包括设计与分析两个方面。设计主要是指构造零件的几何形状，选用零件的材料，以及为了保证整个设计的统一性（制造、装配方面的一致性），而对零件提出的一些其他要求。

设计分概念设计、工程设计和详细设计三个阶段。设计者根据设计协议，将产品的功能定义（如功能、价格、生命期、外形要求、重量等）量化成设计过程所需的参数信息，以此完成概念设计。工程设计阶段完成几何形状设计，输出完整的零件表和材料清单。详细设计给出符合功能要求、加工要求和装配要求的每个零件的设计信息。

分析是指应用有限元法，对产品的性能进行检验、模拟等测试，以提高产品的设计质量及可靠性。

2. CAM

计算机辅助制造是利用计算机对制造过程进行设计、管理和控制。它有狭义和广义两个概念，其狭义概念指的是从产品设计到加工制造之间的一切生产准备活动，它主要包括CAPP（计算机辅助工艺过程设计），NC（数控编程），MRP（制造资源计划）三大部分。

CAPP是指工艺人员利用计算机完成零件的工艺规程设计。CAPP接受来自CAD系统的零件信息，包括几何信息和工艺制造信息，运用工艺设计知识，设计合理的加工工艺，选择优化加工参数和加工设备。工艺规程设计是一项复杂的高度智能化的活动，经验性强，涉及面广，与经验性的决策思维相关，又受具体加工条件的限制。设计一个零件的工艺路线，要根据零件的最终形状、技术要求和工艺装备来决定，同时还要考虑零件材料特性、经济效益等因素，最后向车间提供成熟的工艺文件。

MRP制造资源计划是为实现企业的生产和供应管理，详细地编制人力需求计划和物料需求计划，并可以方便地对几种计划方案进行测试和评价。管理人员可以用它来对企业进行有效的管理。

在一些情况下，也有把CAPP，MRP作为一个专门的子系统，而将CAM的概念更狭义地缩小为NC编程的同义词，CAM在早期的含义就是指数控机床的应用。CAM的广义概念除包括上述CAM狭义定义中所有的内容外，还包括制造活动中与物流有关的所有过程，如加工、装配、检验、存储、输送等的监视、控制和管理。

3. CAD/CAM 集成

计算机辅助设计和计算机辅助制造关系十分密切。开始,计算机辅助几何设计和数控加工自动编程是两个独立发展的分支。对于一个产品的设计和制造的全过程来讲,若 CAD 和 CAM 处于单独的使用状态,也就是说,使用 CAD 系统完成其设计任务后所形成的有关信息,只是以设计图样形式输出,而不能自动地传送给与之相关的 CAM 系统。那么,在 CAD 与 CAM 之间就会形成一个间隙,使产品的数据流中断,在 CAD 阶段形成的数据,往往在 CAM 系统中还需要进行人工干预。这不仅造成时间上的浪费,而且还容易出错,所以这种"孤岛"形的 CAD 和 CAM 系统的效率是不高的,经济效益也是不显著的。为此,人们提出了 CAD/CAM 系统的集成化。即通过工程数据库和网络通信等技术,把 CAD 和 CAM 系统的功能有机地结合起来,达到资源共享。设计系统只有配合数控加工,才能充分显示其巨大的优越性;另一方面,数控技术只有依靠设计系统产生的模型才能发挥其效率。所以,在实际应用中,二者很自然地紧密结合起来,形成了计算机辅助设计与制造集成系统。

在 CAD/CAM 系统中,设计和制造的各个阶段可利用公共数据库中的数据。公共数据库将设计和制造过程紧密联系成一个整体。数控自动编程系统利用设计的结果和产生的模型,形成数控加工(包括材料热加工)所需的信息。CAD/CAM 可大大缩短产品的制造周期,显著提高产品质量,从而产生巨大的经济效益。

按运行方式,CAD/CAM 系统可分为交互式系统和自动化系统。虽然人们正在研究以人工智能方法为基础的 CAD/CAM 系统,但就目前的技术发展水平,计算机尚难以自动地完成设计和制造中的全部工作。因此,绝大多数 CAD/CAM 系统都属于交互式系统。这种系统以交互方式运行,由计算机检索数据,分析计算,并将运算结果以图形或数据的形式显示在屏幕上,用户可利用键盘和图形板等交互设备输入参数,选择方案,修改设计,控制运行的进程等。

另外,CAD/CAM 系统从硬件角度可分为主机系统、工作站系统和微机系统;按软件的开放性可分为交钥匙系统和可编程系统。

CAD/CAM 技术随着计算机硬件和软件技术的迅速发展日趋完善,在机械、电子、宇航和建筑等部门得到广泛的应用。CAD/CAM 技术使产品的设计制造和组织生产的传统模式产生了深刻的变革,成为产品更新换代的关键技术,被人们称为产业革命的发动机。在工业发达国家,CAD/CAM 已形成了一个推动各行业技术进步的、具有相当规模的新兴产业部门。

4. 计算机在设计和制造中的辅助作用

计算机在设计和制造中的辅助作用主要体现在数值计算、数据存储与管理和图样绘制三个方面。

计算机作为计算工具使用的优越性显而易见。许多需求多次迭代的复杂运算,只有用计算机才能完成。一些设计分析方法,例如优化方法、有限元分析,离开计算机便难以实现。计算机作为计算工具提高了计算精度,保证了结果的正确性。

使用 CAD/CAM 系统时,标准的数据存放在统一的数据库中,检索存储方便迅速。有了数据库,设计人员便不再需要记忆具体的数据,也不必关心数据的存储位置。

图样的绘制工作约占整个设计工作量的 60% 以上,因此计算机绘图是对设计工作者的有力辅助。另外,实际设计中很大一部分图样只是在现有设计的基础上加以局部修改来完成的。一旦图形数据存储于图库之中,它们就可以重复使用,可以进行修改与编辑,并产生新的图形。

经验与判断相结合在产品和工艺过程设计中是不可缺少的,所以设计过程仍必须由人控制。设计人员应能在设计的各个阶段行使控制权,而不一定要遵循计算机的设计逻辑。计算机的学习能力很差,学习的任务应由人来完成。人可以从过去的设计中学习,总结经验。

对于费时、费力的数值分析工作,计算机可以高速精确地完成。在设计中应尽可能多地让计算机完成数值分析工作,使操作者有更多的时间利用数值分析的结果和他本身的直觉分析能力来完成决策性的工作。

计算机具有永久存储信息的能力,所以在设计和制造过程中,信息的存储管理应在人的指导下,由计算机完成。像绘制图样之类繁琐的、令人感到疲倦的工作,适合于计算机去完成,这样将人从重复劳动中解放出来。

计算机具有系统检错的能力,人则可用直觉方式检错。一般说来,让计算机自动改正错误是困难的,因此,改正错误、修改设计的任务应由人来完成。

总之,在设计和制造中计算机可以起到重要的辅助作用,正确地处理人机关系,发挥二者各自的优势,是 CAD/CAM 中的基本特点。

二、CAD/CAM 支撑系统的选择

CAD/CAM 集成系统是由若干个相互作用和相互依赖的部分集合而成的、具有特定功能的有机整体,而且一个系统又可能属于一个更大的系统。这些系统包括实现 CAD/CAM 所必须的硬件系统、软件系统和人才系统等。其中,硬件系统主要指计算机及各种配套设备,如各种档次的计算机、打印机、绘图仪等。

1. 硬件系统

计算机系统是 CAD/CAM 系统的核心,包括计算机及各种处理系统、图形工作站、大容量的存储器、图形的输入和输出设备,以及各种接口等。根据各个企业或工厂具体条件的不同,目前 CAD/CAM 技术中所用的计算机系统类型有以大型或中型计算机为主的主机系统,小型计算机组成的转匙系统、工作站系统和以微机为主的低价系统等。

(1) 主机系统。这种大型机终端式系统又可分为直联式(集中型)与分散型两种。大型直联式系统的构成方式如图11-4所示。其特点是,所有终端都直接与主机连接,通常连接几十个终端。由于主机能力强并可利用大型数据库,故除了 CAD/CAM 作业外,还可兼作计算、管理等。其优点是计算机本身通用性强,终端侧的设备较简单;其缺点是,多用户分享主机,终端响应不稳定,性能价格比不高。为了克服大型直联式系统的缺点,又出现了分散型终端系统。该系统的构成方式是在终端和主机之间再设置一级小型机或微机,或设置专用处理器。这种改进不仅保留了大型机系统通用性和运算能力强的优点,而且又能充分发挥终端侧小型机的基本处理能力,从而使上、下两级中央处理机的负荷大致平衡,使系统具有更高的处理速度和工作效率。分散型系统的构成原理图如图11-5所示。

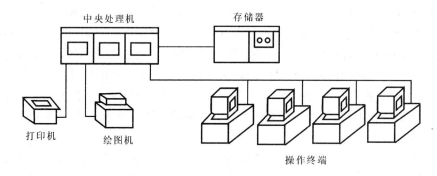

图 11 - 4　大型直联式系统结构图

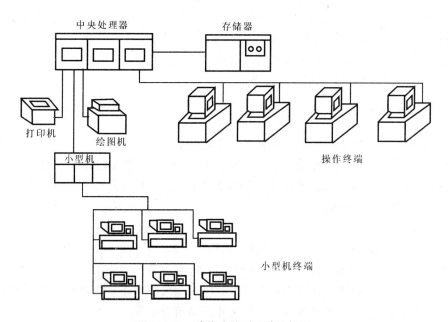

图 11 - 5　功能分散型系统结构图

（2）小型机成套系统。这类系统在20世纪70年代末已经成熟。它的硬件配置具有较强的专用性,并配有功能很强的成熟软件。正因为它针对性强,系统的软硬件配套齐全,所以这种系统又称为转匙系统,有"拿来即可用"的意思。图11-6为一种小型机多用户系统的组成示意图。

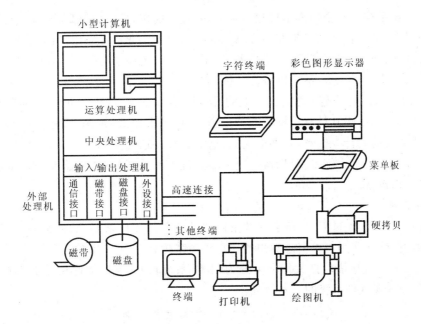

图 11－6 小型机多用户转匙系统组成示意图

　　小型机系统与主机系统和工作站系统相比,具有分析计算能力弱、系统扩展能力差、移植性不好等缺点。随着 20 世纪 80 年代分布式工程工作站的出现和异种机联网技术的成熟,目前这种独立的转匙系统大多向分布式网络方向发展。即从封闭式系统转向开放式,并向工业标准化的开发环境靠拢。

　　(3) 工作站系统。工作站是集计算、图形／图像显示、多窗口、多进程管理为一体的计算机设备。当由多台工作站组成局域网时,还有一些没有图形处理部分的服务器承担数据存储、文件管理、外设服务和网络服务等工作。图 11－7 为工作站系统示意图。

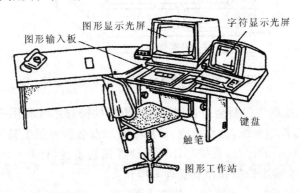

图 11－7 工作站系统示意图

由于工作站系统由每个用户单机独占资源,处理速度快,性能效率高,而且价格适中,不必一次性集中投资,具有良好的可扩充性,因此,大、中、小型企业均可应用。目前已有的工作站系统具有三维曲线、曲面、实体造型、真实感图像、工程制图、机构动态分析、有限元和多坐标联动数控自动编程等 CAD/CAM 系统所需的多种功能。

(4)低价系统。这是立足于低价微机上的 CAD/CAM 系统。自从 20 世纪 80 年代初 PC 型微型计算机问世以来,由于其具有价格低廉,对运行环境要求较低,维修、服务方便,学习和使用容易,完全开放式的设计等优点,发展很迅速。这类系统一般在单用户个人计算机基础上配置软盘、硬盘驱动器、数字化仪表、鼠标器等图形输入装置和绘图机、大屏幕图形显示器、图形打印机等图形输出设备。

2. 软 件 系 统

在实施 CAD/CAM 过程中,所需软件条件和硬件条件一样重要。软件价格远远高于硬件价格。从发展看,软件费用在投资总额中的比重将越来越高。

CAD/CAM 系统所需软件大体上可分为三类:系统软件、支撑软件和应用软件。图 11-8所示为 CAD/CAM 软件系统的基本组成。

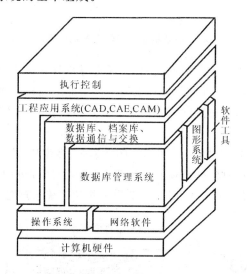

图 11-8 CAD/CAM 软件系统的基本组成

(1)系统软件。系统软件包括全面管理计算机资源的操作系统和用户接口管理软件,各种高级语言的编译系统,汇编系统,监督系统,诊断系统以及各种专用工具软件等。这些软件系统是整个软件系统中最核心的部分,直接与计算机硬件相联系,执行 CPU 管理、存储管理、进程管理、文件管理、输入及输出管理和作业管理等操作。

(2)支撑软件。它是建立在系统软件基础上的、开展 CAD/CAM 所需的最基本的应用软件。包括图形处理软件、几何造型软件、有限元分析软件、优化设计软件、动态模拟仿真软件、数控加工编程软件、检测与质量控制软件和数据库管理软件等。支撑软件的作用是，建立起开发CAD/CAM所需的应用软件平台，能缩短应用软件开发周期，减少应用软件开发的工作量，使应用软件更加贴近国际工业标准，同时提高应用软件水平。

（3）应用软件。它直接面向用户，是在选定的系统软件和支撑软件的基础上开发的。一般由工厂、企业或研究单位根据实际生产条件进行二次开发。开发这类软件的宗旨是提高设计效率，缩短生产周期，提高质量，使软件更加符合工厂生产实际和便于技术人员使用。这些软件通常均设计成交互式，以便发挥人机的各自特长。程序流程应符合设计人员的习惯，使人机间具有友好的界面，用户只需熟悉一些操作命令和输入参数，勿需涉及程序内部的细节。

3. CAD/CAM 典型软件

CAD/CAM 系统软件是实现图形交互式数控编程必不可少的应用软件。随着 CAD/CAM 技术的飞跃发展和推广应用，国内外不少公司与研究单位先后推出了各种 CAD/CAM 支撑软件。目前，国内市场上比较成熟的 CAD/CAM 支撑软件有十几种。

（1）CAXA – ME 系统。它是由北航海尔软件有限公司自主开发研制，基于微机平台，面向机械制造业的全中文三维复杂型面加工 CAD/CAM 软件。它具有 2～5 轴数控加工编程功能，较强的三维曲面拟合能力，可完成多种曲面的造型，特别适合于模具加工的需求，并具有数控加工刀具路径仿真、检测和适合于多种数控机床的通用后置处理功能。

（2）UG（Unigraphics）系统。它由美国 EDS 公司经销，美国麦道航空公司研制开发。该系统是从二维绘图、数控加工编程、曲面造型等功能发展起来的。软件以复杂曲面造型和数控加工功能见长，是同类产品中的佼佼者，并具有较好的二次开发环境和数据交换能力。可以管理大型复杂产品的装配模型，进行多种设计方案的对比分析、优化，为企业提供产品设计、分析、加工、装配、检验、过程管理和虚拟运作的全数字化支持，形成多级化的全线产品开发能力。

（3）Master CAM 系统。它是美国专门从事 CNC 程序软件的专业公司 ——CNC software INC—— 研制开发的，使用于微机 PC 级的 CAD/CAM 软件。它是世界上装机量较多的 CNC 自动编程软件，一直是数控编程人员的首选软件之一。Master CAM 系统除了可自动产生 NC（数控加工）程序外，本身亦具有较强的（CAD）绘图功能，即可直接在系统上通过绘制所加工的零件图，然后再转化成 NC 零件加工程序。也可将如同 Auto CAD，CADKEY，Mi – CAD 等其他CAD 绘图软件绘制好的零件图形，经由一些标准或特定的转换档，转换至 Master CAM 系统内，再产生 NC 程序。Master CAM 是一套适用性相当广泛的 CAD/CAM 系统，为适合于各种数控系统的机床加工，Master CAM 系统本身提供了百余种后置处理的 PST 程序。所谓 PST程序，就是将通用的刀具轨迹文件 NCI 转换成特定的数控系统编程指令格式的 NC 程序。并且每个后置处理 PST 程序也可通过 EDIT 等编辑方式修改，以适用于各种数控系统编程格式的要求。

此外，还有 MDT，Solid Works，CIMATRON 等常用的软件系统。

三、几何造型与特征建模技术

1. CAD 技术的发展过程

CAD 技术的发展经历了三次比较大的技术革命：曲面造型系统、实体造型技术、参数化及变量化技术。

（1）曲面造型系统。20 世纪 60 年代出现的 CAD 系统只是极为简单的线框式系统。这种初期的线框造型系统只能表达基本的几何信息，不能有效地表达几何体数据间的拓扑关系。进入 20 世纪 70 年代，飞机和汽车工业中遇到了大量的自由曲面造型问题。随着法国人提出了贝塞尔算法，使人们用计算机处理线及曲面问题变得可行，同时也使人们能在二维绘图系统的基础上，开发出以表面模型为特点的自由曲面建模方法。这些都标志着计算机辅助设计技术从以单纯模仿工程图样的三视图模式中解放出来，首次实现了以计算机完整描述产品零件的主要信息，同时也使得 CAD 技术的开发有了现实的基础。

（2）实体造型技术。20 世纪 70 年代末到 20 世纪 80 年代初，由于计算机技术的快速发展，CAD/CAM 技术也开始有了长足的进步。SDRC 公司开发出了许多专用分析模块，UG 公司则着重在曲面技术上发展了 CAM 技术。虽然基于表面模型可以基本解决 CAM 的问题，但由于表面模型技术只能表达形体的表面信息，难以准确表达出零件的其他特性，如质量、重心、惯性矩等。这对 CAE（计算机辅助工程技术）的发展十分不利，最大的问题在于分析的前处理特别困难。为此，基于对 CAD/CAE 一体化技术发展的探索，SDRC 公司开发出了完全基于实体造型技术的大型 CAD/CAE 软件。由于实体造型技术能够准确表达零件的全部属性，在理论上又有助于用 CAD，CAE 和 CAM 的模型表达，从而给设计带来了极大的方便。

（3）参数化技术。进入 20 世纪 80 年代中期，CV 公司提出了一种比无约束自由造型更新颖、更好的算法 —— 参数化实体造型方法。该算法主要具有以下特点：基于特征、全尺寸约束、全数据相关及尺寸驱动设计修改等。进入 20 世纪 90 年代，参数化技术发展得更为成熟，充分体现出在通用零部件设计上简便易行的优势。

（4）变量化技术。由于重新开发一套完全参数化的造型系统困难很大，因此，通常采用的参数化系统基本上都是在原有模型技术的基础上进行局部、小块的修补。SDRC 公司开发人员以参数化技术为蓝本，提出了一种比参数化技术更为先进的实体造型技术 —— 变量化技术。变量化技术既保持了参数化技术的原有优点，同时又克服了它的不足之处，从而形成了一整套独特的变量化造型理论及软件开发方法。

目前所流行的 CAD 技术基础理论主要是以 Pro/E 为代表的参数化造型理论和以 SDRC/I-DEAS 为代表的变量化造型理论两大流派，它们都属于约束的实体造型技术。

2. 几何参数化设计原理

（1）参数化设计方法。该方法将参数化模型的尺寸用对应的关系表示，而不需要用确定的数值。变化一个参数值，将自动改变所有与它相关的尺寸，也就是采用参数化模型，通过调整参数来修改和控制几何形状,自动实现产品的精确造型。参数化设计方法与传统方法相比,其最大的不同在于它存储了设计的整个过程,能设计出一族而不是单一的产品模型。参数化设计使得工程设计人员不需要考虑细节而能尽快草拟零件图,并可以通过变动某些约束参数而不必运行产品设计的全过程来更新设计。因此,参数化设计已成为进行初始设计、产品模型的编辑修改、多种方案设计的有效手段,深受工程设计人员的欢迎。该领域的研究工作正在不断深入与发展,新的设计系统都引进了参数化功能,原有的CAD系统也纷纷增加参数化设计的功能。参数化设计的主要功能有:① 从参数化模型而自动导出精确的几何模型。它不要求输入精确图形,只要输入一个草图,标注一些几何元素的约束,然后通过改变约束条件来自动地导出精确的几何模型。② 通过修改局部参数来达到自动修改几何模型的目的。即对于形状相似的一系列零件来说,只需修改相关参数,即可生成新的零件。这在成组技术中将是非常有用的手段之一。

(2) 参数化模型。在参数化设计系统中,首先必须建立参数化模型。参数化模型有多种,如几何参数化模型、力学参数化模型等。几何参数化模型是用来表示实际的或抽象的物体,由它给出被处理对象的结构和性能,并产生几何图形。几何模型包括两个主要概念:几何关系和拓扑关系。其中几何关系是指几何意义上的点、线、面,具有确定的位置(如坐标值)和度量值(如长度、面积)。所有的几何关系构成了几何信息。拓扑关系反映了形体的特征与关系。如一圆周上的五等分点,若顺序连接成直线,为一正五边形;若隔点连接成直线,即为五角形。所有的拓扑关系构成其拓扑信息,它反映了物体几何元素之间的邻接关系。在计算机辅助设计系统的设计中,某些产品往往只是尺寸不同而结构相同,因此,参数化模型要体现零件的拓扑结构,从而保证设计过程中几何拓扑关系的一致。实际上,用户输入的草图中就隐含了拓扑元素间的关系,几何信息的修改需要根据用户输入的约束参数来确定,因此还需要在参数化模型中建立起几何信息和参数的对应机制,该机制就是通过尺寸标注线来实现的。尺寸标注线可以看成一个有向线段,上面标注的内容就是参数名,其方向反映了几何数据的变动趋势,长短反映了参数值,这样就建立几何实体和参数间的联系。

(3) 变动几何法。由于所有的几何元素都能根据其几何特征和参数化定义它们的联系,因此,所有的几何约束都能看成为代数约束。所谓的约束可以解释为若干个对象之间所希望的关系,也就是限制一个或多个对象满足一定的关系,对约束的求解就是找出约束为真的对象值。变动几何法就是将几何约束转变为一系列以特征点为变元的非线性方程组的过程,对于给定的约束,通过数值方法求解非线性方程组来确定出几何的细节。该方法要求用户输入充分且一致的尺寸约束才能求出约束方程的解,对不一致的尺寸约束就难以进行判别与处理,也难以有效地将局部参数变动限制在局部求解中。因此,变动几何法有明显的不足,即缺乏检查有效约束的手段,局部修改性能差,几何形状结果不唯一等。变动几何法的早期工作主要是代数方程组的数值计算,后来发展到了用几何推理的方法来进行几何的变动。由于前者需要尺寸没有约束过度及约束不足的情况下才能解方程组,而后者需要大量的时间进行知识推理,因此微机用户可以通过几何跟踪的方法,来达到几何变动的目的。所谓的跟踪,就是以尺寸界限变动的这一图形几何量进行有效的跟踪,找出需要变动的全部图形与尺寸,并对相关的图形和尺寸进行修正,确保尺寸与图形的一致性。

(4)参数驱动法。它是基于对图形数据的操作和对几何约束处理的一种参数化图形的方法。该方法利用了驱动树分析几何约束,并对图形进行编程处理。参数化模型表示出了图形的拓扑关系和几何约束,也定义了参数和驱动树。驱动树表示了各参数与主参数的关系,同时也反映了该点的约束情况。图 11-9 给出了一种驱动树的结构模型。图中,由驱动点到被驱动点、由次驱动点到次被动点的粗箭头表示参数驱动机制;由驱动点到次驱动点的虚线箭头表示相关参数联动,是多到多的关系(其实就是通过参数相关性建立的关系,而不是由点之间建立的关系);由被动点(次被动点)到从动点(次从动点)的细箭头表示图形特征联动。有时,一个从动点(次从动点)可能通过图形特征联动找到其他与之有关的从动点,因此图形特征联动是递归的,驱动树也会有好几层。

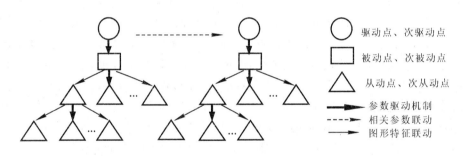

图 11-9　驱动树结构

由于参数驱动是基于图形数据的操作,因此绘制一张图的过程,就是建立一个参数模型。绘图系统将图形映射到图形数据库中,设置出图形实体的数据结构,参数驱动在这些结构中填写出不同的内容,生成所需要的图形。参数驱动可以被看做是沿驱动树操作的数据库内容,不同的驱动树就决定了参数驱动的不同操作。由于驱动树是根据参数模型的图形特征和相关性参数构成的,所以绘制参数模型时,有意识地利用图形的特征,并根据实际需要标注相关参数,这样就能在参数驱动时,把握对数据库的操作,以控制图形的变化。因此,绘图者不仅可以定义图形结构,还能控制参数化过程,就像用计算机语言编写程序一样,定义数据、控制程序流程。通常将上述建立图形模型、定义图形结构和控制程序流程的手段称作图形编程。

在图形参数化中,图形编程是建立在参数驱动机制、约束联动和驱动树基础上的,并利用参数驱动机制对图形数据进行操作,由约束联动和驱动树控制驱动机制的运行。这与以往的参数化方法不同,它不把图形转换成其他表达式,而是着重去理解图形的本身,把图形看做是一个模型,一个参数化的依据,作为与绘图者"交流信息的媒介"。由上可知,参数化驱动是一个全新的参数化方法,其基本特征是直接对数据库进行操作,因此具有很好的交互性,用户可以利用绘图系统全部的交互功能修改图形及其属性,进而控制参数化的过程。

四、CAM 数控编程方法及应用

1. CAM 技术的工业应用

随着数控技术、计算机技术、成组技术的发展及其在机械制造行业的广泛应用,传统的生产方式已经发生了巨大的变革。过去必须由人完成的工作,现在完全可以由计算机来代替人去完成,因此,机械制造领域中的生产组织原则和基本概念也随之发生了变化。这些变化也正在深刻地改变着材料加工领域传统的加工方法。

图 11-10 是一种计算机控制下制造系统的层次结构。在工程实践当中,CAM 常被定义为一种能通过直接或间接地与工厂资源接口,并能完成制造系统计划、操作工序控制和管理的计算机系统。因此,CAM 的工业应用可以概括为 CAM 的直接应用和间接应用两大类。

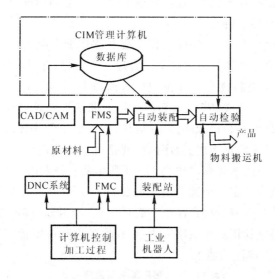

图 11-10 计算机控制制造系统的层次结构

CIM— 计算机集成制造;FMS— 柔性制造系统;

FMC— 柔性制造单元;DNC— 分布式数控系统

CAM 的直接应用是指计算机直接对制造过程进行监视和控制。这类应用可分为计算机过程监视系统和计算机过程控制系统两种。在计算机过程监视系统中,计算机通过一个与制造系统的直接接口来监视系统的制造过程及其辅助装备工作情况,并采集过程中的数据。但计算机并不直接对制造系统中的各工序实行控制。这些控制工作,将由系统的操作者根据计算机给出的信息去手工完成。在计算机过程控制系统中,计算机不仅对制造系统进行监视,而且还对制造系统的制造过程及其辅助装备实行控制。

CAM的间接应用是指计算机并不直接与制造过程连接,只用计算机对制造过程进行技术支持。此时,计算机是"离线"的,它只用来提供生产计划、作业调度计划、发出指令及有关信息,以便使生产资源的管理更有效。

应用CAM技术在数控设备上进行加工时,首先要编制数控加工程序。所谓的程序编制,就是将零件的加工工艺过程和工艺参数等按照一定的格式和指令代码转换成能控制零件加工的程序单的过程。程序编制可分为手工编程、数控语言编程和图形交互式编程等几种常见的类型。

2. 手工程序编制

手工编程也称为人工编程,编程员需要熟悉数控指令代码及编程规则。数控编程中的指令代码一般有G指令,M指令以及F,S,T指令代码等,用以描述数控设备的运行方式,加工种类,主轴的起、停,冷却液开、关等辅助功能,并规定进给速度、主轴转速、选择刀具等。常用的指令代码及其功能详见有关手册及教材。

数控加工程序主要由程序号、程序段和程序结束等部分组成。在加工程序的开头要有程序号,以便进行程序检索。程序号就是给零件加工程序一个编号,并说明该零件加工程序开始。常用字符"%"及其后4位十进制数表示。4位数中若前面为0,则可以省略,如"%0101"等效于"%101"。有时也可用字符"O"或"P"及其后的4位十进制数来表示程序号,如"O1001"。程序段组成了加工程序的全部内容和机床的停、开信息,程序段由程序段号(N后接若干个数字)、程序内容及后加程序段结束字符构成。程序内容就是由上述所讲的各种指令代码和相应的坐标尺寸或规格字组成,一般的书写顺序按表11-1所示从左往右进行书写。对其中不用的功能应省略,表中坐标尺寸或规格字的地址符定义见表11-2。其中,所有地址符后应跟相应的具体数字。坐标尺寸用"+"或"-"号后接具体数字表示,"+"号可以省略,整数前和小数后的零可以省略。其余尺寸或规格字就用具体数字来表示。程序结束时可用辅助功能代码M02,M03或M99(子程序结束)来结束零件的加工。

表 11-1　程序段书写顺序格式

程序段号	准备功能	坐标尺寸或规格字			进给功能	主轴速度	刀具功能	辅助功能	程序段结束符
N_	G××	X_ Y_ Z_ U_ V_ W_ P_ Q_ R_ A_ B_ C_ D_ E_	I_ J_ K_ R_	K_ L_ P_ H_ F_	F_	S_	T_	M××	LF (或 CR)

表 11 – 2　地址符定义

基本直线坐标轴尺寸	X_ Y_ Z_	圆弧圆心的坐标尺寸	I_ J_ K_
第一组附加直线坐标轴尺寸	U_ V_ W_	圆弧半径值	R_
第二组附加直线坐标轴尺寸	P_ Q_ R_	暂停时间设定值	L_（或 K_ P_）
基本旋转坐标轴尺寸	A_ B_ C_	子程序调用次数	P_（或 L_ K_）
附加旋转坐标轴尺寸	D_ E_	螺纹导程	F_（或 K_）

3. 数控语言编程

由于手工编程既繁琐、费时又复杂,而且容易产生错误,从而影响了数控加工设备的发展和推广应用。随着计算机技术的发展和算法语言的出现,人们开始采用计算机来代替手工编程工作。这种采用数控语言,并借助计算机来完成零件加工程序编制的方式就是数控语言编程法。

数控语言编程的特点是应用计算机来代替人的劳动。编程人员不再参与计算、数据处理、编写零件加工程序单和制作控制介质等工作,只需要使用数控语言编写输入计算机的零件源程序,即用语言和符号来描述零件图上所表示的几何形状,并用同样的手段描述加工时的运动轨迹、顺序及其他工艺参数。计算机通过适当的媒介阅读上述内容,并进行翻译和必要的计算,然后控制计算机的输出设备,直接得到数控设备所需要的控制介质,同时还可以得到数控设备零件加工程序单和零件图形或刀具中心轨迹等。这种用数控语言编制程序,然后将其输入到计算机进行翻译计算,并自动制作出加工用的控制介质(如穿孔纸带)的过程也称为自动程序编制。自动程序编制的流程图如图 11 – 11 所示。

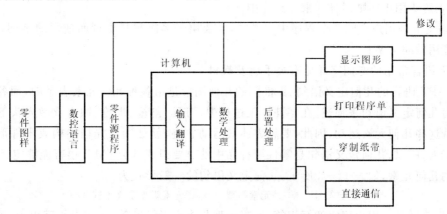

图 11 – 11　自动编程流程图

(1) 常用数控语言。世界各国先后研制出了上百种数控语言系统。其中,最早出现的、比较典型性的要属 APT 语言(美国)。无论是 FAPT(日本富士通),IFAPT(法国),EXAPT(德国),MODAPT(意大利),还是我国研制的 ZCK,SKC 等语言,都是源于 APT。APT 语言大约拥有 300 字。APT 程序实际上是供计算机规定刀具、割枪、焊枪、冲头及激光头等加工轨迹用的一系列指令的集合。它能使加工工具按规定的路线移动,并加工出零件。为了把加工工具轨迹传输给计算机,人们必须把零件表面的几何图形提供给计算机。APT 语言就能使编程人员做到这一点,并且能规定加工工具沿这些表面的移动方式。这种几何描述和运动语句大约平均占程序的 70%。

(2)APT 语言的基本要素。APT 零件源程序由许多条语句组成,每条语句都是按 APT 语言的规定构成的。每一个语句由一些要素 —— 字符、数、字、标识符、专用字符、运算符号、同义词等 —— 组成,并严格按下述语法规定进行书写。

1) 在 APT 的零件源程序中使用的字符有三类:26 个大写的英文字母[A ~ Z];10 个十进制数字[0 ~ 9];12 个特殊符号:[=],[/],[,],[·],[(],[)],[+],[—],[*],[* *],[$],[$ $]。

2) 在 APT 的零件源程序中使用的数全为浮动小数点数。表示小数时,包括小数点在内可表示 12 位数。整数则可表示 $1 \sim 2^{35}$ 以内的数。

3) 在 APT 语言中的"字"都用英文字母表示,且长度不能超过 6 个字母,超过时要用缩写。APT 语言中大致用了 500 个专用的"字"。

4) 标识符是用户定义的,给图形、标量、子程序或宏指令等起的名称,具体规定为以字母打头的 6 个以内的英文字母与数字组合,不允许使用 APT 的专用字。标识符还可以用作识别语句的符号。

5)APT 语言中的表达式可以分为几何和算术表达式,其中几何表达式用于几何定义语句中,算术表达式用于四则运算和乘方运算中。

6) 同义字是用户在同一个程序中定义的,主要用于多次重复出现而使用的字词,APT 专用字不能用做同义字。

APT 语言常用的专用字详见有关手册及教材。

(3)APT 语言的几何定义语句。零件图的几何图形是由各种几何元素表示的,而各种几何元素可由几何定义语句来描述。在零件加工过程中,刀具、割枪、焊枪、冲头及激光头等加工工具就沿着这些几何元素运动,因此,要想表述其运动轨迹,就必须首先描述构成零件形状的各个几何元素。所以,几何定义语句是零件源程序中的重要组成部分。APT 语言能够定义15 种不同类型的几何元素,如表 11 - 3 所示。几何定义语句的一般形式为

<几何符号 >=< 元素类型 > / < 元素类型定义方式 >

其中,几何符号是由用户确定的标识符,元素类型是指点、线、圆等,要用专用字表示。关于元素类型的定义方式请参考有关技术手册。

表 11 - 3　APT 定义的几何元素

图形种类	APT 专用字	图形种类	APT 专用字
点	POINT	G 二次曲线	GCONIC
直线	LINE	L 二次曲线	LCONIC
平面	PLANE	矢量	VECTOR
圆	CIRCLE	球	SPHERE
圆柱	CYLNDR	二次曲面	QADRIC
椭圆	ELLIPS	TABCYL（列表柱面）直线曲面	TABCYL
双曲线	HYPERB		
圆锥	CONE		

(4)APT 语言的运动语句。加工工具运动语句是描述加工工具位置、运动状态并提供其运动轨迹数据的语句。它包括加工工具的轨迹控制语句、点位运动语句、初始运动语句和连续加工运动语句等。加工工具运动语句和前一节所述的几何定义语句是零件源程序的主体部分。为了获得正确的加工工具运动轨迹，需要考虑影响运动轨迹的有关因素，它包括加工工具的形状、零件的容差以及加工工具与零件控制面的相对关系。其中有关加工工具形状和零件的容差语句并不引起加工工具的实际运动。当加工工具轨迹控制语句确定后，就可以采用加工工具初始位置语句定义加工工具在运动之前所处的初始位置；用绝对运动语句定义加工工具从一点位置移动到另一点位置时的过程，绝对运动语句所定义的加工工具运动是从现在位置到指定位置的最短路径；用增量运动语句定义加工工具从现在位置到下一个位置的相对坐标增量值。连续加工过程要通过连续加工运动语句来实现，它包括加工工具初始运动语句和加工工具连续加工运动语句。一般情况下，在加工工具初始运动语句控制下，加工工具是按最短距离从起刀位置走到所要求的位置。但初始运动语句也可以按指定的方向或按指定的矢量方向运动到控制位置。连续加工运动语句主要实现在初始运动语句对初始加工工具运动给定控制后，使后来的加工工具能够沿不同的控制面进行连续的加工。

(5)APT 语言的后置处理等语句。在一般的数控语言编制的程序中，几何语句和运动语句约占到整个程序的三分之二。一个完整的 APT 程序，还需要有后置处理程序语句和其他几种语句。这些语句一般穿插在源程序的几何语句和加工工具运动语句之间。以 APT 为基础的系统程序分为主处理程序和后置处理程序。前者完全独立于数控系统和机床,其目的是输出数据并将其存于位置文件中,而零件编制的最终目的是用特定的数控系统和机床进行加工。为了得到符合使用设备的有关信息,就必须将得到的位置文件的内容编成适用于特定设备的指令,进行这一处理的程序就称为后置处理程序。后置处理程序语句的格式,由针对不同数控系统和机床所用的后置处理程序来指定。除了上述必需的后置处理语句外,还有必要给定输入输出语句、程序结束语句和重复性功能语句等。

4. 图形交互式编程

图形交互式自动编程是一种计算机辅助编程技术,它是通过专用的计算机软件来实现的。这些软件通常以计算机辅助设计软件为基础,利用 CAD 软件的图形编辑功能,将零件的几何图形绘制到计算机上,形成零件的图形文件。然后调用数控编程模块,采用人机交互的方式在计算机屏幕上指定被加工的部位,再输入相应的加工工艺参数,计算机便可自动进行必要的数学处理并编制出数控加工程序,同时在计算机屏幕上动态地显示出加工轨迹。很显然,这种编程方法具有速度快、精度高、直观性好、使用简便和便于检查等优点。因此,图形交互式自动编程已经成为国内外先进的 CAD/CAM 软件所普遍采用的数控编程方法。

目前,国内外图形交互式自动编程过程软件的种类很多,其软件功能、面向用户的接口方式有所不同,所以,编程的具体过程及编程过程中所使用的指令也不尽相同。但从总体上讲,其编程的基本原理及基本步骤大体上是一致的。归纳起来可分为五大步骤:① 零件图样及加工工艺分析;② 几何造型;③ 刀具轨迹计算生成;④ 后置处理(后置处理的目的是形成数控指令文件);⑤ 程序输出。

五、CAD/CAM 集成技术的应用

CAD/CAM 集成技术的一个典型应用是冲模计算机辅助设计、工艺编制和辅助制造(简称冲模 CAD/CAPP/CAM)。它是指以计算机作为主要技术手段来生成和运用各种数字信息和图像信息,进行冲模的辅助设计、工艺编程和制造。它是建立在模具 CAD/CAM 较为成熟基础上的更有效的集成应用。

从冲模零件设计到制造自动化全过程来分析,CAPP 是 CAD 和 CAM 之间必不可少的中间环节。若实现了从零件设计、工艺设计(编制)到制造出产品全过程自动化中的信息数据共享,即建立了全局产品数据模型,那么也就真正实现了 CAD/CAPP/CAM 的集成。图 11-12 为上述集成技术的设计流程图。从生产自动化过程来分析,CAPP 是 CAD 与 CAM 之间的通道。而从信息集成角度来分析,CAD,CAPP 和 CAM 都与统一的工程数据库交换信息,并实现数据共享,达到集成的目标。

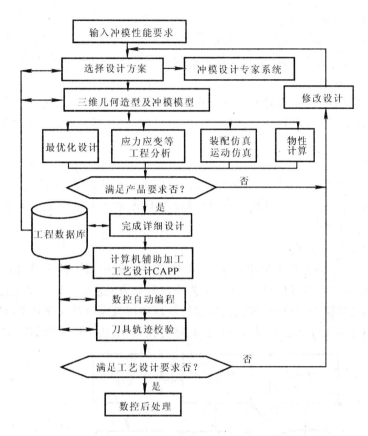

图 11 - 12 冲模 CAD/CAPP/CAM 集成技术的设计流程图

11.3 材料加工过程的 CAM 技术

一、钣金数控加工技术的应用

金属薄板件(钣金件)加工是机械制造中的常见工序,一般采用冲裁或切割加工的方法,前者生产效率高但加工柔性低,后者正好相反。为解决这一矛盾,目前很多企业在引进国外先进设备的基础上采用冲切复合加工的方式,即对同一张下料钢板上的排样零件中具有简单形状的内轮廓(孔)进行点位步冲加工,而对具有复杂形状的外轮廓进行高速等离子切割,从而在满足高柔性的同时达到较高的生产效率。但由于这类设备缺乏集成化编程系统的支持,所需的加工辅助时间太长。以下介绍一种集零件信息模型的建立、自动优化排样、冲切工艺处理、NC(数控加工)代码生成及仿真为一体的集成化自动编程系统。

1．零件信息模型的建立

钣金零件信息模型的建立是整个系统的信息基础,后续优化排样和自动编程等模块将直接调用钣金零件信息。具体而言,钣金零件信息包括几何信息、冲孔信息和非几何信息等。

2．钣金优化排样

所谓优化排样,是指将下料计划文件中指定的一批下料零件在给定规格大小的钢板上进行优化排列,使钢板利用率尽可能高。可采用自动排样与交互排样相结合,以达到排样结果的最优化。

3．冲切工艺处理

钣金优化排样后得到的只是一张排料图,此时还不能直接用于冲切加工。必须对该排料图进行必要的冲切工艺处理(包括冲切程序、切割起点优化、插入辅助切割引入引出线等)后,才能生成可供加工的冲切图。

4．NC代码生成与仿真

NC代码生成是系统的最终输出模块,它根据零件信息模型中的零件几何信息和冲孔信息、优化排样求得的零件位置信息、经冲切工艺处理附加的工艺信息以及交互输入的有关编程参数(编程模式、切割速度、程序号等),以特定的数控冲切机为后置处理对象,自动生成相应的NC程序代码,并通过加工仿真模块对NC代码进行校核。上述工作流程如图11-13所示。

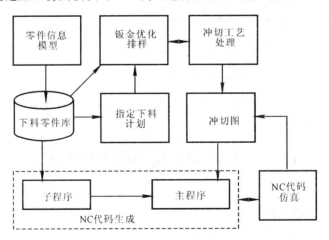

图 11-13　NC 代码生成工作流程图

为了减少代码长度、便于代码的重复使用和人工调用,系统采用了子程序和主程序相结合的编程方式。先将排料图中的每种零件分别生成不同的子程序,如果该种零件含有冲孔,则将每类孔组生成不同的子程序。最终生成主程序时,系统将根据冲切顺序自动进行子程序的调用,并根据每种零件的数量自动确定调用次数。值得注意的是,在生成切割子程序时,必须要解决落料门的开启控制问题。这主要针对一定尺寸范围内的小零件,在该零件切割完成后应自动打开落料门,以便零件落下。系统在生成切割子程序时首先求出当前轮廓的外形尺寸,如果在落料门尺寸范围内,则在该轮廓切割完成后自动调用相应代码。为校核自动生成的 NC 代码,保证加工的可靠性,系统还实现了编程/仿真一体化,提供基于 NC 代码驱动的模拟切割仿真功能。仿真时,模拟的加工过程会在屏幕上动态显示,并同时显示相应的刀具参数、坐标、切割速度、耗时、各开关状态以及当前正在运行的 NC 指令等。用户可根据仿真反馈结果修改 NC 代码或冲切工艺,直到满足要求。

5. 加工实例

针对需下料的钣金零件,系统设定的排样参数为:钢板规格为 2 000 mm × 1 000 mm × 3 mm,材质 Q235-A,钢板边框余量 10 mm,零件间隔 10 mm;工艺参数为:切割引入线长度 20 mm,切割引入弧直径 20 mm,切割引出线长度 15 mm,切割速度 1 000 mm/min。自动生成的排料图经过冲切工艺处理后,得到的冲切图如图 11-14 所示。

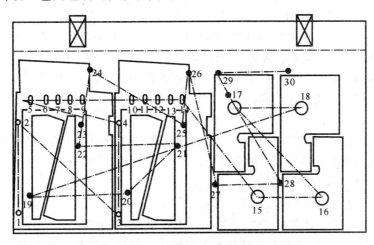

图 11-14 钣金数控冲切排料图实例

下料结果为:材料利用率 75.8%,零件重量 26.47 kg,零件面积 1.12 m²,零件切割周长 20.91 m,切割工时 20.91 min。图 11-14 中数字 1～30 为轮廓加工排序号,其中轮廓 1～18 为冲孔,19～30 为切割。在冲孔中,1～4 为同类孔组(圆孔,$D = 23.5$ mm),5～14 为同类孔组(长圆,$L = 64$ mm,$D = 20$ mm),15～18 为同类孔组(圆孔,$D = 63$ mm)。长圆孔组又可进一步区别为两个直线均布组合孔。排序结果为:加工顺序为先冲后切;先切割嵌套件(19～22)和内轮廓(23～25),最后切割外轮廓;零件加工的总体走向是从左到右。

生成 NC 代码的步骤如下:将冲孔 1 和 2 生成冲孔子程序 P0001(冲孔 3 和 4 调用该子程序);将直线均布孔组 5～9 生成冲孔子程序 P0005(直线均布孔组 10～14 调用该子程序);将冲孔 15 生成冲孔子程序 P0015(冲孔 16 调用该子程序);将冲孔 17 生成冲孔子程序 P0017(冲孔 18 调用该子程序);将零件 19 生成切割子程序 P0019(零件 20 调用该子程序);将零件 21 生

成切割子程序 P0021(零件 22 调用该子程序);将零件 24 生成切割子程序 P0024(零件 26 调用该子程序);将零件 27 生成切割子程序 P0027(零件 28 调用该子程序);将零件 29 生成切割子程序 P0029(零件 30 调用该子程序)。自动调用上述各子程序,生成整张钢板加工的 NC 主程序 P1999。

二、模具数控加工技术的应用

为了提高模具数控加工的应用水平,除采用高速加工技术以外,模具数控加工的自动化、标准化和智能化技术的应用也日益增多。

1. 自动化数控加工的特点与要求

模具的自动化数控加工是指把模具的整个数控加工过程作为一个工程项目。这个工程项目中包括工件模型和毛坯模型的定义、加工工序安排、刀具的选择、加工工艺参数的设定、加工区域的确定及后置处理程序的设定等。CAD/CAM 系统一次性地计算出整个工程项目所需的数据,实现模具粗加工、半精加工、清根加工、精加工等加工工序刀具运动轨迹的自动化计算,并后置处理成单一的 NC 加工数据文件。通过 DNC(直接数控接口)和以太网等方式,把 NC 加工数据文件传递到带有刀具库的加工中心中。机床在程序的控制下,自动进行换刀操作,实现模具粗加工、半精加工、清根加工和精加工的自动化加工。图 11-15 是一个典型的模具加工工程项目的树型结构图。

从图中可以看出,实现模具自动化加工的前提是加工工程项目内容的规范化、加工工艺参数设定的规范化以及实际数控加工的规范化。

2. 标准化数控加工的特点与要求

为了标准化数控加工,必须做如下工作:

(1) 建立加工工程项目样板文件。根据模具的种类、加工精度要求、零件的形状特征以及工件材料的切削加工性能,把模具的数控加工归纳成几种典型的数控加工工艺方案。然后,按 CAM 软件所提供的格式要求,建立加工工程项目样板文件。如拉延模数控加工工程项目样板文件、修边模数控加工工程项目样板文件等。

(2) 建立刀具库。把数控加工中所采用的刀具输入计算机中,以供数控编程时选用。建立刀具库既要考虑全面性,又要标准化、规范化。全面性是指公司内部模具数控加工所需的刀具都能在刀具库中找到;标准化和规格化是指刀具的种类和规格不能过于分散,应尽量集中,这样会给刀具采购、保存和使用都带来方便。

(3) 建立工艺参数数据库。针对不同类型的、不同精度要求的模具,被加工零件材料的切削加工性能和加工余量大小,刀具的类型、尺寸和材质的切削加工性能及机床的性能参数等,设定不同的工艺参数。

(4) 建立规范化数控加工工艺卡。为了把数控编程信息准确地传递给数控操作者,必须建立规范化的数控加工工艺卡。工艺卡必须包括工序顺序安排、工序内容、工艺参数的设定及各工序刀具的运动轨迹图形等内容。

工程项目名(Project)

工件模型(Model)

毛坯模型(Material)

机床信息(Machine info)

工序族(Process group)

粗加工工序(Roughing process)

平行平面粗加工(Parallel roughing)

刀具(Tool 50 R25)

半精加工工序(Semi-finishing process)

平行平面精加工(Parallel finishing)

刀具(Tool 30 R15)

清根加工工序(Pencil cutting process)

二次区域清根加工(Pencil cutting)

一次区域清根加工(Pencil cutting(1))

刀具(Tool 16 R8)

二次区域清根加工(Pencil cutting(2))

刀具(Tool 10 R5)

精加工工序(Finishing process)

沿面精加工(Along surface)

刀具(Tool 20 R10)

后置处理(Post process)

图 11-15　某汽车覆盖件模具加工工程项目树型结构图

3. 智能化数控加工的特点与要求

模具的智能化数控加工能根据被加工零件的形状特征,对加工方法、加工参数进行优化处理,以获得高效率、高质量智能化加工的方法。

(1) 根据被加工零件的形状特点,自动生成最佳的刀具运动轨迹。按照编程时输入的形状判断规则,系统自动计算出被加工零件的平坦区域和陡峭区域。平坦区域采用平行平面走刀方式;陡峭区域采用等高线走刀方式,从而达到加工路径的最优化。

(2) 自动生成未加工区域的刀具运动轨迹,确保零件的等精度加工。当采用等切削深度或等切削间距生成刀具运动轨迹时,被加工零件的某些区域(陡峭区域)会留下较大的未切削加工区域,这样会影响模具的制造精度。为了克服上述缺点,系统能根据刀具运动轨迹的分布情况,自动计算出未加工区域。然后,在这些未加工区域内,与主刀具运动轨迹(走刀方向)垂直的方向生成子刀具运动轨迹,并把主刀具运动轨迹与子刀具运动轨迹的相交部分去掉。这样处理既能保证零件的加工质量,又能提高零件的加工效率。

(3) 自动识别前工序的残余量,进行局部清根加工。系统能根据被加工零件的形状特性和前工序所采用的刀具,自动计算出未加工区域,然后,根据本工序输入的刀具尺寸计算出残余量加工所需的刀具运动轨迹,实现零件的残留量清根加工。

(4) 根据被加工零件的形状特点,自动调整切削进给速度。根据数控加工理论可知,因数控机床惯性运动而产生的加工误差与机床的移动速度(进给速度)成正比,与被加工零件的曲率半径成反比。因此,为了确保零件加工的等精度(等误差),机床的进给速度必须随着被加工零件曲率半径的变化而进行调整,否则,难以保证零件的等精度加工。

(5) 实现高速度加工,在刀具运动轨迹的急转弯处,自动加入圆弧运动。为了实现模具的高速度加工,要求生成的刀具运动轨迹必须满足光滑、顺畅、稳定等条件,刀具运动轨迹不能出现急剧的变化。因此,在刀具运动轨迹的急转弯处自动加入圆弧插补运动,在刀具换行时采用圆弧和S形曲线跨步控制方式,实现刀具的平稳运动和加工,确保数控加工的高精度与高效率。

(6) 调整切削加工参数、优化刀具运动轨迹。对于可转位的圆角刀而言,如果刀具运动轨迹生成不合理,会在刀具中心位置留下一些未加工的区域,影响零件的加工精度。为了不留下这些未加工区域,必须对刀具运动轨迹的生成方法进行优化处理,以生成高精度加工所需的刀具运动轨迹。

4. 应用实例

数控技术的一个典型应用就是电话话筒塑料模具的加工。

图11-16为电话话筒的塑料模型腔的加工模型;图11-17为粗加工的刀具运动轨迹图;图11-18为零件清根加工的刀具运动轨迹图;图11-19为精加工刀具运动轨迹图;表11-4为加工工艺流程及各工序工艺参数。

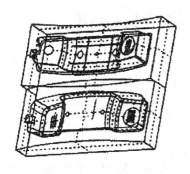

图 11－16　话筒塑料模型腔的加工模型

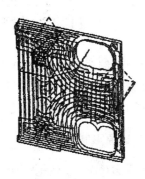

图 11－17　粗加工刀具运动轨迹

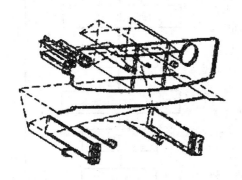

图 11－18　清根加工刀具运动轨迹

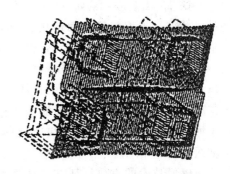

图 11－19　精加工刀具运动轨迹

表 11－4　话筒塑料模型腔数控加工工艺参数

工序	加工方式	采用的刀具 mm	主轴转速 r/min	进给速度 mm/min	切削公差 mm	切削深度 mm	切削间距 mm	加工余量 mm
粗加工	等高线粗加工	Φ30R4	1 000	400	0.2	1.5	10	1.2
半精加工	平行平面加工	Φ20R10	1 500	1 000	0.05		2	0.3
清根加工(1)	区域清根加工	Φ12R6	10 000	2 500	0.01		0.2	0
清根加工(2)	区域清根加工	Φ6R3	20 000	2 500	0.01		0.2	0
精加工	平行平面精加工	Φ10R5	13 000	4 500	0.01		0.2	0

11.4　材料加工过程的快速原形制造系统

快速原形制造技术是在 20 世纪 80 年代后期出现的一种十分先进的制造技术。该项技术综合了机械工程、CAD、数控技术、激光技术及材料科学中的新技术，采用材料累加原理，无需刀具、工装，就能通过多种途径快速实现从 CAD 数据到三维物理实体的转换。

一、快速原形制造原理

快速原形（RP）及快速原形制造（RPM）技术是基于离散／堆积成形原理而工作的，如图 11 - 20 所示。首先，由 CAD 软件设计出所需零件的计算机三维曲面或实体模型，并将三维模型沿一定方向（通常为 z 向）离散成一系列有序的二维层片，习惯上称为分层。随后，根据每层轮廓信息进行工艺规划，并选择加工参数，自动生成数控代码。最后，由成形机制造出一系列的层片并自动将它们连接起来得到三维物理实体。离散／堆积成形原理将一个物理实体的复杂三维加工离散成一系列层片的二维加工过程，从而大大降低了加工的技术难度。典型的快速成形制造体系的构成如图 11 - 21 所示。

快速成形技术的重要特征在于其高度的柔性，利用它可以制造任意复杂形状的三维实体零件。同时，由于采用了 CAD 模型的直接驱动，从而能够实现设计与制造的高度一体化，且其成形过程又无需专用夹具或

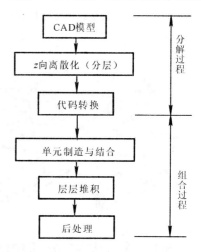

图 11 - 20　离散／堆积成形原理示意图

工具，更无需人员干预或只是较少的干预。因此，快速成形制造技术是一种自动化程度很高的材料成形过程。

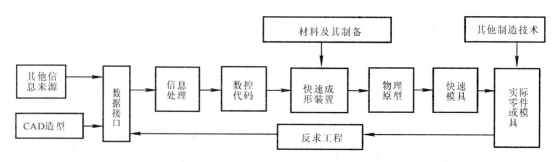

图 11 - 21　典型的快速成形制造系统构成图

由于RPM技术的成形原理是把待加工的三维实体沿高度方向进行切片,得到每层截面的加工信息,加工精度要求越高,则切片就越薄,层数就越多。由于RPM系统每次只加工一个截面(用激光烧结粉末材料或切割片层材料等),待一个截面加工完后,快速成形设备将自动叠加一层新的成形材料,继续加工直到所有的截面加工完成,得到三维实体。因此,RPM系统是一个两轴半联动(x,y轴联动+z轴步进层进给)的数控装置。如果采用激光烧结成形,就要求激光功率与进给速度能自动匹配。此外,数控系统还要能实现成形材料的自动叠加和粘贴、成形材料的预热和加热等温度控制以及加工过程中工艺参数的检测等许多辅助控制功能。RPM控制系统与普通数控加工机床相比,具有如下特点:

(1)加工速度快。加工进给速率能够达到30 m/min以上,远高于金属切削机床的加工进给速率,这就要求数控系统具有更快的插补采样频率。伺服系统高速运动时,还会引起较大的加工轮廓误差,这就需要数控系统能对加工轨迹进行实时补偿。

(2)内存和外存大。待加工的三维实体零件通常用STL文件(面片模型文件)来表达。STL文件通常用三角面片逼近三维实体,逼近精度越高,三角面片就越小,加工量就越大,这要求数控系统具有很大的内存和外存。

(3)能高速插补。STL文件切片得到的平面轮廓信息是由微段直线组成的。平面中任何曲线都是由微段直线逼近而成,数控系统需要对微段直线进行连续高速插补,并具备超前处理功能,当走到急拐弯处时,能自动降低进给的速度等。

(4)控制算法种类多。除两轴半联动外,RPM系统需要控制的对象多,如激光功率控制、温度控制,若干辅助电机(用于成形材料的叠加和粘贴)的控制等。由于被控对象的不同,数控系统应具有不同的控制算法。

总之,快速成形制造系统中的成形运动控制模块与CNC控制密切相关,但又有其自身的特点。RPM技术是一种直接用CAD模型驱动的、快速制造复杂形状零件的先进制造技术,而CNC加工技术则是一种计算机数字控制技术。它们都是用数字化信号控制执行部件完成预定零件的成形过程,二者在本质上又完全一致。

二、快速原形制造系统

1. 快速原形系统的硬件组成

快速原形系统中的数控模块主要由驱动部分、加工单元和信息处理单元(机床信息处理、物料输送信息和激光信息源)等三大部分构成。系统的构成具有以下特点:① 配置可靠,容易扩充,修改模块化;② 各部分网络通信具有实时性、快速性;③ 物料输送稳定、工作台定位精度高;④ 系统具有自诊断及容错处理功能。系统控制部分不仅对产品精度有重要影响,也是实现各子系统信息传递的枢纽。为保证整个系统能迅速响应外部变化的运行过程,系统硬件中采用了分布式的集散控制原理(见图11-22)。它以PC为主机,进行任务分配、工艺参数计算、数据模型诊断、切片计算及决策管理等,同时也进行加工过程的动态仿真及各从机之间的信息交流。而从机主要进行各加工轴的控制。图11-23是一种简单的线扫描快速成形设备的硬件结构示意图。

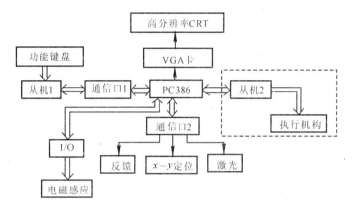

图 11 - 22　快速成形系统控制模块原理图

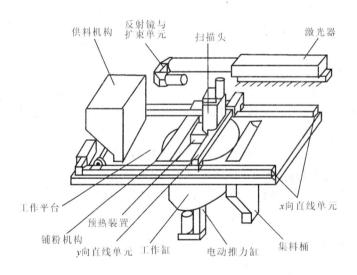

图 11 - 23　线扫描快速成形机构硬件图

2.快速原形系统软件组成

一个好的体系,需要有一个合理的软件结构。对于 20 世纪 90 年代的新型造形技术,要方便快速生产出复杂的实体,并且精度高,其重要一点就是除硬件体系外,还需要有一个易于商品化的软件体系。快速原形系统的一种软件功能模块如图11-24所示。该软件结构大致具有以下特点:① 易于人机交互的界面;② 具有多任务和实时切片能力;③ 容错能力强;④ 模型数据诊断能力强;⑤ 高精度的控制软件。

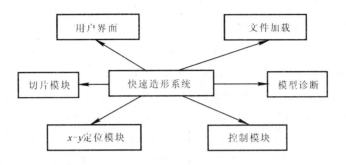

图 11－24　软件功能模块

3. 快速原形系统与工艺集成

RP 技术与铸造工艺集成产生的快速零件／模具制造技术，是 CAD,CAM,CAE,RP 和铸造等技术的集成。由于技术集成度高，从 CAD 模型到物理实体模型的转换过程非常快，制造周期缩短，生产成本降低。作为一种新工艺，为了提高其制造精度，提出了如图 11－25 所示的集成制造工艺流程。

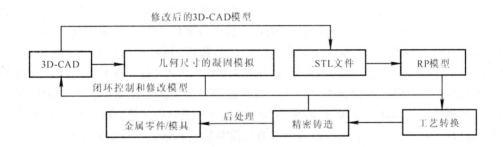

图 11－25　快速原形与铸造工艺集成流程

该集成制造过程将 CAD、有限元模拟、RP 以及铸造成形等技术有机地集成在一起，实现了金属零件和模具的快速制造。在该工艺集成中，将 CAD 数据与有限元模拟技术相结合，进行零件／模具几何尺寸变化的凝固模拟，预测凝固过程中零件的几何尺寸变化规律，早期实现 CAD 模型的优化，并可以在三维 CAD 建模期间，将工艺转换过程中（如 RP 原形、精密铸造等）产生的尺寸误差数据补偿到三维 CAD 模型中，以期实现误差数据的反馈与补偿。由于原形是在计算机控制下成形的，因此，所牵涉的设计及生产过程都借助于计算机进行，并通过电脑数据可快速制造高品质的原形部件。它与其他方法制成的硬模型不同的是在与铸造技术结合形成的快速制造技术中，各个工艺环节的几何变形、尺寸精度控制和收缩造成的尺寸误差等，都可以通过计算机立即进行修改，从而保证获得高品质的零件或模具。

三、模具快速原形制造

由 RP 工艺制成的原形可直接或间接地生产出工程零件或产品来。RP 技术的一个主要特点是将成形制造的材料、工装、设备和制造工艺高度集成在一台设备中。一台小小的 RP 成形机代替了一座车间,因而是实现计算机集成制造的极富生命力和发展前景的新技术。由于 RP 技术特别适合于制造形状复杂的精细零件原形,成功地解决了 CAD 三维造型"看得见、摸不着"的问题,且具有生产柔性高(只需修改 CAD 数据就可生产不同形状的零件)、技术集成程度高(集设计制造于一体)以及制造成本与零件复杂程度和生产批量的关系不大等特点,使得该技术在工业生产的各个领域展现了极其广阔的应用前景。

以 RP 为技术支撑的快速模具制造 RT(Rapid Tooling)也正是为了加快新产品开发周期,而发展起来的新型制造技术。因此,模具的快速制造目前已成为广大商家抢占市场的最主要手段之一。

模具属于一种技术密集型产品,其制作过程涉及材料、工艺、设备等各种因素,按传统机械加工工艺生产,周期长,成本高。而基于 RPM 技术的快速模具制造由于技术集成程度高,从 CAD 数据到物理实体转换过程快,因而同传统的数控加工方法相比,制作周期仅为前者的 $1/10 \sim 1/3$,生产成本也仅为 $1/5 \sim 1/3$。按照分类,模具的 RP 制造有以下两种方法:① 直接法。目前,采用 RP 技术的 LOM(叠层制造)法直接制成的模具非常坚硬,并可耐 200℃ 的高温,可用做低熔点合金模具、注塑模以及精密铸造用的蜡模等,还可代替砂型铸造用的木模。用 FDM(熔积成型)法则可直接制成金属模。麻省理工学院的 RP 实验室将不锈钢粉末用 FDM 法制成金属型后,经过烧结、渗铜等工艺制成了具有复杂冷却流道的注塑模。② 间接法。以上介绍的直接法尚处于初步研究阶段,但各种间接法已有多种成熟的工艺方法在生产中使用。

根据模具的材料和生产成本一般可将其分为简易模具和钢制模具两大类。

1. 简易模具的快速原形制造

如果零件批量较小(几十到几千件),或者是用于产品的试生产,则可以用非钢铁材料制造成本相对较低的简易模具。此类模具一般先用 RP 技术制作零件原形,然后根据该原形翻制成硅橡胶模、金属树脂模和石膏模;或对 RP 原形进行表面处理,用金属喷镀法或物理蒸发沉积法镀上一层低熔点合金或镍。

(1)硅橡胶模具。这种材料在固化(硫化)前呈液态且流动性很好,适宜在室温下直接浇铸成形,固化时间仅几个小时。这种硅橡胶材料可直接从 RP 原形快速翻制模具,然后用聚氨酯材料浇灌成样件。模具寿命仅能生产几十个样件,生产周期仅数小时。制成的样件产品性能根据聚氨酯配比可直接同 ABS,PE(聚乙烯),PP(聚丙烯)等塑料类比,而且可根据用户要求制成不同颜色(包括透明色)的产品。

(2)金属树脂模具。所谓金属树脂模实际上是环氧树脂加金属粉(铁粉或铝粉)作填充材料,也有的加水泥、石膏或加强纤维作填料。这种简易模具也是利用 RP 原形翻制而成,强度和耐温性比高温硅橡胶更好。

（3）金属喷涂模具。金属喷涂模属于热喷涂制模技术，该技术起源于上世纪60年代提出的喷射沉积净终成型。基本过程是，将熔化的金属雾化后高速喷射沉积于基体材料上，得到与基体形状相对应的具有特殊性能的薄壳。

此外，国外还有一种利用RP原形直接翻制成的化学黏结陶瓷模具。这种工艺的生产过程是：用RP原形作母模（零件的反型）→浇注硅橡胶或聚氨酯软模→利用该软模浇注成陶瓷型腔，随后在205℃下固化、抛光后，制成小批量生产用的注塑模。

2. 钢质模具的快速原形制造

（1）陶瓷型精密铸造法。在单件生产或小批量生产钢模时，可采用此法。其工艺过程为：RP原形作母模→浸挂陶瓷砂浆→在焙烧炉中固化模壳→烧去母模（一般立体光学造型SL法的丙烯酸盐树酯和叠层制造LOM法的纸质材料在1 000℃以下都可烧毁）→预热模壳→浇铸钢型腔→抛光→加入浇注、冷却系统→制成生产用注塑模。

（2）失蜡精密铸造法。在批量生产金属模具时，可采用此法。先利用RP原形或根据原形翻制的硅橡胶、金属树脂复合材料或聚氨酯制成蜡模成形模，然后利用蜡模成形模制成蜡模，再用失蜡精铸工艺制成钢模具。另外，在单件生产复杂模具时，亦可直接利用RP原形代替蜡模。

（3）用化学黏结钢粉浇铸型腔。这种工艺的生产过程是：利用RP法制成零件的反型→翻制硅橡胶或聚氨酯软模→浇铸化学粘结钢粉型腔→焙烧黏结剂→烧结钢粉→渗铜处理→抛光型腔→制成批量生产用注塑模。

（4）利用RP原形制作EDM（电火花加工）电极，然后电火花加工制成钢模。电极快速制造有以下几种方法：

1）电铸法。该法利用电化学原理，通过电解液使金属铜沉积在RP原形表面（约2～3 mm厚），然后将金属壳体同RP原形分离并充填背衬材料，经过适当处理，即可制成用于电火花加工（EDM）的电极。

2）金属喷涂法。该法在RP原形上喷涂一层2～3 mm厚的低熔点金属壳，然后将金属壳同原形分离并在壳体的工作面上镀上一层紫铜，即可制成电极，再在EDM机床上加工出注塑模具来。

3）石墨电极成形研磨法。整体EDM石墨电极振动研磨成形技术是一种非传统的快速制造整体EDM石墨电极的机械加工方法。它是利用快速成形的RP零件作为成形研具制造的原形，从而为研具制造提供了一种快速有效的方法。该法以RP原形为母模翻制成由磨料和特殊粘结剂构成的成形研具，然后用该研具在石墨电极研磨机上根据微振动原理直接研磨出石墨电极来。它适用于具有自由曲面不便于数控编程加工的石墨电极。

图11-26为用激光快速成形技术制成的农用滴灌喷头的锌合金模具。这种模具可生产数千件零件，使用寿命较长。

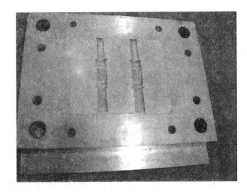

(a)   (b)

图 11‒26　滴灌喷头及其锌合金模具

(a) 喷头；(b) 模具

习　　题

1. 阐述有限元数值模拟方法的基本思想及其在材料加工工程中的应用。

2. 如何进行瞬态温度场的仿真？

3. 阐述 CAD/CAM 集成化的概念及其支撑软硬件的选择。

4. 结合实例，说明常用的 CAD 图形构建的基本方法。

5. 结合实例，分析模具数控加工自动化、标准化与智能化技术的发展趋势。

6. 阐述快速原形制造技术的基本原理及其在模具制造中的应用。

第12章 机器人工作原理及其在材料加工中的应用

目前,在计算机技术的推动下,机器人得到了迅速的发展,机器人在材料加工领域的应用日益广泛,并显示出了极其明显的技术优势。

本章主要介绍机器人的基本工作原理以及在焊接、铸造、锻造及热处理等材料加工领域的应用。

12.1 概　　述

一、机器人的发展过程

机器人是一种可编程的、通用、可操作,或具有移动能力的自动化机器。

现代的工业机器人,起源于遥控操作器和数控机床。遥控操作器允许操作者在一定距离以外进行操作,它是在第二次世界大战期间为防止放射性材料的核辐射而发展起来的。

进入20世纪50年代,随着电子计算机的广泛应用,机器人得到了快速的发展,各种新型机器人不断出现。1954年,美国研制成功的程序控制物料传送装置,就是现在的示教再现机器人的原型。根据这个装置,1959年研制成功了采用数字控制程序自动化装置的原型机。

随后,美国的 Unimation 公司于1962年制造了实用的机器人,并取名为 Unimate。此机器人采用的是极坐标结构,后来又出现了采用圆柱坐标结构的机器人,这两种结构形成了工业机器人的主流结构。

在欧洲,第一台工业机器人是1963年瑞典一家公司推出的程序控制一号操作机。

日本在20世纪60年代初期开始研究固定程序控制的机械手。1968年日本川崎重工工业公司从美国引进了 Unimate 机器人,并对此机器人进行改进,增加了视觉功能,使其成为一种有智能的机器人。这一成就促进了日本工业机器人技术的飞速发展,并在年产量和装机台数上迅速赶上并超过了美国,跃居世界首位。

从20世纪60年代后期起,喷漆、弧焊机器人相继在工业生产中应用,由加工中心和工业机器人组成的柔性加工单元标志着单件小批生产方式的新高度。几个工业化国家竞相开展了具有视觉、触觉、多手、多足,能超越障碍、钻洞、爬墙以及水下移动的各种智能机器人的研究工作,并开始在海洋开发、空间探索和核工业中试用。整个 20 世纪 60 年代,机器人技术虽然取得了许多进展,生产了多种机器人商品,但是在这一阶段多数工业部门对应用机器人还持观望态度,机器人在工业应用方面的进展并不快。

进入 20 世纪 70 年代,出现了更多的机器人商品,并在工业生产中逐步推广应用。随着计算机科学技术、控制技术和人工智能的发展,机器人的研究开发,无论就水平和规模而言都得到迅速发展。1979 年 Unimation 公司推出 PUMA 系列工业机器人是一种全电动驱动、关节式结构、多 CPU 二级微机控制、采用 VAL 专用语言,并可配置视觉、触觉和力觉感受器的、技术较为先进的机器人。同年日本研制成具有平面关节的 SCARA 型机器人。

20 世纪 80 年代以后,机器人在工业生产中开始普及应用,高性能的机器人所占比例不断增加,特别是各种装配机器人的产量增长较快,和机器人配套使用的机器视觉技术和装置发展迅速,并出现了交流伺服驱动的工业机器人产品。目前,空间机器人和军用机器人在几个发达国家已进入实用阶段。

与先进国家相比,我国的机器人研制起步虽然较晚,但已形成了一个研究开发体系。现有机器人研究开发和应用工程单位数百家。经过多年的技术攻关及工程应用开发,我国第一代工业机器人的设计、制造和应用技术已趋于成熟。近几年,我国工业机器人及含工业机器人的自动化生产线和工程项目、相关产品的年产销额已达数亿元,并呈现明显的上升趋势。

二、机器人的组成及分类

1. 机器人的组成及工作原理

机器人由操作机、驱动单元及控制装置组成,其结构如图 12-1 所示,图 12-2 为机器人的结构框图。

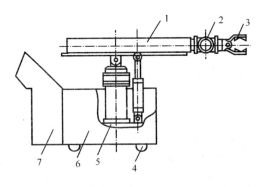

图 12-1 机器人的结构

1— 手臂;2— 手腕;3— 末端执行器;

4— 移动机构;5— 机座;6— 驱动单元;7— 控制装置

机器人的具体结构因用途不同而异,许多工业机器人没有移动机构及外部传感器,不具备行走及感觉功能。

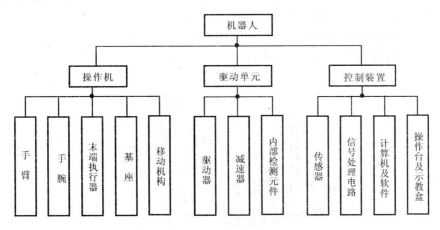

图 12 - 2   机器人的结构框图

机器人的操作机具有类似人的肢体功能,可在空间抓放物体或操持工具,进行多种作业。操作机的驱动单元随科技发展而变化。高性能的电动机与谐波减速器、光电编码器及测速电机组成的驱动单元逐渐取代液压及气压驱动单元。

控制装置相当于人的头脑及感觉系统,其启动和控制目标靠输入指令程序或示教。示教再现型机器人,有的通过示教盒输入数据示教,有的手把手示教。示教程序存储在控制装置的计算机中。机器人开始工作前,操作人员按下启动及再现键,控制装置自动按示教程序控制各驱动器,使操作机各部分协调运动。

具有视觉、触觉、滑觉(滑移感觉)、力觉等传感器的控制装置,除按人输入的程序控制机器人运动以外,还能根据传感器检测到的环境及工件位置的变化的信息控制驱动单元,使操作机的运动跟踪目标,保证完成任务。移动式机器人的视觉传感器检测到路上有障碍物时,控制装置能自动规划路径,绕过障碍物,达到操作人员指令的位置。这些具有感觉及决策功能的机器人统称为智能机器人。

2. 机器人的分类

目前世界各国对处于发展阶段的机器人还没有统一的分类标准,但在多数情况下采用以下几种分类方法。

(1)按坐标形式分类。

1)直角坐标型机器人。这是一种操作机的手臂具有三个直线运动自由度,并按直角坐标形式动作的机器人,其机构简图如图 12-3(a) 所示。

2)圆柱坐标型机器人。这是一种操作机的手臂具有一个旋转运动和两个直线运动自由度,并按圆柱坐标形式动作的机器人,其机构简图如图 12-3(b) 所示。

3）球坐标型机器人。操作机的手臂具有两个旋转运动和一个直线运动自由度,并按球坐标形式动作的机器人,其机构简图如图 12-3(c) 所示。

4）关节型机器人。操作机的手臂具有三个旋转运动自由度,并作类似人的上肢关节动作的机器人,其机构简图如图 12-3(d) 所示。

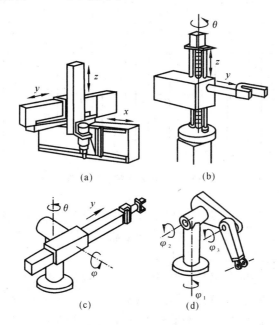

图 12-3　机器人的坐标形式

(a) 直角坐标型；(b) 圆柱坐标型；(c) 球坐标型；(d) 关节型

（2）按控制方式分类。

1）点位控制(PTP)机器人。这是一种只按控制运动所到达的空间位置和姿态,而不控制其轨迹的机器人。即由点到点的控制方式,这种控制方式只能在目标点处准确控制机器人末端执行器的位置和姿态,完成预定的操作要求。目前应用的工业机器人中,很多是属于点位控制方式的,如上、下料搬运机器人,点焊机器人等。

2）连续轨迹控制(CP)机器人。这是一种不仅要控制行程的起点和终点,而且控制其轨迹的机器人。即机器人的各关节同时作受控运动,准确控制机器人末端执行器按预定的轨迹和速度运动,并能控制末端执行器沿曲线轨迹上各点的姿态。弧焊、喷漆和检测机器人等均属连续轨迹控制方式。

（3）按用途分类。机器人具有较强的适应能力,能从事多种作业。针对作业的特点,设计机器人的结构尺寸、运动速度、位姿精度及额定负载,以使其达到较好的性能价格比。对于这类最适合某种作业的机器人,可加上该作业定语来称谓,例如焊接机器人、冲压机器人、铸造机器人、喷漆机器人、水下机器人、护理机器人以及空间机器人等。

（4）根据功能水平和技术的先进程度，按"代"分类。

1）第一代机器人。其特点是采用开关量控制，示教再现控制或数字控制。其作业路径和运动参数需通过示教或编程给定。20世纪60年代以来，实际应用的绝大多数工业机器人都属于第一代机器人，它包括可编程序及固定程序的工业机器人，具有记忆装置的示教再现型机器人，数控型搬运机器人等。

2）第二代机器人。它是20世纪70年代开始出现的，其技术特点是采用计算机直接控制，通过具有视觉、触觉的摄象机和传感器，能"感觉"外界信息并通过计算机进行计算和分析，自动地控制操作机进行运动和操作。因此，其控制方式较第一代机器人要复杂得多，目前这类机器人在工业生产、排险救灾等场合应用，并进入普及阶段。

3）第三代机器人。也即智能机器人。这是国内外正在积极研究、开发的高级机器人，其主要特点是具有人工智能。包括模式识别能力、规划决策能力、知识库、专家系统及人机交互能力等。

三、机器人的主要特性

我国机器人技术标准中提出的机器人主要特性有如下几点：

（1）自由度。自由度是表示机器人动作灵活程度的参数，一般以沿轴线的移动和绕轴转动的独立运动数来表示（末端执行器的动作不包括在内），自由度越多越灵活。工业用机器人的自由度一般在3～6个之间。

（2）工作空间。即机器人正常运行时，手腕参考点能在空间活动的最大范围。主要决定于自由度数、各关节尺寸及行程。

（3）额定速度。即机器人在额定负载、匀速运动中，手腕末端的机械接口中心或工具中心的最大速度[m/s或(°)/s]。其一轴（关节）运动时的速度称单轴速度，由各轴速度分量合成的速度称为合成速度。

（4）额定负载。即在规定的性能（速度和行程）范围内，机器人与末端执行器相连接处（简称机械接口）能承受负载的允许值。负载分为重量（kg）、力（N）、力矩（N·m）。极限负载是在限制的作业条件下，保证机械结构不损坏，机械接口处能承受负载的最大值。

（5）分辨率。即机器人各运动轴能实现的最小移动距离（mm）或最小转动角度。分辨率值越小，机器人的精度和适应性越高，但成本也越高。

（6）位姿准确度。机器人进行焊接、喷漆等作业时，末端执行器（焊钳、喷枪等）要跟随工件形状运动，而且与工件保持一定角度和距离，才能完成任务，并保证质量。因此，不但有位置准确度要求，而且有姿态准确度的要求。

位姿准确度是多次执行同一位姿指令时，机器人末端执行器在指定坐标系中实际位姿（位置与姿态）与指令位姿之间的不一致程度。位置准确度以 ΔL 表示，姿态准确度以 ΔL_a，ΔL_b，

ΔL_c 表示,单位是 mm。

(7) 位姿重复性。即在相同条件下,用同一方法操作机器人时,重复 30 次所测得的同一位姿散布的不一致程度。位置偏差以 r 表示;姿态偏差分别以 r_a,r_b,r_c 表示,单位是 mm。

位姿准确度及重复性的测量方法和计算公式在工业机器人性能规范(GB/T12642—90)、工业机器人性能测试方法(GB/T12645—90)及工业机器人特性表示(GB/T12644—90)等国家标准中均有详细规定。

12.2 机器人的驱动及操作机

一、机器人的驱动单元

机器人的驱动单元可分为三大类:气压驱动、液压驱动及电动机驱动。

1. 气压驱动

用压缩空气驱动的机器人简称气动机器人。气动机器人能源成本低,机械结构简单,可在高温、粉尘等恶劣环境中工作,易达到高速度,维修容易,并且其价格及使用成本也低。其缺点是气压低,只适于轻负载机器人;空气的可压缩性使机器人在任意定位时,位姿精度低,需依靠气缸端部的缓冲装置及紧靠缸盖定位或者采用气动伺服驱动系统,方能达到高的位姿重复精度。不过将体积小、效率很高的液压缓冲器装在气缸外部,能实现多点缓冲及高的位姿精度。另外,在气动伺服研究方面取得的成果,也为气动任意定位创造了条件。气动主要用于轻负载机器人及末端执行器。

2. 液压驱动

用 $2 \sim 15$ MPa 油液压驱动的机器人,体积小,输出力大,可在任意位置达到高的位姿精度。并且用电液伺服阀控制液体流量及运动方向时,可使机器人的轨迹重复性很高。

在具有机身升降油缸、回转油缸、手臂伸缩油缸、手腕回转油缸及夹紧油缸的电液伺服系统中,电动机带动油泵,从油箱中抽油,供油压力由压力阀调到所需数值。高压油经滤油器除去杂质后,通向各关节的电液伺服阀。机器人的控制系统控制各伺服阀的电流方向及大小,使阀芯移动,改变进入油缸的油液方向及流量,即可控制各自由度的运动方向及速度,能得到很好的运动特性。若用电磁换向阀及节流阀的开关式液压系统代替电液伺服系统,可大大降低机器人成本,但会使机器人的性能差,并且不能实现轨迹控制。

液压驱动的优点是输出力可在很大范围内调节。其缺点是对温度变化敏感;油液易泄漏,使机器人及场地受到污染,并易着火;液压系统噪声也比较大。

3. 电动机驱动

电动机驱动机器人可避免电能变为压力能的中间环节,效率高。但传统的交流电动机及减速器的体积和重量较大,控制性能差。直流电动机的惯量也很大,难以达到高速和高位姿精度。

因而,20世纪80年代前,电动机器人很少。随着大功率步进电机、低惯量高性能的杯形直流电动机、印刷电机、交流伺服电机、谐波减速器、滚珠丝杠、微计算机及现代控制技术的发展,用新型电动机驱动机器人可获得良好的特性:运动速度及位姿准确度超过气动及液压驱动,噪声小,污染少,开环控制的电动机器人成本低廉。因此,电动机驱动已逐渐成为主流。

(1)直流电动机驱动。传统的直流电动机随电压及电流的变化,输出相应的速度和转距。但电动机转子重,惯性大,难以满足机器人关节频繁快速启动、变速与变扭矩运行及停止时达到位姿准确度高的要求。因此,需要研制特殊形状的低惯量直流伺服电机。主要采用以下技术措施:采用光电编码器、测速电机等检测元件,以反馈位置及速度;研制有速度、位置、电流反馈的伺服驱动器,以适应变速及变扭矩的要求;采用制动器及减速器,以提高位姿准确度。

直流伺服电动机的缺点是电刷产生电火花,故功率不能太大,且其防爆性能差。

(2)步进电动机驱动。步进电动机由脉冲电流驱动,步距角大小与电机结构及供电方式有关。步进电机驱动单元的优点是:步距角不受供电电压波动和环境变化的影响,用其驱动机器人时,根据运行距离及电机的脉冲当量算出脉冲数,将数据输入计算机,可达到高的位姿准确度;机器人运行速度随脉冲频率而变;步进电机的某一相保持通电状态,电磁转矩将转子锁定,自行刹车,勿需专设制动器;控制系统按作业程序向驱动器发出设定频率和脉冲数目,就能使各关节协调动作,因而采用开环控制可以达到高的位姿重复性及中等速度。与直流伺服驱动单元比较,步进电动机驱动可以节省制动器、测速电机及光电编码器等器件,驱动器也简单,使用方便,维护容易,因而步进电机驱动的机器人价格低廉,且没有电刷,不产生电火花,防爆性能较好,但其快速性及轨迹控制性能较差。

用步进电动机驱动机器人时,应注意两个问题:一是机器人运动机构惯性、摩擦阻力及工件负载转矩应低于电动机的最大转矩,否则将失步,甚至不能驱动;二是使用时应注意步进电动机的矩频特性,即转矩与脉冲频率的关系。当步进电动机的运行频率过高时,也将产生失步甚至不能驱动机器人。

(3)交流伺服电动机驱动。20世纪80年代以来,随着功率晶体管、场效应管、逆变器及脉宽调制技术的完善,以及微型计算机的推广应用,使交流电动机的调速取得突破性进展。与直流伺服电动机驱动系统相比,交流伺服电动机没有机械整流子,可靠性高,不产生电火花,防爆性能好,散热条件好,有利于提高电动机功率。因而,有逐渐取代直流伺服系统的趋势。

二、机械手的手臂及机身结构

机器人中相当于人的手臂功能的构件称为手臂,有些手臂由大臂、小臂或多臂组成。手臂结构与驱动源、机器人坐标型式及机身结构相关。

1. 液压驱动的手臂及机身结构

液压驱动的、具有伸缩及回转运动的手臂结构如图12-4所示。直线油缸中的活塞在油压作用下,使手臂伸缩。回转油缸中的叶片在油压作用下,通过回转轴及键带动手臂2回转。末端执行器(手爪、焊钳等)的油管通过手臂内部与液压系统相接。此种手臂结构紧凑,动力油管均藏在臂内。液压式直角、圆柱及球坐标型机器人的手臂常用此结构。

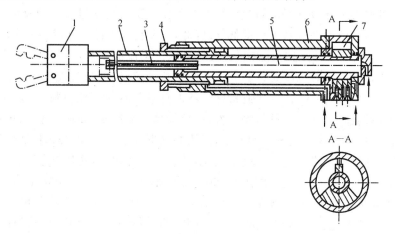

图 12 - 4　液压驱动的伸缩及回转手臂

1— 末端执行器;2— 手臂伸缩杆;3— 油管;

4— 直线油缸端盖;5— 回转轴;6— 直线油缸;7— 回转油缸

　　多关节型机器人的手臂结构如图12-5所示,大臂及小臂回转均由直线油缸实现。有的关节型机器人也采用回转油缸驱动各关节。

　　2. 电动机驱动的手臂及机身结构

　　用步进电动机、直流及交流伺服电动机驱动机器人的手臂及机身,一般通过谐波减速器与丝杠组成的减速机构,以增大扭矩及提高运动精度。

　　(1)步进电动机驱动机器人实例。如图12-6所示,安装在机座 1 上的电动机 2 通过谐波减速器 3 与立柱 6 相连,装在机身 5 中的滚动导块 7 紧压在立柱的导向面上,防止机身与立柱相对转动,但能相对移动。当电动机 2 的输出轴正向或反向转动时,立柱、机身及大臂随之转动。安装在大臂末端的电动机 11 通过谐波减速器 12 使小臂 13 水平回转。安装在大臂中的电动机 9 带动丝杆 8 转动时,因固定在立柱上的螺母不能移动,丝杆及机身(包括电动机 9)上下运动,使手臂、手腕等升降。

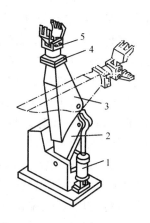

图 12 - 5　液压多关节手臂

1— 大臂直线油缸;2— 大臂;

3— 小臂;4— 手腕;

5— 末端执行器

　　这种机器人的电源线及运动位置检测线均布置在机身及手臂内,而且升降机构藏在机身内,防止升降机构及电线损伤,而影响机器人的正常工件,故可用于洁净的环境中,从事搬运及装配作业。

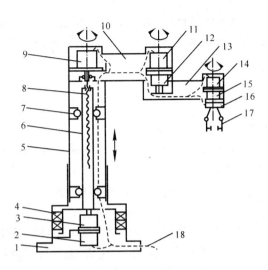

图 12 – 6   步进电动机驱动平面关节型机器人结构图

1— 机座；2— 大臂回转电动机；3,12,15— 谐波减速器；

4— 滚珠轴承；5— 机身；6— 立柱；7— 滚动导块；8— 丝杆；

9— 升降电动机；10— 大臂；11— 小臂电动机；13— 小臂；

14— 手腕电动机；16— 手爪电动机；17— 手爪；18— 电源线及测控线

（2）交流伺服电动机驱动机器人实例。如图 12 – 7 所示，一般交流伺服电动机都串接谐波减速器、制动器及光电编码器，以增大扭矩、提高位姿精度及控制性能。

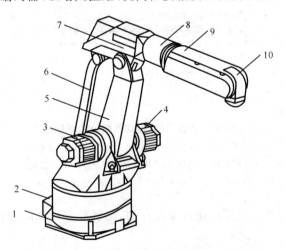

图 12 – 7   交流伺服电动机驱动垂直关节机器人

1,3,4,8— 交流伺服电动机；2— 机身；5— 大臂；

6— 连杆；7— 小臂；9— 手腕回转关节；10— 手腕摆关节

电动机 1 驱动机身 2,使各手臂随机身回转。电动机 3 使大臂 5 前后摆动,电动机 4 通过连杆 6 使小臂俯仰,电动机 8 使手腕回转关节 9 回转。藏在内部的电动机使手腕摆动关节 10 上下摆动,因而工作空间比平面关节机器人大。

三、机器人的手腕及末端执行器

1. 机器人的手腕

在手臂末端接上手腕,可增加 1～3 个自由度,使机器人的动作灵巧,能完成复杂作业。手腕结构及驱动源,与使用要求相关。

(1) 液压手腕结构。液压及气动机器人手腕常用高压油或气压使动片回转,输出轴带动末端执行器正转或反转。

(2) 电动手腕结构。电动机器人的手腕结构依自由度多少及末端执行器的工作条件而变,图 12-6 所示的手腕由电动机 14 及谐波减速器 15 组成,输出轴带动执行机构回转。

具有三个自由度的手腕如图 12-8 所示。电动机 2 通过装在壳体 1 上的减速器 3 带动回转轴 4,电动机 5,12 实现手腕回转。电动机 5 通过带轮、传动带 6 及减速器 7,实现手腕摆动。电动机 12 通过传动带 11、带轮 10、圆锥齿轮及减速器 9,实现手腕扭转。

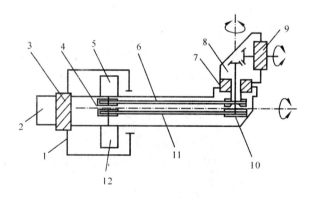

图 12-8 具有回转、摆动及扭转的手腕结构

1— 手腕壳体；2,5,12— 电动机；3,7,9— 谐波减速器；

4— 回转轴；6,11— 传动带；8— 摆动体；10— 带轮

2. 末端执行器

机器人的末端执行器是根据作业对象设计的,品种很多,大体上分为抓取机构及工具两大类。

(1) 抓取机构。抓取机构有适于抓取圆形工件的液压或气压驱动的夹钳式手爪,具有适于抓取方形或平面工件的平移抓取机构,可托持大重量工件的托持式抓取机构,适于抓取平整薄板件的真空或负压吸盘吸附式抓取机构,以及适于抓取不规整的铁质工件的电磁吸盘抓取机

构等。

抓取机构正向拟人化方向发展,以提高灵活性及通用性。具有拇指、食指及中指的多指多关节的抓取机构如图12-9所示,它有12个自由度。

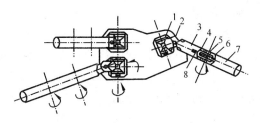

图 12-9 三指多关节式自适应抓取机构

1— 第一关节摆动电动机;2— 第一关节屈伸电动机;

3— 第一关节;4— 支座;5— 第二关节屈伸电动机;

6— 连杆;7— 第二关节;8— 触觉传感器

指关节由管材制成,固定在板上的电动机1及2使第一关节摆动和屈伸,固定在第一关节末端的支座4上电动机5的输出轴与第二关节中连杆6相联。当第一关节上的触觉传感器8与工件接触时,即发出信号,电动机5转动,使第二关节弯曲,夹持工件。食指及中指的各关节也依此顺序运动,三指自适应工作,能抓取形状复杂的工件,其夹紧力是固定的。如在指式抓取机构的手爪上安装类似人手皮肤的触觉传感器、滑觉传感器及接近传感器,可形成三感觉自适应抓取机构。这种自适应抓取机构可以根据工件尺寸及重量自动调整夹持范围及夹紧力,可保证抓取鸡蛋、雷管时不会破碎或爆炸。重量及尺寸大的工件也能可靠地抓取。

(2)点焊钳。点焊机器人的焊接装备由焊钳、变压器和定时器等部分组成。如采用直流点焊,在变压器之后还要加整流单元。根据变压器的摆放位置,可分为变压器与机器人分离式,变压器装在机器人上臂上的上置式和变压器与焊钳组合在一起的一体式等几种。早期的点焊机器人都采用前两种方式。这两种安装方式由于二次电缆较长,不仅会影响焊钳的可达性及二次电流的输出,而且电缆还可能钩在工件上影响机器人的运动。另外,较粗的二次电缆随焊钳姿态的变化而不断地扭曲摆动,容易破损断裂,不仅会影响焊接质量,还会增加电缆维修、更换的费用。近年来,由于变压器可以做得更小,一体式焊钳已经相当普及。

机器人用的一体式点焊钳和手工点焊用的一体式点焊钳大致相同,一般有 C 型和 X 型两类,如图12-10所示。应根据工件的结构形式、材料、焊接规范以及焊点在工件上的位置分布来选用焊钳的形式、电极直径、电极间的压紧力、两电极的最大开口度和焊钳的最大喉深等参数。

点焊机器人的焊钳大多是气动的。气动式焊钳电极的张开和闭合是由压缩空气通过气缸驱动的。这会带来两方面的局限性:一是两电极的张开度一般只有两级;二是电极的压紧力一旦调定,在焊接中不能变动。气动焊钳可以根据工件情况在编程时选择大或小的张开度。张开度大(大冲程)主要是为了把焊钳伸入工件较深的部位,不会发生焊钳和工件的干涉和碰撞;

张开度小(小冲程)是在连续点焊时,为了减少焊钳开合的时间,提高工作效率而采用的。近年来出现一种新的电伺服点焊钳,这种焊钳的张开和闭合是由伺服电动机驱动和码盘反馈闭环控制的,所以焊钳的张开度可以根据需要在编程时任意设定,而且电极间的压紧力也能实现无级调节。电伺服点焊钳具有如下的优点:

1) 可以大幅度地缩短焊接周期。由于焊钳的张开和闭合过程都是由机器人控制柜中的计算机精确监控的,所以机器人在焊点与焊点之间的移动过程中,焊钳就可以开始闭合。而焊完一点后,焊钳一边打开,机器人就可以一边移动。机器人不必像用气动焊钳那样,必须等焊钳完全张开后才能动,也不必等机器人到位后才开始闭合。

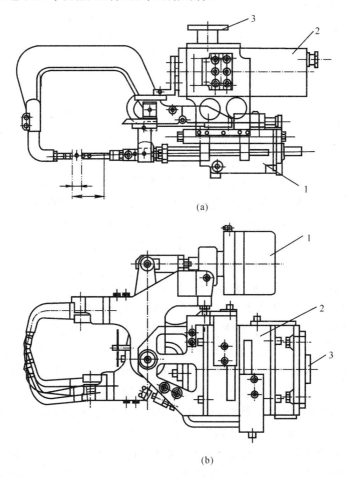

图 12-10 两种一体式点焊钳的基本形式

(a)C 型点焊钳;(b)X 型点焊钳

1— 电极移动气缸;2— 变压器;3— 与机器人连接的法兰

2) 焊钳张开度可以根据工件的情况任意调节,只要不发生碰撞或干涉,可以尽可能减少张开度,以减少焊钳的开合时间,提高效率。

3) 焊钳闭合加压时,不仅压力的大小可以任意调节,而且两电极的闭合速度是可变的,开始快后来慢,最后轻轻地和工件接触,减少电极与工件的撞击噪声和工件的变形,必要时还可以调节焊接过程中压力大小,减少点焊时的飞溅。

无论气动的或电伺服的一体式焊钳,都是把变压器装在焊钳的后部,所以变压器必须尽量小型化。对于容量较小的变压器,可以用 50 Hz 的工频交流;而对容量较大的变压器,为了减小变压器的体积和重量,已经采用了逆变技术把 50 Hz 的工频交流变为 400 ~ 4 000 Hz 左右的交流,变压后可以直接用交流进行焊接;而对较高频率的交流,一般都要再经过二次整流,用直流焊接。

12.3 机器人控制技术

一、机器人的控制方法及分类

机器人的控制方法根据有无反馈信号分为闭环控制与开环控制。早期的机器人常利用凸轮、挡块、限位开关等装置实现开环控制。这种机器人灵活性差,无法完成较复杂的作业。随着微机技术的迅速发展,许多机器人由计算机利用传感器反馈信号进行闭环控制。常见的反馈信号包括机器人的位置、速度、加速度及力信号等。在智能机器人中,控制系统还利用各种感觉传感器的信息完成智能任务。

从控制目标对象可将机器人的控制分为位置控制、力控制以及自适应控制等。控制方法的选择根据机器人所执行的任务来决定。

目前在工业生产中应用的机器人大多采用位置控制。机器人的位置控制可细分为点位控制和连续轨迹控制。在点位(PTP)控制方式中,关心的是机器人末端执行器运动的起点和动作结束应达到的终点,而末端执行器以何种路线到达终点并不重要,通常只要求运动时间最短。在连续轨迹(CP)控制方式中,末端执行器不但要从一点到达规定的另一点,而且要以预定的路线到达该点。显然,CP 控制方式要求控制系统能对机器人各轴运动进行协调。

在装配及点焊作业中,往往采用点位控制,而弧焊作业则需要采用连续轨迹控制方式。

1. 点位控制

最简单的点位控制只涉及手爪起始点位姿矢量 x_1 和终点矢量 x_2,以及机器人传动模型。以向量 T 表示机器人各类关节坐标,则有

$$T = T^{-1} \cdot x \qquad\qquad (12-1)$$

式中,x 是手爪位姿矢量;T^{-1} 为 T 的逆矩阵。

以向量 ΔT 表示为各关节相应运动的增量,有

$$\Delta T = T_2^{-1} \cdot x_2 - T_1^{-1} \cdot x_1 \tag{12-2}$$

式中，x_1 是手爪起始点位姿矢量；x_2 是终点矢量。

应该注意到对于不同的手爪位姿，其传动模型往往有所变化。控制系统只需分别控制各关节，使其按 ΔT 所确定的角度或距离运动。

由步进电机驱动的机器人点位控制可用开环控制，并具有非常简单的形式。下面以 4 个自由度平面关节式步进电机驱动的机器人为例（见图 12-11），来进一步分析机器人的点位控制方法。

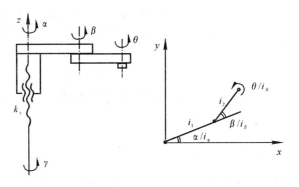

图 12-11 4 个自由度平面关节式机器人示意图

令手爪位姿为 4 位矢量 $(x,y,z,\omega)^{\mathrm{T}}$，则各分量为

$$x = l_1 \cos\alpha/i_\alpha + l_2 \cos(\alpha/i\alpha + \beta/i_\beta) \tag{12-3}$$

$$y = l_1 \sin\alpha/i_\alpha + l_2 \sin(\alpha/i_\alpha + \beta/i_\beta) \tag{12-4}$$

$$z = \gamma/k_\gamma \tag{12-5}$$

$$\omega = \theta/i_\theta \tag{12-6}$$

式中，$\alpha,\beta,\gamma,\theta$ 为大臂、小臂、升降、腕转 4 个自由度在关节空间中的坐标；$i_\alpha,i_\beta,i_\theta$ 为相应关节速比；k_γ 为减速机构及丝杆的联合传动比。

已知 (x,y,z,ω)，可得

$$\alpha = \left[180° - \arcsin y/(x^2 + y^2) + \arcsin \frac{l_2 P_1 \beta}{(x^2 + y^2)}\right]i_\alpha, x < 0 \tag{12-7}$$

$$\alpha = \left[\arcsin y/(x^2 + y^2) + \arcsin \frac{l_2 \sin\beta}{(x^2 + y^2)}\right]i_\alpha, x > 0 \tag{12-8}$$

$$\beta = \pm\left(\arccos \frac{l_1^2 + l_2^2 - x^2 - y^2}{2l_1 l_2}\right)i_\beta \tag{12-9}$$

$$\gamma = z k_\gamma \tag{12-10}$$

$$\theta = \omega i_\theta \tag{12-11}$$

若当前各关节坐标为 $(\alpha_0,\beta_0,\gamma_0,\theta_0)$，手爪位于 P_0 点，要求手爪运动到 P_1 点，其空间坐标

为 (x_1, y_1, z_1, ω),则可根据式 $(12-7)\sim$ 式 $(12-11)$,计算出对应于 P_1 点的相应关节坐标 $(\alpha_1, \beta_1, \gamma_1, \theta_1)$。分别控制各关节电动机运行 $\Delta\alpha, \Delta\beta, \Delta\gamma, \Delta\theta$ 等相应角度即可,而不必关心各关节间的相互力耦合。在此

$$\Delta\alpha = \alpha_1 - \alpha_0 \tag{12-12}$$

$$\Delta\beta = \beta_1 - \beta_0 \tag{12-13}$$

$$\Delta\gamma = \gamma_1 - \gamma_0 \tag{12-14}$$

$$\Delta\theta = \theta_1 - \theta_0 \tag{12-15}$$

由于式 $(12-7)\sim$ 式 $(12-11)$ 存在双解,只要两组解均位于关节坐标工作空间内,这两组解就都可使机器人手爪到达 P_1 点。有多种选择方法,一种较简单的方法是用两组解中的最大运行角度相比较,取其中具有较小的最大运行角度那组解。即

$$\min[\max(\mid\Delta\alpha\mid, \mid\Delta\beta\mid, \mid\Delta\gamma\mid, \mid\Delta\theta\mid) \tag{12-16}$$

以保证运行时间最短。

直流伺服电机驱动机器人的位置控制需用闭环实现,其工作原理如图 $12-12$ 所示。图中 R_m, L_m 分别为电枢回路的电阻与电感;V_m, I_m 分别为电枢回路的电压与电流;R_f, L_f 分别为励磁回路的电阻与电感;V_f, I_f 分别为励磁回路的电压与电流;θ_m 为转子转角;k_m 为电机转矩常数;J_m, f_m 分别为转子转动惯量及黏滞摩擦因数;J_c, f_c 分别为等效负载惯量及黏滞摩擦因数;k_c 为等效负载反射因数。假设以电枢回路电压 V_m 来控制电机,则有

$$V_m = R_m I_m + L_m \frac{\mathrm{d}I_m}{\mathrm{d}t} + k_e \frac{\mathrm{d}\theta_m}{\mathrm{d}t} \tag{12-17}$$

$$T_m = k_m I_m \tag{12-18}$$

$$T_m = J \frac{\mathrm{d}^2\theta_m}{\mathrm{d}t^2} + F \frac{\mathrm{d}\theta_m}{\mathrm{d}t} + k_c\theta_m \tag{12-19}$$

式中,T_m 为电机输出转矩;k_e 为电机电势常数;J 为总转动惯量;F 为总黏滞摩擦因数。

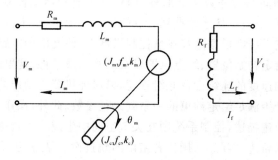

图 $12-12$ 直流伺服电机等效电路

对式 $(12-17)\sim$ 式 $(12-19)$ 取拉氏变换,再消去 T_m 及 I_m 变量,可得电枢电压控制电机传递函数

$$\frac{\Theta_m(S)}{V_m(S)} = \frac{k_m}{JL_mS^3 + (JR_m + FL_m)S^2 + (L_mk_c + R_mF + k_mk_e)S + k_cR_m}$$

$$(12-20)$$

式中,$V_m(S)$ 为输入量 V_m 的拉氏变换;$\Theta_m(S)$ 为输出量 θ_m 的拉氏变换。

考虑到 $k_c \approx 0$,式(12-20)可近似为

$$\frac{\Theta_m(S)}{V_m(S)} = \frac{k_m}{S[(R_m + L_mS)(F + JS) + k_ek_m]}$$

$$(12-21)$$

用式(12-21)所示的传递函数,可对直流电动机进行控制,控制框图如图 12-13 所示。

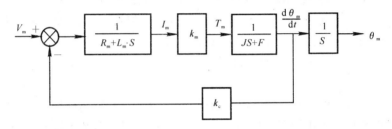

图 12-13 直流电机电枢控制框图

在实际运行中,机器人通常是多关节同时运动,所以直流伺服位置控制必须考虑到各关节运动时产生的相互作用力及力矩。普通的办法是在控制系统中加上各种补偿作用,以抵消力及力矩耦合。实现这种补偿必须对机器人进行动力学分析。

机器人的动力学计算有拉格朗日-欧拉公式及牛顿-欧拉公式、高斯最小约束原理以及广义达朗贝尔方程等,这些方法各有其优缺点。拉格朗日-欧拉方法对机器人动力学模型的推导简单且有规律。

2. **连续轨迹控制**

机器人的轨迹控制问题可分为两个部分,即轨迹生成和运动控制。轨迹生成又称轨迹规划,这里的轨迹定义为机器人在从起始点到终点的运动过程中,各个自由度对应于时间轴的位置、速度及加速度。控制系统则根据这些参量控制机器人,使之沿预定路径到达终点。

通常操作者只需给定初始位置、终点位置以及一些约束条件。这里的约束主要是指关节坐标空间的位置、速度、加速度的连续性及光滑程度,以保证机器人动作的平稳性。控制系统则用样条函数插值的方法产生满足给定约束的一系列路径参数。此外,操作者也可用解析方法直接给出笛卡儿坐标中的轨迹描述,控制系统则在关节空间中生成一条轨迹,使之在笛卡儿坐标中对应的路径逼近给定的轨迹。实际上,操作者给出的轨迹解析表示也可认为是一种约束,可通过运动学逆问题求解变换为在关节坐标空间的位置约束。

一般在轨迹生成时,插值用的样条函数常为多项式或抛物线函数,从而保证速度及加速度的连续性和平稳变化。对于具有 n 个约束的关节轨迹规划问题,可选用 $(n-1)$ 次多项式来进行插值运算。

考虑到手爪的避障碍约束,建议在轨迹中设定两个点,以避免与工作台面的可能碰撞。这两个点分别称为提升点和下落点。通常提升点是从起始点沿工作台面的外法线方向上给定的一个点,而下落点则是从终点沿工作台面外法线方向上设定的一个位置。轨迹规划问题便可归结为途经这些点并满足连续性约束的样条函数的参数求解。由于从起始点经提升点、下落点到达终点存在多个位置、速度及加速度连续性约束,一般用几段多项式来插值,常用的有4—3—4轨迹和3—5—3轨迹。所谓4—3—4轨迹的含义为整个轨迹由3段组成,依次为4次、3次和4次多项式;而3—5—3轨迹则包括3次、5次和3次多项式等三段轨迹。

　　在生成满足各类约束条件的轨迹后,系统将其离散化。离散算法的时间间隔由轨迹精度要求及机器人驱动源、传动机构与控制计算机决定。轨迹精度决定了离散化时间间隔的上限,而过小的离散化间隔在控制上不能实现。一般离散化间隔时间在 $10^{-2} \sim 10^{-1}$ s 范围之间。

　　由于现有的各种控制算法都是针对关节坐标而言的,且在笛卡儿坐标中监测机器人手部位置非常困难,因而在控制过程中需要在两个坐标系之间不断进行齐次变换算法。这使得控制系统的计算量很大,导致控制间隔加长,降低了控制精度。所以,面向关节空间的轨迹规划得到广泛应用。

　　3. 力控制

　　机器人位置控制适用于手爪在工作空间中可自由运动的情况,但在另外一些场所,仅靠位置控制,机器人将无法完成所要求的任务。例如,图12-14所示机器人进行轴孔装配的情况。由于有孔工件的位置偏差、机器人位置偏差等原因,轴有可能不完全在孔的公差带范围之内,如图12-14(a)所示。机器人如果强行将轴位向下插,将可能产生轴、孔工件或机器人手爪破坏的后果。机器人应根据手爪所受到的力与力矩信号调整手爪位置,使轴对准孔才能将轴装入孔中,如图12-14(b)所示。

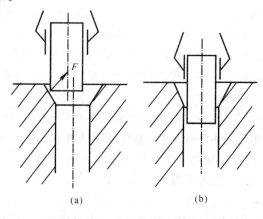

(a)　　　　　　　　(b)

图 12-14　有倒角的孔与轴装配

(a) 未对准;(b) 对准

另外一个例子是机器人用砂布打光工件表面。要求砂布与待处理表面之间保持一定范围的接触力。力太大容易产生很深的沟痕，力太小又无法起到打光作用。显然，控制系统除位置控制外还必须监测机器人所受的力及力矩，将力偏差作为反馈信号送至控制器的位置和速度反馈电路，从而控制机器人，适应外界环境，完成作业。

　　在与外界环境存在力接触时，机器人总是受到某些位置约束，即手爪在某个方向上不能或不应运动。这些约束可分为两类：自然约束和人为约束。由工作目标的几何特征和作业结构特性引起的约束称为自然约束，而人为约束则用来描述预期的运动或力轨迹。表 12-1 表示了拧螺钉典型作业任务的自然约束和人为约束。表中，v 为速度；f 为力；ω 为角速度；n 为转速。自然约束和人为约束均定义在所谓的约束坐标系 $\{C\}$ 上，故在坐标轴 x,y,z 的左上角 c 予以标识。约束坐标系 $\{C\}$ 用以描述对应于作用结构的约束空间内的广义平面。坐标系 $\{C\}$ 的位置与任务有关，在作业过程中，可能固定，也可能随机器人同时运动。在本例中，两组约束在作业过程中保持不变。在下面的一个例子中可看到，约束在机器人运动过程中会发生变化。通常可将原先的任务分解为一系列子任务，使得约束在每个子任务中保持不变。

表 12-1　拧螺钉作业中的约束

自然约束	$v_x = 0$	$\omega_x = 0$	$v_y = 0$	$v_z = 0$	$f_y = 0$	$n_z = 0$
人为约束	$v_x = 0$	$\omega_z = a_1$	$f_x = 0$	$n_x = 0$	$n_y = 0$	$f_z = 0$

　　由于位置约束和力约束的同时存在，应对机器人实施力与位置混合控制。在力与位置混合控制方式中，机器人的部分自由度受位置控制，而另外一些自由度服从力控制。在控制过程中，约束集的分析起非常重要的作用。下面以有倒角孔轴装配为例，分析自然约束和人为约束。

　　当轴、孔相对位置如图 12-15(a) 所示时，约束坐标系 $\{C\}$ 位于轴的中心，x 方向总是指向孔中心，z 方向指向接触法线方向。显然，约束坐标系将与手爪一起运动。自然约束为 $^cv_y = 0$，$^cv_z = 0$，$^c\omega_x = 0$，$^c\omega_y = 0$，$^cf_x = 0$，$^cn_z = 0$。人为约束则与预定的装配控制决策方法有关。在这里一种较好的控制策略可表达为：在 ^cz 向上保持一定接触力 f_a 的情况下，使轴沿 ^cx 方向以速度 v_a 滑动。因而，人为约束可表达为 $^cv_x = v_a$，$^c\omega_z = 0$，$^cf_y = 0$，$^cf_z = f_a$，$^cn_x = 0$，$^cn_y = 0$。

　　当轴沿倒角面滑至孔的公差带范围之内时，系统将会监测到轴在 ^cz 方向的速度分量达到某一阈值，说明自然约束集已发生变化，表示轴孔装配已进入图 12-15(b) 所示的阶段。约束坐标系 $\{C\}$ 的方法将有所改变，z 轴可定义为沿轴中线方向。自然约束为 $^cv_x = 0$，$^cv_y = 0$，$^c\omega_y = 0$，$^c\omega_y = 0$，$^cf_z = 0$，$^cn_z = 0$。人为约束为 $^cv_z = v_b$，$^c\omega_z = 0$，$^cf_x = 0$，$^cf_y = 0$，$^cn_x = 0$，$^cn_y = 0$。这里的 v_b 为插孔速度。

　　当轴插到底时，^cf_z 将达到某一阈值，表明自然约束再次发生变化，系统可据此判断轴、孔装配任务已完成。如图 12-15(c) 所示。

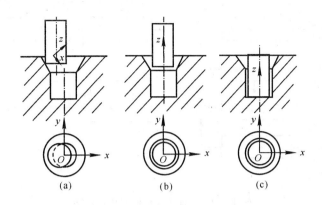

图 12-15 有倒角孔、轴装配的约束集变化

在本例中,轴、孔装配作业被分解为 3 个子任务,分别如图 12-15(a)~(c) 所示。在 3 个子任务中,约束集保持不变。

通过上述装配进程的描述,可以得出位置／力混合控制的一个规律:系统根据人为约束对机器人进行控制,通过监测自然约束集的变化来判断当前子任务的结束与否。

4. 自适应控制

所谓自适应控制是指机器人根据在环境中所获得的信息来修正对它本身的控制。如果机器人的工作环境及工作目标的性质在作业过程中发生变化,将会使控制系统的性能变差,不能满足控制要求。控制器必须在运动过程中不断测量、辨识受控对象的特性,并根据环境的目标特性修正控制算法,以保持较好的控制性能。实际上,机器人的动力学模型就存在着各种未知因素和不定性,如摩擦力、传动机构间隙、杆件挠度、负载变动等因素。自适应控制算法将能补偿上述因素影响,从而改善机器人的性能指标。自适应控制有模型参考自适应控制和自校正自适应控制等方法,其控制器分别如图 12-16 所示。

模型参考自适应控制的原理是:选择适宜的参考模型,利用对参考模型输出和实际系统输出的差别进行自适应算法,最后通过调整控制反馈增益对机器人实施自适应控制。参考模型反映了被控对象期望的特性。设计参考模型自适应控制器的关键在于选择适宜的参考模型及算法。

在自校正自适应控制方法中,机器人的动力学模型被视为线性时变过程,其离散模型已知。控制系统根据测得的输入(指动力学模型输入)与输出,在线地估计机器人动力学离散模型的参数,并将这些估计值代入控制器设计方程,以更新控制算法。自校正自适应控制方法不需要系统模型参数的先验知识。参数估计为一种迭代过程,每次在线参数估计值总是作为下一次参数估计的初值。常用的参数估计有卡尔曼滤波、最小二乘估计等方法。与参考模型自适应控制方法相比,自校正自适应控制的计算量要大一些。

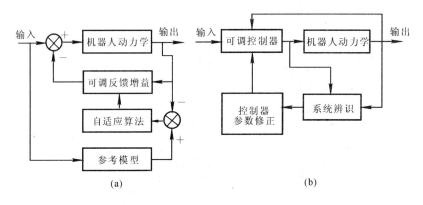

图 12 - 16　自适应控制器原理框图

(a) 模型参考自适应控制；(b) 自校正自适应控制

二、机器人传感器

机器人传感器一方面用来感受内部信息，即机器人自身的位移、速度和加速度等，另一方面用来感受外部信息，如工件的形状、尺寸及工件的相互位置和受力等。先进的传感器技术不仅能提高机器人的运行精度，而且使机器人能适应外界环境的变化，具有一定程度的智能。可以说，机器人技术的先进程度在相当程度上取决于传感器的技术水平。

机器人的控制涉及几何量、物理量等多方面的参数，为了测量每一个参数而采用的传感器又涉及多种原理，所以传感器的种类繁多。从使用的角度看，机器人传感器可分为两大类：用于测量、控制机器人自身状态的内传感器；为进行某种操作而安装在机械手或机器人外部的外传感器。

内传感器按功能可进行如表12-2的分类。内传感器中的位置和速度传感器已成为机器人反馈控制不可缺少的元件，而倾斜角传感器、方位角传感器及振动传感器用做机器人内传感器的时间不长，性能尚不理想。外传感器的分类如表 12-3 所示。

表 12 - 2　内传感器分类

功　　能	种　　类
位置、角度传感器	电位器，旋转变压器，编码器
速度、角度传感器	测速发电机、码盘
加速度(振动)传感器	应变片式，伺服式，压电式，电动式
倾斜角传感器	液体式，垂直振子式
方位角传感器	陀螺仪，地磁传感器

表 12-3　外传感器分类

功　能		种　类
视觉传感器	测量传感器	光学式
	识别传感器	光学式,声学式
触觉传感器	接触觉传感器	单点式,分布式
	压觉传感器	单点式,分布式,高密度集成式
	滑觉传感器	点接触式,线接触式,面接触式
力觉传感器	力传感器 力矩传感器	
接近觉传感器	接近觉传感器	空气式,磁场式,电场式,光学式,声学式
	距离传感器	光学式,声学式
角度觉传感器	倾斜角传感器	旋转式,振子式,摆动式
	方向传感器	万向节式,内球面转动式
	姿态传感器	陀螺仪
其他传感器	听觉	话筒
	嗅觉	
	味觉	

三、机器人的编程技术

由于机器人是一种可编程的通用操作机,为使机器人完成用户所期望的作业,需对机器人进行编程。编程就是编制机器人作业程序,并将这种程序送入控制系统。机器人编程也可理解为使用者与机器人的交互通信。示教盒是机器人的编程工具之一,此外,还有其他多种编程方法。目前,应用较广的是示教编程和离线编程两种方式。

1. 示教再现编程

在工业机器人中应用最广的编程就是示教,即使具有其他编程方式的机器人往往也配有示教编程手段。示教,亦称导引,通过利用手动将机器人移至各目标点,并将对应的机器人关节坐标值记录下来。在再现阶段,机器人便可利用示教获得的路径参数重复实现示教轨迹。在示教编程中,编程所产生的程序实际上只是反映机器人动作路径的一些关节位置数据。

对机器人的引导可以有"手把手"和示教盒导引两种实现方式。采用"手把手"示教时,机器人各关节处于"悬浮"状态,即机器人解除各关节输入输出力,使操作者在手爪处施加较小的力便能推动机器人动作。示教者手握机器人末端执行器,使机器人以很慢的速度完成全部作业,而控制器则记录下路径、位姿和关节坐标等信息,示教便告结束。当机器人本体结构尺寸较大时,即使各关节轴处于"悬浮"状态,也需较大的力才能带动机器人手部运动,令操作者难以灵活自如地引导机器人,从而引起示教精度变差。

随着传感器技术的发展,已有"零力"示教的方法实现"手把手"示教。所谓"零力",是指操作者示教所需的引导力接近零。在"零力"示教时,控制器以腕力传感器的输出作为误差驱动信号对机器人进行力控制,使机器人手部运动方向与操作者施加的引导力方向一致。只要系统有良好的跟踪特性和稳定性,并能快速响应,使用者即可用很小的力导引机器人进行"手把手"示教。

"手把手"示教可较方便地完成连续轨迹示教,但示教精度往往由操作者目测保证,因而较适宜于弧焊等精度要求不高的作业。对于点焊、装配、搬运等精度要求较高,而又允许点位控制的作业,主要利用示教盒进行示教。操作者利用示教盒的按键控制各关节动作,使机器人到达一些所要求的点,并将对应这些点的关节坐标值记录下来。示教盒示教较适宜于点位控制,示教点之间机器人的实际轨迹由控制系统采用样条函数进行插补自动生成,对用户来说是不可知的。采用示教盒示教时,每次只能使一个关节动作,如需实现轨迹控制,须按轨迹精度的要求在路径上示教很多个点,只要示教点数足够多,从理论上讲,也能保证再现时所获得的轨迹精度,但过多的示教点会使示教过程非常繁琐。

在对机器人进行示教前,应首先保证被操作工件的定位一致性。只有定位偏差与机器人末端重复定位误差之和在允许范围之内,机器人才能完成给定的作业任务。然后按作业要求,确定示教次序,并根据控制特点和作业空间的限制确定必要的中间示教点。

在小批量多品种混流生产场合,应尽可能将所有不同的机器人作业路径一次示教完成,以提高示教效率。再现时,控制系统便可根据用户提供的作业代码或智能感觉信息自动选择适当的作业轨迹。

示教完成后,应进行示教准确性的试验。因为在示教时和再现时机器人的受力情况不一致,机器人各关节的间隙将可能导致再现失败。主要的解决办法是利用编辑功能对示教数据进行修正,这种修正也可理解为一种微调。编辑示教点时,可以选择相关的关节坐标,并修正其坐标值。编辑与示教的一个主要区别在于示教是在线的,机器人随之动作;而编辑是离线的,机器人并不动作,实际被修改的是控制系统内存单元中的数据。除了示教点可以被编辑外,还可编辑示教线路,即可改变示教点的先后次序,重复或删除示教点。利用编辑功能可以避免示教时的重复劳动。

此外,机器人作业时往往需要周边装置的配合,由于机器人作业任务的柔性,事先不能将周边控制信号输出固定在系统程序之中。因此,周边装置的控制信号应由操作者在示教时给出。在示教结束后,控制系统应允许操作者在再现前输入作业类别,从而能根据作业特性,结合示教内容完成对机器人与周边设备的控制。

2. 离线编程技术

机器人采用示教再现编程工作方式时,无论采用"手把手"示教还是示教盒示教,都需要机器人停止原来的工作,而再现时往往不能满足要求。因为需反复进行示教,所以要花费很多时间。这对于生产效率很高的柔性制造系统(FMS)和计算机集成制造系统(CIMS)来说,让整条生产线停下来等待机器人调试是不可能的,因此脱离生产线,独立对机器人进行编程是十分必要的。

(1)离线编程技术及其发展。机器人离线编程技术是利用计算机图形学的方法,建立起机器人及其工作环境的模型,并利用一些规划算法,通过对图形的控制和操作,在脱离生产线的情况下进行机器人的轨迹规划。离线编程技术对于提高机器人的使用效率和工作质量,提高机器人的柔性和机器人的应用水平都有重要的意义。表12-4为示教编程和离线编程两种方式的比较。

表 12 - 4　示教编程和离线编程的比较

示教编程	离线编程
需要实际机器人系统和工作环境	需要机器人系统和工作环境的图形模型
编程时机器人停止工作	编程不影响机器人工作
在实际系统中试验程序	通过仿真试验程序
编程的质量取决于编程者的经验	用规划技术可进行最佳路径规划
很难实现复杂的机器人轨迹路径	可实现复杂运动轨迹的编程

一个完整的离线编程系统至少应包括以下几部分:

1)三维几何造型。这是系统的基础,为机器人和工件的编程和仿真提供可视立体图像。

2)运动学计算。这是系统中控制图形运动的依据,即控制机器人运动的依据。

3)轨迹规划。用来生成机器人关节空间或直角空间里的轨迹,以保证机器人完成既定的作业。

4)机器人运动的图形仿真。用来检验编制的机器人程序是否正确、可靠,一般具有碰撞检查功能。

5)用户接口。要有友好的人机接口,并要解决计算机与机器人的接口问题。

6)语言转换。要把仿真语言程序变换成被加载机器人的语言指令,以便命令真实机器人工作。

7) 误差的校正。离线编程系统中的仿真模型(理想模型)和实际机器人模型存在有误差。产生误差的因素主要有机器人本身的制造误差、工件加工误差以及机器人与工件的定位误差等,所以未经校正的离线编程系统工作时会产生很大的误差。因此,如何有效地校正误差,是离线编程系统的关键。

传统的离线编程技术可称为一种基于三维图形的屏幕示教编程技术。近年来,机器人离线编程技术正在迅速发展,机器人的自动编程技术受到各行业的重视。这种自动编程技术的基础是一种更高级的编程语言,即作业任务级编程语言。这种基于任务级编程语言的自动编程技术在不久的将来可能彻底改变未来机器人的编程方法。

离线编程技术的最高阶段是全自动编程,即只需输入工件的模型,离线编程系统中的专家系统会自动制定相应的工艺过程,并最终生成整个加工过程的机器人程序,也可以将这一技术比喻为傻瓜编程。

(2) 典型系统。根据机器人离线编程系统的开发和应用情况,可将其分为三类:商品化通用系统、企业专用系统和大学研究系统。ROTSY 是商品化通用离线编程系统,是在微机上实现与工作站图形处理能力相当的软件。其具有如下特点:

1) 在微机上扩展机器人应用领域;

2) 可以强有力地支持用户机器人系统的建立;

3) 价格低,且可在一般微机上运行高性能价格比的系统;

4) 接近工作站的高速 3D 图形显示;

5) 在 WINDOWS 平台上操作自如。

ROTSY 离线编程软件主要功能如下:

1) 编辑功能。随着 3D 图形显示的强化,实现了 ROTSY FOR WINDOWS 上的 CAD 图形编辑。此外,还配备了程序文件及其他各种数据的编辑功能,提供了强有力的编辑环境。

i)3D 模型编辑功能(简易 CAD 功能)。用鼠标可以建立简单地 3D 模型,配备有立方体、圆柱体等模型。

ii) 程序编辑功能。借助于配备的程序编辑功能,可简单地编辑作业文件。此外,可在示教的同时简单地追加命令。

iii) 工具数据编辑功能。借助于工具数据编辑功能,可以方便地编辑工具数据。

iv) 用户坐标编辑功能。使用用户坐标编辑功能,可简单地编辑用户坐标信息;能自动生成3 点指定方式的用户坐标,与离线示教功能组合进一步简化数据建立。

2) 仿真功能。随着仿真功能的强化,仿真精度得到提高,可通过画面操作确定实际机器人的位置和作业工具的适当配置。

i) 跟踪功能。借助仿真操作,可以用图像显示机器人的动作轨迹。

ii) 脉冲记录。用脉冲数据记录机器人的轨迹。借助视觉,可实现机器人动作的再现、逆动;

通过显示点到点的时间,可以直接确定机器人点到点的移动时间。

iii) 提高轨迹精度。考虑到伺服的延迟,角部的仿真轨迹精度可控制在 20% 以内,可以按照愿望进行示教。

iv) 作业时间计算。仿真操作结束后,作业时间自动算出,预测精度通常为 ±5%。

v) 动作范围显示功能。用图形显示机器人的作业范围,使得作业工具的配置变得简便易行。

vi) 干涉状况自动监测。可以检查机器人与其他工具和夹具的干涉。

vii) 机器人可配置区域检测功能。为使机器人能达到理想的示教点,可检测出机器人的配置位置。

(3) 监测功能。对仿真时的动作状况的监测功能得到加强。

i) I/O 信号监测。支持控制柜的各种 I/O 指令。包括机器人 I/O 信号的监测,I/O 信号输入、输出功能,可以模拟实现 I/O 信号同步程序的联锁。

ii) 程序步骤的同步显示。与运行中的程序相对应,机器人在动作时的各步骤可以得到同步显示。

(4) 示教功能。用鼠标指向示教的目标点,就可以实现工具前端的瞬时移动,对于离线示教来说,示教变得简单容易。

i) 示教盒功能。已生产出与实际机器人示教盒类似的示教盒。会操作机器人的人就会使用该示教盒,还可以用来进行示教盒的实际操作培训。

ii) 离线编程示教功能。示教功能与离线编程功能相结合,使原来的示教工作量大幅度减轻,直接对画面进行操作,可进行目标点移动、姿态变换目标点移动(自由点、顶点、画面中心点)及操作对象限定(工件、框架)等。

(5) 其他功能。

i) 高速三维图像显示。要求 40 万 POLYGON/ 秒工作站可以实现运行。包括明暗显示功能,线型轮廓显示功能,远近投影显示功能,光源设定功能,旋转、放大及缩小显示功能。

ii) 校准。应用各种校准功能,可以实现很高的实际精度。机器人本体精度提高,作业工具控制点动作的精度提高,可使工件与机器人之间的相对位置得到修正。

iii) 外部 CAD 数据的应用。DXF,3DS * 格式的 CAD 数据可以利用。在 3DS 场合,需要附加其他用途软件。

四、智能机器人

所谓智能机器人就是具有人工智能的机器人,它能自动识别对象和环境,根据要求自己规划其动作来完成作业。即:智能机器人有一定的感知、判断和决策能力。

智能机器人将发展成为 21 世纪最先进的技术之一。上世纪 90 年代以来,智能机器人获得了较为迅速的发展。回顾近几年来国内外机器人技术的发展历程,可以归纳出下列一些特点和发展趋势。

传感型智能机器人发展较快。作为传感型机器人基础的机器人传感技术有了新的发展,各种新型传感器不断出现。例如,超声波触觉传感器,静电电容式距离传感器,基于光纤陀螺惯性测量的三维运动传感器,以及具有工件检测、识别和定位功能的视觉系统等。采用多传感器集成和融合技术,能利用各种传感信息,获得对环境的正确理解,使机器人系统具有更高的容错性,保证系统信息处理的快速性和正确性。在多传感器集成和融合技术研究方面,人工神经网络的应用特别引人注目,成为一个新的研究热点。

在新型智能机器人的开发中,临场传感技术、虚拟现实技术应用于遥控机器人和临场传感通信等。形状记忆合金及可逆形状记忆合金也在微型机器人上得到应用。多主体机器人系统可完成相互关联的动作或作业,作业目标一致,信息资源共享,各个局部(分散)动作的主体在全局前提下感知、行动、受控和协调,是群控机器人系统发展的主要方向。

在诸多新型智能技术中,基于人工神经网络的识别、检测、控制和规划方法的开发和应用占有重要的地位。基于专家系统的机器人规划获得新的发展,除了用于任务规划、装配规划、搬运规划和路径规划外,也被用于自动抓取规划。

采用模块化设计技术的智能机器人,其高性能部件,甚至全部机构的设计已向模块化方向发展。由于采用了交流伺服电机、高速 CPU、多处理器和多功能操作系统,不仅提高机器人的实时控制和快速响应能力,而且使智能机器人进一步小型化。

微型机器人为 21 世纪的尖端技术之一,其研究已有所突破。手指大小的微型移动机器人可进入小型管道进行检查作业;毫米级的微型移动机器人和直径为几百微米的医疗机器人可直接进入人体器官,进行各种疾病的诊断和治疗。

我国的智能机器人开发研究已从单纯"跟踪"转到部分创新阶段,取得了一系列研究及应用成果,如智能移动机器人、水下机器人、服务机器人、微型机器人、仿生机器人、网络机器人、可重构模块化机器人以及军用机器人等。

12.4　机器人在材料加工中的应用

材料加工,尤其是热加工,是使用机器人最早、最多的领域之一。

自从上世纪 60 年代机器人进入工业领域以来,世界各国累计销售机器人总台数,到 1999 年底达到约 110 万台。目前我国有工业机器人用户数百家,拥有工业机器人数千台,其中国产机器人约占 1/5,其余是进口的各类工业机器人。

一、机器人在焊接生产中的应用

焊接机器人是焊接自动化的革命性进步,它突破了焊接刚性自动化的传统方式,开拓了一种柔性自动化生产方式。刚性自动化设备通常都是专用的,只适合于中、大批量产品的自动化生产,因而在中、小批量产品的焊接生产中,手工焊仍是主要的焊接方式,而焊接机器人使小批量产品自动化焊接生产成为可能。由于机器人具有示教再现功能,完成一项焊接任务只需要人给它做一次示教,随后其即可精确地再现示教的每一步操作。如果机器人去做另一项工作,无须改变任何硬件,只要对它再做一次示教即可。因此,在一条焊接机器人生产线上,可同时生产若干种焊件。

焊接机器人的主要优点如下:

1) 稳定和提高焊接质量,保证其均匀性;

2) 提高劳动生产率,一天可 24 h 连续生产;

3) 改善工人劳动条件,可在有害环境下工作;

4) 降低对工人操作技术的要求;

5) 缩短产品改型换代的准备周期,减少相应的设备投资;

6) 可实现小批量产品的焊接自动化;

7) 能在空间站建设、核能设备维修、深水焊接等极限条件下完成人工难以进行的作业;

8) 为焊接柔性生产线提供基础。

同其他工业机器人一样,焊接机器人也经历了从示教再现型到基于一定传感器信息的离线编程型的过程,并向多传感、智能化方向发展。

目前,国内外已有大量的焊接机器人系统应用于各类自动化生产线上,焊接机器人大约占各类机器人总数的一半,涉及弧焊、点焊和激光焊等焊接方法。机器人用于弧焊时,需有周边装置及安全措施,具有 6 个自由度的垂直关节型机器人的工作空间大,也很灵活,但用于焊接复杂工件时,还需要回转工作台使焊件转到适于焊接的位置,焊件必须用夹具紧固在回转工作台上。焊接机器人及辅助装置需护栏围上,控制系统及操作台放在护栏之外,以保证操作人员安全。点焊机器人的应用非常广泛,小至焊接集成电路等的电子元器件,大到焊接汽车壳体。点焊机器人的周边装置主要是传送带及工装板。一条传送带上可放许多工装板,由许多点焊机器人分别焊接工件的不同部位。

在我国,目前已有数千台焊接机器人分布于汽车、摩托车、工程机械等制造业,已建成机器人焊接柔性生产线多条,机器人焊接工作站数百个。这些焊接机器人系统从总体上看,基本都属于第一代的任务示教再现型,功能较为单一,工作前要求操作者通过示教盒控制机器人各关节的运动,采用逐点示教的方式来实现焊枪空间位姿的定位和记录。由于焊接路径和焊接参数是根据实际作业条件预先设置的,在焊接时缺少外部信息传感和实时调整的功能。这类焊接机器人对作业条件的稳定性要求严格,焊接时缺乏柔性,表现出下述明显缺点:

1) 不具备适应焊接对象和任务变化的能力;

2) 对复杂形状的焊缝编程效率低,占用大量生产时间;

3) 不能对焊接动态过程实时检测控制,无法满足对复杂焊件的高质量和高精度焊接要求。

在实际焊接过程中,作业条件是经常变化的,如加工和装配上的误差会造成接头位置和尺寸的变化,焊接过程中工件受热及散热条件改变会造成焊道变形和熔透不均。为了克服机器人焊接过程中各种不确定因素对焊接质量的影响,提高机器人作业的智能化水平和工作的可靠性,要求焊接机器人系统不仅能实现空间接头的自动实时跟踪,而且还能实现焊接参数的在线调整和焊缝质量的实时控制。为了达到上述目标,目前科研人员围绕机器人焊接智能化展开了广泛的研究工作,主要包括机器人焊接任务智能化规划软件系统设计、机器人焊接传感与动态过程智能控制技术、焊接机器人系统用电源配套设备技术、焊接机器人运动轨迹控制技术、机器人焊接智能化复杂系统的控制与优化管理技术以及机器人遥控焊接技术等内容。

二、机器人在铸造生产中的应用

现代铸造工业的发展特征包括以下几个方面:高的生产率、稳定的高质量、小的加工余量、洁净铸造(无污染或者少污染的铸造工业)以及较短的进行多品种生产的转换时间等。同时,现代化的铸造生产也越来越需要柔性自动化技术。机器人铸造生产线可以同时满足这些要求,并能够适应铸造时的特殊环境。

机器人在铸造中的应用首先是从压力铸造开始的。最早的机器人应用是在 1961 年,美国福特公司的一个铸造厂将机器人作为一台压铸机的辅助设备。它的主要优点是能够保证操作者的安全,并能预测产量和保证零件质量。随着机器人技术和工业技术的发展,对生产过程提出了更高的要求,尤其是操作过程的柔性化。工业机器人的真正的潜力正在逐渐被认识。机器人比专用设备更经济的主要原因是它具有执行各种任务的能力。在压铸过程中,机器人可以完成诸如将金属放入压铸机,从压铸机中取出铸件、切除浇口、去毛刺以及装配等各项任务。机器人不但可以完成各种不同的工作,而且可以利用最少的投资,通过编程和更换夹具来完成另外的铸造工作。

机器人在砂芯制造中也有着大量的应用,因为砂芯的需求量非常大,而工业机器人能够准确地运送、装配相当精巧而又很重的砂芯。对于一些复杂的铸件如汽车发动机部件来说,其砂芯被装配到一起时就会变得非常沉重,可达 50 kg 以上。而且由于各种化学黏结剂、脱模剂的使用,会产生大量的灰尘以及有刺激性的气体,从而使装配工作的条件变得令人难以忍受。如果每天用手工来搬运大量的如此沉重的零件,工人的劳动强度将会很高。但机器人可以在有灰尘及有刺激性气体的条件下工作,只需加上防护罩即可。它可以不知疲倦地工作,同时还能保证很高的精确度。

进入 20 世纪 80 年代以后,我国的铸造生产自动化技术受到重视并得到很快发展,已开发了多台铸造机器人用于各大汽车厂的铸造分厂,取得了良好的经济及社会效益。

三、机器人在锻造及冲压生产中的应用

锻造的生产环境温度高、噪声大、劳动条件恶劣;冷冲压的操作工人稍不留心,易发生断指等人身事故。因而,国内外的许多工厂陆续用机器人来进行上、下料,形成自动生产线。随着现代制造技术的发展,冲压生产技术也在向高速化、自动化、柔性化方向发展。传统冲压生产过程中的手动操作、人工送料的生产方式已无法满足高速发展的机械、电子、国防、汽车及家用电器等工业的需要和日趋激烈的国际竞争需求。而在冲压生产中采用机器人代替人工操作,构成自动化生产单元或组成柔性自动化生产线,是进行高速、高效、高质量冲压生产的一种有效方法,也是现代冲压生产技术的重要发展方向。机器人在冲压生产中的应用,提高了冲压生产的自动化水平及生产效率,同时将操作工人从危险、繁重、单调的冲压生产中解放出来。

机器人锻造生产线一般由加热炉、锻压机及机器人组成。控制系统使加热炉的送料机构推出加热好的坯料,机器人夹取坯料,送入锻压机进行镦粗、压成锻件并切除飞边,然后,机器人取出锻件送入料箱。

冲压机器人是指由计算机控制的、可重复编程的、能在一定立体空间内自由地抓取零件并进行其他冲压生产操作的一种机电装置。它是在冲压操作机、冲压机械手的基础上利用高科技发展起来的自动化装置。冲压自动化机器人成套设备以高速上下料机器人为主,包括上、下料机器人,双料堆自动提升分层装置,工件翻转装置和二次定位对中工作台等部分。

冲压自动化机器人成套设备可用于实现中、小型开式压力机的单机自动化生产或与多台压力机构成自动化生产线,适用于汽车、摩托车、计算机、家用电器、制冷、电机和包装等行业的自动化冲压生产中。

据不完全统计,目前我国已有大约50台冲压机器人和40多条使用冲压机器人的生产线。

四、机器人在热处理生产中的应用

在热处理中,热处理炉散发热量、废气(氰化炉还有毒),以及淬火介质蒸发出水汽、油烟等均会污染环境,因而机器人在热处理中的应用,可以有效地改善工人的劳动条件,提高产品质量和劳动生产率。目前机器人主要是用来进行自动装卸料,实现加料作业自动化。此外,由于机器人动作灵活,速度快,可将锻压机与热处理设备连成柔性自动生产线。

习　　题

1. 机器人由哪几部分组成?各部分有什么作用?
2. 机器人如何分类?
3. 何谓机器人的自由度、工作空间、额定负载、分辨率、位姿准确度及位姿重复性?
4. 简述采用气压驱动、液压驱动及电动机驱动的机器人的优、缺点。
5. 机器人是如何实现点位控制和连续轨迹控制的?
6. 机器人传感器有何作用?常用的机器人传感器主要有哪些?
7. 一个完整的机器人离线编程系统主要包括哪几部分?

第 13 章　检测与控制系统的电磁骚扰与兼容

在材料加工工艺过程的检测与控制中,常会遇到较为严重的电磁骚扰。分析骚扰产生的原因,并采取有效措施消除和防止发生电磁骚扰,是检测与控制过程必须解决的技术问题。

电磁骚扰是指任何可能引起装置、设备或系统性能降低,或者对有生命或无生命物质产生损害作用的现象,而电磁干扰是由电磁骚扰引起的后果。电磁兼容是研究在有限的空间、时间和频谱资源等条件下,各种用电设备(广义的还包括生物体)可以共存,并不致引起其性能降低的一门科学。

13.1　电磁骚扰及其耦合途径

一、检测与控制系统的电磁骚扰

检测与控制系统中的骚扰一般以脉冲的形式进入系统,骚扰窜入耦合系统的主要途径有三条(见图 13-1):① 空间耦合(场耦合),通过电磁波辐射窜入系统;② 过程通道耦合,通过与检测及控制系统相连接的前向通道、后向通道及其他相互通道进入;③ 供电系统耦合。一般情况下,空间耦合在强度上远小于其他两个渠道的耦合,而且空间耦合可以用良好的屏蔽与正确的接地以及高频滤波加以解决,故检测与控制系统中应重点防止过程通道及供电系统的耦合。

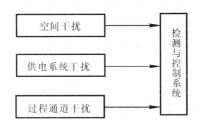

图 13-1　系统中的主要骚扰途径

在检测与控制系统的工作现场,带触点的开关设备断开时,将产生火花放电而形成骚扰;电感性元器件断电时,产生幅值很高的瞬时电压脉冲;各种电焊机及利用火花放电进行工作的设备,含有整流子和电刷的旋转电机及各种开关电路输出电平的突变均会对系统产生不同程度的骚扰。这些骚扰会通过前、后向通道及互联电路窜入检测和控制系统,使其正常的工作状态遭到破坏。

任何电源及输电线路都存在内阻,正是这些内阻才引起了电源的噪声骚扰。如果没有内阻的存在,无论何种噪声都会被电源短路吸收,在电路中不会建立起任何骚扰电压。

检测和控制系统中最重要、危害最严重的骚扰来源于电源污染。

如果电源电压变化的持续时间定为 Δt,那么根据 Δt 的大小,可以将电源骚扰分为以下3种:

(1) 过压、欠压、停电:$\Delta t > 1$ s;

(2) 浪涌、下陷及正、负半周电压波形的不对称变化:1 s $> \Delta t > 10$ ms;

(3) 尖峰电压:Δt 为微秒量级。

过压、欠压、停电的危害是显而易见的;浪涌与下陷是电压的快速变化,如果幅值太大也会毁坏系统;正、负半周电压波形的不对称变化会使电子交流稳压器输出端产生振荡;尖峰电压持续时间很短,一般不会损坏系统,但对系统的正常运行危害很大。

二、电磁骚扰的耦合途径

1. 传导耦合

传导是骚扰源与检测控制系统之间主要的耦合途径之一。传导骚扰可以通过电源线、信号线、互连线及接地导体等进行耦合。

在低频时,由于电源线、接地导体、电缆的屏蔽层等呈现低阻抗,故电流流入这些导体时易于传播。当骚扰传到其他敏感电路时,就可能产生干扰。

在高频时,导体的电感和电容将不可忽略,将对电路的正常工作产生影响。

2. 共阻抗耦合

当两个以上不同电路的电流流过公共阻抗时,就出现共阻抗耦合。在电源线和接地导体上传播的骚扰电流,通常都是通过共阻抗耦合进入敏感电路的。

图 13-2 示出了这种耦合的典型例子,地电流 1 和 2 均流过了公共地阻抗。就电路 1 来说,它的地电压被流动在共地阻抗上的地电流 2 所调制。因此,一些噪声信号由电路 2 通过共地阻抗耦合到电路 1。所谓噪声信号是指器件或电路中除了有用的信号之外的不期望扰动。但来自外部的噪声也称为骚扰。

图 13-3 是共地阻抗耦合的另一个例子。图中 U_1 为骚扰源电压,U_2 为敏感电路信号电压,即易受骚扰的弱信号电压。骚扰源电路与敏感电路之间具有公共地阻抗 Z_g。

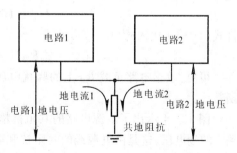

图 13-2 共地阻抗耦合之一

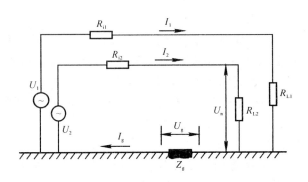

图 13 - 3　共地阻抗耦合之二

可列出下列方程

$$U_1 = I_1(R_{i1} + R_{L1}) + (I_1 + I_2)Z_g \tag{13-1}$$

$$U_g = (I_1 + I_2)Z_g \tag{13-2}$$

若不考虑 I_2 的作用,可简化为

$$U_1 = I_1(R_{i1} + R_{L1} + Z_g) \tag{13-3}$$

$$U_g = I_1 Z_g \tag{13-4}$$

可得

$$U_g = Z_g U_1 / (R_{i1} + R_{L1} + Z_g) \tag{13-5}$$

由于

$$(R_{i1} + R_{L1}) \gg Z_g$$

因此

$$U_g \approx Z_g U_1 / (R_{i1} + R_{L1}) \tag{13-6}$$

U_g 在 R_{L2} 上形成的骚扰电压 U_n 为

$$U_n = U_g [R_{L2} / (R_{i2} + R_{L2})] \tag{13-7}$$

将式(13-6)代入式(13-7),可得

$$U_n = Z_g R_{L2} U_1 / [(R_{i1} + R_{L1})(R_{i2} + R_{L2})] \tag{13-8}$$

可见,敏感电路负载 R_{i2} 上的骚扰电压 U_n 是骚扰源电压 U_1、公共地阻抗 Z_g 及负载 R_{L2} 的函数。

图 13-4 示出了电源电路的共阻抗耦合。当电路 2 所要求的电源电流变化时,必然影响电路 1 的端电压。这是由电源线的共阻抗和电源内部的源阻抗 Z_o 引起的。将电路 2 的引线直接连到电源输出端,从而减小了共线阻抗,电路 2 的性能得到一些改善,但是电源内阻的耦合仍然存在。

图 13-5 的串联地阻抗耦合电路中,所有独立电路的地通过串联连接,这对噪声来说是一种最不希望出现的共地系统。因为 $U_1 = Z_1(I_1 + I_2 + I_3)$,$U_2 = Z_1(I_1 + I_2 + I_3) + Z_2(I_2 + I_3)$,

$U_3 = Z_1(I_1 + I_2 + I_3) + Z_2(I_2 + I_3) + Z_3 I_3$，所以任一个电路电流的变化都会对其他电路产生影响。

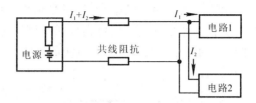

图 13-4 两上电路使用公共电源时的共抗耦合

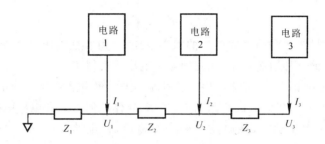

图 13-5 串联地阻抗耦合电路

3. 感应耦合

感应耦合是导体之间以及某些部件（如变压器、继电器及电感器等）之间的主要骚扰耦合方式之一。它可分为电感应耦合和磁感应耦合两种。

（1）电感应（容性）耦合。源电路上的电压可产生电力线，它与敏感电路相互作用后，就出现电感应耦合。感应电压是源电压、频率、导体几何形状和电路阻抗的函数。

图 13-6 简单地描述了两导体线间的容性耦合。假设导线 1 上的电压 U_1 为骚扰源电压，而导线 2 为受影响的电路（即敏感电路），则导线 2 和地之间产生的噪声电压 U_n 可表示为

$$U_n = \frac{j\omega C_{12} R}{1 + j\omega R(C_{12} + C_{2g})} U_1 \qquad (13-9)$$

当 $R \ll \dfrac{1}{j\omega(C_{12} + C_{2g})}$ 时，则

$$U_n = j\omega R C_{12} U_1 \qquad (13-10)$$

即相当于产生了一个幅值为 $I_n = j\omega C_{12} U_1$ 的电流源。所以，容性耦合可以用连接在导线 2 与地之间的电流源 I_n 来模拟。

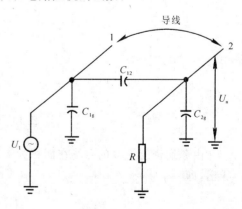

图 13-6 两导线间的容性耦合

式(13-10)是针对讨论两导线间容性耦合的最重要的公式。它表明噪声电压直接正比于骚扰源的频率($\omega = 2\pi f$)、敏感电路到地的电阻R、导线1和导线2间的电容C_{12}以及电压U_1。

假设骚扰源的电压和频率恒定,要减少容性耦合,则可采取以下措施:一方面使敏感电路在较低的电阻值上工作,另一方面减小电容C_{12},而电容C_{12}的减小又可以通过导线本身的方向性、屏蔽或者分隔来实现。进而达到减小导线2上感应电压的目的。

如果导线2到地的电阻很大,即

$$R \gg \frac{1}{j\omega(C_{12} + C_{2g})}$$

则

$$U_n = \frac{C_{12}}{C_{12} + C_{2g}} \qquad (13-11)$$

在这种情况下,导线2和地之间产生的噪声电压,是由容性电压分压器C_{12}和C_{2g}引起的,与频率无关。而且与前一种情况相比,此时的噪声电压要大得多。

(2)磁感应(感性)耦合。当变化的电流产生磁通时,使源电路与另一电路(敏感电路)链环,结果出现磁感应耦合。感应电流是源电流、频率、导体几何形态和电路阻抗的函数。

当电流在电路1中流动时,在电路2中产生磁通,使电路1与2之间存在互感M_{12}(见图13-7),可表示为

$$M_{12} = \Phi_{12}/I_1 \qquad (13-12)$$

式中,Φ_{12}表示电路1的电流I_1引起的电路2的磁通。

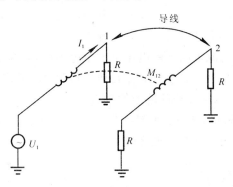

图13-7 两电路之间磁耦合

由磁通密度为$\boldsymbol{B}$的磁场在面积为$\boldsymbol{A}$的闭合回路中所引起的感应电压U_n,可由法拉第定律导出,即

$$U_n = -\frac{d}{dt}\int_A \boldsymbol{B} \cdot d\boldsymbol{A} \qquad (13-13)$$

式中,$\boldsymbol{B}$和$\boldsymbol{A}$都是矢量。如果闭合回路是固定的,则整个环面积恒定,而磁通密度随时间作余弦

变化,即

$$U_n = \omega BA\cos\theta \qquad (13-14)$$

式中,B 为磁通密度($\mathrm{Wb/m^2}$);A 为闭合回路的面积($\mathrm{m^2}$)。

因此,$BA\cos\theta$ 表示耦合到敏感电路的总磁通(Φ_{12}),用两个电路中的互感 M_{12} 来表示感应电压,可得

$$U_n = \mathrm{j}\omega M_{12} I_1 = M_{12}\frac{\mathrm{d}I_1}{\mathrm{d}t} \qquad (13-15)$$

上述两式都是讨论两电路间感性耦合的基本公式。为了减小噪声电压,必须减小 B,A 或 $\cos\theta$。减小 B,可以采用电路的物理分隔;减小敏感电路的面积 A,可以将导线紧贴在地平面上(如果返回电流通过地平面时),或者使用两根绞合在一起的导线(如果返回电流是在该对导线之中);减小 $\cos\theta$,可适当调整骚扰源和敏感电路的相对位置。对于磁耦合,噪声电压产生于敏感电路串联的导线中(见图13-8);对于电耦合,噪声电流产生于导线2与地之间(见图13-9)。实际工作中,可以用下述方法来鉴别两种耦合:测量跨接电缆一端阻抗上的噪声电压,并减小该电缆另一端上的阻抗。如果所测噪声电压减小,则为电骚扰;如噪声电压增加,则为磁骚扰。

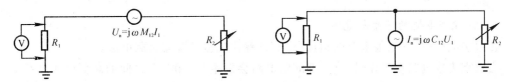

图 13-8　磁耦合等效电路　　　　　图 13-9　电耦合等效电路

13.2　有源器件的选择与印刷电路板的设计原则

在进行电磁兼容设计时,可根据防护措施在实现电磁兼容时的重要性,分层依次进行设计。例如,第一层为有源器件的选择与印刷电路板设计,第二层为接地设计,第三层为屏蔽设计,第四层为滤波设计,最后进行综合设计。这称为分层与综合设计法。

一、有源器件的电磁敏感度特性

一般将电阻、电容、电感称为无源器件;而将各种 TTL,HTL,CMOS 等集成电路器件称为有源器件。

灵敏度和带宽是评价有源器件最重要的参数,灵敏度越高,带宽越大,抗扰度越差。

模拟器件的灵敏度以器件固有的噪声为基础,即器件固有的噪声信号强度或最小可识别信号强度称为灵敏度。模拟器件的带内敏感度特性取决于灵敏度和带宽。

逻辑器件的带内敏感度特性取决于噪声容限或噪声抗扰度。噪声容限即叠加在输入信号

上的噪声最大允许值,噪声抗扰度可表示为

$$噪声抗扰度 = \frac{直流噪声容限(V)}{典型输出翻转电压(V)} \times 100\%$$

噪声容限可分为直流噪声容限、交流噪声容限和噪声能量容限。直流噪声容限把逻辑器件的抗扰度和逻辑器件典型输出翻转电压联系起来。交流噪声容限进一步考虑了逻辑器件的延迟时间。如果骚扰脉冲的宽度很窄,逻辑器件还没有来得及翻转,骚扰脉冲就消失了,就不会引起骚扰。噪声能量容限则同时包含了典型的输出翻转电压、延迟时间和输出阻抗,可表示为

$$N_E = \frac{U_{TH}^2}{Z_o} T_{pd} \tag{13-16}$$

式中,N_E 为噪声能量容限;U_{TH} 为逻辑器件的典型输出翻转电压;T_{pd} 为延迟时间;Z_o 为输出阻抗。如果噪声能量大于噪声能量容限,则逻辑器件将误翻转。各种逻辑器件族单个门的典型特性,包括直流噪声容限和噪声抗扰度,有较大差异,推荐使用 CMOS,HTL 器件。低电平、高密度组装、高速及高频器件很容易受到骚扰,特别是脉冲骚扰。

二、ΔI 噪声电流和瞬态负载电流的产生与危害

1. ΔI 噪声电流的产生与危害

在数字电路中,一个很重要的骚扰源是 ΔI 噪声电流和瞬态负载电流。

当数字集成电路在工作时,其内部的门电路会发生"0"和"1"之间的高低电平变换。门电路中的晶体管(或场效应管)发生导通和截止状态的转换时,会使电源线或地线上的电流产生相应变化。这个变化的电流就是 ΔI 噪声源,亦称 ΔI 噪声电流。由于电源线和地线存在一定的阻抗,其电流的变化将在阻抗上引起尖峰电压。由于在集成电路内电源是共用的,所以其他门电路将受到电源电压变化的影响,严重时会使这些门电路的工作异常,产生运行错误。同时,在一块数字印刷电路板上,常是多个芯片共用一条电源线和地线,这样一个芯片工作引发的 ΔI 噪声电流将通过电源线和地线干扰其他芯片的正常工作,这就是电路板级的 ΔI 噪声电流。

图 13-10 为 4 个门电路组成的数字电路。在门 1 翻转之前,它输出高电位,并通过驱动线对地电容 C_S 充电。充电电压为电源电压。

当门 1 由高电平向低电平翻转时,将有电流 $\Delta I_1 = I_P$ 由门电路注入地线,C_S 的放电电流 $\Delta I_2 = I_L$ 也注入地线。设 ΔI_1 为 2 ns 内引起 4 mA 的电流变化,那么由于地线电感 L 的作用,在门 1 及门 2 的接地端产生尖峰电压,引起电压的波动。设地线电感 L 为 500 nH,则由 ΔI 引起的波动电压为

$$U = -L\Delta I/\Delta t = 500 \text{ nH} \frac{4 \text{ mA}}{2 \text{ ns}} = 1 \text{ V} \tag{13-17}$$

如果门 2 输出低电平,该尖峰脉冲耦合到门 4 的输入端,造成门 4 输出状态的变化及电路的误动作。若要减小 ΔI 噪声电压的幅度,则需要减小地线电感 L。

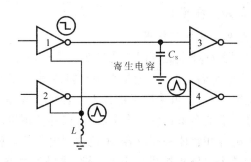

图 13-10 门电路翻转时产生的 ΔI 噪声

2. 瞬态负载电流与 ΔI 噪声电流的复合

瞬态负载电流 I_L 可由下式计算:

$$I_L = C_S \frac{\mathrm{d}u}{\mathrm{d}t} \tag{13-18}$$

式中,C_S 为驱动线对地电容及门电路输入电容之和;$\mathrm{d}u/\mathrm{d}t$ 为门电路翻转时的电压变化率。使用单面印制板时,驱动线对地电容为 $0.1 \sim 0.3$ pF/cm;使用多层印制板时,为 $0.3 \sim 1$ pF/cm。当典型输出翻转电压为 3.5 V,翻转时间为 3 ns 时,设单面板上的驱动线长度为 5 cm,门电路共有 5 个端口,每个端口的输入电容为 5×10^{-12} F,则瞬态负载电流为

$$I_L = (5 \times 0.3 \text{ pF} + 5 \times 5 \text{ pF}) \times 3.5 \text{ V}/3 \text{ ns} = 30 \text{ mA}$$

当驱动线较长,使它的传输延迟超过脉冲的上升时间时,瞬态负载电流可表示为

$$I_L = \Delta U / Z_0 \tag{13-19}$$

式中,ΔU 为翻转电压;Z_0 为驱动线特性阻抗。设 $Z_0 = 90$ Ω,$\Delta U = 3.5$ V,则有 $I_L = 3.5/90 \approx 38$ mA。瞬态负载电流 I_L 与 ΔI 噪声电流将发生复合。由于逻辑器件进行导通和截止状态转换时,ΔI 噪声电流总是从所接电源注入器件,或从器件注入地线;而负载电流 I_L 则不是这样。当从低电平翻转到高电平时,I_L 为正,则 ΔI 噪声电流叠加;当从高电平翻转到低电平时,I_L 为负,则与噪声电流抵消(见图 13-11)。当开关速度很高,并存在引线电感和驱动线对地电容时,将产生很高的瞬态电压和电流,可以看到它们是产生骚扰的初始源。为此,应优先选用多层印制板,使引线电感 L 尽可能减小。此外,还应减小驱动线对地分布电容及驱动门输入电容,正确选择信号参数和脉冲参数等。安装去耦

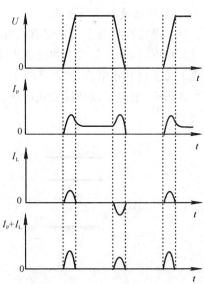

图 13-11 瞬间负载电流 I_L 与
ΔI 噪声电流的复合

413

电容,也是抑制 ΔI 噪声电流的一种方法。

3. 去耦电容对 ΔI 噪声电流的抑制作用

在电子电路设计中,采用去耦技术能够阻止能量从一个电路传输到另一个电路。当逻辑器件中众多信号管脚同时发生电平转换时,不论是否接有容性负载,都会产生很大的 ΔI 噪声电流,使器件的电源电压发生突变。这些可采用去耦技术来保证工作电压的稳定性,确保逻辑器件的正常工作。一般是通过去耦电容来提供一个电流源,以补偿逻辑器件工作时产生的 ΔI。去耦电容分为两种:本地去耦电容和整体去耦电容。本地去耦电容可以就近为器件提供一个电流补偿源;整体去耦电容则为整个电路板提供一个电流源,来补偿电路工作时所产生的 ΔI 噪声电流。

(1)本地去耦电容。所有的高速逻辑器件都要求安装本地去耦电容。

对于 CMOS 逻辑器件来说,一般需要安装 $0.001~\mu F$ 的电容,其位置应尽可能靠近器件,且并联在器件的电源和接地管脚。现在人们常采用一个值比较大的电容和一个值比较小的电容(容量相差 100 倍)并联,作为一个去耦电容安装在器件旁边,如 $0.1~\mu F$ 和 $0.001~\mu F$ 的电容并联。

(2)整体去耦电容。整体去耦电容用来补偿印刷电路板与母板之间、印刷电路板与外接电源之间、电源线与地线之间发生的电流突变,以保证电源电压的稳定。

整体去耦电容一般工作在低频状态,其值为本地去耦电容量的 10 倍。其安装位置应紧靠印刷电路板外接电源线和地线。

4. 共模电流和差模电流

骚扰电流在导线上传输时有两种方式:共模方式和差模方式(见图 13-12)。一对导线上如流过差模电流,则两条线上的电流大小相等,方向相反。而一般有用信号也是差模电流。一对导线上如流过共模电流,则两条线上的电流方向相同。骚扰电流在导线上传输时,既可以以差模方式出现,也可以以共模方式出现。但共模电流只有变成差模电流后,才能对有用信号构成骚扰。

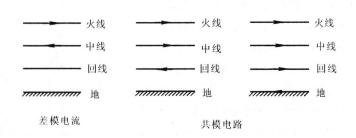

图 13-12 差模电流与共模电流

差模电流流过电路中的导线环路时,将引起差模辐射(见图 13-13)。这种环路相当于小环天线,能向空间辐射磁场,或接收磁场。因此,必须限制环路的大小和面积。

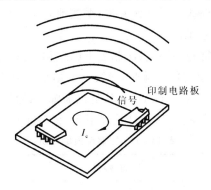

图 13 - 13 印制板的差模辐射

三、印制电路(PCB 板) 设计中的基本原则及应注意的一些问题

印制电路板是电路设计中往往容易忽视的一种部件。由于很少把印制电路板的电特性考虑到电路中去,所以由此造成的影响对电路是十分有害的。如果印制电路板设计合理,将会明显减小电磁干扰。

PCB 板布线时应注意以下几点:

(1) 电路中的电流环路应保持最小;

(2) 信号线和回线应尽可能接近;

(3) 使用较大的地平面以减小地线阻抗;

(4) 电源线和地线应相互接近;

(5) 在多层电路板中,应把电源面和地平面分开。

印制电路板的制造涉及许多材料和工艺过程,以及各种规范和标准。其设计处理则应符合GB4588.3—88《印制电路板设计和使用》。该标准规定了印制电路板设计和使用的基本原则、要求和数据等。它对印制电路板的设计和使用起着指导作用。

1. 单面板及双面板

单面板制造简单,装配方便,适用于一般电路要求。如果印制电路板的布局设计合理,可以明显提高电路的抗干扰能力。

当进行单面板或双面板布线时,最快的方法是先人工布好地线,然后将关键信号,如高速时钟信号或敏感信号,靠近它们的地回路先布置,最后对其他电路进行布线。为了使布线从一开始就有一个明确的目的,在电路图上应给出尽量多的信息。这包括:

1) 不同功能模块在线路板上的位置要求;

2) 敏感器件和I/O接口的位置要求;

3）线路图上应标明不同的地线，以及对关键连线的要求；

4）标明哪些地方不同的地线可以连接起来，哪些地方不允许连接起来；

5）哪些信号线必须靠近地线。

（1）线路板迹线的阻抗。精心的迹线（印制板上的铜箔导线）设计可以在很大程度上减少迹线阻抗造成的干扰。当频率超过数千赫时，导线上的阻抗主要由导线电感决定，细而长的回路导线呈现高电感（典型的值为 10 nH/cm），其阻抗随频率的增加而增加。表 13－1 为典型的 PCB 走线和板阻抗与频率的关系。如果设计处理不当，将引起共阻抗耦合。

表 13－1　印制电路的阻抗

频率 /Hz	迹线阻抗							板阻抗
	$W=1$ mm　$t=0.03$ mm				$W=3$ mm　$t=0.03$ mm			
	$l=10$ mm	$l=30$ mm	$l=100$ mm	$l=300$ mm	$l=30$ mm	$l=100$ mm	$l=300$ mm	
50	5.74 mΩ	17.2 mΩ	57.4 mΩ	172 mΩ	5.74 mΩ	19.1 mΩ	57.4 mΩ	813 μΩ
100	5.74 mΩ	17.2 mΩ	57.4 mΩ	172 mΩ	5.74 mΩ	19.1 mΩ	57.4 mΩ	813 μΩ
1 k	5.74 mΩ	17.2 mΩ	57.4 mΩ	172 mΩ	5.74 mΩ	19.1 mΩ	57.5 mΩ	817 μΩ
10 k	5.76 mΩ	17.3 mΩ	57.9 mΩ	174 mΩ	5.89 mΩ	20.0 mΩ	61.4 mΩ	830 μΩ
100 k	7.21 mΩ	24.3 mΩ	92.5 mΩ	311 mΩ	14.3 mΩ	62.0 mΩ	225 mΩ	871 μΩ
300 k	14.3 mΩ	54.4 mΩ	224 mΩ	795 mΩ	39.9 mΩ	177 mΩ	657 mΩ	917 μΩ
1 M	44.0 mΩ	173 mΩ	727 mΩ	2.95 mΩ	131 mΩ	590 mΩ	2.18 mΩ	1.01 mΩ
3 M	131 mΩ	516 mΩ	2.17 mΩ	7.76 mΩ	395 mΩ	1.76 Ω	6.54 Ω	1.71 mΩ
10 M	437 mΩ	1.72 Ω	7.25 Ω	25.8 Ω	1.31 Ω	5.89 Ω	21.8 Ω	1.53 mΩ
30 M	1.31 Ω	5.16 Ω	21.7 Ω	77.6 Ω	3.95 Ω	17.6 Ω	65.4 Ω	2.20 mΩ
100 M	4.37 Ω	17.2 Ω	72.5 Ω	258 Ω	13.1 Ω	58.9 Ω	218 Ω	3.72 mΩ
300 M	13.1 Ω	51.6 Ω	217 Ω	395 Ω	176 Ω			6.39 mΩ
1 G	43.7 Ω	172						

注：W 为迹线宽度；t 为迹线厚度；l 为迹线长度。

减小电感的方法有以下两种：

1）尽量减小导线长度，如果可能，增加导线的宽度；

2）使回线尽量与信号线平行并靠近。

导线的电感可用下式计算：

$$L = 0.002\ln(2\pi h/W) \quad (\text{nH}) \tag{13-20}$$

式中，h 是导线距离地线的高度；W 是导线的宽度。高频时，对阻抗影响最大的是导线的长度，宽度及直径都是较次要的因素。由于阻抗与走线宽度是对数关系，将宽度增加 1 倍可使电感减少 75%，扁平导线的电感可用下式近似计算：

$$L = 0.2S[\ln(2S/W) + 0.5 + 0.2W/S] \quad (\text{nH}) \tag{13-21}$$

当 $S/W > 4$ 时，则

$$L = 0.2S[\ln(2S/W)] \quad (\text{nH}) \tag{13-22}$$

式中，S 为导线长度（m），W 为导线的宽度（m）。

两根载有相同方向电流的导线电感为

$$L = (L_1 L_2 - M^2)/(L_1 + L_2 - 2M) \tag{13-23}$$

式中，L_1，L_2 分别为导线 1 和导线 2 的自感，M 为互感。

当 $L_1 = L_2$ 时，则

$$L = (L_1 + M)/2 \tag{13-24}$$

因此，可以用并联的方法，使两根以上载流导线的总电感减小，而且 M 愈小，减小愈明显。

两根电流方向相反的平行导线，由于互感作用，能够有效地减小电感，可表示为

$$L = L_1 + L_2 - 2M \tag{13-25}$$

因此，可以使这类导线尽量靠近，尽量使 $M = L_1$，则总电感也将明显减小。

当细导线相距 1 cm 以上时，互感可以忽略不计。

为了使电源和回路导线达到低阻抗，应使用尽可能宽的铜迹线。

（2）制板布线。在印制板布线时，应先确定元器件在板上的位置，然后布置地线、电源线，再安排高速信号线，最后考虑低速信号线。

元器件的位置应按电源电压、数字及模拟电路、速度快慢、电流大小等进行分组，以免相互干扰。根据元器件的位置，可以确定印制板连接器各个引脚的安排。所有连接器应安排在印制板的一侧，尽量避免从两侧引出电缆，减少共模辐射。

1）电源线。电源线应尽可能靠近地线（见图13-14(a)），以减小差模辐射的环面积，也有助于减小交互骚扰。图 13-14(b) 的环面积大，这种方式不好。

2）时钟线、信号线和地线的位置。图 13-15(a) 中的信号线与地线距离较近，形成的环面积较小；图13-15(b) 中的信号线与地线距离远，形成的环面积较大。因此，采用图13-15(a) 的布线形式比较合理。

3）按逻辑速度分割。当需要在电路板上布置快速、中速和低速逻辑电路时，应按图 13-16 布置。高速器件（快逻辑、时钟振荡器等）应安放在紧靠高速边缘连接器的范围内，而低速逻辑电路和存储器，应放在远离连接器的地方。这样对共阻抗耦合、辐射和交互干扰的减小都是有利的。如果边缘连接器为低速，则高速器件应远离连接器。

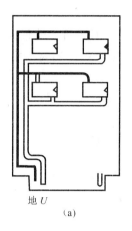

(a)

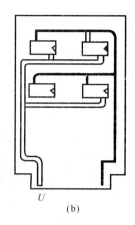

(b)

图 13－14　电源布线

（a）环面积小；（b）环面积大

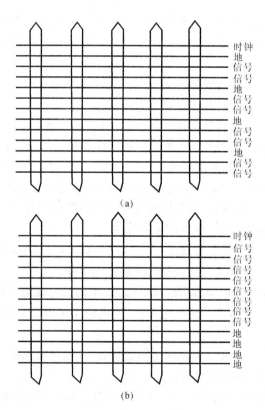

(a)

(b)

图 13－15　时钟线、信号线和地线的排列位置

（a）环面积小；（b）环面积大

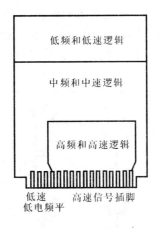

图 13 - 16　不同功能器件的布置方式

4）避免印制电路板导线的不连续性。迹线宽度不要突然变化；导线不要突然拐角。

双面板适用于只要求中等组装密度的场合。安装在这类板上的元器件易于维修和更换，并有利于实现电磁兼容设计。

2．单面板及双面板的几种地线分析

（1）地线网格。平行地线概念的延伸是地线网格，地线网格使信号可以回流的平行地线数目大辐度地增加，从而使地线电感对任何信号而言，都保持最小。这种地线结构特别适用于数字电路（见图 13 - 17）。

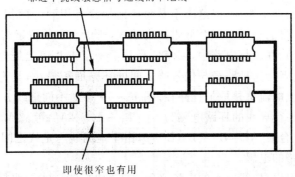

图 13 - 17　地线网络结构

在进行线路板布线时，应首先将地线网格布好，然后再进行信号线和电源线布线。当进行双面板布线时，如果过孔的阻抗可以忽略，则可以在线路板的一面走横线，而另一面走竖线。高速信号线应尽量靠近地线，以减小环路面积。

在高速数字电路中,有一种地线方式是必须避免的,这就是"梳状"地线(见图 13－18)。这种地线结构使信号回流电流的环路很大,会增加辐射和敏感度,并且芯片之间的公共阻抗也可能造成电路的误动作。若在梳齿之间加上横线,就很容易地将梳状地线结构变成地线网格了。

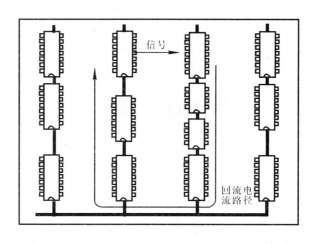

图 13－18 梳状地线结构

(2)地线面。地线网络的极端形式是平行的导线无限多,构成了一个连续的导体平面,这个平面称为地线面。这种结构特别适合于高速数字电路。

地线面的主要作用是减小地线阻抗,从而减少地线干扰。地线面和电源面的屏蔽作用是很小的,特别是当器件安装在线路板表面时,几乎没有屏蔽作用。

在双层板上也可以做地线面,但这决不是简单地将没有用到的面积布上铜箔然后连接到地线上。因为地线面的目的是提供一个低阻抗的地线,所以它必须位于需要这种低阻抗地线的信号线的下面(或上面)。在高频电路中,回流信号并不一定走几何上最短的路径,而会走最靠近信号线的路径。这是因为这种路径与信号线之间的环路面积最小,具有最小电感和阻抗,所以地线面能够保证回流电流总是取最佳路径。图 13－19 是对不同地线方式的比较。前已指出两根电流方向相反的平行导线的环路电感为 $L = L_1 + L_2 - 2M$;互感 M 与两导线之间的距离成反比,当两根导线重合时,$M = L_1 = L_2$,$L = 0$。由于地面线与走线之间的距离很小,因此,地面线能够减小信号环路的电感。

从以上讨论不难看出,地线面上的电流必须是连续的,这样才能取得预期的效果。当地线面必须断开时,应在重要的信号迹线下面设置一根连线(见图 13－20)。因此,当使用多层板布线时,专门设计一层地线面是最简单有效的设计。

地线面上的信号线若需要分开为数字地和模拟地而需开槽时,高速信号线不应跨越槽缝,以免环路面积扩大,因为电流总是走阻抗最小的途径。

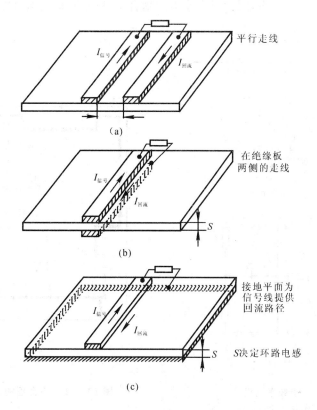

图 13 - 19 不同地线分布方式的比较

（a）平行走线；（b）两侧走线；（c）地平面

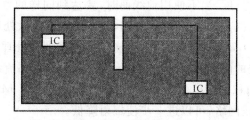

图 13 - 20 断开的地线面

此外，还应避免将连接器安装在槽缝上，因为两侧如果存在较大的地电位差，就会通过外接电缆产生共模辐射。

地线面还能有效地控制串扰。走线之间的串扰机理有电感耦合、电容耦合及共阻抗耦合三种（见图 13-21）。地线面可将公共地线阻抗 Z_g 上的骚扰信号减少 40～70 dB。地线面由于使不同的信号回路不在一个平面内,因此对减小电感耦合也有好处。地线面对电容耦合的改善是由于导线对地的电容的增大。

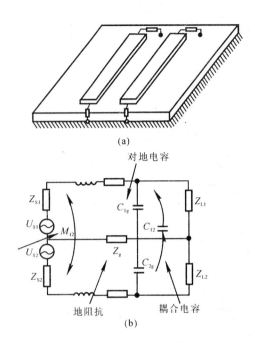

图 13-21　走线串扰机理

(a)结构示意图;(b)等效电路图

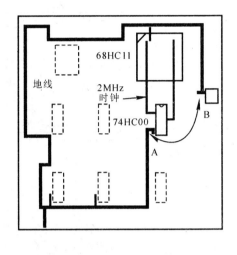

图 13-22　不合理的地线环路

(3)环路面积。地线面的一个主要好处是能够使辐射的环路最小。这保证了 PCB 的最小差模辐射和对外界骚扰的敏感度。当不使用地线面时,要达到同样的效果,必须在高频电路或敏感电路的邻近设置一根地线。图 13-22 是一种错误的布线方式。微处理器 68HCⅡ 的 2 MHz 时钟信号送到电路 74HCOO,74HCOO 的另一个输出端连接到微处理器的一个输入端。但它们的地线连到了一根长地线的两端,结果使 2 MHz 的时钟信号的回流绕了 PCB 整整一周,其环路面积实际是线路板的面积。若从 A 到 B 接一根短线,则可使 2 MHz 时钟的谐波辐射减少 15 ～ 20 dB。如果使用地线网络,可以进一步使辐射降低。

(4)输入输出地的结构。为了减小电缆上的共模辐射,需要对电缆采取滤波和屏蔽技术。但无论滤波还是屏蔽都需要一个没有受到内部骚扰污染的地方。当地线不干净时,滤波在高频时几乎没有什么作用。除非在布线时就考虑这个问题,但一般这种干净地是不存在的。干净地既可以是 PCB 上的一个区域,也可以是一块金属板。所有输入输出线的滤波和屏蔽层必须连到干净地上(见图 13-23)。干净地和内部地只能在一点相连,这样可以避免内部信号电流流过干净地造成污染。

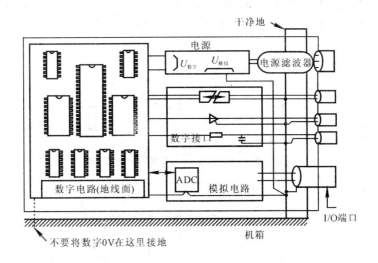

图 13－23　接口的接地

为了防止静电放电,必须将电路地线连接到机壳上。当电路地与机壳需要直流隔离时,可以用一个 10 ～ 100 nF 的射频电容器连接。

绝对不要将数字电路的地线面与模拟电路的地线面区域重叠,因为这样会使数字电路骚扰耦合进模拟电路。数字地与模拟地可以在数模转换器的部位单点连接。

直接与数字电路相连接的接口应使用缓冲器,以避免直接连接到数字电路的地线上,较理想的接口是光隔离器,当然这会增加成本。当不能提供隔离时,可以使用以输入输出地为参考点的缓冲芯片,或者使用电阻扼流圈缓冲,并在线路板接口处使用电容滤波。

(5)地线布线原则。要对所有信号线都实现最佳地线布线是不可能的,故在设计时应重点考虑最重要的部分。从电磁骚扰的角度来考虑,最重要的是高电流变化率(dI/dt)的信号,如时钟线、数据线、大功率振荡器等。从敏感度的角度考虑,最重要的信号是前后沿触发输入电路、时钟系统及小信号数模放大器等。一旦将这些信号分离出来,就可以把设计重点放在这些电路上。

13.3　系统地线及接地技术

接地的含义是为电路或系统提供一个参考的等电位面,如果接真正的大地,则这个参考点面就是大地电位;接地的另一个含义是为电流流回电源提供一条低阻抗的路径。设计良好的地线网络可明显提高系统的电磁兼容性能。

在设计地线时,必须知道地电流的实际流动路径。如图 13－24 中的放大器,电流从负载回到电源。如果它的流动路径为 $Z_1 \leftarrow Z_2 \leftarrow Z_3$，则在 Z_2 上会产生一个电压，这个电压与信号源 U_S 是串联的，当幅度与相位满足一定条件时，电路就会发生振荡。

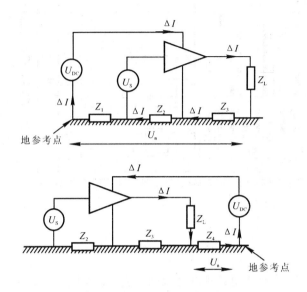

图 13－24　地电流路径

（a）接地点不合理；（b）接地点合理

这时，只要将电路的直流电源的接地点改一下，使电流流过 Z_4，就解决了这个问题。除了不稳定的因素以外，人们更关心在阻抗上产生的骚扰电压 U_n。在高频或电流变化率较高的场合，任何导体均呈现电感特性，其阻抗随频率的升高而增加，因此 ΔI 噪声电压随着翻转速度的增加而明显增加，接地问题更显重要。

一、接地系统

不考虑安全接地，仅从电路参考点的角度考虑，接地可分为悬浮地、单点接地、多点接地和混合接地。

1. 悬浮地

对检测及控制系统而言，悬浮地是指设备的地线在电气上与参考地及其他导体绝缘，即设备悬浮地。另一种情况是，为了防止机箱上的骚扰电流直接耦合到信号电路，有意使信号地与机箱绝缘，即单元电路悬浮地（见图 13－25）。

悬浮地容易产生静电积累和静电放电，在雷电环境下，还会在机箱和单元电路间产生飞弧，甚至使操作人员遭到电击。设备悬浮地时，当电网相线与机箱短路时，有引起触电的危险，所以悬浮地不宜用于一般电子产品。

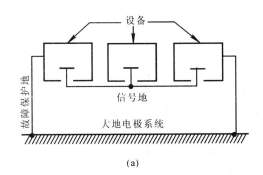

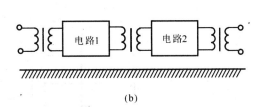

(a) (b)

图 13 - 25　两种悬浮地形式

(a) 设备悬浮地；(b) 单元电路悬浮地

2. 单点接地

单点接地是为许多接在一起的电路提供共同参考点的方法。并联单点接地最简单,它没有共阻抗耦合和低频地环路的问题。如图 13 - 26 所示,每一个电路模块都接到一个单点地上,每一个子单元在同一点与参考点相联,地线上其他部分的电流不会耦合进电路。单点接地要求电路的每部分只接地一次,并接在同一点上,该点常以大地为参考。由于只存在一个参考点,因此可以认为没有地回路存在,因而也就没有骚扰问题。

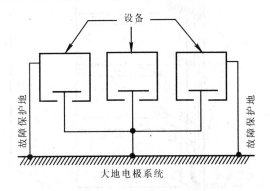

图 13 - 26　并联单点接地

并联单点接地的一种改进方式是,将具有类似特性的电路连接在一起,然后将每一个公共点连接到单点地(见图 13 - 27)。这样既可以避免共阻抗耦合,又使高频电路有良好的局部接地。为了减少共阻抗耦合,骚扰最大的点应最靠近公共点。

低频信号地线的敷设,应力求减小长度。如果有两个以上独立的低频电路单元或插箱装入机柜时,应安装一条与机架绝缘的接地母线,每个单元或插箱的信号地线通过搭接条连接到该接地母线上,如图 13 - 28 所示。为了保证足够的机械强度和低阻抗通路,应选用长宽比小的搭接条,并带绝缘,以免与机柜或插箱短接。

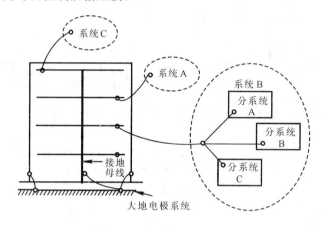

图 13 - 27 改进的并联单点接地

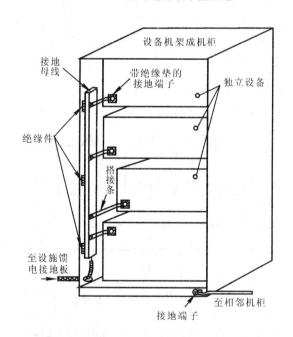

图 13 - 28 装有接地母线的机柜

3. 多点接地

多点接地如图13-29所示。设备中的内部电路都以机壳为参考点,而所有机壳又以地为参考。有一个安全地把所有的机壳连接在一起,然后再与地或辅助信号地相连。这种接地结构为许多并联路径提供了到地的低阻抗通路,而且系统内部接地很简单。

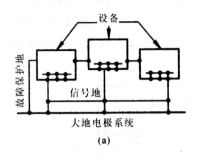

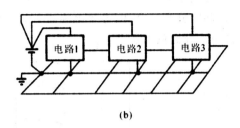

图13-29 多点接地系统

(a) 设备多点接地；(b) 单元电路多点接地

多点接地能够避免单点接地在高频时容易出现的一些问题。在这种结构中，要避免50 Hz交流电产生的骚扰是十分困难的。多点接地的子系统，可以与其他子系统单点接地。

4. 混合接地

混合接地既包含了单点接地的特性，也包含了多点接地的特性。

混合接地使用电抗性器件，使接地系统在低频和高频时呈现不同特性。这在宽带敏感电路中是必要的。

5. 多级电路的接地

对于单元电路来说，为使电路稳定工作，最好是单点接地。

多级电路接地点的选择十分重要。接地点应选在低电平电路的输入端，使其靠近参考地。若把接地点移到高电平端，则输入级的地对参考地的电位差最大，是不合理的。

图13-30所示为多级电路串联式单点接地系统，设 A，B，C 三级电路的电平依次由低到高。当接地点靠近高电平端 C 点时，低电平端 a 点的对地电位为

$$U_{ag} = Z_{ab}I_a + Z_{bc}(I_a + I_b) + Z_{cg}(I_a + I_b + I_c)$$

$$(13-26)$$

式中，Z_{ab}，Z_{bc}，Z_{cg} 分别为地线 ab，bc，cg 段的地线阻抗（Ω）。当接地点选在靠近低电平端 d 点时（见图13-30(b)），则 d 点的对地电位为

$$U_{dg} = Z_{dg}(I_d + I_e + I_f) \qquad (13-27)$$

式中，Z_{dg} 为地线 dg 段的地线阻抗（Ω）。比较上面两式，设备段地线阻抗不变，即 $Z_{cg} = Z_{dg}$，则 $U_{ag} > U_{dg}$。可见，接地点选在靠近低电平端时，输入端 d 的电位只受 dg 段地线阻抗的影响，地电位对电路的影响最小。

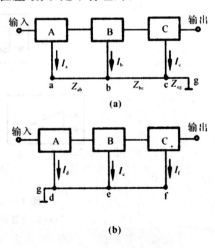

图13-30 多级电路接地点的选择

(a) 错误接地点；(b) 正确接地点

此外,为防止多级小信号放大器和高增益放大器自激,应对它们进行屏蔽。图 13-31 表示屏蔽罩没有接地的情况,图 13-31(b) 中 C_{1S},C_{2S},C_{3S} 分别为放大器的输入端、地线、及输出端与屏蔽之间的分布电容。由等效电路可知,3 个电容构成了从输出级到输入级的电容反馈网络,因此可能导致放大器自激。

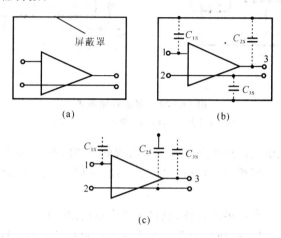

图 13-31 放大器的屏蔽罩
(a) 屏蔽罩未接地;(b) 放大器各点与屏蔽罩之间的分布电容;
(c) 分布电容形成的反馈网络

如果将屏蔽与放大器输出端的地线连接后接地,如图 13-32(a) 所示,这时 C_{2S} 被短路,反馈也随之消除。

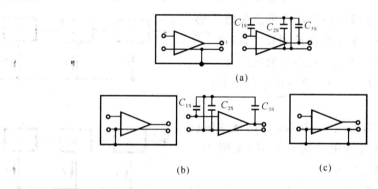

图 13-32 屏蔽罩的三种接地方式
(a) 放大器输出端接地;(b) 放大器输入端接地;
(c) 放大器输入、输出端均接地

若把屏蔽罩的接点选在放大器输入端的地线上(见图 13-32(b)),C_{2S} 虽被短路,但放大器

输出信号经 C_{3S} 和屏蔽罩向输入端流动时,会在输入端地线上产生寄生电压,形成反馈,破坏放大器的正常工作。

在图 13-32(c)中,屏蔽罩在放大器的输入端和输出端均接地,这样,屏蔽罩成了放大器接地环路的通道之一,在放大器输入端引入了共地阻抗耦合和地环路干扰。

因此,屏蔽罩应单点接地,接地点应选在放大器输出端地线上。

6. 大系统接地

大系统可以通过在机箱内使用屏蔽电缆或将电缆靠近机箱壁来处理。电缆和机箱之间的寄生电容能够在高频时提供一个低阻抗接地,而机箱的作用是接地平面。

复杂电子设备中往往包含有多种电子电路和各种电机、电器等元器件。这时地线应分组敷设,除应按电源电压分组外,还应分为信号地线(包括数字地线、模拟地线、低频地线、高频地线、高速地线、低速地线、高电平地线及低电平地线等)、噪声地线(骚扰源地线)和金属件地线(机壳地)等。

最后,还应指出,大系统除了安全地以外,至少应有两个分开的地(见图 13-33),即一个电路地和一个机壳地。这些地应仅在电源处相连,电路地应通过一个 $10 \sim 100$ nF 的电容器与机壳相连。各个单元的安全地可以连接到金属件上。

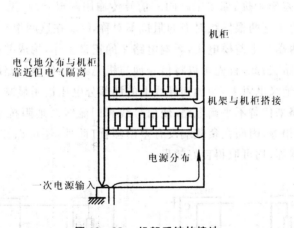

图 13-33　机架系统的接地

此外,接地时还应注意以下问题:① 接地电阻应小于 10 Ω;② 接地线应尽量粗,一般应大于 8 mm²;③ 地线应尽量避开强电回路和主回路导线,当不能避开时,应垂直相交,且尽量缩短平行走线长度。

二、接地技术的应用及地环路问题

对于数字电路来讲,大多数逻辑芯片都采用单端电路的方式工作。也就是说,所有信号的电位以电源回线作参考,即 0 V。这样可以使 PCB 板布线紧密,封装有效。只有当外界存在骚扰或需要很长的信号线的时候,才会发生问题。在模拟电路中,情况也类似。当元器件之间的距离很近时,要完成逻辑信号的产生、处理和波形整形是很容易的。在逻辑电路中,如果传输线过长或参考点不正确,都会产生问题。因此,可以这样说,接地并不是每个部分或每个系统都需要。又比如单块 PCB 板,当设备间需要通信时,对接地的要求就重要得多。

对于低于 1 MHz 的场合,尽量使用单点接地。高于 10 MHz 时,由于地线的电感使接地阻抗增加,寄生电容产生意外的通路,单点接地不再适合,而应采用多点接地。多点连接到一个低阻抗的平面或屏蔽体上是较好的方法,但这会引起地环路问题,使电路容易受到磁场的影响。因此,当有敏感电路时,应尽量避免这种接地方式。

理想的接地平面应是零电阻的实体,电流在接地平面中流过时,应当没有电压降,即各接地点之间没有电位差。但在实际条件下,这种理想的接地平面或地线是不存在的,任何地线都既有电阻又有感抗。当有电流通过时,地线上必然产生压降,即两个不同的接地点之间必然存在地电压。当电路多点接地,而各电路间又有信号线联系时,将构成地环路。图 13 - 34(a) 中电路 1 在 A 点接地,电路 2 在 B 点接地,同时,有一根信号线连接两电路。于是,信号线和地之间就构成了地环路 ABCD。由于 AB 之间存在地电压 U_{AB},它将叠加在有用信号 E_S 上,并一起加在负载 Z_1 上,从而产生差模干扰。如果电路间的信号传输用两根导线(见图 13 - 34(b)),则 U_{AB} 将加在两根导线上。由于这两根导线对地的阻抗不对称,U_{AB} 在这两根导线上产生的共模电流大小不等,而在负载两端产生差模电压,影响电路 2 的正常工作,构成差模骚扰。抑制地环路骚扰的方法是切断地环路。为此,首先可以将信号地与机壳绝缘,使地环路阻抗大大增加,将地电压的大部分都加在该绝缘电阻上,使加到导线上的那部分电压被明显减小了;其次对于双导线电路,可以用平衡电路来代替不平衡电路,使信号线和回流线对地阻抗平衡,使地电压驱动的共模电流在两条线中相等,因而在负载端没有差模骚扰。此外,还可以在两个电流之间插入隔离变压器、光电耦合器等,均可取得良好效果。

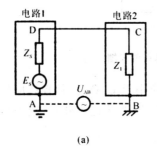
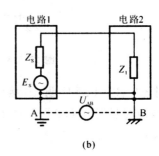

(a)　　　　　　　　　　　　(b)

图 13 - 34　地环路的构成

(a) 两点接地,一根传输线;(b) 两点接地,二根传输线

三、屏蔽电缆接地

屏蔽电缆绝缘导线外面包一层金属,即构成屏蔽层。屏蔽层通常是金属编织网或金属箔。如果屏蔽层是金属管,则成为同轴电缆。

屏蔽电缆的屏蔽层只有在接地以后,才能起屏蔽作用。

1. 屏蔽层接地产生的电场屏蔽

两根平行导线之间的电场耦合会产生串扰,如图 13-35 所示。设其中一根为屏蔽电缆,并接在敏感电路中,则源电路导线对屏蔽电缆屏蔽层的耦合电容为 C_{ms},而屏蔽层对芯线的耦合电容为 C_s,屏蔽层对地耦合电容为 C_{2s}。可见,源导线上的骚扰电压 U_1 会通过 C_{ms} 耦合到屏蔽层上,再通过 C_s 耦合到芯线上。如果屏蔽层接地,C_{2s} 被短路,则 U_1 通过 C_{ms} 被屏蔽层短路至地,不能再耦合至芯线上,从而起到了电场屏蔽作用。屏蔽层的接地点通常选在屏蔽电缆的一端,称单端接地。如果屏蔽层不接地,由于其面积比普通导线大,耦合电容也大,产生的耦合量也大,将比不用屏蔽电缆时产生更大的电场耦合。这是需要注意的。

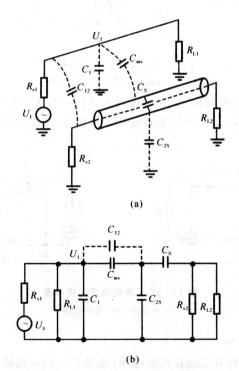

(a)

(b)

图 13-35 屏蔽电缆的电场屏蔽

(a) 分布电容示意图;(b) 等效电路

2. 屏蔽层接地产生的磁场屏蔽

设屏蔽层中流有均匀的轴向电流 I_S(见图 13-36),则磁力线在管外,屏蔽层电感可表示为

$$L_S = \Phi/I_S \tag{13-28}$$

式中,Φ 为 I_S 产生的全部磁通。由于磁通 Φ 同样包围着芯线,根据互感的定义,屏蔽层和芯线之间的互感应为

$$M = \Phi/I_S \tag{13-29}$$

故

$$M = L_S \tag{13-30}$$

设 U_S 是骚扰电压源,电流流过芯线(见图 13-37),L_S 和 r_S 分别为屏蔽层的电感和电阻。如果屏蔽层不接地或只有一端接地,则屏蔽层上无电流通过,电流经过地面返回,屏蔽层不起作用。当屏蔽层两端接地,接地点为 A 点和 B 点,I_1 在 A 点将分两路到达 B 点,再回到源端,屏蔽层中的电流 I_S 为

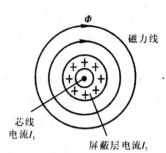

图 13-36 屏蔽层蕊线磁耦合

$$I_S = \frac{\mathrm{j}\omega M I_1}{\mathrm{j}\omega L_S + r_S} \tag{13-31}$$

由式(13-30),则有

$$I_S = \frac{\mathrm{j}\omega L_S I_1}{\mathrm{j}\omega L_S + r_S} = \frac{\mathrm{j}\omega I_1}{\mathrm{j}\omega + \omega_0} \tag{13-32}$$

式中,$\omega_0 = r_S/L_S$,为屏蔽层的截止频率。当 $\omega \gg \omega_0$ 时,$I_S \approx I_1$,$I_G \approx 0$,I_1 几乎全部经由屏蔽层流回源端。屏蔽层外,由 I_1 和回流产生的磁场大小相等,方向相反,因而互相抵消,抑制了骚扰源的向外辐射。

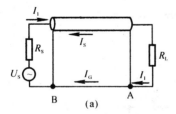 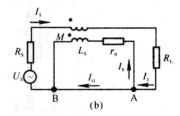

(a)   (b)

图 13-37 屏蔽电缆的磁场屏

(a)示意图;(b)等效电路

3. 地环路对屏蔽的影响

如果屏蔽层接地点 A 和 B 之间存在地电压(见图 13-38),则屏蔽层中就有噪声电流 I_S 流过。一方面 I_S 在 L_S 和 r_S 上产生压降,另一方面也会通过互感 M 在芯线上产生感应电压。设信号源电压为 E,则负载上的电压为

$$U_L = -\mathrm{j}\omega M I_S + \mathrm{j}\omega L_S I_S + r_S I_S + E = r_S I_S + E \tag{13-33}$$

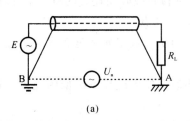
(a)

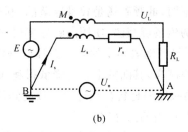
(b)

图 13 - 38　地环路对屏蔽的影响

(a) 示意图；(b) 等效电路

可见，地环路引起的噪声电压被串联在信号回路中，采用三轴式屏蔽电缆可较好地解决这个问题。这是因为这种电缆在芯线外有两个互相绝缘的屏蔽层，内屏蔽层用做信号回流线；外屏蔽层两端接地，流过地环路电流，不会影响信号回路。

13.4　电磁屏蔽及电源系统的抗骚扰设计

一、电磁屏蔽

用屏蔽技术来抑制电磁骚扰沿空间的传播，可切断辐射骚扰的传播途径。电磁骚扰沿空间的传播是以电磁波的方式进行的。根据判别条件

$$d = \lambda/2\pi \tag{13 - 34}$$

可求出对应的临界频率 f_0。

式(13 - 34)中，d 为屏蔽体到骚扰源的距离，λ 为电磁波的波长。

当 $f > f_0$ 时为远场，$f < f_0$ 时为近场。近场又可分为电场和磁场两种情况：当骚扰源是高电压、小电流时，其辐射场主要表现为电场；当骚扰源具有低电压和大电流的性能时，其辐射场主要表现为磁场。当 $d > \lambda/2\pi$ 时，骚扰源的辐射场为远场平面波；$d < \lambda/2\pi$ 时，骚扰源的辐射场为近场。屏蔽的实质是将关键电路用一个屏蔽体包围起来，使耦合到这个电路的电磁场通过反射和吸收被衰减。如果要对低频进行保护，屏蔽体就应有一定厚度，但是如果仅要屏蔽高频（30 MHz 以上）骚扰，则在塑料上沉积一层薄的导电层就可以了。

近场电场屏蔽的必要条件是高导电率金属屏蔽体的接地。

近场低频磁场屏蔽可采用铁、矽钢片、坡莫合金等高磁导率材料进行磁屏蔽或磁旁路，增加屏蔽体厚度或采用多层屏蔽，可提高屏蔽效能。屏蔽体不需接地。

因磁场频率较高时，铁磁性材料磁导率下降，磁损增加，故近场高频磁场屏蔽应采用高导电率金属，也不需接地。如果屏蔽体接地良好，则还可以同时屏蔽近场高频电场。

远场电磁屏蔽就采用高导电率金属并接地良好。

实践证明,低频磁场是较难屏蔽的。利用高磁导率材料吸收损耗大的特点来屏蔽低频场是一个常用的磁场屏蔽法。使用高磁导率材料应注意以下几点:

(1)磁导率随着频率的升高而降低,材料手册上给出的数据通常是直流时的磁导率。直流时的磁导率越高,其随频率升高降低得越快。

(2)高磁导率材料在经过加工或受到冲击、碰撞后会发生磁导率降低的现象,因此必须在加工后进行适当的热处理。

(3)磁导率与外加磁场的强度有关。当外加磁场适中时,磁导率最高;当外加磁场过强时,屏蔽材料会发生饱和,磁饱和时的场强与材料的种类和厚度有关。

当要屏蔽的磁场很强时,如果使用高磁导率材料,会因磁饱和而丧失屏蔽效能;而使用低磁导率材料,由于吸收损耗不够,将不能满足要求。遇到这种情况,可采用双层屏蔽(见图13-39)。

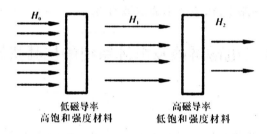

图 13-39　双层屏蔽

对于近处频率很低的磁场骚扰源(AC 或 DC 电源线、电源变压器、马达和继电器等),为了保护对磁敏感设备的正常工作,磁旁路是另一种很有效的屏蔽方法,如图 13-40 所示。图中,H_0 为外加磁场强度;R_0 为被屏蔽空间的磁阻;R_S 为屏蔽层导磁材料的磁阻。

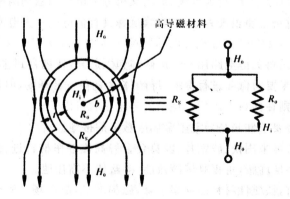

图 13-40　磁旁路

在这里,为磁场提供一条磁阻 R_S 很小的通路,将磁力线约束在这条低磁阻通路中,能使敏感器件免受磁场干扰,可以得出如下结论:

(1) 低频时,高导磁性材料的磁屏蔽效能高于高导电性材料;但当频率较高时,高导电性材料的磁屏蔽效能可能高于高导磁性材料。

(2) 低频磁场的屏蔽可使用高磁导率材料构成磁路,以短路磁力线。

(3) 磁屏蔽效能与材料的厚度、磁导率成正比,与屏蔽体的其他尺寸成反比。

(4) 磁场很强时,要使用多层屏蔽,以防止磁饱和。

(5) 机械加工会降低高磁导率材料的屏蔽效能,热处理后可以恢复。

(6) 高磁导率材料的磁导率与频率有关,一般只用于 1 kHz 以下。

二、电源系统的抗骚扰设计

为了防止从电源系统引入骚扰,检测与控制系统可采用图 13－41 所示的供电装置。

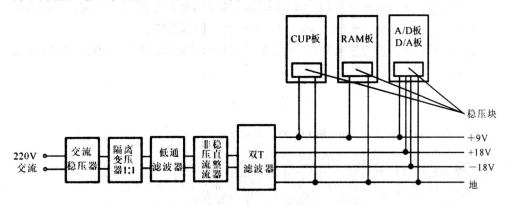

图 13－41 系统的抗骚扰供电装置

(1) 交流稳压器。用来保证供电的稳定性,防止电源系统的过压与欠压,有利于提高整个系统的可靠性。

(2) 隔离变压器。考虑到高频骚扰通过变压器主要不是靠初次级线圈的互感耦合,而是靠初、次级间的寄生电容耦合的。因此,隔离变压器初级和次级之间均用屏蔽层隔离,以减少其分布电容,提高抗共模骚扰的能力。

(3) 低通滤波器。由谐波分析可知,电源系统的干扰大部分是高次谐波,因此采用低通滤波,让 50 Hz 的基波通过,滤掉高次谐波,以改善电源波形。在低压下,当滤波电路载有大电流时,宜采用小电感和大电容构成的滤波网络;当滤波电路处于高压下工作时,则应采用小电容和允许的最大电感构成的滤波网络。

在整流电路之后可采用图 13－42 所示的双 T 滤波器,以消除 50 Hz 的工频干扰。其优点是结构简单,对固定频率的干扰滤波效果好。

当 $\omega = \omega_0 = \dfrac{1}{RC}$ 时, $V_\circ = 0$, 则 $f = \dfrac{1}{2\pi RC}$; 如将电容 C 固定, 调节电阻, 当输入 50 Hz 的信号时, 可使 $V_\circ = 0$。

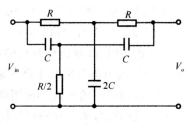

图 13 - 42　双 T 滤波装置

(4) 采用分散独立功能模块供电。在每个系统的功能模块上用三端稳压集成块, 如 7805, 7905, 7812, 7912 等组成稳压电源。每个功能模块单独对电压过载进行保护, 不会因某块稳压电源故障而使整个系统破坏, 而且也减少了公共阻抗的相互耦合以及公共电源的相互耦合, 大大提高了供电的可靠性, 也有利于电源的散热。

(5) 采用高抗骚扰稳压电源及瞬态骚扰抑制器。此外, 在电源配置中还可以采取下列措施:

1) 利用反激变换器开关稳压电源的储能作用, 在反激时把输入的骚扰信号抑制掉。

2) 采用瞬态骚扰抑制器, 把骚扰的瞬变能量转换成多种频率的能量, 达到均衡的目的。它的明显的优点是抗电网瞬变骚扰能力强, 很适合于实时控制系统。

3) 采用超隔离变压器稳压电源。这种电源具有高的共模抑制比及串模抑制比, 能在较宽的频率范围内抑制骚扰。

习　　题

1. 简述电磁骚扰窜入系统的主要途径。

2. 画图分析共阻抗耦合产生骚扰的原因。

3. 画图分析磁感应及电感应耦合产生骚扰的原因。

4. 分析 ΔI 噪声电流和瞬态负载电流的产生与危害。

5. 印刷电路板设计中的基本原则及应注意的主要问题是什么?

6. 如何计算印刷电路板的导线电感?

7. 设计单面板及双面板的地线网络时, 应注意什么问题?

8. 印刷电路板的地线面有什么作用?

9. 试述悬浮地、单点接地、多点接地的适用范围及优缺点。

10. 如何运用接地技术来解决地环路问题?

11. 电磁屏蔽时, 应当注意哪几点?

12. 画出电源系统的电磁兼容设计示意图, 并说明各部分的作用。

13. 试对热处理炉单片机控制系统、交流点焊单片机控制系统进行电磁兼容设计。

参考文献

[1] 李均宜.炉温仪表与热控制.北京:机械工业出版社,1981

[2] 徐大中.热工与制冷测试技术.上海:上海交通大学出版社,1985

[3] 田莳.材料物理性能.北京:北京航空航天大学出版社,2001

[4] 陈洪荪.金属材料物理性能检测读本.北京:冶金工业出版社,1991

[5] 吕崇德.热工参数测量与处理.北京:清华大学出版社,2001

[6] 游伯坤,阚家钜,江兆章.温度测量与仪表——热电偶和热电阻.北京:科学技术文献出版社,1990

[7] 韩启纲.智能化仪表原理与使用维修.北京:中国计量出版社,2002

[8] 朱麟章.高温测量原理与应用.北京:科学出版社,1991

[9] 何适生.热工参数测量及仪表.北京:水利电力出版社,1990

[10] 强锡富.传感器.北京:机械工业出版社,1989

[11] 黄昌权,尚保忠.锻压参数测试技术.西安:西北工业大学出版社,1990

[12] 吴道悌.非电量电测技术.西安:西安交通大学出版社,1990

[13] 冯凯昉,姬中岳.测试技术.西安:西北工业大学出版社,1988

[14] 王关玲.压阻传感器信号调理的解决方案.仪表技术与传感器,2002(6):38-40

[15] 汤恒,唐世洪.压阻式力敏硅传感器的结构剖析.电子质量,2001(7):23-28

[16] 赵晨光,雷振山.基于虚拟仪器的应变测量技术.唐山高等专科学校学报,2001,14(4):54-59

[17] 郭沛飞,贾振元,杨兴,等.压磁效应及其在传感器中的应用.压电与声光,2001,23(1):26-29

[18] 刘振清.用于应力测试的超声波声速仪.测试技术,1993,12(3):33-35

[19] 刘艳华,杨思乾.超声波测定摩擦焊接头残余应力.焊接学报,2000,21(3):55-58

[20] 朱伟,彭大暑,杨立斌,等.超声波法测定残余应力的原理及其应用.计量与测试技术,2001(6):25-26

[21] 杜小勇,申群太.激光全息光弹测量圆盘片的主应力分布.计算技术与自动化,2000,19(2):26-29

[22] 达道安.真空设计手册.北京:国防工业出版社,1991

[23] 罗强.一种新型智能真空测量仪的研制.真空,2000(6):40-42

[24] 康强.智能真空测控仪表系统化的探索.真空,2002(4):18-21

[25] 孟扬,李旺奎.真空计的发展趋势.真空科学与技术,1999(2):116-119

[26] 徐成海.真空科学与技术的一些前沿课题.真空,2002(6):3-6

[27] 于炳琪.扩散泵加热恒功率控制仪.真空,1999(5):26-28

[28] 吴光治.热处理炉进展.北京:国防工业出版社,1998

[29] 王仲生.智能检测与控制技术.西安:西北工业大学出版社,2002

[30] 吴训一.自动检测技术.北京:机械工业出版社,1981

[31] 张福学.传感器应用及其电路精选.北京:电子工业出版社,1991

[32] 赵亚光.微型计算机在焊接中的应用.西安:西北工业大学出版社,1991

[33] 艾盛.弧焊自动控制.西安:陕西科学技术出版社,1992

[34] 王厚枢.传感器原理.北京:航空工业出版社,1987

[35] 采文绪,杨帆.传感器与检测技术.北京:高等教育出版社,2004

[36] 何希才.传感器及其应用.北京:国防工业出版社,2001

[37] 张琳娜,刘武发.传感检测技术及应用.北京:中国计量出版社,1999

[38] 李大明.磁场测量讲座.电测与仪表,1989(10):41－47,21

[39] 涂有瑞.飞速发展的磁传感器.传感器技术,1999,18(4):5－8

[40] 陈堂敏.强磁性金属薄膜磁敏电阻在自动控制系统中的应用.仪器仪表与分析检测,2002(4):17－19

[41] 温殿忠,穆长生,赵晓峰.采用 MEMS 技术制造硅磁敏三极管.传感器技术,2001,20(5):49－52

[42] 陈洪玉,赵国刚.RLB 耐磨铸钢 C 曲线的测定及分析.实验室研究与探索,1997(4):55－57

[43] 张林贵.焊缝残余应力磁测调零新方法探讨.舰船科学技术,1996(6):53－58,74

[44] 许遵言,张俭.不锈钢及镍基堆焊层厚度测量.锅炉技术,2002,33(3):17－20

[45] 赵英俊,杨克冲,杨叔子,等.无缝钢管冷轧机机芯棒断裂、窜动监测原理与实现.冶金自动化,1994,18(1):29－31,57

[46] 何立民.MCS－51 系列单片机应用系统设计.北京:北京航空航天大学出版社,1990

[47] 李颂伦.电气测试技术.西安:西北工业大学出版社,1992

[48] 杨振江.A/D、D/A 转换器接口技术与实用线路.西安:西安电子科技大学出版社,1996

[49] 余永权,李小青,陈林康.单片机应用系统的功率接口技术.北京:北京航空航天大学出版社,1992

[50] 刘润华.电工电子学.东营:石油大学出版社,1992

[51] 戴明桢,巫景燕,杨振琪.48 通道大容量同步数据采集系统.数据采集与处理,1997,12(1):32－35

[52] 陈伯时,陈敏逊.交流调速系统.北京:机械工业出版社,2000

[53] 许福玲,陈晓明.液压与气压传动.北京:机械工业出版社,2002

[54] 涂时亮,张友德.单片微机控制技术.上海:复旦大学出版社,1994

[55] 郑宜庭,黄石生.弧焊电源.北京:机械工业出版社,1999

[56] 王兆安,黄俊.电力电子技术.北京:机械工业出版社,2000

[57] 《机械工程手册、电机工程手册》编辑委员会.电气工程师手册.北京:机械工业出版社,1987

[58] 《中国电力百科全书》编辑委员会.中国电力百科全书.北京:中国电力出版社,1995

[59] 李培武,杨文成.塑性成形设备.北京:机械工业出版社,1995

[60] 赵熹华.压力焊.北京:机械工业出版社,1989

[61] 杨乃恒.现代涡轮分子泵的技术现状与展望.真空,1996(2):1－7

[62] 杨乃恒.干式真空泵的原理、特征及其应用.真空,2000(3):1－9

[63] 巴德纯,杨乃恒.现代分子泵理论研究与进展.真空,1998(2):1－5

[64] 林主税.真空技术最新动向.真空,1996(6):5－8

[65] 李殿东.油扩散泵的现状及发展.真空,2002(4):1－6

[66] 罗根松,曹羽.罗茨真空泵性能考核指标——极限压力的探讨.真空,1998(2):19－22

[67] 杨乃恒.真空获得设备的发展现状与展望.真空,1999(2):1－8

[68] 王旭迪,胡焕林.涡旋式真空泵——干式真空泵的发展趋势.真空科学与技术,1999,19(增刊):49－54

[69] 毕惠琴.焊接方法及设备(第二分册).北京:机械工业出版社,1981

[70] 房小翠,熊光洁,聂学俊,等.单片微型计算机与机电接口技术.北京:国防工业出版社,2002

[71] 王振清,张建华.炉内气氛及计算机测控应用.北京:北京航空航天大学出版社,1995

[72] 谢剑英,贾青.微型计算机控制技术.北京:国防工业出版社,2001

[73] 张建国,孙晓燕,何贵玉,等.大型室状煤气加热炉自动控温系统.测控技术,1994(5):16-19

[74] 涂时亮,张友德.单片微机控制技术.上海:复旦大学出版社,1994

[75] 吕能元,孙育才,杨峰.MCS-51单片微型计算机原理·接口技术·应用实例.北京:科学出版社,1993

[76] 胡光立,谢希文.钢的热处理原理与工艺.北京:国防工业出版社,1985

[77] 李华,孙晓民.MCS-51系列单片机使用接口技术.北京:北京航空航天大学出版社,1993

[78] 杨火荣,柳惠泉.节能控制系统及仪表.重庆:科学技术文献出版社重庆分社,1990

[79] 王贵明.数控实用技术.北京:机械工业出版社,2000

[80] 吴贺荣.钣金加工线的PLC控制系统.电气传动自动化,2000,22(4):51-53

[81] 方一鸣,王洪瑞,高峰,等.PLC在四柱万能液压机控制系统中的应用.工业仪表与自动化装置,1995(6):24-28

[82] 赵燕,阮祥发.PLC在铸造生产线中的应用.铸造,2000,49(9):553-555

[83] 李健苹.粉末成型生产线PLC控制系统设计.贵州工业大学学报(自然科学版),2002,31(5):54-57

[84] 秦连城.PLC控制的钽阳极自动点焊机.电气传动,1999(1):43-46

[85] 缪谦.可编程序控制器(PLC)使用经验谈.微计算机信息,2000,16(3):63-64

[86] 徐承材,王俊杰,陆振钧,等.可编程序控制器(PLC)在过程控制中的应用.河北工业大学学报,1999(1):33-36

[87] 吴林,陈善本.智能化焊接技术.北京:国防工业出版社,2000

[88] 蔡自兴.智能控制——基础与应用.北京:国防工业出版社,1998

[89] 艾盛,王坚,马彩霞,等.脉冲MIG焊模糊控制器的优化技术.机械科学与技术,1997(4):687-692

[90] 艾盛,马彩霞,朱余荣,等.PMIG焊接电弧电压的模糊控制.电焊机,1993(3):1-5

[91] 张小飞,朱援祥,孙素明.基于知识库的焊接工艺设计的专家系统.焊管,2001(6):19-22

[92] 李少平,郑静风,何丹农,等.利用神经网络及数值模拟获取变压边力控制曲线.金属成形工艺,2002(3):43-45

[93] 王家弟,卢晨,丁文江.基于神经网络的压铸镁合金选材专家系统.铸造技术,2002(5):290-291

[94] 王昌龙,王惟一.用神经网络法预测集装箱角铸钢件的力学性能.铸造,2002(4):232-235

[95] 徐建林,陈超.模糊控制在热处理电炉中的应用研究.热加工工艺,2002(5):58-62

[96] 范青武,张连宝,左演声.基于神经网络的激光淬火性能预报与工艺设计的研究.材料热处理学报,2002(4):43-46

[97] 石峰,娄臻亮,张永清,等.基于遗传算法和神经网络的冷挤压工艺参数模糊优化设计.机械工程学报,2002(8):45-49

[98] 赵熹华,王宸煜.基于专家系统人工神经网络的点焊工艺参数选择.焊接学报,1998(4)

[99] 方平,谭义明,张勇.人工神经网络电阻点焊质量监测模型的研究.机械科学与技术,2000(1):130-132

[100] 徐江,谢锡善,徐重.基于神经网络的双层辉光等离子渗金属工艺预测模型的研究.机械工程学报,2003(2):66-68

[101] Clarke D W,Mohtadi C,Tuffs P S.Generalized predictive control:part 1 and part 2 [J].Automatic,1987,23(2):137-161

［102］ Manabe K,et al. Artificial intelligence identification of process parameters and adaptive control system for deep-drawing process ［J］. Materials Processing Technology,1998:80－81,421－426

［103］ Chen S B,Wu L. Self-learning fuzzy neural networks and computer vision for control of pulsed GTAW. Welding Journal, 1997(5):201－209

［104］ Messler R et al. Intelligent control system for resistance spot welding using a neural networks and fuzzy logic. Conference Record-IAS, Annual Meeting V2. 1995:1757－1763

［105］ Zhao D B,Chen S B,Wu L,et al. Intelligent control for the shape of the weld pool in pulsed GTAW with filler metal. Supplement to the Welding Journal,2001(11):235－260

［106］ 王贵明. 数控实用技术. 北京:机械工业出版社,2001

［107］ 冯勇,霍勇进. 现代计算机数控系统. 北京:机械工业出版社,1996

［108］ 王贤坤. 机械 CAD/CAM 技术、应用与开发. 北京:机械工业出版社,2001

［109］ 董湘怀. 材料成形计算机模拟. 北京:机械工业出版社,2002

［110］ 王国强. 实用工程数值模拟技术及其在 ANSYS 上的实践. 西安:西北工业大学出版社,2000

［111］ 吕殿臣. 自动化控制的演变. 机床电器,2001(1):4－6

［112］ 杨文福. 计算机集成制造系统(CIMS)──工厂自动化的发展. 基础自动化,1995(4):1－4

［113］ 孙琨,翟建民,卢秉恒. 复杂铸件凝固的三维有限元数值模拟. 铸造技术,2001(2):26－29

［114］ 戴国洪,宋国龙,恽国兴等. 数控加工 CAD/CAPP/CAM 集成系统的研究. 机械制造,2000,38(8):18－20

［115］ 张亮峰. 冲模 CAD/CAPP/CAM 集成技术. 锻压技术,2000(1):55－58

［116］ 饶运清,宋志刚,郭军. 集成化钣金数控冲切加工自动编程系统. 锻压技术,1999(2):3－6

［117］ 卢金火. 模具数控加工的自动化、标准化和智能化. 汽车工艺与材料,2001(11):1－5

［118］ 张明超,丘宏杨,谢嘉生. 快速制造模具技术. 机电工程技术,2001,3(8):17－20

［119］ 王从军,黄树槐. 金属零件与金属模具的快速制造. 特种铸造及有色合金,2001(3):48－49

［120］ 郑卫国,颜永年. 快速成形技术的原理、应用与发展. 计算机辅助设计与制造,2001(6):3－6

［121］ 华顺明,张富,乔巍巍. 一种经济型快速成形系统的构成及分析. 机械工程师,2001(11):17－19

［122］ 陈鸿,祖静,程军. 激光变长线快速成形机控制系统. 应用基础与工程学报,2002,10(1):82－87

［123］ 韩明,肖跃加,黄树槐. 快速造形机控制系统的结构设计. 机械与电子,1996(5):19－20

［124］ 梁剑江,单忠德,张人佶,等. 快速原形与铸造技术的集成成形制造. 铸造技术,2001(6):29－32

［125］ 刘建华,唐一平,李涤尘. 基于 RP 法的快速制模技术. 模具工业,2002(12):6－11

［126］ Jolgaf M,et al. Development of a CAD/CAM system for the closed-die forging process. Journal of Materials Processing Technology, 2003,138(1－3): 436－442

［127］ Sheu Jinnjong. Three-dimensional CAD/CAM/CAE integration system of sculpture surface die for hollow cold extrusion. International Journal of Machine Tool & Manufacture, 1999,39(1): 33－53

［128］ Donahua R J. Total Product Modeling: the use of CAE/CAD/CAM, rapid prototyping & vacuum casting technologies in product definition, verification & analysis, and testing. Annual Technical Conference-ANTEC, Conference Proceedings, 1994, pt. 3: 3128－3132

［129］ 金广业,陶兴旺,孙福伟编译. 工业机器人与控制. 沈阳:东北工学院出版社,1991

[130] 张伯鹏,张昆,徐家球.机器人工程基础.北京:机械工业出版社,1989

[131] 吴瑞祥.机器人技术及应用.北京:北京航空航天大学出版社,1994

[132] 何发昌,邵远.多功能机器人的原理及应用.北京:高等教育出版社,1996

[133] 诸静.机器人与控制技术.杭州:浙江大学出版社,1991

[134] 吴芳美.机器人控制基础.北京:中国铁道出版社,1992

[135] 陈佩云,金茂菁,曲忠萍.我国工业机器人发展现状.机器人技术与应用,2001(1):2-5

[136] 期刊编辑统计数据.世界机器人最新统计数据.机器人技术与应用,2001(1):6-10

[137] 王彬.我国焊接自动化技术的现状与发展趋势.焊接技术,2000(6):38-41

[138] 崔怡,吴浚郊.机器人在铸造业中的应用近况.中国铸造装备与技术,1999(1):10-14

[139] 王彬.21世纪我国铸造生产机械化自动化技术发展的几点思考.铸造技术,2000(6):35-38

[140] 陈幼曾.锻压加工采用机器人作业的前景.机器人技术与应用,2001(1):21-24

[141] 邱继红,李伟成.冲压自动化机器人成套设备.锻压技术,2001(2):44-46

[142] 李茂山,赵宝荣,吴光英,等.我国热处理的现状及发展方向.兵器材料科学与工程,1999(3):48-51

[143] 蔡自兴.中国的智能机器人研究.莆田学院学报,2002(9):36-39

[144] 付宜利,马云辉,赵春霞,等.机器人离线编程技术与系统.组合机床与自动化加工技术,1995(1):9-14

[145] Pyle S. Flexible Automation:An engineer's perspective. Robotics Today,1988(4):1-4

[146] Barral David,Perrin-Jean Pierre,Dombre Etienne,Liegeois-Alain. Evolutionary simulated annealing algorithm for optimizing robotic task point ordering. Proceedings of the 1999 3rd IEEE International Symposium on Assembly and Task Planning. 157-162

[147] 白同云,吕晓德.电磁兼容设计.北京:北京邮电大学出版社,2001

[148] 陈淑凤,马蔚宇,马晓庆.电磁兼容试验技术.北京:北京邮电大学出版社,2001

[149] 王桂英.电源变换技术.北京:人民邮电出版社,1993

[150] 任仲贵.CAD/CAM原理.北京:清华大学出版社,1991

[151] 《航空制造工程手册》总编委员会.航空制造工程手册.北京:航空工业出版社,1996

[152] 林尚扬,陈善本,李成桐.焊接机器人及其应用.北京:机械工业出版社,2000

[153] 江秀汉,李萍,薄保中.可编程序控制器原理及应用.西安:西安电子科技大学出版社,1994